科技基础性工作专项"我国水泥工业环境状况调查"成果

中国水泥工业环境状况调查研究报告

Investigation and Research on the Environmental Condition of Cement Industry in China

主编：赵青林　王红梅

编委：（按姓氏拼音排序）

白　波　陈　潇　李福洲　刘姚君

刘　宇　宋华珠　陶从喜　童　庆

汪　澜　颜　波　阴　勇　张洪滔

张文生　周明凯　朱天乐

U0200766

武汉理工大学出版社

·武汉·

内 容 提 要

　　本书包括绪论、中国水泥工业概况、资源篇、能源篇、替代燃料应用和协同处置废物篇、常规污染物篇、非常规污染物篇和潜力技术篇。本书可为我国水泥工业的发展规划提供决策依据,为我国水泥工业开展基础研究与技术开发奠定基础,同时还为我国水泥工业相关标准、规范、技术政策的制订提供依据,为政府决策、科学研究、企业发展提供基础理论和技术支撑。

　　本书可为我国从事水泥和环境相关行业的技术人员和管理人员提供参考,也可为建材、环境专业大专院校师生提供教学辅导材料。

图书在版编目(CIP) 数据

中国水泥工业环境状况调查研究报告/赵青林,王红梅主编. —武汉:武汉理工大学出版社,2020.11
ISBN 978-7-5629-6184-0

Ⅰ.①中…　Ⅱ.①赵…　②王…　Ⅲ.①水泥工业-环境管理-调查报告-中国
Ⅳ.①X781.5

中国版本图书馆 CIP 数据核字(2020)第 228457 号

项目负责人:史卫国　　　　　　　　　　　责任编辑:雷红娟
责 任 校 对:李兰英　　　　　　　　　　　排版设计:正风图文
出 版 发 行:武汉理工大学出版社
社　　　　址:武汉市洪山区珞狮路 122 号
邮　　　　编:430070
网　　　　址:http://www.wutp.com.cn
经　　　　销:各地新华书店
印　　　　刷:武汉兴和彩色印务有限公司
开　　　　本:787×1092　1/16
印　　　　张:24
字　　　　数:575 千字
版　　　　次:2020 年 11 月第 1 版
印　　　　次:2020 年 11 月第 1 次印刷
定　　　　价:89.00 元

前　言

　　我国是水泥生产大国,水泥年产量近年来占据世界总产量第一位,占比约为 56%。进入 21 世纪以来,我国水泥工业从设计到装备制造都迅速达到了世界先进水平,且在节能减排方面取得了长足的进步,但水泥工业环境负荷依然是行业关注的重点,目前依然存在资源能源利用率低、原燃料替代率低、常规和非常规污染物排放未能引起重视等一系列问题,必须进一步降低单位资源能源消耗量以及颗粒物、氮氧化物、二氧化硫等污染物的排放量,使水泥工业与生态环境充分协调发展。

　　近年来,我国水泥工业发生了重大变化。一方面生产技术水平明显提高,产业结构优化重组,生产规模和能力不断提高;另一方面产能严重过剩,环境保护的压力依旧存在。调查分析水泥工业对生态环境的影响,并挖掘水泥工业的潜力技术,对于制定水泥工业发展规划、调整水泥工业产业政策、促进水泥工业与生态环境协调发展具有非常重要的作用。鉴于此,2014 年 3 月,科技部批准资助科技基础性工作专项"我国水泥工业环境状况调查"(项目编号为 2014FY110900),相关调查研究工作得以开展。

　　通过开展我国水泥工业环境状况的调查,项目组成员将主要研究成果编成本书。具体分工为:绪论由赵青林、张洪滔撰写;第 1 章由张洪滔、张文生撰写;第 2 章由刘姚君、汪澜撰写;第 3 章由赵青林、陶从喜、周明凯撰写;第 4 章由陈潇、白波撰写;第 5 章由刘宇、王红梅撰写;第 6 章由王红梅、朱天乐、阴勇撰写;第 7 章由李福洲、颜波、童庆撰写。

　　在此,非常感谢水泥企业集团[特别是中国建材股份有限公司、华润水泥控股有限公司、华新水泥股份有限公司、安徽海螺水泥股份有限公司、北京金隅股份有限公司、亚洲水泥(中国)控股公司、中国葛洲坝集团股份有限公司、浙江尖峰集团股份有限公司、浙江红狮水泥股份有限公司、尧柏特种水泥集团有限公司等]和中国水泥协会(包括各省市水泥协会)、中国硅酸盐学会水泥分会各理事单位的无私帮助和大力支持。同时还要感谢各位评审专家辛苦的评阅,也感谢广大读者的支持和爱护。同时对参与并做出重要贡献的项目组成员狄东仁、房晶瑞、梁乾、刘晶、彭学平、孙也、孙于龙、王浩明、王伟、王昕、赵亮等人深表谢意,对参与项目开展和本书撰写的董剑、王迪、何金明、吴晓欢、梁雄毅、郭育光、吴迪、蒙若男、武青山、张自力等研究生表示感谢。

　　本书可为我国从事水泥和环境相关行业的技术人员和管理人员提供参考,也可作为建材、环境专业大专院校师生的教学辅导材料。

　　限于作者的水平,本书难免有所纰漏,如有不当或错误之处,还请广大读者提出,我们会虚心接受并予以改正。

编　者
2019 年夏

目　录

0 绪 论

随着全球经济的高速发展,资源、能源与污染物排放等环境问题对人类经济社会的冲击也越来越大。我国作为发展中国家,快速发展的经济与日益突出的环境问题,越来越受到人们的关注。水泥是国民经济建设的重要物资之一,是发展现代工业、农业、国防及战略新兴产业不可缺少的基础材料,也是支撑我国国民经济建设发展的重要基础原材料。中国多年居于世界水泥生产和消费第一大国。中国水泥工业从设计到装备制造都达到了世界先进水平,且在节能减排方面取得了长足的进步,但依旧需要通过环境结构、产品结构、技术结构进一步调整、转型和升级,以期解决近年来饱受争议的产能过剩与环保压力问题。伴随国民经济发展进入新常态,水泥行业在未来将进入全局性产能过剩的产能超低速增长或负增长时代。水泥工业如何适应新常态,认真研究面临的新问题、新挑战,探寻破解之策,将是未来一段时间的主要任务之一。鉴于此,水泥工业环境状况调查显得非常迫切和重要。

首先,水泥工业环境状况调查能明晰现阶段我国水泥工业对环境影响的两面性。一方面,我国水泥工业环境负荷严重,主要体现在对资源的消耗、能源的消耗以及污染物排放这三个方面。水泥工业属于典型的资源型、能源型及排放型产业:在资源消耗方面,用作水泥原料的石灰岩资源量约占其总资源消耗量的 $1/4 \sim 1/3$;在能源消耗方面,用于水泥生产的煤炭占全国煤炭总需求量的 10% 以上,用于水泥生产的电力消耗占全国生产总耗电量的 5% 左右;在污染物排放方面,水泥工业排放的常规大气污染物中颗粒物排放量占全国颗粒物排放量的 $15\% \sim 20\%$(位列各行业之首),NO_x 排放量占 $10\% \sim 12\%$(位列各行业第三位),SO_2 排放量占 $3\% \sim 4\%$,温室气体 CO_2 排放量占全国总排放量的 12%(位列各行业第二位),是重点污染行业之一。除此之外,当协同处置固体废物时,水泥工业也是重金属、多环芳烃、挥发性有机化合物等非常规大气污染物的主要排放源,此过程还可能排放二噁英等物质。因此,与水泥工业息息相关的资源、能源消耗和污染物排放问题对生态环境的冲击非常突出。另一方面,我国水泥工业每年 20 多亿吨产量取决于国民经济需求,水泥目前仍然是各种基础建设材料之中需求量最大、性价比很高的材料,目前尚难以被其他材料大规模取代。同时水泥工业每年消纳数亿吨工业废渣与尾矿,有利于解决工业固体废弃物难以规模化消纳的环境难题。而且水泥工业窑炉运行时具有二噁英难以大量生成的高温区、熟料易于形成的碱性环境、熟料矿物相可固溶微量元素的能力等各项优点,能安全无害化协同处置城市水务污泥、危险废物和部分城市垃圾,使得水泥工业不仅能为社会提供水泥产品,也正在成为城市发展不可或缺的净化器,成为大宗化、规模化、无害化处理废弃物的环境卫士,成为电力、化工、煤炭、钢铁等其他行业可持续发展的清道夫,因此水泥工业为社会环境改善做出的积极贡献是毋庸置疑的。近年来,我国建成了一批利用水泥窑无害化协同处置城市生活垃圾、城市污泥、各类固体废弃物的示范工程,另外我国水泥矿山开采生物多样性理念也在积极推广中,水泥工业对人类生态文明的贡献越来越突出。全世界近 50% 水泥厂建设采用了中国水泥技术和装备，这些都向世界展示了中国水泥的环保理念和追求卓越的精神。

其次，水泥工业环境状况调查是水泥工业可持续发展的重要基础。经过半个多世纪的发展，我国水泥工业已经迈入"创新提升、超越引领"的新阶段，水泥工业未来发展的主要方向在于水泥绿色化制备的研究与应用，而资源、能源消耗与常规和非常规污染物排放情况则是该项研究的重要基础数据。水泥生产过程实际上是一个包含了原料制备、熟料烧成、水泥粉磨等多个环节的材料制备过程，而原、燃料的特性与配比、制造工艺与装备、生产规模与技术等因素将直接影响水泥生产中资源、能源的消耗与污染物的排放。因此，水泥生产过程中资源、能源消耗与污染物排放的影响研究，是水泥绿色化制备研究与应用的基础。利用水泥生产中能源消耗与污染物排放状况与生产工艺及装备、原燃料特性与配比等因素的关系，开展的绿色水泥材料制备机理、水泥熟料悬浮态预分解机制、水泥生产中污染物调控机制等基础研究已经取得重大成果，工业废渣替代水泥原料生产水泥技术、新型干法水泥生产技术、高效粉磨技术等水泥生产新技术研究也均是基于水泥生产中的资源、能源消耗与污染物排放相关研究成果而提出并展开的研究。值得指出的是，2012 年提出并在全国水泥行业引起强烈共鸣的"第二代新型干法水泥技术的研发"项目中 7 项主要应用基础研究内容，几乎都与水泥生产的资源、能源消耗与污染物排放相关。现阶段我国水泥工业产业结构已经发生了巨大变化，水泥生产技术飞速发展，协同处置技术也取得较大进展，这些变化均会显著影响水泥工业的环境状况，一个能真实、全面地反映我国水泥工业环境现状的报告显得十分有必要。

再次，水泥工业环境状况调查是国家中长期发展战略的需要。《国家中长期科学和技术发展规划纲要（2006—2020 年）》将"坚持节能优先，降低能耗""大力开发重污染行业清洁生产集成技术""积极发展绿色制造"作为能源、环境及制造业领域的主要发展思路，将"工业节能""综合治污与废弃物循环利用""环境变化监测与对策""基础原材料工业"作为相关领域国家中长期发展的主要方向。《国家基础研究发展"十二五"专项规划》将"对有关重点领域和学科创新发展具有重要支撑作用的其它科技基础性工作"列为基础性工作的重要内容。《水泥工业"十二五"发展规划》将"加快转变水泥工业发展方式""大力推进节能减排"作为水泥工业发展的指导思想，将"推进节能减排、绿色发展"作为该行业的发展重点。我国水泥工业环境状况调查工作对我国能源、环境及制造业等领域以及无机非金属材料学科的创新发展具有重要的支撑作用，是实现上述发展规划与纲要要求的数据基础与技术支撑，也是国家中长期发展战略的迫切需求。

最后，水泥工业环境状况调查可为科技创新和技术改造提供基础数据支撑。基于对水泥工业钙质、硅质和铁质原料等资源消耗状况调查结果，国内外广泛开展了电石渣、粉煤灰、铜矿渣、钢渣等工业废渣作为水泥替代原料的基础性研究及工程应用研究，对水泥行业可持续发展起到了一定的支撑作用。通过对水泥行业煤、电等能源的消耗情况进行统计，大量研究人员开展了能源种类与品质、水泥生产装备与工艺等对水泥生产能源消耗的相关研究，同时提出了利用废旧轮胎、生活垃圾、城市淤泥等作为水泥生产替代燃料的技术思路并进行了研究，为水泥工业降低能源消耗、协同处置城市废弃物提供了良好的技术支撑。基于水泥生产过程中不同生产单元污染物排放状况调研，人们开展了原燃料特性、生产装备与工艺等因素对水泥生产过程中 CO_2、NO_x 及粉尘等污染物排放特点的研究,并研发出了系列环境污染控制技术与装备。在水泥工业能效分析体系与管理方法研究方面,国内外基于水泥工业环境状况调查结果同样进行了大量研究工作。1994 年美国在对全国水泥生产状况进行调查的基础上,得出了本国不同区域水泥生产资源、能源消耗、污染物排放的平均水平,并确定了不同地区水泥生产环境影响的分析体系与管理制度。20 世纪 90 年代,欧盟对其辖区内石油、水泥、钢铁等工业的能源消耗情况进行了普查,并在此基础上提出了各类行业能源消耗的限制指标。我国自 20 世纪 80 年代以来,也一直从事着水泥工业环境状况的调研工作,并基于此不断提出水泥能耗与排放的控制标准。特别是 21 世纪以来,天津水泥工业设计研究院有限公司、中材装备集团有限公司、中国建筑材料科学研究总院和合肥水泥研究设计院对国内各种水泥生产工艺的能耗情况进行了长期跟踪,基于收集到的本底数据,结合国外先进水泥生产的能耗水平,主持编制了 GB 16780—2012《水泥单位产品能源消耗限额》、GB/T 33652—2017《水泥制造能耗测试技术规程》,同时还结合水泥工业的特点,提出了水泥企业能效对标的管理方法,为水泥行业的"节能减排"做出了重要贡献。

正是因为水泥工业环境状况调查工作非常重要,世界各国也一直未间断过这方面的工作,我国也不例外,不过前期我国更多关注的是水泥工业中能源的消耗。2007 年中国建筑材料工业协会信息部首次对水泥工业进行了大规模单位产品能源消耗调查,选取 2332 家企业作为样本,样本企业水泥熟料产量占全国总量的 77.37%、预分解窑熟料产量占 87.8%、水泥产量占 66.81%,调查结果基本反映了 2006 年各种水泥类型和各地区水泥企业能源消耗水平。此外,有部分省市地区根据自身的特点,有针对性地对本区域水泥工业对环境的影响进行了调研分析。2007 年江苏省统计局对江苏省水泥工业 2002—2006 年石灰石资源与煤炭、电力等能源的消耗及水泥生产各环节的能源消耗进行了统计调查,得出了江苏水泥工业资源和能源消耗的现状,并指出了江苏水泥工业发展存在的问题及解决对策。2012 年山东大学通过资料调研、走访调查和典型调查的方式获得 2005—2010 年山东省水泥行业水耗、煤耗与废水、废气、固体废弃物三种污染物的排放数据,在对数据系统整理汇总的基础上,建立了相关的数据库。此外,还建立了水泥行业清洁生产的评价指标体系,对水泥行业资源能源消耗及污染物的排放进行了纵向和横向评价,明确了山东省水泥行业在资源能源消耗(吨产品综合能耗和吨产品水耗)、三废排放(吨产品废水、氨氮、SO_2、NO_x、烟尘、粉尘排放量、吨产品固体废弃物产生量等)方面的发展态势,从而促进了水泥行业的可持续发展。但这些关于水泥工业环境状况的调研,距今已十余年。当前,我国水泥产品已从供不应求转化为全行业产能过剩,我国水泥生产装备已基本实现国产化,之前相关调查结果已失去时效性,无法客观反映当前我国水泥工业环境现状,为保障水泥行业良好可持续发展,有必要对我国水泥工业本底环境状况进行再次调查,为水泥工业健康有序发展奠定良好基础。

国外部分发达国家对于水泥生产中的能耗及环保方面格外重视,早在 20 世纪一些发达国家就对本国的水泥行业进行过全面的调查分析。1976 年,加拿大进行了包括水泥工业在内的多种基础材料工业能源消耗现状的调查,分析了本国水泥工业中煤、电等能源消耗的一般水平及其影响因素。1977—1981 年,美国对全国范围内硅酸盐水泥的生产状况进行了详细的调研,获得了一系列有关水泥生产企业规模、技术,特别是资源、能源消耗与污染物排放方面的第一手本底数据,为其进一步发展水泥生产技术提供了坚实的技术支撑。1994年,美国材料与试验协会(ASTM)对北美地区(包括美国和加拿大)历年水泥的生产与环境状况进行了调研,调研的水泥品种达387种,时间范围从1953—1994年,跨度长达40余年,形成了系统的北美水泥工业环境状况数据库。同年,欧盟对石油、水泥、钢铁等能源消耗较大的工业进行了相关调研,明确了水泥等工业能源消耗的水平及特点。2003年欧洲委员会联合研究中心对欧盟、欧洲的其他国家、苏联、非洲、拉丁美洲、中国、印度、亚洲其他地区、经济合作与发展组织太平洋成员国在1997年水泥的产量与消耗量进行了调查分析,并提出了一种递归的仿真模型,对水泥行业在1997—2030年各地区水泥的能源消耗与二氧化碳的排放量进行了评估与预测。除了发达国家与地区之外,不少发展中国家也对本国的水泥工业能源消耗与排放状况进行了调查。如印度曾对20个主要州在2000—2005年的水泥工业单位产品煤耗进行了调查,在此基础上采用数据包络分析法与方向性距离函数对此期间的环境状况进行了评估。2006年土耳其对其全国范围内水泥工业的煤耗情况进行了本底数据的收集。此外,日本、俄罗斯、澳大利亚、印度、埃及等多个国家,均相继开展了全国范围的或地区性的水泥工业环境状况调研工作,建立了各层次的水泥工业环境状况数据库。

近十年来,我国水泥工业发生了重大变化。一方面生产技术水平明显提高,产业结构显著调整,生产规模和能力不断提高;另一方面又面临产能严重过剩和资源、能源消耗的巨大压力。水泥行业每年消耗二十余亿吨包括石灰石、砂岩、页岩等在内的多种难以再生的天然资源,一定程度上改变并影响着国土资源状况。水泥行业作为传统的高能耗企业,对于整个国家煤炭消耗影响巨大,而煤炭的消耗又不断影响着化石燃料的消费。与水泥工业息息相关的资源、能源过度消耗和污染物排放问题对生态环境的冲击越来越突出。

水泥生产技术的不断提升,使得与之配套的工艺装备等技术也得到了不断提升,水泥回转窑也逐渐走向大型化,高产化。然而目前各水泥厂的情况参差不齐,即使是同一规模水泥厂资源利用情况、烧成热耗和排放情况也不尽相同。而影响水泥环境状况的因素也较为复杂,国内尚没有进行过全国范围内的水泥企业设备、规模、工艺、控制等方面的调查,因此有必要对水泥企业进行全方位的数据收集,通过大量数据的比对与分析,挖掘出理论上对水泥企业环境状况影响最大的因素,以期为水泥行业可持续发展提供建议,为政府决策、科学研究、企业发展提供基础理论和技术支撑,为我国水泥工业相关标准、规范、技术政策的制订提供依据,并通过和世界先进水泥制造技术对比,提出我国水泥工业的科技发展突破口与潜力点。

本章参考文献

[1] ATMACA A,KANOGLU M. Reducing energy consumption of a raw mill in cement industry[J]. Energy,2012,42(1):261-269.

[2] 黄东方,徐健.水泥矿山资源综合利用与可持续发展[J].矿山装备,2012(7):52-56.

［3］中华人民共和国国家统计局.2012 年中国统计年鉴［M］.北京：中国统计出版社,2012.

［4］DAI F,CHEN Y. The research to sustainable development of Chinese cement industry［A］. 2011 2nd International Conference on Artificial Intelligence,Management Science and Electronic Co mmerce ［C］. Zhengzhou,China,2011:5255-5258.

［5］WANG Y L,ZHU Q H,GENG Y. Trajectory and driving factors for GHG emission in the Chinese cement industry［J］. Journal of Cleaner Production,2013,53:252-260.

［6］中华人民共和国工业和信息化部.水泥工业"十二五"发展规划［J］.中国建材,2012(1):29-34.

［7］吴承杰.新型干法水泥技术定义引发行业热议［J］.中国水泥,2012(12):44.

［8］国家发展和改革委员会.水泥工业发展专项规划［J］.新世纪水泥导报,2006(6):52-56.

［9］TANG X F,WU Y. Using calcium carbide slag as one of calcium-containing raw materials to produce cement clinker［J］. Material Science Forum,2013(1):171-174.

［10］REJINI R,RICHARD B. Characterisation and use of biomass fly ash in cement-based materials［J］. Journal of Hazardous Materials,2009,172 (2/3):1049-1060.

［11］SHI C J,CHRISTIAN M. Utilization of copper slag in cement and concrete［J］. Resources, Conservation and Recycling,2008,52 (10):1115-1120.

［12］BARD F,PAUL B. Steel slag aggregate used in Portland cement concrete［J］. Transportation Research Record,2012,2267:37-42.

［13］STAITO I,SAKAE K. Effective of waste tyres by gasification in cement plant［J］. World Cement, 1987,18 (7):264-266,268-269.

［14］KING L C,PATRICK B J. Utilization of municipal solid waste incineration ash in Portland cement clinker［J］. Clean Technology and Environmental Policy,2011,13(4):607-615.

［15］FYTILI D,ZABANIOTOU A. Utilization of sewage sludge in EU application of old and new methods－A review. Renewable and sustainable energy reviews,2008(12):116-140.

［16］RONALD G. Survey of North American Portland Cements:1994［J］. Cement,Concrete and Aggregates,1995,17(2):145-189.

［17］WORRELL E,CUELENAER R F A,et al. Energy consumption by industrial processes in the European Union［J］. Energy,1994,19(11):1113-1129.

［18］蔡莜山.全国县以上地方水泥企业能耗超及格定额情况的调查［J］.中国建材,1990(6):41-42.

［19］江苏水泥工业资源与能耗分析［EB/OL］,中国水泥网,http://www. ccement. com/news/Content/19954. html

［20］党广彬.山东省水泥行业清洁生产现状调查与评价［D］.济南：山东大学,2012.

［21］LUGG W G. Present and projected energy consumption in the mineral industry of Canada［R］. Energy,Mines and Resources Canada,1976.

［22］SID L. Portland cement in the united states-production and project survey［J］. Pit and Quarry,1983 (1):51-57.

［23］RONALD G. Survey of North American Portland Cements:1994［J］. Cement,Concrete and Aggregates,1995,17(2):145-189.

［24］WORRELL E,CUELENAER R F A. Energy consumption by industrial processes in the European Union［J］. Energy,1994,19(11):1113-1129.

［25］LI L. Energy consumption and CO_2 emission from the world cement industry［A］. Proceedings:2012

4th International Conference on Multimedia and Security[C]. Mines 2012,2012 :765-768.

[26] SINHA J K. Pollution from cement industry[J]. Journal of the Institution of Engineers (India), Public Health Engineering Division,1973,54(2):25-35.

[27] MANDAL S K,MADHESWARAN S. Environment efficiency of the Indian cement industry: a interstate analysis[J]. Energy Policy,2010,(38):1108-1118.

[28] BALAT M. Energy consumption and economic growth in Turkey during the past two decades[J]. Energy Policy,2008,36 (1):118-127.

[29] LI MMEECHOKCHAI B,SUKSUNTORNSIRI P. Assessment of cleaner electricity generation technologies for net CO_2 mitigation in Thailand[J]. Renewable and Sustainable Energy Reviews, 2007,11 (2):315-330.

1 中国水泥工业概况

1.1 中国水泥工业发展进程

新中国成立至今,中国水泥工业历经漫长征程,立窑到新型干法回转窑的巨变在一定程度上标志着中国水泥工业由弱小时期的因地制宜到经济腾飞时期的全面发展。1884 年德国发明立窑,不久后这一窑型便为我国澳门青洲英坭厂和唐山细绵土厂采用,从此开始了它在中国长达一个多世纪的发展,一度占我国水泥窑的半壁江山。立窑全盛时期其产能占国内水泥工业产能 70%以上,造成这一现象的历史原因是立窑建设投资较为低廉,适宜于百废待兴时期的国民经济。不过,与新型干法回转窑相比,立窑在环境兼容性与产品稳定性两方面先天劣势较大。1997 年,国家建材局在充分肯定以立窑为代表的小水泥成绩的同时,确定了"限制、淘汰、改造、提高"八字方针,决定通过修订水泥标准,促进、加速产业结构调整。国家建材主管部门组织国内水泥设计单位与水泥装备单位对新型干法生产线的引进、消化、创新付出巨大努力,在 21 世纪初硕果落地,与此同时,世纪之交时我国经济快速发展促使大量资金涌入水泥工业,新型干法生产线建设从技术与资金两个方面均具备全速发展条件,这在另一方面也促使立窑加快退出中国历史舞台。21 世纪第二个十年,立窑在我国水泥工业中的产能比例急速降低。

新中国成立之初,我国仅有 14 家水泥厂,年水泥生产能力不足 300 万 t,实际生产能力仅有 66 万 t。1953 年始,为了配合"一五计划"的实施,我国开始大量出资从东德、罗马尼亚、捷克等东欧国家引进水泥生产成套设备,并相继建立了十多家水泥企业,中国水泥行业步入崭新的篇章。1958 年,第一个采用国产回转窑的水泥厂——湘乡水泥厂开始动工建设,该厂采用的是我国自主设计制造的第一台华新窑,这是中国水泥行业发展的第二个里程碑。20 世纪 70 年代初,我国开始进行窑外预分解技术的研究,并于 1976 年建成投产首座烧油的窑外分解窑,由此揭开了我国发展窑外分解窑新型干法技术的序幕。自改革开放以来,新型干法水泥生产技术逐渐在我国发展,这也标志着我国水泥行业的发展进入了第二阶段。通过引进日本、丹麦、法国等国家的成套设备,并在此基础上进行研究与开发。1986 年天津水泥工业设计院首次设计出以国产设备为主的 2000 t/d 熟料新型干法生产线,这成为我国水泥工业设备及技术进入自主发展的第三个里程碑。此后,5000 t/d、8000 t/d 乃至 10000 t/d 的熟料生产线也逐渐开始国产化设备的研究并取得了成功。

我国水泥工业自 1985 年以来,水泥年产量持续位居世界第一,进入 21 世纪以来,在我国经济建设快速发展的背景下,水泥工业发展迅猛,2001—2018 年间,水泥年产量从 5.97 亿吨增长到 22.08 亿吨,年增长率超过 10%,总产量约占全球水泥产量的 55.89%,见图 1-1。2014 年水泥年产量达到最高值,达到 24.76 亿 t,约占世界总产量的 56.7%。之后通过限产能措施,水泥产量逐渐降低,2017 年水泥年产量为 23.31 亿 t,2018 年水泥年产量为

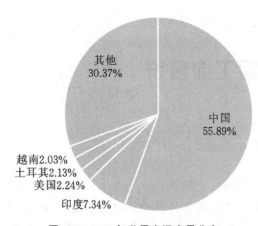

图 1-1　2018 年世界水泥产量分布

22.08 亿 t,占世界总产量依旧达 55.9%。人均水泥消费量也从 1949 年的 1 kg/人增长到 2018 年的 1582 kg/人。进入 21 世纪后,我国水泥工业在预分解窑节能煅烧、大型原材料均化、节能粉磨技术、自动控制技术和环境保护技术等方面,从设计到装备制造都迅速赶上了世界先进水平且在节能减排方面取得了长足进步。自 2003 年开始广泛推行新型干法水泥生产线以来,经过十多年的发展,如今水泥生产格局已经发生了较大的变化。到 2015 年,我国几乎淘汰了所有的立窑生产线。2014 年以来,我国水泥行业对环保要求持续提高,实行错峰停窑以及新增产能限制,导致部分区域熟料供给不足,近年开始从越南进口部分熟料。

第一代新型干法线在我国大量存在,其中中小规模产能的企业(2000～2500 t/d 的熟料生产线)依旧占据一定地位,这也导致了我国水泥行业总体能耗居高不下。虽然经过多年的发展,我国水泥工业工艺主机设备和成套辅机装备等方面达到了国际先进水平,但在水泥生产自动化程度方面,依然与国际水平存在较大差距,特别是在生产力不发达的地区,依旧高度依赖人工技能和经验,企业信息化应用水平和智能控制普遍偏低。作为传统的高能耗企业,我国水泥行业能源消耗总量约为 2 亿 t 标准煤,占全国能源消耗总量的 5.8% 左右。虽然近年来在节能降耗、淘汰立窑等方面有所成就,但与国际先进水平相比,我国水泥节能降耗的任务仍然十分艰巨。与先进水泥生产技术相比,我国还有相当一部分新型干法水泥生产技术依然存在吨熟料能耗偏高、环境负荷严重等问题。近 10 年来新型干法水泥生产线高速发展,我国水泥工业的规模不断壮大,产能过剩的问题开始突显,高速发展所带来的问题也逐步显露出来。为此拟通过调查我国现阶段水泥行业的产能及能耗现状,分析行业目前存在的主要问题,以期为我国水泥行业未来发展提供一些可供参考的思路。

我国水泥生产技术通过不断革新,实现了低温余热发电技术、协同处置垃圾、日产万吨水泥生产线、SNCR 脱硝技术、高固气比悬浮预热等一批关键技术升级与投产应用,装备技术从依靠进口到自主创新,已经拥有国际先进的水泥生产技术自主知识产权,单位产量设计成本大幅降低,具备很强的国际竞争力,出口到了沙特、越南、南非甚至美国、西班牙等五十多个国家。近年来,我国水泥产业结构逐步完善,企业兼并重组步伐加快,市场集中度得到提高,排名前十的企业产量占总产量达 42% 以上,并且有多家企业年产量过亿吨;不少水泥企业开始从上游水泥制造业逐渐向商品混凝土、水泥制品等建筑产业链后端延伸拓展,生产效率远高于非集团化企业。可以说,我国水泥工业在产量、装备技术以及产业结构方面都发生了翻天覆地的变化,比肩世界先进水平。由图 1-2 中可以看出,近年我国年水泥产量已经从 2002 年的 7.25 亿 t 增长到 2014 年的 24.76 亿 t,之后稳步控制产能,2018 年降低至 22.08 亿 t。与此同时,新型干法水泥生产线的条数也都得到控制。2015 年,我国新型干法熟料生产线曾达 1785 条,之后通过产能置换,截至 2018 年我国现有新型干法熟料生产线 1681 条,新型干法熟料生产能力占全国熟料生产能力 95％以上,水泥行业完成了工艺结构调整的目标,而对落后产能的淘汰也不再仅限于立窑等落后生产技术。自 2014 年开始,2500 t/d 以下的新型干法窑也逐步被纳入淘汰名目。这说明,在国家大力推行节能减排政策及水泥行业准入条件的情况下,落后的产能在不断被淘汰,新技术逐步被广泛应用,这将有助于后续节能减排政策的实施。

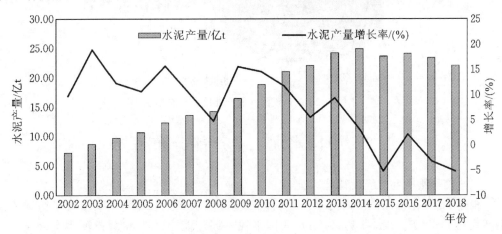

图 1-2　2002—2018 年我国水泥产量、增长率及新型干法线比例

自 2002 年以来,水泥行业持续不断地保持高速发展,也是因房地产、基础设施建设等全社会固定资产投资的高速发展所不断推动的。自 2002 年以来,我国固定资产投资始终保持高速增长状态,每年增长约 20％。同时从我国全社会固定资产投资增长率与水泥产量增长的对比可以发现:水泥产量的增长速率与全社会固定资产投资的增长率有较好的关联性。这正说明,我国水泥行业的高速发展离不开我国城市基础设施建设的高速发展。2013 年我国房地产业投资约 118809 亿元,占全社会固定资产投资 26.6％,高固定资产投资拉动水泥行业的不断发展。房地产开发及基础设施的建设,必然提高了水泥混凝土制品的需求,因此水泥行业产能自 2002 年到 2013 年保持高增长态势,产业规模不断扩大,工艺装备也不断革新。但从 2014 年我国房地产业投资来看,其投资额度开始降低至约 95036 亿元,占全社会固定资产投资也随之降低至 18.9％,受其影响,我国水泥产量在 2014 年开始出现转折点。2018 年全年水泥产量约为 22.08 亿 t,较 2017 年降低了约 5.28％。我国水泥产量增长态势被有效遏制,是由于在全国范围内,固定资产的投资增速下降,尤其是房地产投资增幅的下降导致水泥需求量降低,凸显了产能过剩的现状。同时在环保限产及产能置换后的综合作用下,水泥产量近年有所下降。就湖北省而言,2015 年就淘汰了 10 条 2500 t/d 以下的生产线,目前湖北省内仅有 50 条水泥熟料生产线正常运转。可见,水泥行业的发展离不开其他基础设施建设的发展,只有水泥需求量增加,水泥行业才会快速发展。但随着基础设置建设的放缓,水泥行业必须依靠转型以保证健康发展。

图 1-3 为 2017 年我国水泥产能区域分布情况,其中水泥产能主要分布于华东地区

（75049.66 万 t,占比 32.4%）、中南地区（68144.68 万 t,占比 29.42%）以及西南地区（43472.46 万 t,占比 18.77%）。此外,西北地区占比为 8.47%、华北地区占比为 7.04%、东北地区占比为 3.9%。可见,我国水泥行业除了产能大以外,还具有分布广的特点。

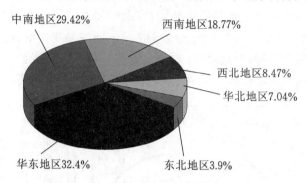

图 1-3　2017 年我国水泥产能区域分布情况

1.2　中国水泥工业产能分布格局

（1）我国熟料生产线设计能力分布

根据 2014 年全国范围内的水泥熟料烧成企业普查来看,2014 年我国共有新型干法生产线约 1755 条。表 1-1 为 2014 年我国水泥不同产能生产线数量分布及地域分布情况,从表中可以看出生产线数量分布为:华北地区 249 条、华东 461 条、西北 229 条、西南 350 条、中南 356 条、东北 108 条,这表明我国大部分水泥产能集中在华东、西南、中南等地区。对于产能大于 6000 t/d 的水泥生产线,所占的比重较低,仅约 1.14%。我国单条水泥生产线日产能力在 2500 t 以下的生产线占到全国总生产线的一半以上。但值得庆幸的是,经过水泥行业多年的兼并重组及行业准入条件的限制,目前我国水泥行业日产 5000 t 左右的生产线占比达到了 34.68%,这表明我国水泥行业正在朝着装备大型化前进。因此,为了使调查问卷更加全面地反映我国水泥行业窑系统能耗现状,我们对所调查的对象按规模分为不同层次:日产量小于或等于 2500 t、日产量介于 2500 t 与 4000 t 之间、日产量介于 4000 t 与 6000 t 之间及日产量高于 6000 t。这四种不同层次的水泥生产线窑系统的热耗情况,能在一定程度上代表我国水泥生产窑系统能耗现状。

表 1-1　2014 年我国水泥不同产能生产线数量分布

规模	≤2500 t/d	2500～4000 t/d	4000～6000 t/d	>6000 t/d	所占比重
华北	136	44	69	0	14.20%
华东	219	32	197	13	26.30%
西北	131	39	57	2	13.06%
西南	229	54	66	1	19.97%
中南	123	39	190	4	20.31%
东北	62	17	29	0	6.16%
所占比重	51.34%	12.84%	34.68%	1.14%	

图1-4为2014年不同规模生产线数量及产能所占比例,其中生产线数量占比51.34%的2500 t/d以下的生产线年熟料生产规模仅占总熟料生产量的30.11%。实际产能5000 t/d以上的生产线占2014年总熟料产能的49.14%。这表明2500 t/d左右的生产线数量在国内仍占主导地位,而实际熟料生产能力以5000 t/d及以上规模生产线为主。因此对水泥熟料烧成能耗的调查主要围绕2500 t/d与5000 t/d生产线展开。

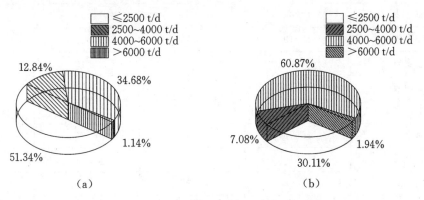

图1-4　不同规模生产线数量占比及产能占比

(a)数量占比;(b)产能占比

(2)区域水泥工业分布情况

从我国水泥生产线分布来看,主要集中于中东部地区。我国水泥生产线的分布与我国人口密度的分布具有很强的一致性。人口密度大的地区,水泥生产线的数量也较多。

(3)区域水泥需求量

中国水泥工业产能分布情况对于了解我们水泥产业布局有非常重要的意义。在中国,香港与澳门目前无水泥生产企业,台湾省的数据未能获取,其余各省(自治区、直辖市)2014年水泥需求量分布和统计见表1-2。

表1-2　31省(自治区、直辖市)2014年水泥需求量统计

省级地区	水泥需求量/万 t	同比/(%)	占全国比重/(%)	产量排名
全国	247619	1.77	100.00	—
北京市	703	−18.84	0.28	29
天津市	958	−1.02	0.39	28
河北省	10625	−15.14	4.29	11
山西省	4538	−7.71	1.83	23
内蒙古自治区	6268	−2.02	2.53	18
辽宁省	5791	−4.24	2.34	19
吉林省	4664	1.54	1.88	22

续表 1-2

省级地区	水泥需求量/万 t	同比/(%)	占全国比重/(%)	产量排名
黑龙江	3672	−9.15	1.48	24
上海市	686	−8.71	0.28	30
江苏省	19403	3.66	7.84	1
浙江省	12368	−0.50	4.99	7
安徽省	12913	1.61	5.21	6
福建省	7732	−1.37	3.12	16
江西省	9804	6.32	3.96	12
山东省	16406	−0.77	6.63	3
河南省	16975	1.66	6.86	2
湖北省	11670	3.12	4.71	9
湖南省	12005	5.75	4.85	8
广东省	14737	12.77	5.95	4
广西壮族自治区	10646	−0.04	4.30	10
海南省	2152	8.30	0.87	25
重庆市	6667	9.44	2.69	17
四川省	14581	4.87	5.89	5
贵州省	9387	15.48	3.79	14
云南省	9493	4.06	3.83	13
西藏自治区	342	15.70	0.14	31
陕西省	9083	5.19	3.67	15
甘肃省	4926	9.91	1.99	20
青海省	1844	−1.93	0.74	26
宁夏回族自治区	1778	−6.13	0.72	27
新疆维吾尔自治区	4804	−8.66	1.94	21

注：① 香港与澳门目前不生产水泥，台湾数据未能获取。

　　② 本表数据来源于国家统计局。

从表 1-2 可见：

① 我国大陆生产水泥的 31 个省（自治区、直辖市）中，有 11 个省（自治区、直辖市）的水泥需求量超过 1 亿 t，主要集中在华东和中南区域。

② 江苏省为全国水泥消费最大的省份，水泥需求量达 1.94 亿 t，位居全国水泥需求量榜首；河南和山东水泥需求量分别位居全国第 2 和第 3 位，水泥需求量分别约为 1.7 亿 t 和 1.64 亿 t。

③ 水泥需求量5000万t/年以上省级区域主要集中于东部和南部地区,包括华东、中南和西南各省,北部地区各省级区域水泥需求量多低于5000万t/年。

我国大陆31个生产水泥的省级区域(自治区、直辖市)的熟料产能如图1-5所示。

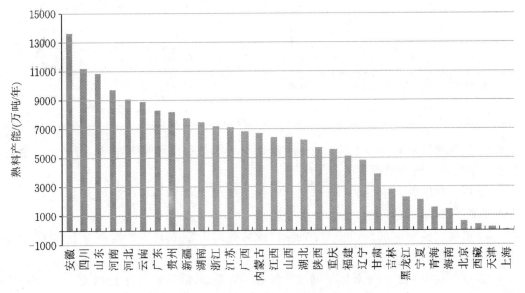

图1-5 大陆31个省(自治区、直辖市)的熟料产能

分析图1-5可见:

① 水泥熟料年设计产能达到1亿t以上的省级区域有三个:安徽、四川和山东。

② 有8个省级区域熟料年设计产能超过8000万t;有12个省份的熟料年设计产能在5000~8000万t之间;有7个省份的熟料年设计产能在1000~5000万t之间。

③ 北京、上海、天津和西藏熟料年设计产能均不足1000万t,前三者为我国直辖市中的三个,西藏则为生态脆弱区域。

截至2014年底,全国共有1755条新型干法水泥熟料生产线,若按照单线设计产能进行分类,可得图1-6和表1-3。

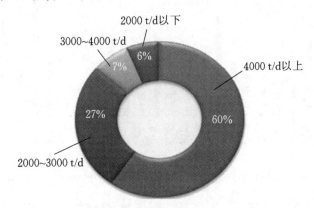

图1-6 我国大陆地区水泥熟料生产线规模与熟料产能比重

表 1-3　全国熟料生产线规模结构

生产线规模	生产线/条	熟料产能/万 t	比重
合计	1755	177114	100%
4000 t/d 以上	674	105747	60%
3000~4000 t/d	130	12688	7%
2000~3000 t/d	634	47492	27%
2000 t/d 以下	317	11186	6%

① 单线规模为 4000 t/d 以上的生产线有 674 条,熟料年产能约为 10.57 亿 t,占全部熟料产能的比重约为 60%。

② 单线规模为 2000~3000 t/d 的生产线共有 634 条,熟料年产能约为 4.75 亿 t,占全部熟料产能的比重约为 27%。

③ 单线规模为 3000~4000 t/d 的生产线共有 130 条,熟料年产能约为 1.27 亿 t,占全部熟料产能的比重约为 7%。

④ 单线规模为 2000 t/d 以下的生产线有 317 条,熟料产能约为 1.12 亿 t,占全部熟料产能的比重约为 6%。

⑤ 单线规模 4000 t/d 以上和 2000~3000 t/d 的生产线熟料产能所占比重较大,合计达 87%。

我国大陆地区单线规模产能 3000 t/d 以下规模生产线在各省级区域分布如图 1-7 所示,分析可知:

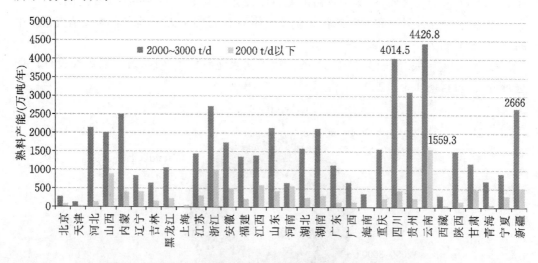

图 1-7　单线熟料产能 3000 t/d 以下规模生产线的省(区、市)分布

① 单线规模 3000 t/d 以下水泥熟料生产线拥有量最多的省级区域是西南地区,其中,云南省单线规模 3000 t/d 以下的熟料产能总计达 5986 万 t,占该省熟料总产能的

67%;四川省单线规模 3000 t/d 以下的熟料产能达 4470 万 t,约占该省熟料总产能的 40%;贵州省单线规模 3000 t/d 以下的熟料产能总计 3367 万 t,约占该省熟料总产能 41%。除上述三省之外,单线 3000 t/d 以下规模熟料产能超过 3000 万 t 的省份还有浙江和新疆,分别为一个经济发达地区与一个经济不发达地区。

② 单线规模 2000 t/d 以下的小规模生产线熟料产能在各省所占比重都相对较小,小规模生产线熟料产能最多的是云南省,产能达 1500 多万 t,其次是浙江省,产能约为 1000 万 t,山西达 900 万 t;安徽、江西、河南和新疆小规模生产线熟料产能均超过 500 万 t;其他省份小规模生产线熟料产能均在 500 万 t 以下。这些小规模生产线大都建设时间比较早,在技术性能、能耗等方面与大规模生产线相比有较大差距,除非转型生产通用硅酸盐水泥之外的产品,否则可能被列为未来优先淘汰项目。

1.3 水泥工业环境特征本底数据

1.3.1 水泥工业原料构成与消耗

新中国成立前夕,我国水泥需求量仅 66 万 t。新中国成立后,经过六十余年发展,特别是随着我国经济体制改革的不断深入,水泥产业蓬勃兴起,水泥需求量直线上升。1984 年,我国水泥需求量超过 1 亿 t,次于美国、日本,跃居世界第三位。进入 21 世纪,伴随基础建设快速发展,我国水泥产量连创新高,已连续 35 年位居世界第一,连续数年超过 20 亿 t。

水泥煅烧用钙质原料主要为石灰石,是水泥生产主要原料,一般占水泥生料配料量 80% 以上,是支撑水泥工业的最大宗原材料。我国石灰石资源丰富,根据统计,我国现有石灰石矿区为 2358 个,资源储量(探明)1235.08 亿 t。部分省级区域石灰石资源储量状况见表 1-4。

表 1-4　石灰石资源储量

地区	矿区数	资源储量/万 t
全国	2358	12350800.58
北京市	23	91955.57
天津市	9	20045.74
河北省	79	613063.60
山西省	43	241713.49
内蒙古自治区	67	712750.01
辽宁省	135	343498.31
吉林省	50	201320.28

续表 1-4

地区	矿区数	资源储量/万 t
江苏省	69	302912.10
浙江省	122	329122.77
安徽省	152	1237605.06
福建省	156	294403.42
江西省	163	392122.78
山东省	115	984798.34
河南省	93	704906.75
湖北省	88	382369.19
湖南省	66	506964.14
广东省	74	584882.29
广西壮族自治区	87	531503.35
海南省	31	108201.50
重庆市	79	603613.60
四川省	103	786746.91
贵州省	102	204525.55
云南省	87	305851.11
西藏自治区	3	5632.10
陕西省	86	774897.00
甘肃省	56	318017.96
青海省	21	170028.87
宁夏回族自治区	27	159858.39
新疆维吾尔自治区	172	437490.40

虽然储量巨大,但我国水泥用石灰石的消耗量也较为巨大,每年全国需使用石灰石20亿 t 以上,随着石灰石矿山技术不断进步,大量低品质矿石获得合理利用,矿山开采过程中的浪费逐步减少,石灰石的资源综合利用率逐步提高,资源储量消耗速度逐渐减慢。根据我国水泥工业各省级区域产能分布格局,结合各省级区域钙质原料消耗量调查结果,可以获得各区域近年的石灰石消耗量,见表 1-5。

表 1-5 各区域 2015—2018 年石灰石消耗量

区域	年份	熟料产能/万 t	石灰石需求量/万 t
华北地区	2015	13868	19415
	2016	13669	19136
	2017	13252	18552
	2018	12941	18117
东北地区	2015	7947	11126
	2016	7847	10986
	2017	7748	10847
	2018	7619	10667
华东地区	2015	54415	65298
	2016	53094	63712
	2017	51659	61991
	2018	49647	59577
中南地区	2015	40309	56433
	2016	39771	55680
	2017	38853	54395
	2018	37813	52938
西南地区	2015	25196	35274
	2016	25028	35039
	2017	24661	34525
	2018	24135	33789
西北地区	2015	13804	19326
	2016	13865	19411
	2017	13880	19432
	2018	13741	19237

按照自然资源部矿产资源定义,在各种潜在储量之中,334级储量级别为推断的内蕴经济资源量。在勘查工作程度只达到普查阶段要求的地段可通过简单工程方法进行推断以获得理论资源量。截至2015年,我国水泥用石灰石334级储量为6717.5亿t。以334级储量除以2015年我国各重点区域的水泥用石灰石消耗量,可以获得各重点区域石灰石资源理论潜在服务年限,见表1-6。从表1-6可知,各区域比值均较大,说明我国水泥用石灰石理论潜在资源丰富,潜在可供应能力巨大。

表 1-6　重点区域水泥用石灰石 334 级储量与理论潜在服务年限

省份	334 级储量/亿 t	理论潜在服务年限	省份	334 级储量/亿 t	理论潜在服务年限
北京市	61.4	876.5	湖北省	239.0	196.2
天津市	14.5	148.3	湖南省	362.8	287.9
河北省	372.7	337.0	广东省	318.6	206.9
山西省	143.2	300.8	广西	323.4	292.4
内蒙古	316.8	481.5	海南省	35.8	159.8
辽宁省	221.4	367.7	重庆市	285.1	407.3
吉林省	105.2	214.7	四川省	579.9	380.0
江苏省	182.4	89.8	贵州省	138.7	141.5
浙江省	240.5	184.7	云南省	219.1	220.5
安徽省	432.7	321.9	西藏	2.4	562.1
福建省	154.7	193.9	陕西省	356.0	374.0
江西省	244.1	238.8	甘肃省	107.8	208.1
山东省	576.3	337.4	青海省	88.8	487.9
河南省	384.3	216.1	宁夏	54.7	300.6
湖北省	239.0	196.2	新疆	155.6	308.7

注:表中石灰石理论潜在服务年限近似取 334 级储量与 2015 年消耗量之比。

　　水泥工业一个典型特色是对原料成本存在一定要求,如果成本较高,原料的实际应用可供性将存在问题,目前我国通用硅酸盐水泥市场售价处于剧烈变动时期,每吨水泥市场售价从 200~600 元不等,许多区域同一年份水泥吨售价可变动数百元。当水泥市场售价较高时,对原料成本的忍受度较高,可以提高储量,反之则相反。换言之,当水泥市场售价较低时,石灰石资源的保障年限也将处于较低水平。通过对石灰石供应成本设定不同价格区间,可以获得我国水泥用石灰石储量在不同成本忍受能力下的可供性,由此获得我国六大区域水泥用石灰石可供储量,见表 1-7。

表 1-7　全国六大地区水泥工业用石灰石可供储量

区域	可供储量/亿 t		
	<10 元/t	10~20 元/t	>20 元/t
华北地区	<6	6~129	>129
东北地区	0	0~47	>47
华东地区	<160	160~270	>270
中南地区	<100	100~220	>220
西南地区	0	0~150	>150
西北地区	<45	45~120	>120

水泥生产用矿产资源最大特点是消耗量大、价值低,这决定了水泥用石灰石资源可供性具有区域限制性特点。从全国各省水泥熟料生产规模看,年熟料产能8000万t熟料的大省有8个,依次为安徽、四川、山东、河南、河北、云南、广东、贵州,而水泥用石灰石资源储量排在前8位的省份依次为安徽、山东、四川、陕西、内蒙古、河南、河北、重庆。除贵州省外,主要水泥产能大省的资源与其拥有水泥工业用石灰石资源储量基本吻合。反映出我国水泥工业用石灰石资源在区域分布上具有较好的可供性。

我国水泥产业发展迅速,2004年我国水泥需求量仅9.7亿t。2015年全国水泥需求量已达24.1亿t,增长148.5%,水泥需求量年平均增长率为9.5%。然而,我国水泥工业用石灰石资源储量的增长明显落后于水泥需求量的增长。2004年我国查明的总体水泥工业用石灰石资源储量为700.71亿t,2015年增长到1235.1亿t,仅增长76.3%,年均增长率5.8%。同时,高级别储量不增反降。2004年,我国水泥工业用石灰石储量为284.03亿t,至2015年剩下198.6亿t,下降了30.1%,年增长率为-3.5%。我国水泥工业用石灰石的储量下降,并不表示我国水泥工业用石灰石资源的供应出现了短缺。按2015年水泥消耗的原料计算,我国各重点水泥省级区域之中,已查明资源储量足以支撑其15年用量的区域有27个。储量下降只能说明我国近年水泥产业发展过快,消耗大量的高级储量资源,而新增的储量勘探程度低,造成我国水泥资源储量比例失衡,这也应引起了有关部门的注意。

目前,我国有约5000个水泥用灰岩矿山,其中大型开采矿山218家、中型矿山173家。大中型矿山企业占比10%不到,小型矿山占80%以上。小型矿山由于缺少开采规划,开采方式落后,资源浪费严重,资源利用率仅40%左右,但近年来已经出现了可喜变化。为了适应水泥现代化生产的需求,一批大型水泥企业,如南方水泥在地方政府的支持下,对地方水泥企业和水泥工业用石灰石矿山进行收购、重组,水泥工业用石灰石矿山数量减少,规模增大,水泥工业用石灰石矿山年采矿量大于500万t的大型矿山和年产量大于1000万t的特大型矿山不断涌现。海螺集团铜陵、贵池、枞阳、英德、芜湖及南方长兴、华润平南、冀东、丰润等都已跨入产量千万t以上特大型矿山行列。大型矿山使用大型先进开采设备,采用节能环保的开采流程,矿产资源的利用程度较高,一般在95%以上,部分能达到100%。

1.3.2　水泥工业燃料消耗

我国水泥一般由熟料、石膏、混合材三部分共同粉磨而成。熟料指精确配制的生料(各种原料按照预设化学成分配合并粉磨后的均匀混合物)在高温窑炉中烧制后的颗粒物,这一过程是水泥制备流程中燃料消耗主体环节。

我国石油与天然气相对匮乏,同时我国是煤炭储量大国,因此我国水泥熟料工业生产均使用煤炭作为燃料,只有高校、科研院所实验室考虑到实验工作便捷性,使用电力作为熟料制备的能源,其占国内水泥工业总能耗的比例几乎可以忽略不计。纯粹以电力作为水泥熟料制备用能源的研究进行了多年,不过至今仍停留在研发阶段,尚未实现工业化生产。综上所述,我国水泥工业消耗的燃料基本等同于煤炭消耗量。

国内各地生产条件差别较大,例如,南方地区一般缺乏发热量较高的优质煤炭,北方如山西、内蒙古、新疆等区域煤炭质量优良，显然，使用品位差的煤炭进行水泥生产将消耗更多的实物煤炭。不同区域水泥生产企业的煤炭消耗水平统一折算为单位熟料可比煤耗，互相之间才具有可比性，国家标准 GB 16780—2012《水泥单位产品能源消耗限额》给出了折算方法。

我国水泥工业各省级区域燃料消耗差别很大，山东、广东、浙江为前三名，一半以上省份每年标煤消耗量低于 500 万 t。

山东、广东、浙江等前十个水泥工业煤炭消耗大省的企业各代表性生产线燃料煤炭消耗状况如表 1-8 所示。

表 1-8　我国水泥工业煤耗消耗总量前十名省份单线可比熟料综合煤耗　单位：kgce/t

山东	广东	浙江	江苏	安徽	湖北	河南	河北	四川	广西
100.3	112.5	105.8	110	104.2	107.6	104.7	106.5	109.7	103.8
111.1	112.0	102	112.1	105.8	107.6	106.9	98.0	106	110.6
107.3	106.2	112.5	102.7	101.8	104.4	111.5	102.0	106.0	102.7
108.4	136.9	100.1	107.9	109	114.9	109.2	102.0	106.0	111.1
112.5	113.5	111	104.7	109	113.9	111.8	102.0	106.0	100.2
109.8	105.7	114.3	112.3	105	111.2	110.5	106.7	106.0	111.4
106.5	113.7	108.7	105	113.1	103.7	114.3	106.5	106.0	111.2
104.2	113.4	107.3	102.5	106.2	113.1	134.0	110.8	105.1	114.2
108.6	108.6	112.4	107.4	112.1	111.4	100.8	112.8	112.8	103.7
101.3	105.3	114.9	107.3	101	111	101.7	114.4	107.7	103.3
101.8	113.1	114.4	112.2	112.2	103.1	105.1	105	133.1	112.7
108.3	111.7	113.1	114.8	109.8	103.1	102.9	106.1	102.6	111.8
105.3	105	104	110.6	113	113.4	106	102.1	110.8	114.6
104	107.1	114	105.5	108.4	107.6	104.8	101.3	101.9	107.1
113.1	109.8	115	114	102.1	101.3	108.7	110.6	108	114.4
106.4	105.3	113.9	105.7	108.4	105.6	100.7	107.3	106.3	114.3
114.1	103.1	103.8	102.7	104	108.2	106.1	108.6	112.2	113.4
107.6	106.8	103.5	106.1	104.5	105.9	114.2	106.7	106.3	108
107.8	113.9	102.9	104.9	111.4	109.8	101.9	100.5	112.7	103.1
102.8	112.7	106.2	108.7	106.8	110	105.6	107.5	100.3	109.9
100.4	100.6	102	107.1	109.2	110.3	102.4	108.8	100.9	110.6
110.6	108.7	111.6	108.3	110.1	111	105.1	101.6	106.8	104.8
110.9	112	111.3	109.1	109	103	111.9	102.2	107.6	105.8

山东	广东	浙江	江苏	安徽	湖北	河南	河北	四川	广西
111.6	101.6	105.7		114.5	108.4	106.3	103	114.8	103.8
102.4	104.7	109.2		110.1	112.1	111.1	100.9	108.5	108.9
105.5	106.2	101.8		114.6	103.7	114.7	113.6	107.7	107.4
104.6	108.6	107.8		102.3	107.7	108.3	122.3	102.9	107.7
113.2	101.5	109.6		113.8	102	97	104.7	109.8	103.2
106.9	110.8	110.3		100.2	114.9	107.8	102.8	110.5	108.5
109.7	104.3	111.9		108.5	107	100	112.8	101.8	101.8
104.4	112.2			100	113.8	110.4	100.5	111.7	110.5
105.7	107.6			109.5	103.2	104.3	101.8	108.1	104.2
109.1	109.8			108.7	113.7	112.2	102.1	100	107.5
114.2	101.2			104		101.3	103.1	104.9	108.7
100.8	112.7			103		110.6	101.7	100.8	109.1
103.7	103.4			109.5		104.5	105.7	101.2	101.3
100	106.2			102.2		112.3	111.2	108	104.2
112.5	102.7			104.4		104.1	105.5		103.5
112.2	102.5			109.5		104.5	104.8		101.9
112.1	101.2			100.7		105.4	103.5		103.1
103.5	109.6			109.6		107.8	113.1		
112.4				111.9		114.2	101		
103.4				104		107	110.3		
103.6				106.3		111.2	102		
113				102.4		108.5	112.4		
111.6				108.7		110.9	111.7		
108.1				113.6		112.8	108.4		
110.8				104.5		108.4	102.3		
111.3				103.9		105.8	109.9		
106.4				110.9		109	108.3		
112.2				102.2		106.5	101.5		
111.7				111.1		106.9	110.2		
112.5				107.9		114.8	106.9		
114.6				102		112.4	107		

续表 1-8

山东	广东	浙江	江苏	安徽	湖北	河南	河北	四川	广西
106				106.1		100	112.4		
111.1				102.8		113.3	104.1		
108.5				109.6		107.6	108.4		
106.5				107.6		103.7	113.2		
114.3				101.6		103.4	110.9		
101.6				107.3		102.7	110.2		
108.6				113.6		114.1	103.8		
112.4				111.3		111.4	112.7		
111.3				112.2		100.3	110.6		
107.6				104.2		114.3	108.2		
107.6				113.4			113.1		
110				112			108.5		
101.2				102.2					
104.1				104.6					
102.7				102.7					
108.8				104.4					
106.4				104.6					
109.8				110					
114.8									
103.2									
110.4									

注：每列数据代表该省级区域各条生产线可比熟料综合煤耗。

1.3.3　水泥工业电力消耗

　　水泥是一种 80 μm 筛余一般不超过 10%、D50 一般为 20~40 μm 的粉体物料。水泥粉磨前的主要组分熟料为粒径厘米级别的不规则颗粒物料，另外一种主要组分混合材的一般粒径多在 80 μm 以上，个别废弃物如粉煤灰可能存在较小粒径颗粒。综上所述，水泥制备过程中需要对大尺寸物料进行粉磨处理，由此产生较大电力消耗，同时，熟料生产的窑炉各部件运转也需要电力，水泥生产线各种附属设备如除尘器、脱硝运行等环节亦需要电力。电力消耗是水泥生产的主要能源消耗之一。

　　对我国各省级区域水泥工业电力消耗状况进行调查，与表 1-8 对应的十个水泥工业生产大省的企业单条生产线可比电力综合电耗如表 1-9 所示。

表 1-9　我国水泥工业十个产量大省单条生产线可比电力综合电耗　单位:(kW·h)/t

山东	广东	浙江	江苏	安徽	湖北	河南	河北	四川	广西
79.3	78	78.5	82.7	64.8	62.3	81.1	66.4	71.4	65.3
83.3	62.5	72.5	63.5	79.1	80.6	69.8	78.9	79.1	68.4
84.2	68.8	68.8	67.8	71	76.4	76.9	57.0	82.5	72.5
67.3	62.2	77.4	76	63.8	65	63.2	57.0	66.1	83
74.9	68.7	67.9	79.6	70.6	70.5	68.8	57.0	69.5	81.9
79.3	70.3	83.5	70.2	68.4	82.4	84.2	72.5	80	78.2
73.2	62.4	83	78.1	75.4	81.3	82.9	69	70.2	69.1
76.4	63.9	63.5	62.1	83	82.3	76.9	75.9	76.3	65.5
73.8	71.7	64.4	79.2	62.6	72.2	63.1	62.7	75.6	79.9
77	71.4	79.7	69.3	80	70.5	73.5	65.4	82.1	74.8
69.5	68.9	78.1	71.2	73.5	77.2	77.7	68.5	84.2	78.9
83.3	62.7	67.6	77.8	65	82.5	79.1	84	68.2	83.2
71.6	67.5	83.2	80.2	65.2	83.7	68.5	62	65.5	77.6
72.7	76.7	78.8	72.1	77.4	79.9	70.0	75.9	74.6	81.6
62.5	83.2	69.1	76.5	73.9	67.1	68.2	69.4	68.4	62.2
75	79.2	63.1	75.5	76.2	76.9	79.3	71.5	70.5	80
64.5	80.3	81.5	62.5	71.6	68.6	73.2	67.5	71	68.8
79.8	75.9	68.9	68.2	77.4	82.8	62.1	74	68.2	83.5
74.1	62.4	66	66.6	76	82	62.3	68.8	78.6	66.5
64.1	82.9	80.3	85	62	70.5	76.1	72.1	81.4	64.6
75	67.9	74	83.7	76.5	69.1	65	63.5	84.9	84.8
80.1	83.7	79.8	79.2	81	84.3	79.4	82.3	79.7	64.7
83.4	63.5	81.8	62.6	79.5	76.1	69.8	71.4	66.1	65.6
64.5	67	77.3		67.4	67.6	68.4	73.3	71.5	84.4
68.3	73.6	80.9		62.7	72.9	76.4	84.4	70.5	68.2
70.1	82.4	71		71.6	79.7	72	81.8	84	63.8
75.3	84.9	79		63.2	65.5	80.9	77.8	81.7	72
69.3	68.7	74.2		76.2	62.6	75.2	83.6	64.7	73.5
62.4	78.2	79.3		69.4	73.3	69.7	70.4	67.5	66.6
67.1	71.7	75		82.5	65.1	72.7	76.1	70.5	73.2
63.7	69.8			69.3	78.9	72	84.2	74.3	69.8

续表 1-9

山东	广东	浙江	江苏	安徽	湖北	河南	河北	四川	广西
69.1	64.5			64	77.6	72.8	69.2	63.5	65.3
84.1	77.8			75.8	69	68.5	72.6	74.6	69.5
80.9	84.2			79.7		64.4	73	67.2	78.3
72.8	79			68		83.7	71.3	75.7	76.2
81.7	63.2			80.1		65.2	75	66.7	67.6
73.4	67.4			62.5		75.7	71.6	69.7	76
66.6	76.1			78.8		76	73.7		84.5
72.1	80.8			68.6		66.1	73.7		63.9
75.7	62.1			65.5		82.3	66.8		84.7
71.8	78.7			79.1		68.2	80.1		
64.2				65.3		83.2	72.7		
73.4				69.6		64.7	75.8		
65.2				62.7		84	80.6		
72.1				84.2		69.1	80.6		
84.8				77.6		66.6	81.4		
65.4				71.8		66.4	83.1		
64.9				67.4		77.3	62.9		
64.1				71.2		75.4	78.1		
77.8				65.6		76.8	64		
84				62.7		74	68.2		
68.3				80		80.7	65		
72.6				63.8		62.6	80.5		
83.8				73.1		80.2	62.3		
66.6				63.6		73.7	71.7		
79.5				83		72.9	68.6		
77.9				71.8		74.9	68.9		
69.1				73.3		66.3	80.1		
83.4				65.4		79.9	76.8		
72.8				71		79.4	79.9		
78.2				82.9		83.3	76.2		
81.9				77.7		70.9	81.9		

山东	广东	浙江	江苏	安徽	湖北	河南	河北	四川	广西
73.5				72.2		81.8	62.1		
63.9				71		74.9	80.2		
69.7				68.2			81		
66.9				82.3			64.5		
69.9				63.1			74.7		
63.2				80.8					
68.6				78.4					
84.5				69.4					
68.1				67.6					
66.9									
67.2									
65.8									
63.6									

注:每列数据代表该省级区域各条生产线可比电力综合电耗。

1.3.4 水泥工业污染物排放

水泥熟料生产需要煤炭进行高温煅烧,高温煅烧过程中会产生氮氧化物,对环境造成污染,考虑到水泥是一种产量达亿吨的产品且短期内难以被其他建筑材料规模化取代,水泥生产过程中产生的氮氧化物是主要的污染源。近年来,我国水泥工业对此问题进行重点整治,单位浓度氮氧化物排放值已经从之前的近 800 mg/m^3下降了 50% 以上。

与表 1-8 对应的我国水泥工业十个产量大省的企业单线氮氧化物排放范围如表 1-10 所示。

表 1-10 我国水泥工业十个产量大省单线氮氧化物排放范围　　　　单位:mg/m^3

山东	广东	浙江	江苏	安徽	湖北	河南	河北	四川	广西
105~244	164~303	226~260	166~191	186~308	291~305	164~296	244~245	194~266	220~280
310~319	233~291	194~282	100~265	101~254	255~317	276~276	126~168	182~278	217~300
172~284	149~198	287~318	172~284	260~291	113~168	236~284	240~256	279~302	158~233
225~266	167~300	277~295	296~316	129~170	104~319	208~237	289~297	311~316	103~265
107~315	250~318	145~271	155~310	118~187	304~319	105~230	289~295	278~296	227~294
267~283	217~230	236~318	288~292	145~193	199~264	185~295	252~282	124~316	229~271
174~293	109~193	140~249	156~305	137~279	274~311	108~237	272~272	163~195	315~318

续表 1-10

山东	广东	浙江	江苏	安徽	湖北	河南	河北	四川	广西
102～263	307～317	302～314	247～291	260～267	309～318	116～305	105～221	192～223	166～202
239～314	207～317	129～221	297～320	231～304	223～304	147～183	103～281	256～284	201～205
316～316	310～316	137～274	163～225	284～294	294～307	299～320	152～188	143～168	100～246
254～290	220～235	260～286	114～319	224～311	185～225	191～220	132～285	165～273	224～313
312～315	220～235	164～319	234～245	222～277	105～113	232～244	190～294	205～214	274～296
104～232	220～235	131～274	301～317	178～245	202～310	301～318	259～302	254～299	248～302
225～260	316～319	286～310	230～305	298～311	126～274	310～319	216～217	308～318	222～310
237～283	220～235	173～209	231～303	239～249	148～305	127～289	306～318	186～259	242～271
168～288	191～307	284～304	195～227	245～245	270～292	195～249	292～299	164～210	125～200
102～147	205～292	296～310	165～238	278～318	263～282	241～300	110～298	130～130	161～284
146～211	314～319	160～250	245～269	234～286	106～283	141～222	115～158	238～315	200～200
157～211	231～271	285～309	165～314	239～247	212～214	138～173	284～303	204～259	102～284
159～232	215～262	262～276	282～307	116～280	267～286	276～289	227～248	188～191	249～300
137～252	255～301	317～320	291～291	238～310	244～274	258～268	265～298	224～299	277～283
138～163	312～313	121～249	121～177	185～229	216～231	290～307	145～280	238～266	183～236
161～172	250～289	300～308	306～319	212～294	156～248	187～198	205～240	127～291	263～270
294～294	200～293	155～201		301～310	152～297	102～294	309～311	119～174	169～282
111～174	309～317	160～263		268～313	105～192	191～283	145～198	118～228	135～283
160～216	241～320	252～304		142～300	186～192	134～143	311～312	292～320	157～182
126～216	217～292	233～261		243～308	296～320	173～213	275～318	202～287	264～303
152～319	207～255	299～312		104～238	121～123	189～212	173～208	147～248	251～266
129～172	202～318	230～276		261～275	305～308	201～317	179～220	100～307	229～284
276～291	235～320	294～301		173～177	115～152	164～195	180～287	212～310	169～196
246～274	102～259			125～211	113～181	276～281	180～301	131～161	305～313
118～141	138～237			155～167	101～227	222～287	299～319	109～111	143～266
121～252	286～296			214～243	174～183	181～236	149～231	136～168	100～139
314～315	278～289			116～263		153～186	307～311	226～256	231～290
116～159	268～281			234～287		203～315	128～135	303～305	262～304
230～285	285～317			152～164		110～182	147～282	298～311	125～286
211～242	172～316			243～318		156～247	158～309	151～214	306～309
318～319	244～302			236～242		206～290	272～318		246～283

山东	广东	浙江	江苏	安徽	湖北	河南	河北	四川	广西
212~291	296~301			261~301		288~304	311~320		163~279
196~268	269~316			173~202		238~288	200~264		234~306
117~244	117~190			214~254		269~303	141~273		
152~188				242~295		129~202	269~318		
239~286				193~295		143~218	304~310		
206~245				206~259		152~257	231~259		
287~293				149~273		101~206	208~299		
161~250				122~182		156~242	300~316		
202~243				129~227		277~314	295~317		
250~291				150~209		313~314	255~313		
240~242				283~317		141~143	259~264		
308~317				264~264		277~291	308~310		
292~319				198~281		290~310	211~227		
147~247				318~319		210~243	173~214		
270~300				286~300		226~287	284~316		
278~315				247~274		237~277	220~299		
128~282				204~296		237~301	198~251		
309~309				104~228		305~307	102~122		
171~241				281~306		259~319	213~289		
210~309				180~224		153~194	173~244		
200~270				158~246		128~163	236~256		
296~306				159~295		133~298	100~125		
220~229				265~304		304~311	311~311		
125~166				170~203		146~164	299~316		
263~297				230~294		301~315	147~304		
219~317				248~310		265~267	284~304		
206~300				246~257			270~311		
227~314				234~270			162~223		
189~289				145~287			316~319		
232~235				167~307					
169~291				221~283					

续表 1-10

山东	广东	浙江	江苏	安徽	湖北	河南	河北	四川	广西
277～281				197～303					
268～270				272～313					
130～211									
161～308									
262～292									
300～300									

注:每列数据代表该省级区域各条生产线氮氧化物排放范围。

1.3.5　水泥企业分布区域和经济发展相关性

（1）分布区域

水泥是一种资源、能源依赖型的原材料产业,同时受到销售市场半径和产品保质期两方面因素的制约。通常而言,水泥物流运输合理半径随运输方式不同而不同:汽运为150～200 km,铁运为 300～500 km,水运则在 600 km 以上。水泥保质期一般小于 30 d,时间过长有可能会影响水泥强度等性能指标。水泥制备需要巨量原料,尤其是以石灰石为代表的钙质原料矿山是制约水泥生产线分布的重要因素,它同时也是一种不可再生资源,水泥用原燃料的运输成本是水泥生产成本的重要构成部分。上述因素都均决定了水泥工业具有鲜明的区域特征。换言之,水泥产品是一种区域性“短腿”产品。因此,水泥工业环境深度调查样本选择具有“区域”特性;不同区域的水泥工业环境状况可以互相对比、借鉴,但绝不能生搬硬套。

（2）水泥需求量与经济发展的关系

世界发达国家和地区的水泥工业发展经验表明,一个国家或地区的水泥需求量或消费量与该国或该地区所处经济发展阶段密切相关,需求趋势一般遵从“S”曲线规律(图 1-8):

① 当一个国家或地区处于经济起步阶段时,水泥需求量会呈缓慢上升态势;

② 当区域经济进入高速增长期时,区域水泥需求呈快速增长态势;

③ 当区域经济处于高速增长时期的大规模建设阶段时,区域水泥需求将达到高峰期(亦称拐点、饱和点或顶点);

④ 当区域经济进入成熟期之后,区域水泥需求量会逐渐下降并趋近于一个常量。

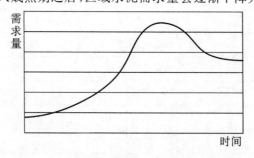

图 1-8　区域水泥需求量随时间变化的示意图

1.4　本 章 小 结

现阶段我国水泥工业环境本底状况具有如下特点：

（1）我国水泥工业产能区域分布不均衡问题依然存在。

（2）某些水泥生产用原料未来将存在特定区域短缺现象。

（3）我国水泥工业由于体量庞大，对环境资源能源消耗总量仍处于较高水平。

（4）中国水泥工业每年消纳数亿吨其他行业排出的废弃物与城市污染物，对环保做出巨大贡献。

（5）我国水泥工业对环境影响有正有负，考虑水泥工业巨大产品体量，水泥行业区域性特征若消失，有可能对区域环境状况造成负面影响。

为此，我国水泥需要从以下几方面加大工作力度：

（1）环保力度加强，有可能制约区域水泥工业发展，考虑到水泥产品短期内难以规模化取代这一现实，这种制约对区域社会发展的作用需要谨慎评估。

（2）未来我国水泥工业发展将从社会产品提供者逐渐转型为其他行业典型固体废弃污染物的大宗消纳者与城市污染物的无害化处置者。

（3）产品体量巨大是水泥工业的鲜明特色，这一特色将促使水泥工业与环境和谐共存，有利于社会和谐发展。

本章参考文献

[1] 高长明.中国水泥工业环境数据报告的镜鉴[J].水泥,2014(1):1-4.

[2] 孔祥忠.不要在环境问题上妖魔化水泥工业[J].水泥助磨剂,2014(1):1-2.

[3] 范永斌.2014年水泥行业科技发展报告(上)[J].中国水泥,2015(7):26-35.

2 资 源 篇

2.1 概 述

　　水泥是以石灰石为主要原料,经破碎、配料、磨细制成生料,喂入水泥窑中煅烧成熟料,加入适量石膏、混合材或外加剂等磨细而成。它按用途及性能分为三大类:通用水泥、专用水泥和特种水泥。我们常说的水泥指的就是通用水泥,即硅酸盐水泥,占据总水泥产量的98%以上。每生产1t水泥熟料,大约需要生料1.5 t,其中钙质原料(主要是石灰石)1~1.3 t,硅质原料(砂岩、黏土等)0.15~0.225 t,铁铝质原料(铁矿渣等)0.008~0.0225 t,燃料(煤粉)0.13~0.165 t。每生产1t硅酸盐水泥,大约需要水泥熟料0.7 t,石膏约0.05 t,各种混合材料0.25 t。我国硅酸盐水泥的熟料系数远远低于国际平均水平,这表明我国水泥工业的工艺先进性,也表明水泥中的混合材掺入量上升,深加工的混合材替代部分熟料,降低水泥的单位碳排放量已成趋势。据统计,当熟料系数为0.7~0.8时,强度等级为32.5的水泥用量占总量的20%。

　　进入21世纪之后,我国水泥工业不论是技术装备水平还是产业结构均发生了巨大的变化。我国水泥工业已经迈入"创新提升、超越引领"的新阶段,水泥工业未来发展的主要方向在于水泥绿色化制备的研究与应用,水泥生产过程是一个包含了原料制备、熟料烧成、水泥粉磨等多个环节的材料制备过程,而原料的特性与配比、制造工艺与装备、生产规模与技术等因素将直接影响水泥生产中资源、能源的消耗与污染物的排放。

　　水泥工业作为资源消耗密集型产业,产量增加,资源消耗量也在不断增加。仅2015年我国水泥工业共消耗25.83亿t石灰石和4.23亿t黏土质原料。2000—2015年共计消耗260亿t石灰石和42亿t黏土质原料,见图2-1。据统计,我国可用于水泥生产的石灰石储量为504亿t,在水泥产量不增,保有储量不降的前提下,全国的保有储量可供水泥生产50年左右。未来石灰石资源将制约我国水泥工业的发展。

　　经过改革开放以来的快速发展,我国水泥工业不论从技术、产品总量、产品品种、装备、工程设计等方面都得到巨大发展。2012年,国际能源署(IEA)和水泥可持续发展倡议组织(CSI)联合研究并发布了《2050水泥技术路线图》;提出了替代原燃料应用,提高混合材掺量等多项碳排放技术路线。从环境安全和技术经济层面上看,水泥工业协同处置固体废物、替代原燃料应用、提高混合材掺量等,现今已是一项环境安全、经济合理、工艺成熟的实用技术(BAT)。通过这项技术可节省大量不可再生的天然化石燃料,减少吨熟料的CO_2排放,降低熟料生产成本。

　　我国自20世纪50—60年代,开始利用工业废渣,70—80年代利用工业废渣的种类和数量在不断增加,除矿渣外,粉煤灰、煤矸石、电石渣、钢渣、磷渣、铜渣、赤泥、糖渣、排烟脱硫石膏等相继进入水泥生产领域,不但用作水泥混合材,还用作熟料生产配料。20

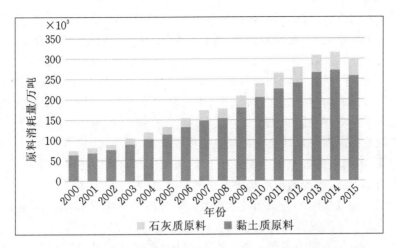

图 2-1 2000—2015 年水泥石灰质、黏土质原料消耗情况

世纪 90 年代开始在处理城市垃圾、下水道污泥及一些有毒有害物方面,也不断取得进展。进入 21 世纪以来,水泥工业发展循环经济的路子越走越宽,优惠的政策导向和良好的经济效益,吸引更多的企业进入发展循环经济行列。

本章收集了不少于 1000 个水泥生产线原料消耗数据,以掌握水泥工业生产资源消耗及其对环境影响的基础信息;选取矿山开采区典型样本(不少于 120 个),对水泥工业生产中矿区开采全过程各环节对生态环境造成的影响进行系统调研与分析评价;进行数据整理汇总,分析我国水泥工业资源消耗水平及其对环境影响机制与规律,构建我国水泥工业资源消耗状况及其对环境影响分析数学模型,为中国水泥工业环境状况数据库及信息共享服务平台建设提供必要的数据支撑,为建设资源节约型的水泥工业提供理论基础。

本书通过文献查阅、企业调研、专家访谈等方式获得第一手数据,同时还通过国内公布的技术目录、发展规划、方案、行业协会,以及国外相关数据库、网站等进行相关数据的完善。

1000 套基础数据的识别主要有三个步骤:清单模板的设计;根据模板,搜集相关技术名录等信息;咨询相关专家,根据行业专家与技术人员的意见,修改、补充和确定技术清单。

关于水泥行业资源消耗信息模板,根据水泥行业流程化工作特点,对入窑生料配料阶段、水泥粉磨阶段进行划分。

在识别 20～30 项减缓技术的基础上,基于技术评估指标搜集数据,汇总成 2014—2019 年中国水泥工业资源消耗状况及其对环境影响的调查数据;在此基础上,由于物力、人力的限制,难以对全部水泥企业资源消耗进行普查。抽样调查方法操作简单,节省时间和经费,通过误差控制也能较为准确地采集数据。为保证调研样本的典型性,客观反映我国水泥行业发展现状,课题组结合各集团熟料生产线分布特点、我国不同区域水泥产量,参照经济区域的划分方法将调研企业分为八个区域,分别为东部地区(辽宁省、吉林省、黑龙江省)、北部沿海地区(北京市、天津市、河北省、山东省)、东部沿海地区(上海市、江苏省、浙江省)、南部沿海地区(福建省、广东省、海南省)、黄河中游地区(陕西省、内蒙古自治区、河南省、山西省)、长江中游地区(安徽省、江西省、湖北省、湖南省)、西南地区(广西壮族自治区、重庆市、四川省、贵州省、云南省)、大西北地区(西藏自治区、甘肃省、青海省、宁夏回族自治区、新疆维吾尔自治区)。企业类型既有中建材、海螺等熟料产能十强集团的国有企业,又有民营企业;既有日产 1500 t 水泥熟料的小规模企业,又有日产 1 万 t 以上熟料的大型生产基地;既有利用石灰石等传统原料制备熟料的常规生产线,又有使用电石渣、废弃物、电镀污泥等制备水泥的特色生产线。深入分析调研企业的原料使用、生产工艺、矿山开采、混合材使用、环境影响等方面可以较好地研究我国水泥工业资源消耗水平及对环境影响机制。

熟料产能的提高促使水泥企业市场集中度提升。2005—2016 年,全国十强水泥企业的市场集中度(水泥销量占全国水泥总销量的比例排序)由 15% 逐步提升至 36%,相比于熟料产能的集中度,水泥的市场集中度仍然很低,且提升较为缓慢。

调研大型企业或集团的资源消耗水平及其对环境的影响具有重要的现实意义,将为构建水泥行业的环境状况数据库提供强大的数据支撑。

由于各集团公司不同的发展战略,水泥熟料生产线分布具有明显的地域特点,东北三省和新疆、西藏、青海、宁夏、甘肃七个省份的水泥产量显著低于其他省份。水泥产量大省多集中在沿海地区。近 5 年内大部分省水泥产量持续增长,仅河北省出现显著下降,吉林省、四川省、广东省产量出现显著波动。

通过查阅十大集团网站,课题组整理了各集团水泥板块相关信息,编制了水泥熟料生产线的企业目录,掌握了各公司的地理位置、生产规模、产能大小、工艺特点和主要产品,为筛选实地勘察的企业奠定了基础。

2.2　天然钙质和硅铝质原料调研

生产水泥用的天然原料主要为钙质、硅铝质和校正原料。常用的天然原料种类见表 2-1。

表 2-1　天然原料的种类

类别	具体种类
石灰质	石灰岩、泥灰岩、大理岩、白垩、海生壳类等
黏土质	黄土、页岩、泥岩、粉砂岩、河泥等
硅质	砂岩、河砂等
铁质	硫铁渣、铁矿石等
铝质	铝矾土、煤矸石等

2.2.1　钙质原料

天然钙质原料以石灰岩为主,其次为泥灰岩、大理岩,另外还有少量的白垩、贝壳、珊瑚等。

2.2.1.1　石灰岩

石灰岩主要是由碳酸钙所组成的沉积岩。主要矿物是方解石,常常含有白云石、菱镁矿、石英、蛋白石、含铁矿物和黏土矿物等,是一种具有微晶或隐晶结构的致密岩石。

石灰岩一般呈块状、无层理,结构致密,密度为 $2.6\sim2.8$ g/c m^3,它随石灰岩的孔隙率、杂质含量及结构构造不同而异;湿度一般为 1.0%(表层水分含量较高),与孔隙率和气候有关;性脆,耐压强度随结构和孔隙率而异,在 $30\sim170$ MPa 之间,一般为 $80\sim140$ MPa;松散系数一般为 $1.5\sim1.6$。

石灰岩的成因类型分海相沉积矿床、陆相沉积矿床、重结晶作用形成的矿床和岩浆以及热液生成的碳酸盐岩矿床。海相沉积石灰岩矿的矿体呈层状、似层状或大透镜状。矿石成分一般比较均匀、质量好,矿层厚度、长度和规模都比较大,是最有工业价值的矿体。

中国石灰岩矿床以海相沉积类型为主,资源较为丰富,在每个地质时代都有沉积,各个地质构造发展阶段都有分布。但质量好、规模大的石灰岩矿床往往赋存于一定的层位中,如东北、华北地区中奥陶纪石灰岩是极其重要的层位,中南、华东、西南地区泥盆纪石灰岩,华东、西北及长江中下游的奥陶纪石灰岩均为水泥原料的重要层位。

2.2.1.2　其他钙质原料

(1) 泥灰岩

泥灰岩是一种介于碳酸盐和黏土岩之间的过渡类型岩石。泥灰岩中的方解石含量为 $50\%\sim75\%$,黏土矿物含量为 $25\%\sim50\%$。当黏土矿物含量少于 25% 时,称为含泥石灰岩或泥质石灰岩。泥灰岩常呈微粒结构或泥状结构,矿物颗粒粒径一般小于 0.01 mm。这种岩石常产于石灰岩和黏土岩的过渡地带,夹于薄石灰岩或黏土岩之中,呈透镜状或薄层状。某些泥灰岩的化学成分适合水泥生料的要求,无须与其他原料配合,即可烧制水泥熟料,这种泥灰岩称为"天然水泥石"。目前使用泥灰岩时多与优质石灰石搭配。泥灰岩的物理性质与石灰岩相似,硬度低于石灰岩,黏土物质含量越高,硬度越低;其颜色取决于黏土物质,在黄色到灰黑色之间变化。

泥灰岩在中国主要分布于中寒武纪和奥陶纪马家沟组中,南方主要产于下石炭纪和中、下三叠纪。

(2) 大理石、白垩、贝壳、珊瑚类

大理岩的物理化学性质与石灰岩相近,一般情况下,比重、体重略高于石灰岩,抗压强度略低于石灰岩。

白垩是一种海相及湖相生物化学沉积岩。常见的有黄白色及乳白色,经风化及含有不同杂质而呈浅黄色和浅褐红色等。一般为隐晶结构,质软,易采掘和粉磨。

贝壳、珊瑚等主要分布在沿海地区。其成分为生物碳酸钙,含杂质很少。但采掘贝壳和蛎壳时往往夹有大量的泥质和细砂等,需经冲洗后才能利用。

2.2.2　硅质原料

水泥生产中硅质原料的选择主要取决于水泥企业所在地的资源状况及生产工艺,湿法生产一般以黄土、黏土为主,干法生产以页岩、粉砂岩、砂岩、泥岩等较为有利。这些硅质原料大都为沉积岩,是由沉积物经过压固、脱水、胶结及重结晶作用形成的岩石。

2.2.2.1　黏土

水泥生产采用的黏土是由小于 0.01 mm 粒级的黏土矿物组成的土状沉积物,根据其矿物成分不同,常见的有高岭土黏土、蒙脱石黏土、水云母黏土等。黄土专指第四纪陆相黏土质粉砂沉积物,多为灰黄色,呈疏松或半固结状态。

黏土又分为华北、西北地区的红土,东北地区的黑土与棕壤,南方地区的红壤与黄壤。红土中黏土矿物主要为伊利石和高岭土,还有长石、石英、方解石、白云母等矿物。红土中氧化硅含量较低,硅率为 1.4～2.6,氧化铝与氧化铁含量较高,铝率为 2～5。黑土与棕壤中的黏土矿物主要是水云母与蒙脱石,还有细分散的石英以及长石、方解石、云母等矿物。它们的氧化硅含量较高,硅率为 2.7～3.1,铝率为 2.6～2.9。红壤与黄壤中的黏土矿物主要是高岭土,其次是伊利石、叙永石、三水铝矿等,还有石英、长石、赤铁矿等矿物,硅率为 2.5～3.3,铝率为 2～3。

黄土主要分布在华北与西北地区。黄土中的黏土矿物以伊利石为主,还有蒙脱石与拜来石,以及石英、长石、方解石、石膏等矿物。黄土化学成分以氧化硅、氧化铝为主,硅率在 3.5～4.0 之间,铝率在 2.3～2.8 之间。黄土中含有细粒状的碳酸钙,一般氧化钙含量达 5%～10%。

部分厂矿黏土化学成分见表 2-2。

表 2-2　部分厂矿黏土化学成分

烧失量	SiO_2	Al_2O_3	Fe_2O_3	CaO	MgO	Na_2O	SO_3	Cl^-
5.62%	71.17%	14.09%	6.38%	0.41%	0.72%	0.63%	0.04%	0.005%

2.2.2.2　页岩、砂岩

玄武岩的主要化学组成为 SiO_2、Al_2O_3、Fe_2O_3,与黏土类似。由于玄武岩是火山爆发岩浆喷出地表骤冷而形成的硅酸盐岩石,主要由玻璃相构成,熔点较低,熟料烧成温度可降低 100～150 ℃,相比于黏土矿物更容易与 CaO 结合,可促进熟料的烧成。

矿物组成主要是以石英为主的燧石灰岩、砂岩等原料,SiO_2 含量较高,生料配料时通常作为硅质校正原料使用。使用这些原料替代黏土配料,生料的易烧性较差,需要采取控制原料细度、加入矿化剂或快速升温等措施来促进熟料的烧成。

页岩分布较广,分泥质页岩、钙质页岩、砂质页岩和粉砂页岩等。主要矿物组成为石英、长石、云母、方解石和其他黏土质成分,一般比黏土硬。砂岩和粉砂岩属于沉积中的碎屑岩类。砂岩是由各种成分的砂粒胶结而成的岩石,其砂粒直径在 0.1～2 mm 之间,胶结物质有泥质、钙质、铁质和硅质等,其矿物成分主要为石英和长石。粉砂岩由直径 0.1～0.01 mm 的砂粒胶结而成,其主要成分以石英为主,有少量长石、云母、绿泥石、重矿物及泥质混入物等。部分厂矿的页岩、砂岩、粉砂岩的化学组成见表 2-3。

表 2-3　部分厂矿的页岩、砂岩、粉砂岩的化学组成

类别	水分	烧失量	SiO_2	Al_2O_3	Fe_2O_3	CaO	MgO	SO_3	K_2O	Na_2O	粒度	碱含量
砂岩 1	9.4%	5.66%	76.17%	8.28%	2.66%	1.32%	1.56%	0.27%	2.61%	0.2%	34.37%	1.92%
砂岩 2	3.57%	4.09%	79.47%	6%	3.68%	0.91%	0.32%			0.43%		
页岩	8.3%	5.66%	66.7%	14.48%	5.14%	0.42%	1.82%	0.12%	4.05%	0.11%	34.76%	2.78%
粉砂岩		5.63%	67.28%	12.33%	5.14%	2.80%	2.33%					

2.2.2.3 河泥、湖泥、江砂

河湖淤泥、江砂可作为黏土质原料。这一类原料一般储量大,并不断自行补充,化学组成稳定,可以利用。但水分含量高,用于干法水泥生产时需进行脱水处理。有关厂矿所用的河泥、湖泥及江砂的化学成分见表2-4。

表 2-4 部分厂矿所用的河泥、湖泥及江砂的化学成分

类别	烧失量	SiO_2	Al_2O_3	Fe_2O_3	CaO	MgO	K_2O	Na_2O	R_2O	SM
河泥	2.96%	82.47%	6.39%	4.77%	1.12%	0.75%	1.03%	0.17%	0.87%	9.62%

表 2-5 对比了部分硅质原料物理性能,可见砂岩硅率较高,黏土、页岩、千枚岩硅率较低;黏土水分含量最高,其次是粉砂岩、千枚岩,砂岩的水分含量最低;页岩、砂岩的抗压强度较高,开采较困难。

表 2-5 部分硅质原料化学成分及物理性能对比

类别	化学成分						硅率	矿石质量 /(t·m⁻³)	抗压强度 /(kg·cm⁻²)	含水率
	烧失量	K_2O	Na_2O	K_2O	Na_2O	K_2O				
黏土	8.21%	63.08%	14.98%	5.86%	3.02%	1.37%	3.03%	1.6	—	12%~18%
页岩	5.33%	67.12%	15.17%	5.91%	0.47%	1.52%	3.18%	2.58	125~362	8%~12%
粉砂岩	5.61%	68.56%	16.67%	4.03%	0.26%	0.64%	3.31%	2.54	—	10%~12%
砂岩	2.94%	78.65%	10.11%	4.95%	0.14%	0.70%	5.26%	2.28	93~458	5%~8%
千枚岩	5.15%	63.68%	17.79%	7.76%	0.14%	0.61%	2.49%	2.03	<200	10%~14%

2.2.3 校正原料

当钙质原料和硅质原料配合仍不能满足水泥生料化学组成的要求时,必须根据所缺少的组分,掺加相应的校正原料。校正原料分为硅质校正原料和铁、铝质校正原料。

2.2.3.1 硅质校正原料

当氧化硅含量不足时,须掺加硅质校正原料。常用的有砂岩、河砂、粉砂岩等。砂岩中的矿物主要是石英,其次是长石,其胶结物质主要有黏土质、石灰质、硅质、铁质等。一般要求硅质校正原料的氧化硅含量为70%~90%。大于90%时,由于石英含量过高、难于粉磨、煅烧、很少采用。河砂的石英结晶完整粗大,不宜采用。风化砂岩或粉砂岩,其氧化硅含量不太低,且易于粉磨,对煅烧影响较小。表2-6为几种硅质校正原料的化学成分。

表 2-6 硅质校正原料的化学成分

种类	烧失量	SiO_2	Al_2O_3	Fe_2O_3	CaO	MgO	总计
砂岩	8.46%	62.92%	12.74%	5.22%	4.34%	1.35%	95.03%
河砂	0.53%	89.68%	6.22%	1.34%	1.18%	0.75%	99.7%
粉砂岩	5.63%	67.28%	12.33%	5.14%	2.8%	2.33%	95.51%

2.2.3.2　铁质、铝质校正原料

若氧化铁或氧化铝含量较低,可分别掺入低品位铁矿石、尾矿和铝矾土等进行校正。氧化铁含量不够时,应掺加氧化铁含量大于 40% 的铁质校正原料,常用的有低品位铁矿石、炼铁厂尾矿以及硫酸渣等工业废渣。有关校正原料的化学成分见表 2-7。

表 2-7　铁质校正原料的化学成分

类别	烧失量	SiO_2	Al_2O_3	Fe_2O_3	CaO	MgO	FeO	CuO	总和
铁矿石	—	46.09%	10.37%	42.7%	0.73%	0.14%	—	—	100.03%
硫铁矿渣	3.18%	26.45%	6.45%	60.30%	2.34%	2.22%			100.94%
铜矿渣	—	38.4%	4.69%	10.29%	8.45%	5.27%	30.9%		98.00%
铅矿渣	−3.10%	30.56%	6.94%	12.93%	24.2%	0.60%	27.3%	0.13%	99.56%

2.3　替代性硅质原料及混合材的调研

为节约水泥制造成本,改善水泥特性及品质,并且能可靠、低成本地利用固体废物,水泥企业在生产中都或多或少地使用了替代原料。依据其主要组成物质分类,替代原料可划分为钙质、硅质、铝质、铁质、硫质或氟质材料。

2.3.1　替代性硅质原料

近年来,许多学者对各类替代性硅质原料进行了探索研究。除页岩、砂岩、玄武岩等天然替代性原料之外,尾矿、煤矸石、污泥等工业固体废物以及废弃混凝土的再利用不仅解决了废弃物处理的难题,还节约了宝贵的黏土矿物资源,成为替代性硅质原材料研究的主要方向。

选矿厂尾矿是我国产出量最大、综合利用率最低的工业固体废弃物之一。各类尾矿的化学组成均以 SiO_2、Al_2O_3、Fe_2O_3、CaO 等为主,与黏土矿物的主要化学组成相似。此外,尾矿中还含有多种微量元素,不同微量元素对熟料烧成会产生不同的影响。

国内在利用工业固废作为原料方面,新型干法窑外分解生产工艺线几乎全都大量使用工业固废作为辅助材料,而目前国内新型干法窑外分解生产线已经占到 80% 以上。能利用的工业固废包括粉煤灰,铁矿冶炼渣,高炉渣,锅炉渣,铝、铜、镍、锰、锂、硅等冶炼渣,煤矸石,城市房屋拆迁固废,磷矿冶炼渣,铁矿选矿废石,磷石膏,脱硫石膏等,据中国水泥协会统计,每年水泥工业处置的工业固废超过两亿吨。

2.3.2　混合材

通过对水泥企业进行实地调研发现,用作水泥混合材的工业废渣种类见表 2-8。

表 2-8 用作水泥混合材的工业废渣种类

类别	示例
石灰石	低钙采矿废石、高钙石、石粉、石灰石碎屑等
粉煤灰	粗粉煤灰、湿粉煤灰等
煤矸石	煅烧煤矸石等
废渣	有色金属灰渣(锂渣)、铜渣、转炉渣、水渣、铁合金炉渣、磷渣、锰渣、煤渣、氢氟酸渣、干渣、冶炼废渣、炉渣、钢渣、电炉渣等
建筑垃圾	改性建渣等
工业废石膏	磷石膏、脱硫石膏、钛石膏
其他	矿渣、黑石头、玄武岩、火山灰质岩、黑页岩等

石灰石、粉煤灰、煤矸石和废渣的应用最为广泛,约有98%的企业使用了以上混合材料。各企业根据当地资源状况采用了不同金属灰渣,如铜渣、钢渣、锰渣、磷渣等,有效地改善了水泥品质,提高了产量。下面将主要介绍粉煤灰、矿渣、钢渣、煤矸石和工业废石膏的物理及化学性能。

(1) 粉煤灰

课题组广泛调研国内大型电厂、粉煤灰经销公司的不同种类粉煤灰的化学组成、开展了放射性指数检测、强度活性指数等试验研究工作,以下将详细介绍调研结果。

一般粉煤灰在水泥中的掺量为15%~30%,超细粉煤灰可提高掺量。水泥企业一般通过经销公司购置粉煤灰、矿渣等混合材料,或直接从电厂获取。为全面了解粉煤灰的各种性能,课题组广泛收集了云南、上海、贵州、北京等地典型发电厂、水泥厂的粉煤灰粗灰、细灰样品40余份,涉及脱硫灰、固硫渣、普通灰等多种类型。

粉煤灰的化学成分取决于原煤灰分的化学成分以及燃烧的程度,尽管取样粉煤灰的产地、类型有所差异,但其主要化学成分仍为 SiO_2、Al_2O_3、Fe_2O_3、CaO 和 MgO,与水泥原料的化学组成相似。五种主要组分的含量从高到低依次为 SiO_2、Al_2O_3、Fe_2O_3、CaO、MgO。SiO_2 含量在 35%~55% 范围波动,Al_2O_3 含量多为 20%~35%,Fe_2O_3 和 MgO 的含量比较稳定,一般在 10% 以下,CaO 含量波动较大,最高可达 42.39%,最低仅为 3.67%,集中在 10% 左右。SiO_2、Al_2O_3 和 Fe_2O_3 三者含量随 CaO 含量的增加而减少,MgO 含量随 CaO 含量增加而增加。

用于混凝土中的粉煤灰根据等级不同设定有不同的烧失量限值,结合实验结果 97% 的样品满足Ⅲ级粉煤灰烧失量指标要求(烧失量小于 15%),93% 的样品满足Ⅱ级灰要求(烧失量小于 8%),满足Ⅰ级灰要求(烧失量小于 5%)样品占比约 81%。我国标准限定了用于水泥及混凝土中粉煤灰的 SO_3 含量,分别为小于 3.5%、小于 3.0%,根据测试结果(42 个样品),约 85.7% 的样品适宜作为水泥活性混合材用粉煤灰(SO_3 含量小于 3.5%)。

调研发现粉煤灰的外照射指数普遍高于内照射指数,且不同样品内外照指数的变化趋势基本一致,即 A 样品外照指数高于 B 样品,对内照指数而言,A 样品一般高于 B 样品。内外照指数变化范围较大,内照指数最小值为 0.5,最大值为 1.1;外照指数变化范围是 0.7~1.7。

我国对用作水泥活性混合材的粉煤灰细度不做要求,拌制混凝土和砂浆的粉煤灰细度用 45 μm 方孔筛筛余表示,不同等级细度要求变化较大,Ⅰ级、Ⅱ级、Ⅲ级灰的细度要求分别为不大于 12%、不大于 25% 和不大于 45%。对 42 份样品细度进行分析表明,粉煤灰样品细度分布范围较宽,最低为 6%,最高为 56.8%,大部分粉煤灰细度在 20%~40% 之间波动,细度低于 30% 的约占 50%。

我国用作水泥活性混合材料的粉煤灰要求强度活性指数不小于 70%,检测结果表明仅有 3 个样品未达到要求,强度活性指数合格率约 93%。活性指数在 70%~80% 的样品占 28.6%,80%~90% 的样品约占 54.7%,约 10% 的样品活性指数高于 90%。粉煤灰样品的 28 d 抗压强度比最大值为 97.9%,最小值为 71.1%,均满足水泥活性混合材用粉煤灰活性指数不小于 70% 的规定。由于粉煤灰自身特性,28 d 抗压强度比相比于 3 d 抗压强度均有所提高,但部分样品 90 d 抗压强度出现倒缩现象。

（2）矿渣

粒化高炉矿渣是一种具有潜在水硬活性的材料,已成为水泥工业活性混合材的重要来源。由于矿石成分的关系,还可能含有氧化钛、五氧化二钒和氟化物等。矿渣的化学成分见表 2-9。

表 2-9　熟料和高炉矿渣化学成分对比

类别	SiO_2	Al_2O_3	Fe_2O_3	CaO	MgO	S	MnO
矿渣	26%~42%	7%~20%	0.2%~1%	38%~46%	4%~13%	1%~2%	0.1%~1%
熟料	20%~24%	4%~7%	2.5%~6%	62%~67%			

（3）钢渣

钢渣是炼钢过程中的副产物,约占钢产量的 20%。它包含脱硫、脱磷、脱氧产物以及为此而加入的造渣剂(如石灰石、萤石、脱氧剂等),金属料中带入的泥沙,铁水、废钢中的铝、硅、锰等氧化后形成的氧化物等,此外还有作为冷却剂或氧化剂使用的铁矿石、氧化铁皮、含铁污泥以及炼钢过程中侵蚀下来的炉衬材料等。钢渣的成分复杂多变,主要是由于炼钢炉的炉型不同和炼钢厂的不同所致,甚至是同一炼钢厂的不同炉次钢渣的化学成分差别也很大,其密度为 3.1~3.6 g/cm³,通过 0.175 mm 标准筛的转炉渣的表观密度约为 1.74/cm³。

钢渣的主要化学组成为 CaO、SiO_2、Al_2O_3、FeO、Fe_2O_3 等,与水泥熟料化学成分相似,但氧化物含量有较大差别,与炼钢品种、原料来源、操作控制相关。表 2-10 为几种钢渣的化学成分。

表 2-10　几种钢渣的化学成分

钢渣种类	CaO	SiO_2	Al_2O_3	Fe_2O_3	FeO	MgO	MnO	P_2O_5	F	f-CaO
平炉精炼渣	46.68%	14.04%	4.13%	2.69%	12.06%	7.06%	1.13%	9.2%	0.58%	—
转炉钢渣	57.46%	15.46%	3.63%	3.03%	10.47%	6.09%	—	1.28%	—	4.75%
电炉还原渣	52.98%	20.12%	15.12%	0.71%	0.46%	8.8%	0.31%	0.61%	2.31%	—

国内于 20 世纪 60 年代开始对使用钢渣生产水泥进行研究并投入生产,80 年代开始发展迅速。钢渣在水泥行业主要应用于烧制水泥熟料以及作为混凝土的活性混合材。

（4）煤矸石

煤矸石是煤炭生产、加工过程中产生的固体废物。这种岩石一般属于沉积岩,它是由多种矿盐组成的混合物。煤矸石的产生量约占煤炭开采量的 10%～25%。我国已形成 2600 多座矸石山,全国储存的煤矸石共计 45 亿 t 以上,目前每年新增加的煤矸石大约有 2 亿 t,煤矸石已经成为我国积存量最大、占用堆积场地最多的一种工业废渣。2013 年我国煤矸石产量约为 7.5 亿 t,综合利用量 4.8 亿 t,综合利用率为 64%。

大多数煤矸石是一种黏土质原料,主要提供水泥熟料所需要的 SiO_2 和 Al_2O_3。煅烧煤矸石用作水泥混合材和混凝土的掺和料。煤矸石在 700～900 ℃时经过煅烧,能够明显增加 SiO_2 和 Al_2O_3 与石灰或者 $Ca(OH)_2$ 的反应活性。

（5）工业废石膏

工业废石膏分为脱硫石膏和磷石膏。我国脱硫石膏和磷石膏产量占工业废石膏总产量的 80% 以上。

脱硫石膏是采用石灰-石灰石回收烟气中二氧化硫(即 FGD 技术)过程的副产品。采用 FGD 技术把石灰-石灰石磨碎制成浆液,石灰浆液与 SO_2 反应生成硫酸钙及亚硫酸钙,亚硫酸钙经氧化转化成硫酸钙,得到脱硫石膏。自 2016 年以来,中国脱硫石膏的利用率基本都在 75% 以上,主要用作水泥缓凝剂,其次是生产建筑石膏粉、纸面石膏板等各类石膏建材制品。脱硫石膏的分布区域分散,利于后期资源化利用。据统计,2018 年,电力、热力生产及其供应业产生脱硫石膏 8488.5 万 t,占全国脱硫石膏总产量 81.20%。

磷石膏是在磷酸生产中用硫酸处理磷矿时产生的固体废渣,其主要成分为硫酸钙（$CaSO_4 \cdot 2H_2O$）。它含有多种杂质:不溶性的包括石英,未分解的磷灰石,不溶性 P_2O_5,共晶 P_2O_5,氟化物及氟、铝、镁的磷酸盐和硫酸盐;可溶性的包括水溶性 P_2O_5、溶解度较低的氟化物和硫酸盐。磷石膏在化学组成与结构上都与天然石膏类似,代替天然石膏作水泥缓凝剂是其资源化利用的首要途径。磷石膏直接应用于水泥时,其中的可溶性磷和氟会造成水泥凝结时间不正常,还可能降低水泥强度。研究表明,经过除磷、除氟等预处理的磷石膏,会产生一定的缓凝效果,可以代替天然石膏作水泥缓凝剂。2018 年,我国磷石膏产生量为 7800 万 t,同比年度增长 4%。我国磷石膏生产排放 80% 以上集中在湖北、云南、贵州、安徽和四川五省,具有典型区域性特点,磷矿空间分布导致磷石膏生产空间分配不均,下游产品附加值低,利用难度大。目前全球磷石膏综合利用率只有 20% 左右。

2.4 水泥行业石灰岩资源调查

2.4.1 我国石灰岩资源概况

2.4.1.1 地质赋存

我国石灰岩矿产资源丰富。据原国家建材局地质中心统计,全国石灰岩分布面积达

43.8万平方千米（未包括西藏和台湾），约占国土面积的1/20，据22个省、自治区的预测石灰岩矿资源总量为12万亿～13万亿t，其中水泥石灰岩矿产资源量为3万亿～4万亿t。全国已发现石灰岩矿点七八千处。我国石灰石资源储量相对集中，其中陕西省以49亿t的保有储量位列全国之冠，其余各省、直辖市、自治区的保有储量可划分为4个等级：34～30亿t、30～20亿t、20～10亿t、5～2亿t。我国主要地区石灰石资源保有储量见表2-11（按保有储量从高到低排序）。

表 2-11　我国主要地区石灰石资源保有储量　　　　　单位：亿t

省份	保有储量	省份	保有储量	省份	保有储量	省份	保有储量
陕西	49	辽宁	30～20	云南	20～10	北京	5～2
安徽	34～30	湖南	30～20	福建	20～10	宁夏	5～2
广西	34～30	湖北	30～20	山西	20～10	海南	5～2
四川	34～30	黑龙江	20～10	新疆	20～10	西藏	5～2
山东	30～20	浙江	20～10	吉林	20～10	天津	5～2
河北	30～20	江苏	20～10	内蒙古	20～10		
河南	30～20	贵州	20～10	青海	20～10		
广东	30～20	江西	20～10	甘肃	20～10		

2.4.1.2　地理分布

我国各大地区水泥用灰岩基础储量占我国总储量的比例如图2-2所示。

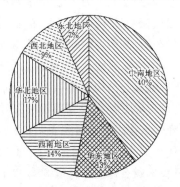

图 2-2　我国各大地区水泥用灰岩基础储量占我国总储量的比例

我国石灰石资源分布也存在不均匀现象，在沿渤海湾地区、江苏沿海、浙江东南、闽东南和粤东、琼东南一带，内地如内蒙古中部、吉林东部、陕北等地资源贫乏。部分石灰石矿因位于旅游风景区，为保护环境、防止水土流失而禁止开采，或因矿石品位低、剥采率高而成为较难开采利用的"呆矿"。可见我国水泥工业石灰石资源形势不容乐观，仍需加大勘察投入，对已开采的矿床资源要充分利用，提高利用效率，防止水泥行业资源瓶颈的出现。

2.4.1.3　地质分布

我国石灰岩分布规律为"北老南新"，北方地区从古元古代早期就开始产矿，南方地区则从新元古代晚期开始。重要赋矿层位北方地区以寒武系、奥陶系为主；南方地区为泥盆系、石炭系、二叠系、三叠系，在元古宇、志留系中也有产出。东北、华北地区的中奥陶系马家沟组石灰岩是极其重要的层位，中南、华东、西南地区多用石炭、二叠、三叠系石灰岩，西北、西藏地区一般多用志留、泥盆系石灰岩，华东、西北及长江中下游的奥陶系石灰岩也是水泥原料的重要层位。

下元古界可供工业利用的石灰岩为含镁质成分的碎屑岩碳酸盐，多已变质为大理岩。主要分布于黑龙江省东部、西部的额济纳旗、辽东半岛、内蒙古鄂伦春自治旗和山东东部、甘肃、陕西南部等地。中上元古界石灰岩主要分布于吉林南部、辽东半岛、燕山地区、苏北、河南南部、湖北、四川等地。

寒武系可供工业利用的石灰岩主要为碎屑岩碳酸盐，是我国北方地区重要的工业石灰岩层位。寒武系中统张夏组水泥灰岩分布较广，主要分布在我国北方地区，包括吉林南部、辽宁南部、内蒙古南部、北京、河北、山西东北部、河南、山东西部、江苏北部、安徽北部；上统地层中华北地区有分布广泛的砾屑（即竹叶状）石灰岩，上统地层在河北、山西、山东、北京等地均有分布。

奥陶系中具有工业价值的石灰岩赋存层位在华北为下统冶里组、亮甲山组下部，中统上、下马甲沟组和峰峰组，主要分布于山东西部、山西、河南、河北、陕西、辽宁等省。秦祁地区工业用石灰岩主要赋存于中统，分布于陕西南部，甘肃永登一带；华南地区石灰岩分布于中下统，在苏南浙西、川鄂湘交接处等地均有分布。

志留系工业石灰岩主要分布于黑龙江大兴安岭、吉林中部、内蒙古、新疆南北、青海昆仑山北麓等地；昆仑-秦岭以南的滇东、广西、川中、湘中南、粤西北、黔南地区均有分布。

泥盆系水泥灰岩主要分布于中南地区、广东西北部、内蒙古北部、黑龙江、陕西、甘肃、新疆、四川、云南均有分布。

石炭系是我国重要的含矿层位，下统出露于川东、滇东、湘、粤等地；中统的黄龙组、上统的船山组构成粤、赣、川、湘、鄂、滇东、桂、浙、闽、苏、皖等省区的工业矿产，石炭系也是新疆利用最多的含矿层位。在甘肃东南部、青海、东北和内蒙古北部、吉林北部均有分布。

二叠系是我国南部、东北和西北地区工业石灰岩的主要含矿层位，下统栖霞组、茅口组石灰岩，在粤、赣、川、湘、鄂、滇、桂、浙西、闽西、苏南、皖南分布广泛，黑龙江、内蒙古、吉林也有分布。

三叠系下统的大冶组在鄂、黔、川、东北、湘、赣、闽西、苏、浙、皖地区均有厚度较大的工业石灰岩，中统工业石灰岩分布于苏、浙、皖地区和川东南、滇东地区。秦岭—祁连山地区也含有三叠系石灰岩，但地址勘查工作开展较少。

2.4.1.4　质量特点

水泥用石灰石原料矿石化学成分一般要求如表 2-12 所示。我国水泥石灰岩矿石质量优良，各矿产地矿石的平均或一般品位一般均能达到Ⅰ级，可作为制造高强度等级水泥的原料。不同质量的矿石特点及分布如表 2-13 所示。

表 2-12　水泥用石灰石原料矿石化学成分一般要求

类别	化学成分质量分数					
	CaO	MgO	K_2O+Na_2O	SO_3	f-SiO$_2$	
					石英质	燧石质
Ⅰ级品	≥48%	≤3%	≤0.6%	≤1%	≤6%	≤4%
Ⅱ级品	≥45%	≤3.5%	≤0.8%	≤1%	≤6%	≤4%

表 2-13　不同质量的矿石特点及分布

类别	特点				
	CaO	MaO	保有储量/亿 t	占总保有矿石储量	分布
质量好	≥50%	≤2%	454	87%	全国各地均有分布
质量一般	50%~48%	2%~3%	52	10%	山东、辽宁、河北、山西、江苏、广东等省
质量较差	48%~45%	3%~3.5%	18	3%	陕西、江苏、辽宁、广东等省

根据地质分布规律,石炭系石灰岩矿石质量最好而且稳定,CaO 含量多在 52% 以上;华北地区中奥陶统马家沟组、峰峰组石灰岩质量也好,而奥陶统和寒武系石灰岩的质量往往变化大,MgO 与 K_2O、NaO 含量较高,南方的三叠系、泥盆系和东北、西北地区的志留系石灰岩的质量也好,而二叠系石灰岩 MgO 含量变化大,部分矿床中燧石含量高。

2.4.2　开采工艺流程

石灰石矿山生产工艺流程见图 2-3。

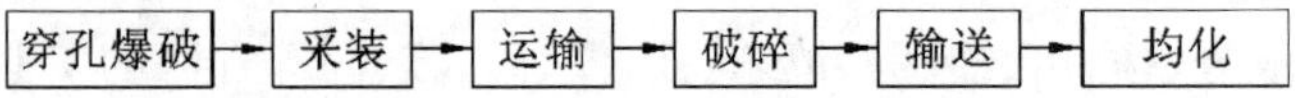

穿孔爆破 → 采装 → 运输 → 破碎 → 输送 → 均化

图 2-3　矿山开采工艺流程

2.4.3　石灰石资源保障性分析

根据中国建材联合会统计,截至 2010 年底,我国现有水泥用灰岩矿区 2122 个,基础储量 403.12 亿 t,储量 245.85 亿 t,查明资源储量 1020.9 亿 t。2003—2014 年,我国水泥灰岩资源储量从 634.43 亿 t 增长至 1235.1 亿 t,增长率 94.67%,而同期水泥产量从 8.13 亿 t 增长至 24.76 亿 t,增长率高达 204.5%。由此可见,灰岩资源储量增长远落后于水泥产量增量,储量结构失衡。

对我国八大经济区域 2010 年水泥用灰岩基础储量、查明储量和水泥产量进行统计与分析,得到不同储量下静态可保障年限,如图 2-4 所示。我国各经济区域水泥用灰岩基础储量可保障年限基本都未超过 30 年(东部地区未统计黑龙江的数据),东部沿海地区可保障年限最短,仅8.6年,全国平均基础储量静态保障年限约为22.3年。查明储量可保障年限最高的为西北地区,高达80.5年,东部沿海地区最短,约为20年。全国平均查明储量可保障年限约59年。

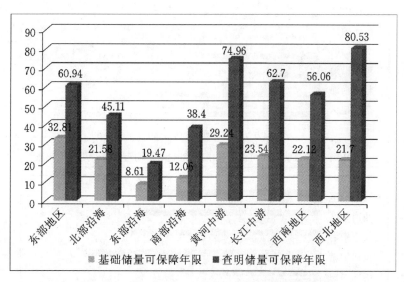

图 2-4　我国八大经济区域水泥用灰岩资源可保障年限(单位:年)

　　对不同省、市、自治区基础储量可保障年限和查明储量资源可保障年限进行统计与分析,全国约78%的省份基础储量可保障年限小于30年,其中有14%的省份基础储量可保障年限小于10年。全国约50%的省份探明资源可保障年限小于50年。

　　根据权威部门统计,截至2014年底,我国现有水泥用灰岩矿区2358个,基础储量413.91亿t,储量198.55亿t,查明资源储量1235.08亿t。根据2014年统计数据得到我国不同经济地区的平均基础储量可保障年限及平均查明可储量保障年限。可见,东南沿海地区的资源可保障年限最短;黄河中游地区可保障年限最长,其中查明资源可保障年限高达66.77年。全国平均基础储量静态保障年限约为16.6年,全国平均查明储量可保障年限约51.7年,较2010年分别减少5.7年、7.3年。2010年、2014年各经济区域的可保障年限对比如图2-5所示。现有开采方式下,2010—2014年间全国平均基础储量静态可保障年限减少5.7年。可见我国水泥用灰岩原料不足问题已逐渐显现,加强资源勘探,寻找替代原料将是水泥行业面临的关键问题。

　　我国水泥用灰岩的特点表现在以下几个方面:

　　(1)资源储量大,分布不均衡。我国现已探明储量居世界首位,产地分布面广,但储量不平衡,探明储量最高的十个省份的资源共占全国的60%以上。

　　(2)矿石质量优良。各矿产地矿石的平均或一般品位均能达到Ⅰ级品矿石的要求,可作为制造高强度等级水泥的原料。

　　(3)矿床多为单一矿床。我国石灰石矿床基本为单一矿床,只有约2.5%的产地有共生矿床。矿床类型以化学或生物化学沉积型矿床为主。化学或生物化学沉积型矿床占我国已探明矿床储量的90%以上。

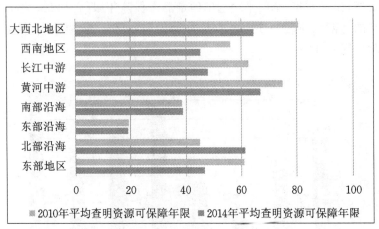

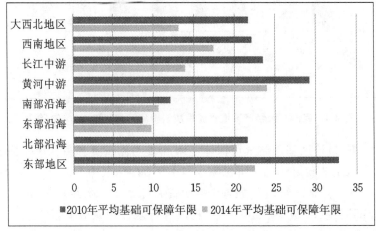

图 2-5　2010 年、2014 年各经济区域的可保障年限对比图

（4）矿床开采条件简单。大多位于当地侵蚀基准面以上，多裸露于地表，高度多在几十米以上，易于露天开采。

（5）全国 78％ 的省份石灰岩基础储量可保障年限小于 30 年，水泥用灰岩原料不足问题已逐渐显现，加强资源勘探，寻找替代原料已是当务之急。

矿山开采对生态环境有显著影响，易引起粉尘、噪声污染，水泥企业应积极采取矿山复垦绿化等方式加强矿山环境保护。

2.5　矿山调查实例

2.5.1　石灰石矿山

2.5.1.1　铜陵海螺水泥有限公司矿区

铜陵海螺水泥有限公司位于安徽省铜陵市，拥有 5 条新型干法水泥熟料生产线，规格为 2 条 5000 t/d，2 条 10000 t/d 和 1 条 12000 t/d。铜陵海螺水泥有限公司是我国最大的熟料生产基地,为保证原料的供应,公司筹备建设了 4 座矿山,分别为伞形山/敕山石灰石矿区、虎山石灰石矿区和古圣砂岩矿、棕叶山砂岩矿。下面分别介绍各矿区的具体信息。

(1) 伞形山/敕山石灰石矿区

该矿山坐落于铜陵市东南 12 km 的铜陵市郊区大通镇镜内,所开采的石灰石主要供 2 条 5000 t/d 和两条万吨线熟料生产线用。伞形山和敕山总长 3.5 km,宽 1~1.5 km。两山在 160 m 标高相连,形成一个矿区,储量计算最低开采标高 25 m。

生产规模:年开采能力 1400 万 t。

产品方案:粒度不大于 70 mm 的水泥熟料生产线用石灰石。

服务年限:44.45 年,有效开采范围内的开采时间可至 2032 年 5 月份。

设计剥采比:0.03 t/t。

开采回收率:96%。

废石产量:年产量 180 万 t,可全部搭配利用,现有废石量 0 t。

物料消耗:柴油消耗 0.22 kg/t,炸药消耗 0.19 kg/t。

资源量:矿区经 2002 年 5 月份扩征后,资源储量总矿石量为 7.69 亿 t,目前保有储量为 6.65 亿 t,其中 B 级 33.56%,C 级 49.39%,D 级 17.05%。该矿山为一特大型矿山,矿山储量大、矿石质量优、开采条件好,是目前国内最大的石灰质原料基地。

矿物成分及结构构造:矿区主要为泥晶灰岩,含部分砾屑灰岩,矿床主要赋存有南陵湖组和分水岭组,矿床的底板为塔山组。拥有 5 个矿层和四个夹层,矿层厚度较大,CaO 较高,有害成分较低,为矿区主要开采矿石;夹层 CaO 较低,有害成分较高,但由于其厚度较薄,经过合理搭配后,对质量影响不大。

不同层位的化学组成见表 2-14。

表 2-14 铜陵海螺不同层位化学组成

层位	CaO	MgO	K₂O	SiO₂	Al₂O₃
矿层	52.00%	0.88%	0.29%	3.64%	1.00%
夹层	46.10%	1.77%	0.82%	8.78%	2.38%
边坡、剥离物	36.00%	1.40%	0.56%	9.30%	2.60%

开采方式:采用自上而下水平分层山坡露天开采,可开采最终标高为 25 m。

开拓运输方案:根据地层产状及矿山与厂区的相对关系,以及海螺集团对大型矿山开采的经验,矿山开拓系统采用公路开拓汽车运输系统。卸料平台标高为 105 m,破碎的矿石经长 3200 m 皮带运输至厂区预均化堆场。矿石运输采用 NHL3307A 型载重 45 t 自卸汽车,运矿道路长 2.5 km,采用Ⅲ级矿山道路。

破碎车间噪声 90~100 db,水循环利用率 100%;爆破距离不小于 300 m,最终边坡角不大于 50°,最终底盘的最小宽度不小于 60 m。

(2) 虎山石灰石矿区

虎山石灰石矿主要为 12000 t 熟料生产线提供石灰石原料,同时提供骨料生产需要的矿石。

① 生产规模:年开采能力 1400 万 t。

② 产品方案:粒度不大于 70 mm 的水泥熟料生产线用石灰石。

③ 服务年限:44.45 年,有效开采范围内的开采时间可至 2032 年 5 月份。

④ 设计剥采比:0.0098:1(m³/m³)。

⑤ 开采回收率:96%。

⑥ 废石产量:年产量 180 万 t,可全部搭配利用,现有废石量 0 t。

⑦ 物料消耗:柴油消耗 0.22 kg/t,炸药消耗 0.19 kg/t。

⑧ 资源量

矿区经 2002 年 5 月份扩征后,资源储量总矿石量为 7.69 亿 t,目前保有储量为 6.65 亿 t,其中 B 级 33.56%,C 级 49.39%,D 级 17.05%。

⑨ 矿物成分及结构构造

矿石结构主要为泥晶结构、微晶结构,其次为生物碎屑结构、鲕状结构、团粒(或豆状)结构。主要矿物为方解石,含量大于 96%,次要矿物为白云石、石英;微量绢云母、泥质、铁质等。

⑩ 矿石平均化学成分

铜陵矿山(虎山)平均化学成分见表 2-15。

表 2-15 铜陵矿山(虎山)平均化学成分

项目	CaO	MgO	SiO_2	Fe_2O_3	Al_2O_3	SO_3	K_2O	Na_2O	Cl^-
含量	52.72%	0.6%	3.13%	0.35%	0.64%	0.054%	0.137%	0.013%	<0.001%

⑪ 开采方式

矿山采用水泥行业通用的山坡露天矿组合台阶开采方式,采矿方法为单斗挖掘机、前装开拓运输方案机组合。

根据地层产状及矿山与厂区的相对关系,以及海螺集团对大型矿山开采的经验,矿山开拓系统采用公路开拓汽车运输系统。

卸料平台标高为 105 m,破碎的矿石经长 3200 m 皮带运输至厂区预均化堆场。矿石运输采用 NHL3307A 型载重 45 t 自卸汽车,运矿道路长 2.5 km,采用Ⅲ级矿山道路。

⑫ 生产工艺流程(图 2-6)

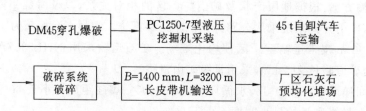

图 2-6 矿山(虎山)生产工艺流程

矿山石灰石采用两台钻机进行穿孔爆破,利用大型铲装设备液压挖掘机采装爆破碎石,由自卸汽车运输至破碎机料斗,经单段锤式破碎机破碎后形成粒度小于 70 mm 的碎石,由长胶带输送机将碎石输送至厂区石灰石预均化堆场。

⑬ 主要采装运输设备(表 2-16)

表 2-16　铜陵矿山(虎山)生产设备列表

序号	类别	设备名称	型号/规模	数量	来源
1	穿孔设备	液压潜孔钻机	DM45 型	1	瑞典的阿特拉斯
2	采装设备	反铲	PC400 斗容:1.8 m³	3	—
3		液压挖掘机	RH40-E 斗容:7 m³	1	德国
4		液压挖掘机	PC400-6 型斗容:1.8 m³	3	小松公司
5		前装机	WA600-3 斗容:6 m³	1	日本
6		装载机	卡特 988H 斗容:6 m³	1	美国
7	运输设备	矿车	载重 45 t 3307B	12	内蒙古北重集团
8	破碎设备	单转子破碎机	台时产量 700 t	1	—
9		双转子破碎机	台时产量 1400 t	1	—

⑭ 其他信息

破碎车间噪声 90～100 db,水循环利用率 100%;爆破距离不小于 300 m,最终边坡角不大于 50°,最终底盘的最小宽度不小于 60 m。

2.5.1.2　拉法基都江堰水泥有限公司大尖包矿区石灰岩矿

拉法基都江堰水泥有限公司位于四川省都江堰市金凤村,拥有三条现代化新型干法窑外分解水泥熟料生产线,产能分别为 3500 t/d、5000 t/d 和 4600 t/d。公司拥有石灰石矿山 1 座、页岩矿 1 座。生产规模为年产熟料 400 万 t、水泥 550 万 t。

大尖包石灰岩矿区位于都江堰市虹口乡,与工厂直线距离 5.5 km,面积 1.01 km²,地质储量 3.2 亿 t,矿山于 2002 年投产,现有员工 64 人。通过都江堰公司的卓有成效的生态建设,在 2014 年荣获国土资源部"国家级绿色生态矿山"称号,2012 年获国家"非煤矿安全生产标准化二级单位"。

(1)生产规模:年开采能力 550 万 t。

(2)服务年限:＞50 年。

(3)设计剥采比:0.036∶1(m³/m³)。

(4)开采回收率:96%。

(5)废石产量:可全部搭配利用,现有废石量 0 t。

(6)物料消耗:柴油消耗 0.22 kg/t,炸药消耗 0.19 kg/t。

(7)资源量

批准用石灰岩矿石储量为:B+C+D 级 12226.31 万 t,其中 B 级 1563.51 万 t,C 级 7188.31 万 t,D 级 3474.49 万 t。经扩大勘探后,大尖包全矿区保有总储量 B+C+D 级

23152.05 万 t,其中 B 级 4365.82 万 t,C 级 15260.05 万 t,D 级 3526.18 万 t。

（8）矿物成分及结构构造

矿床属浅海相生物化学沉积碳酸盐岩矿床,勘探类型为Ⅰ类。矿体主要为石灰岩矿石,夹有两层低钙高镁夹层,西端有一条辉绿岩脉穿插,总体上矿体结构简单。矿石呈致密块状,主要矿物方解石占 87%～99%,其次为白云石,占 0.5%～12%,含少量铁、泥质、局部有碳质条带存在。

（9）矿石平均化学成分

矿山矿石属于杂质很低的Ⅰ级品矿石。部分夹石主要为高镁白云质灰岩,含 MgO 3.81%～19.75%,CaO 28.82%～51.73%,其数量仅占矿石总量的 1%～2%,对矿山开采影响很小。矿石平均化学成分见表 2-17。

表 2-17　矿石平均化学成分

项目	CaO	MgO	SiO_2	Fe_2O_3	Al_2O_3	SO_3	K_2O	Na_2O	Cl^-	烧失量
含量	54.12%	0.72%	0.7%	0.18%	0.22%	0.091%	0.037%	0.015%	0.0055%	43.36%

（10）开采方式

矿山采用自上而下台阶式露天开采,边开采边复原。开采标高最高 1540 m,最低 1170 m,台阶高度 12 m,台段终了坡面角 60°,安全、清扫平台宽度 4 m 或 8 m,最终帮坡角 43°～45°。

（11）开拓运输方案

矿山分为东西两个矿区,因矿区比高较大,东矿采用竖井平硐皮带开拓系统;西矿采用溜槽竖井平硐皮带开拓系统,破碎后的矿石(75 mm)通过两条 6 km 皮带输送系统输送到工厂。

（12）生产工艺流程

矿山生产工艺流程为:溜井—硐室破碎—平硐胶带机—碎石溜井—转载硐室—平硐胶带机—胶带机—厂区转运站。矿山采场使用全液压钻机穿孔、中深孔爆破后,通过全液压履带式挖掘机装入矿用自卸汽车运输至岩石原矿溜槽,经原矿溜槽通过矿石自重自溜到相应挡石墙后的储矿点,经轮式装载机运到组装式破碎站卸料仓,经单段锤式破碎机破碎后,采用胶带运输机输送到碎石溜井,经长胶带输送机输送到工厂石灰石储库库顶,完成矿山系统的生产过程。

生产过程中企业非常重视颗粒物排放的问题并开展了相应监测工作。无组织总悬浮颗粒物排放、一线破碎机和三线平硐破碎机颗粒物监测结果分别参见表 2-18 和表 2-19。

表 2-18　无组织总悬浮颗粒物排放监测结果

监测项目	点位			
	1#	2#	3#	4#
总悬浮颗粒物/(mg/m³)	0.105	0.115	0.125	0.145

表 2-19 一线破碎机和三线平硐破碎机颗粒物监测结果

监测项目	采样编号	实测浓度/(mg/m³)	排放浓度/(mg/m³)	排放速率/(kg/h)
颗粒物 （一线破碎机）	1#	12.6	12.6	0.39
	2#	11.6	11.6	
	3#	12.7	12.7	
	平均值	12.3	12.3	
颗粒物 （三线平硐破碎机）	1#	10.9	12.6	0.43
	2#	11.3	11.6	
	3#	11.9	12.7	
	平均值	11.4	12.3	

从表 2-18 的监测结果来看，企业无组织总悬浮颗粒物排放在 0.12 mg/m³ 左右，满足排放要求。

公司从 2002 年一线试运行之初就积极寻求可替代原料和可替代燃料，目前三条生产线利用有粉煤灰、矿渣、锅炉渣、钢渣、硫铁矿煅烧渣、磷石膏、脱硫石膏、建筑垃圾、磷渣、铁合金炉渣、金属锂冶炼渣、建筑垃圾等，综合替代率在 20% 左右。此外工厂还积极寻求可替代的燃料，使用工农业具有热值再利用价值的可燃固废，种类有酒酿造厂的废渣酒糟、人工养殖蘑菇的废渣、中药厂的中药渣、秸秆等，由于可替代燃料资源有限，因此根据热值替代率计算目前的替代率为 5%。

从 2002 年矿山投产起先后投入 200 多万元实施植被复绿，先后恢复植被面积 101 万 m²，种植各类植被、植株 30 多万株，并和当地林业、水务、自然保护区、环保等部门合作制定矿上复绿规划，落实资金，边开采边恢复，真正做到了生态化工业生产。从 2008 年开始，公司先后投入 3374 万元进行矿山水土保持的改善，新建排水沟、涵洞，实施边坡防护，修筑运输道路、平整开采平台等。2013 年，公司积极参与国土资源部倡导的绿色矿山示范建设工作，经过工厂全体员工的积极努力创建工作，工厂石灰石矿山和页岩矿山两个矿山一起于 2014 年 5 月被国土资源部批准为国家第四批绿色矿山试点单位。2014 年绿化面积 76478 m²（图 2-7）。

(a)   (b)

图 2-7 矿山环境影响

(a)实施植被复绿之初的开采平台；(b)2014 年的开采平台

2.5.2 砂岩矿山

黏土矿可以直接用装载设备挖掘开采,无须爆破,对周围环境影响较小。当矿体赋存厚度较大时,可以采用自上而下的分台段开采;矿体赋存厚度不大时,宜采用单台段沿矿层底板等高线一次推进的开采方法。工作面上的矿石可用挖掘机或装载机配推土机直接挖掘并装入自卸汽车运输进厂。因黏土矿的矿石结构简单,一般覆盖层较少,需剥离的废石少,无须设置专门的废石场。

软质硅质原料矿:由于粉砂岩矿、页岩矿、千枚岩矿类矿层层理发育,硬度较低,可视为软质硅质原料。该类矿石开采无须爆破,可先用松土犁松动矿石,再使用挖掘设备挖掘。开采方式与黏土矿相似。

硬质硅质原料矿:该类矿石以砂岩矿为主,兼有粉砂岩矿、页岩矿等。由于岩石硬度较大,一般采用爆破法开采,对周围环境的影响较大。一般需要设置炸药库,同时该类矿山结构一般较复杂,夹层较多,需要设置专门的废石场。

2.5.2.1 铜陵海螺水泥有限公司矿区

（1）古圣砂岩矿

古圣砂岩矿位于铜陵市南约 10 km,隶属铜陵市郊区古圣村。矿区总长 1040 m,宽 210～690 m,中部被庐—黄高速公路分割成两个独立的矿块。矿区提供铜陵水泥有限公司 2×5000 t/d 生产线的硅质原料。矿床勘探范围内总资源量 2399.2 万 t,规模为大型。全矿区矿石平均化学成分见表 2-20。

表 2-20　铜陵古圣砂岩矿平均化学成分(%)

成分	SiO_2	Al_2O_3	Fe_2O_3	K_2O+NaO	MgO	SO_3	CaO	SM
一般	49.94～78.2	2.32～12.88	2.37～7.71	1.10～2.74	0.33～2.19	0.02～0.05	0.32～16.62	3.02～16.62
全矿平均	64.35	10.84	4.34	1.96	1.21	0.03	7.46	4.24

矿石中有益组分 SiO_2、Al_2O_3、Fe_2O_3 含量适中,硅酸率平均值 4.24;有害组分 K_2O+ NaO、MgO、SO_3 含量低。主要有益有害组分沿走向、倾向及厚度方向变化较小,有少量夹石。目前矿区暴露的主要为砾岩矿石,其常见的化学成分见表 2-21。

表 2-21　砂岩矿各采场平均化学成分

成分	SiO_2	Al_2O_3	Fe_2O_3	K_2O+NaO	MgO	CaO
1#采场	61.36	10.50	2.89	1.73	2.03	13.33
2#采场	60.82	10.47	2.69	1.69	1.60	14.80
3#采场	62.90	10.09	2.76	1.59	1.25	15.12
全矿平均	61.69	10.35	2.78	1.67	1.63	14.42

　　砂岩矿的开采方式与石灰岩矿相同,都采用自上而下的水平分层露天开采,公路开拓运输方案。由于该砂岩矿为抗压强度较低的软性岩石,质量稍差,在矿山初始设计时采用了无爆破开采方式,仅使用液压挖掘机挖掘。由于矿区表面松软岩石已开采完毕,采场暴露出大量硬度较大的砾岩矿层,难以继续使用液压机挖掘。为保证原料的正常生产,在砾岩矿层实施小范围、阶段性穿孔爆破后进行挖掘生产。

　　本矿山采用碎石胶带运输,矿山为山坡露天矿,汽车运输,采矿方法为单斗挖掘机。

　　采准和采掘设备共用日本小松生产的斗容为 $1.8\ m^3$ PC400 反铲一台。

　　本矿山配有北方重汽生产的 3364 型矿车 4 台和 3365 型矿车 1 台,主要用于砂岩矿的运输。

　　破碎设备有一台台时产量达 170 t/h 的破碎机。

　　(2) 棕叶山砂岩矿

　　棕叶山矿区位于铜陵市南西约 13 km,隶属铜陵市天门镇管辖,面积 2.24 km^2,矿区距离 10000 t/d 熟料基地距离约 5 km。矿山长 450~1100 m,宽 150~600 m。

　　根据矿石质量情况,矿区内矿石分为Ⅰ级品和Ⅱ级品,Ⅰ为矿区内主要矿石品级,占矿量的 72.3%,Ⅱ级品矿石根据硅率和碱含量分为高硅Ⅱ级品和高碱Ⅱ级品,高硅Ⅱ级品为矿区内次要品级,占矿石质量的 5.24%,呈层状;高碱Ⅱ级品占矿石总量的 22.45%,呈层状分布。矿区矿石平均成分见表 2-22。

表 2-22　铜陵棕叶砂岩矿各矿层矿石平均化学成分(%)

品级	化学成分										SM	AM
	SiO_2	Al_2O_3	Fe_2O_3	K_2O	Na_2O	CaO	MgO	SO_3	Cl^-	烧失量		
全矿	70.72	13.42	5.62	3.00	0.40	0.47	1.57	0.10	0.004	3.53	3.72	2.39

　　矿区为低谷丘陵,构造简单,为露天开采矿山,采用自上而下的水平分层法,初期时采矿工作面为垂直走向,沿走向推进。该矿区岩石抗压强度中等坚硬,需经爆破后采掘。爆破采用深孔微差爆破方式。挖掘设备配置 PC400 反铲式液压挖掘机,最大挖掘高度为 4 m;采矿方法为单斗液压挖掘机,本矿山主机设备配置为:日本小松生产的斗容为 $1.8\ m^3$ PC400 反铲两台,斗容为 $0.9\ m^3$ PC200 一台,阿特拉斯 ROC L6 钻机一台。

　　采准和采掘设备共用日本小松生产的斗容为 $1.8\ m^3$ PC400 反铲两台,斗容为 $0.9\ m^3$ PC200 一台、阿特拉斯 ROC L6 钻机一台。

　　本矿山配有北方重汽生产的 3365 型矿车 9 台,主要用于砂岩矿的运输。

　　本矿山破碎设备配置为:一台台时为 200 t/h 的反击破碎机和两台台时为 190 t/h 的辊式破碎机。

2.5.2.2　北京市琉璃河水泥有限公司高庄砂岩矿

　　北京市房山区高庄—广禄庄石英砂岩矿区位于房山区西南部,高庄村北 1.2 km,属北京市房山区大石窝镇管辖。矿区距北京 75 km,距良乡城区 45 km。矿区交通十分方便,北距京原铁路西域寺车站 7 km,南距北京—张坊公路 2.5 km。矿区矿石分为玻璃用砂岩和水泥用砂岩两类,玻璃用砂岩作为玻璃生产的重要原料提供给周边地区,水泥用砂岩作为硅质原料提供给北京金隅集团的琉璃河水泥有限公司,满足其生产需要。

矿区矿体表面覆盖物少,矿层层位稳定,适宜露天开采。开采方式采用潜孔钻穿孔爆破,挖掘机配合,自上而下台阶式开采,台阶高度为 10 m。矿山采用汽车运输,做到了资源利用与环境保护并重的开发方式。

矿区内石英砂岩有悠久的开采历史,但开采量较小。1958 年开始,随着石英砂岩被玻璃、铸造、水泥行业利用,开采量逐年增加。现矿区内原有 4 个采场,分别为北京市琉璃河水泥有限公司高庄砂岩矿、北京市琉璃河水泥有限公司下营砂岩矿、北京市前石门德建石英石采石厂、北京宏达砂岩石有限公司。整合后,采矿权统一归于北京市琉璃河水泥有限公司。

(1)资源量

矿区范围内保有石英砂岩矿资源储量总计为 998.85 万 t,设计利用储量为 877.2 万 t,其中玻璃用石英砂岩矿 290.23 万 t,水泥用石英砂岩矿 586.97 万 t。

(2)生产规模

设计矿山生产规模为 70 万 t/年,其中玻璃用石英砂岩矿 20 万 t/年,水泥用石英砂岩矿 50 万 t/年。

(3)产品方案:矿山开采块石粒度不大于 500 mm。破碎后矿石粒度要求不大于 40 mm。

(4)设计采剥比:矿区平均生产剥采比为 0.25:1 m^3/m^3。

(5)开采方式

根据矿山的地形和矿层的赋存情况,矿体采用露天台阶式开采,采场台阶高度 10 m,安全平台宽度最小为 4 m,台阶坡面角为 45°～60°,最终边坡角为 20°～50°,最终边坡要素能够满足边坡稳定的要求。

(6)开拓运输方案

采用汽车运输开拓方案:矿山设计采用公路开拓,挖掘机铲装,汽车运输方案。

(7)生产工艺流程

采矿生产工艺流程为:穿孔—爆破—挖掘机铲装—自卸汽车运至破碎生产线间断式开采。

(8)破碎

采用颚式破碎机进行两段破碎。破碎后矿石由汽车运至水泥生产线或其他用户。

(9)废石场

年均剥离总量 7.29 万 m^3。由于剥离量较小,考虑不设废石堆场。将剥离物在现废弃采空矿临时存放,用于矿山的复垦。

（10）主要设备清单（表 2-23）

表 2-23　琉璃河水泥砂岩矿山主要设备清单

序号	设备名称	型号	单位	数量
1	潜孔钻机	KQD-100	台	4
2	移动空压机	VFY10-7	台	5
3	挖掘机（配锤头）	1.5 m³	台	8
4	液压锤	250	个	4
5	装载机	LG-853	台	4
6	自卸汽车	15t	台	12

从上述情况来看，我国大型企业的矿山具有详细、周密的开采规划，多使用大型先进的开采设备，采用节能环保的工艺流程，矿产资源利用程度较高，多在 95％ 以上，部分企业接近 100％，但缺少对小企业的统计。有关资料表明，多数小矿点仍采用粗放式开采方式、资源浪费严重，资源利用率不足 50％。大型企业在矿山复垦绿化方面开展了大量工作，取得了显著效果，但总体水平与国际先进水平仍有较大差距。国外水泥灰岩的矿山复垦率在 70％～80％，而国内的平均复垦率仅为 1％ 左右。

水泥企业矿山实地调研可见，新型干法水泥熟料生产线的工艺过程已经实现了自动化、生产现场远程可视化，部分企业同时开发了生产智能化系统，但水泥矿山在地测数字化、采矿生产优化、调度自动化、品位在线监测、现场可视监测、统一通信等方面才刚刚起步，只有少数矿山进行信息化技术的尝试。在工业化与信息化融合背景下，矿山的数字化、信息化、智能化将是矿山建设的未来发展方向。

智能化矿山是将矿山信息化技术、自动化技术、数字化技术进行有机集成，以数字化矿山建设成果为依托，在建立具有丰富的专家经验、企业能够切实指导生产的专家系统的基础上，将矿山活动的各种对象进行智能化表达，并应用于各个环节的管理和决策之中，在充分实现矿山运行的网络化、数字化、模型化、可视化、集成化和科学化后，最终实现矿山各工序和环节的智能化决策与控制。目前我国仅有少部分矿山建设了信息化系统，距离智能化操作仍有较大差距，矿山信息化、智能化将是未来重点发展方向。

2.6　环　境　性　能

2.6.1　放射性

为节约资源、保护环境，各类工业废渣被广泛用作水泥原料和混合材。放射性核素存在于各种金属矿中，废渣中固体矿物的浓缩会导致放射性元素的浓缩，利用废渣制备的水泥等建筑材料可能对身体健康造成严重影响。为保障人体健康,我国于 2010 年颁布了 GB 6566—2010《建筑材料放射性核素限量》,对建筑主体材料和装修材料的放射性水平做了明确的规定,要求建筑主体材料中天然放射性核素镭-226、钍-232、钾-40 的放射性比活度应同时满足内照射指数不大于 1.0,外照射指数不大于 1.0。

为摸清我国各省市水泥产品及原料、混合材的放射性情况,课题组分别检测了水泥样品、原料、混合材的内外照指数。

2.6.1.1 水泥产品放射性

研究过程中收集了全国 27 个省市的近 400 个水泥样品的放射性分析结果,发现全国水泥产品内照射指数均值为 0.27,波动范围为 0.09～1.71;外照射指数均值为 0.29,波动范围为 0.09～1.13。详见图 2-8。综合不同省市水泥样品的内外照指数对比图可推断,我国通用硅酸盐水泥产品的放射性基本可满足 GB 6566《建筑材料放射性核素》的要求,即内外照指数均不大于 1.0。个别企业的样品有超标现象,内照射指数超过限值更多。统计发现水泥样品的放射性区域差异较大,浙江、云南、新疆三省的内外照指数均值高于其他省市,这与该区域的水泥原料及混合材种类密切相关。分析发现,浙江企业混合材中使用了具有较高镭比活度的石煤渣,因此造成水泥产品的内外照指数较高。

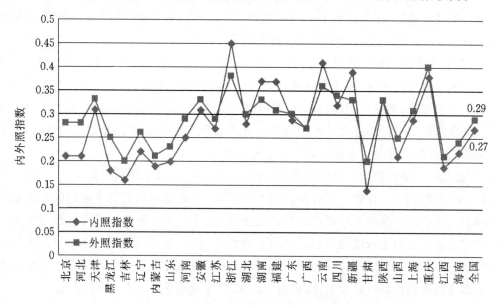

图 2-8 不同省市水泥产品内外照指数对比

同一个水泥厂家不同水泥产品的放射性差别也较大,如浙江某水泥企业生产的复合硅酸盐水泥和普通硅酸盐水泥的内外照指数分别为 1.71 和 0.73。放射性的差异主要由混合材种类和掺量导致。表 2-24 为不同品种水泥的内外照指数对比,可知复合硅酸盐水泥、矿渣硅酸盐水泥的内外照指数的均值、最高值均略高于普通硅酸盐水泥。这是由于复合硅酸盐水泥、矿渣硅酸盐水泥在生产过程中均掺入了大量的矿渣、冶金渣等混合材,熟料比例较低,而冶金渣等工业废渣在工业生产过程中经历了矿物浓缩过程,原料中含有的放射性元素在废渣中浓缩,造成水泥产品的放射性偏高。在水泥制造过程中应严格监控废渣等混合材料的使用,以避免废渣的过量掺入造成产品放射性超标。

表 2-24　各品种水泥内外照指数对比

产品种类	样品数量	内照射指数 I_{Ra}		外照射指数 I_r	
		均值	范围	均值	范围
普通硅酸盐水泥	30	0.32	0.2～0.5	0.31	0.2～0.4
复合硅酸盐水泥	31	0.41	0.2～1.4	0.39	0.2～0.9
矿渣硅酸盐水泥	18	0.35	0.2～0.5	0.36	0.2～0.7

2.6.1.2　原料、混合材放射性

为全面分析水泥原料、混合材种类对熟料、水泥产品放射性的影响,课题组选取多家水泥企业的原燃料和水泥样品进行放射性指数检测,结果见表 2-25。

表 2-25　不同企业原燃料及水泥产品放射性分析

企业	类别	产品名称	内照射指数	外照射指数
辽宁台泥	原料	石灰石	0.1	0.1
		砂岩	0.1	0.4
		铝土	0.1	0.1
	生料	生料	0.2	0.2
	燃料	原煤	0.1	0.1
	混合材	炉渣	0.1	0.1
		脱硫石膏	0.1	0.1
		石膏	0.1	0.1
		矿渣粉	0.1	0.4
		矿渣	0.2	0.2
		铁尾矿粉	0.1	0.4
	熟料	熟料	0.2	0.1
	水泥	P·O 42.5	0.1	0.1
		P·Ⅱ 52.5	0.1	0.1

续表 2-25

序号	类别	产品名称	内照射指数	外照射指数
上高南方	原料	石灰石	0	0.1
		砂岩	0.7	0.6
		黏土	0.2	0.5
	混合材	转炉渣	0.4	0.3
		炉渣	0.3	0.6
		粉煤灰	0.4	0.7
		煤矸石	0.2	0.5
		石膏	0	0
	熟料	熟料	0.1	0.2
	水泥	MR325	0.1	0.3
江西安福南方	原料	石灰石	0.2	0.3
		黏土	0.1	0.6
		铝粉	0.1	0.2
	混合材	钢渣	0.2	0.3
		煤矸石	0.2	0.5
		矿渣	0.8	0.8
		粉煤灰	0.8	0.7
		转炉渣	0.8	0.8
		脱硫石膏	0	0.1
	熟料	熟料	0.4	0.3
	水泥	P·O 42.5	0.2	0.3
		MR325	0.3	0.3

从检测数据可知,对于石灰石、砂岩、页岩等水泥企业常用的大宗硅质、铝质、铁质原料,其放射性指标均能满足 GB 6566 的要求。石灰石放射性指数一般在 0~0.2 范围内波动,远远低于标准要求。砂岩作为常用硅质原料,其放射性水平高于石灰石,且外照射指数一般高于内照射指数。不同区域的同种原料放射性差异较大,如辽宁台泥公司的砂岩内外照指数分别为 0.1、0.4,而上高南方使用的砂岩内外照指数分别达 0.7、0.6。由于水泥企业多采用尾矿作为铁质、铝质校正材料,使得校正材料的放射性水平稍高于石灰石的。可见对于硅质、铝质和铁质原料,水泥企业需进行详细的放射性检测,其他公司的经验数据不能保证完全适用。对石灰石而言,其放射性基本满足 GB 6566 要求,企业可适当放宽检测频次。

表 2-26 也指出,水泥混合材中粉煤灰、矿渣、炉渣多具有较高的放射性,抽样企业粉

煤灰的内外照指数均值分别约为 0.6、0.7。本课题组对宁波地区 20 份粉煤灰样品进行放射性检测,结果显示内外照指数均值约为 0.9、1.3,验证了粉煤灰具有高放射性这一共识,矿渣也是具有较高放射性的混合材。因此在实际应用时水泥企业应先对混合材进行放射性检测,在保证水泥性能的同时满足放射性指标要求。

控制水泥产品的放射性首先要识别放射性高的混合材,确定其合理的掺加量,优化水泥性能的同时保证放射性指标满足 GB 6566 的要求,同时关注各种大宗原料的放射性,保证水泥产品的放射性达标。水泥企业在改变原材料、改变水泥配比或开发新品种水泥时,要进行放射性核素比活度的分析。

2.6.2 重金属离子浸出性能

随着水泥窑协同处置废弃物技术的逐渐应用,以及混合材种类和掺量的日益增多,水泥产品中重金属元素的含量不断提高,对人体健康、生态环境造成严重危害。

2.6.2.1 水溶性六价铬

水溶性六价铬是重金属毒性危害的主要来源之一。欧洲国家对水泥及水泥制品中六价铬含量做出了严格规定,要求水泥及水泥制品中六价铬含量不超过 0.0002%,即 2 mg/kg。我国于 2016 年 10 月 1 日正式颁布实施了 GB 31893—2015《水泥中水溶性铬(Ⅵ)的限量及测定方法》,用于规范、管控我国水泥行业铬含量,规定水泥中水溶性六价铬限量为 10 mg/kg,即 0.001%。

石灰石、黏土等原料、破碎粉磨设备、含铬耐火砖以及工业废渣是我国水泥产品中水溶性六价铬的主要来源。原料中通常含有微量铬,在回转窑高温煅烧过程中带入熟料内;原料破碎和生料、水泥的粉磨介质中含有少量铬,随着设备的磨损,铬元素进入原料、生料和水泥产品中;水泥回转窑高温带使用大量含铬耐火砖,在回转窑高温、高风压以及高碱度的影响下,铬元素被氧化而进入熟料中;随着水泥窑协同处置技术的进步,替代原料、替代燃料应用比例逐渐提高,含铬原燃料的使用增加了水泥产品中铬含量。

鉴于 P・O 42.5、P・C 32.5 是我国用量最大的两类水泥,本课题组分别选择样本数为 61 个、22 个,其他品种水泥样本数为 2~10 个。抽样检测结果显示,P・O 42.5、P・C 42.5 水泥中水溶性六价铬小于 10 mg/kg 的比例最低,分别为 75.4%、75%。P・C 32.5R 水泥尽管掺加了较多混合材料,但仅有 4.55% 的水溶性六价铬含量超标,矿渣水泥和粉煤灰水泥的抽样数较少,样本数均小于 5 个,因此其结果代表性不高。硅酸盐水泥 P・Ⅱ 52.5 中有 10% 的铬(Ⅵ)含量超标。由于 P・Ⅱ 水泥未掺加混合材料,仅掺有低于 5% 的石膏,因此其六价铬主要来源于水泥熟料,根据检测结果可判断,我国部分水泥企业的熟料中六价铬含量明显超标。这也间接说明 42.5 等级水泥不合格率(24.6%)远高于 P・C 32.5R(4.55%)的原因。

为明确原料、燃料、混合材对水泥熟料、水泥产品中六价铬的影响程度,本课题组收集了不同原料、耐火材料和混合材中水溶性六价铬的检测结果,如表 2-26 所示。从检测结果看出,原料中石灰石、砂岩、石膏的六价铬含量很低,砂岩样品完全没有检测到六价铬含量。低硅、高硅煤渣的六价铬含量都小于 1 mg/kg,远低于标准检出限。而粉煤灰、水渣、矿渣粉等废渣中的六价铬含量并不高,基本都小于 1 mg/kg,不会造成六价铬超标。而钢渣中的六价铬含量较高,甚至超过标准限制的 2 倍多,浇筑料、耐火砖和部分钢渣六价铬含量较高,尤其是浇注料,达到 283.38 mg/kg。根据检测结果,水泥企业应对入窑物料、窑内耐火砖、磨机内研磨介质和衬板的磨损金属材料以及各种混合材料进行分析,全面排查,确认水溶性六价铬的来源。

表 2-26　原燃料、混合材中 Cr(Ⅵ) 含量检测

序号	样品名称	Cr(Ⅵ) mg/kg	序号	样品名称	Cr(Ⅵ) mg/kg	序号	样品名称	Cr(Ⅵ) mg/kg
1	低硅煤渣	0.60	12	硅钙渣	0.10	23	矿渣粉	0.10
2	低硅煤渣	0.63	13	铁镁尖晶石砖	2.10	24	矿渣粉	0.02
3	高硅煤渣	0.40	14	铬矿渣	0.13	25	砂岩	0
4	煤渣	0.41	15	铬矿渣	0.51	26	砂岩	0
5	煅烧煤矸石	0.15	16	浇注料	283.38	27	粒化高炉矿渣	0
6	煅烧煤矸石	0	17	高耐磨砖	8.00	28	粒化高炉矿渣	0.10
7	粉煤灰	0	18	改性磷石膏	0.30	29	矿粉	0
8	粉煤灰	0	19	石膏	0	30	矿粉	0
9	粉煤灰	0	20	石膏	0.7	31	矿粉	0
10	水渣	0.29	21	石灰石	0.57	32	钢渣	25.25
11	水渣	0.04	22	石灰石	1.15	33	钢渣	10.02

2.6.2.2　水泥产品性能

2015 年我国水泥产品质量统计分析见表 2-27。分析发现,硅酸盐水泥产品的凝结时间、抗压抗折强度、SO_3 等指标均能满足 GB 175《通用硅酸盐水泥产品》规定的限额指标。普通硅酸盐水泥产品中,P·O 52.5R 约有 0.9% 的产品 Cl^- 含量超过标准要求,P·O 42.5R 中 0.6% 的产品 MgO、Cl^-、烧失量和抗压强度指标项不合格。复合、矿渣硅酸盐水泥产品中,P·C/P·S 42.5R 等级有较高的不合格率,高达 2.2%,主要体现在抗压强度上。P·C/P·S 32.5R 等级有 0.9% 的产品 SO_3、Cl^-、抗压强度未达标。

表 2-27　2015 年我国水泥产品质量统计分析

水泥品种	强度等级	初凝时间	终凝时间	SO_3	烧失量	MgO	不溶物	Cl^-
硅酸盐水泥	42.5R	165	219	2.5	2.1	2.2	0.54	0.02
	52.5R	143	196	2.4	1.9	1.5	0.65	0.01
	62.5R	132	182	3	1.8	1.9	0.47	0.05
普通硅酸盐水泥	42.5R	187	242	2.4	3.4	2.4	—	0.02
	52.5R	161	215	2.5	2	2.2		0.02
矿渣、复合硅酸盐水泥	32.5R	209	269	2.2	7.4	2.4		0.02
	42.5R	194	254	2.3	3.2	3		0.02

普通硅酸盐水泥一般掺加少于 20% 的混合材,矿渣硅酸盐水泥和复合硅酸盐混合材掺加量一般在 20%～50% 之间。尽管我国颁布了 GB/T 12960《水泥组分的定量测定》,建立了水泥中混合材掺加量检测的统一标准,然而不少企业未能有效控制和检测混合材组分和含量,造成混合材掺加量超标。由于水泥行业产能过剩,导致水泥市场无序竞争、低价倾销、盲目降低成本等,不法企业甚至使用超越标准允许的混合材种类,对水泥、混凝土的质量产生不良影响。为片面提高水泥强度,水泥粉磨时掺加多种外加剂,引起 Cl^- 含量超标;小粉磨站未实施有效的质量管控,造成水泥强度不达标,凝结时间不合格等现象。

据国家水泥质量监督检验中心介绍,其接受市场和用户委托检验的不合格品比例更高,说明流通领域和工程应用阶段的水泥产品质量低于水泥企业实际送检样品质量。相关主管部门和监管部门应加强水泥质量的管理。

本章参考文献

[1] 刘志学,刘发荣. 我国水泥用石灰质原料含矿建造分布规律及资源潜力分析[J]. 中国非金属矿工业导刊,2009(Z1):3-6.

[2] 崔立昌. 矿山生态环境影响评价及恢复对策研究——以石灰石矿山开采为例[D]. 石家庄:河北师范大学,2003.

[3] 刘志学. 中国水泥灰岩矿产分布与资源潜力分析[C]//第五届水泥矿山年会暨"十二五"水泥矿山发展论坛论文集,2011:27-30.

[4] 王自清. 我国水泥矿山的技术发展及资源保证[J]. 水泥技术,2004(3):83-85.

[5] 黄东方,徐建. 水泥矿山资源综合利用与可持续发展[J]. 矿业装备,2012(7):52-57.

[6] 王国栋. 石灰岩矿山开发中的环境保护问题[J]. 中国非金属矿工业导刊,1999(6):27-29.

[7] 中华人民共和国住房和城乡建设部. 水泥原料矿山工程设计规范:GB 50598—2010[S]. 北京:中国计划出版社,2011.

[9] 黄小生. 水泥矿山开拓运输系统选择[J]. 中国水泥,2010(4):89-91.

[10] 左洪川,郝汝铤,梁雄伟,等. 水泥矿山半连续、连续化开采工艺与工程实例[J]. 中国水泥,2017(1):114-117.

[11] 张永贵,于涛,马振珠,等. 我国水泥产品天然放射性核素比活度的调查分析[J]. 检验与认证,2009(12):1-6.

[12] 宋磊,孙路. 2013 年安徽省水泥产品放射性水平调查分析[J]. 新世纪水泥导报,2014(5):22-24.

[13] 戴平,崔健,张庆华. 2015 年中国水泥质量评述[J]. 中国水泥,2016(11):36-41.

[14] 梁明月,胡敏杰,何闪闪. 粉煤灰放射性水平调查和测量结果不确定度的分析及评定[J]. 宁波化工,2015(1):28-32.

3 能 源 篇

3.1 概　　述

能源消耗包含：在热耗方面，通过了解烧成煤耗的影响因素，明晰工艺装备等的影响，以及原材料性质及各原材料入窑时的水分、细度等对熟料烧成热耗的影响；在电耗方面，明晰不同设备在不同工艺系统的应用对水泥成品性能、产量及电耗的影响。并结合实际生产的案例分析我国水泥企业的现状及出现的问题，在原有生产线的工艺基础上进行优化改进，提出改进意见。为全面了解我国能源消耗现状，特开展了以下调查研究：

（1）烧成热耗及粉磨电耗现状分析

针对所选取的新型干法水泥生产线，发放生产调查表或进行实地考察，收集和测试熟料烧成热耗及粉磨电耗信息，分析水泥企业熟料烧成阶段热耗及粉磨电耗的规律，并对数据进行对比分析，为水泥未来发展提供降耗方面的建议。

（2）典型案例分析

选取部分水泥厂进行热工标定，根据所获得的数据，分析影响其能耗，特别是热耗的关键因素。

通过热工标定可测量出水泥厂能耗方面基础数据，通过后期计算及热平衡可分析出热耗偏高的原因。由于不同企业之间工艺装备等的不同，能耗影响因素也不同，即使是同种装备，由于操作人员及原材料不同等原因，其能耗也有一定差别。这将有助于后期对水泥工业节能减排进行潜力技术的分析。

（3）燃料、原料、生产控制参数等对熟料热耗及粉磨电耗的影响

利用调查问卷所收集到的原、燃料的信息，经分析整理后，了解热耗及电耗影响因素，利用灰色关联理论等分析各个因素对烧成热耗及粉磨电耗的影响，并结合实际生产中典型案例进行节能减排案例分析。

为了更全面更深入了解我国水泥窑系统能源消耗现状，我们主要采取表格调查、实地考察及现场热工标定三种方式进行数据的收集。调查中按窑系统及粉磨系统，分别进行工况数据的采集与全面的热工标定。通过不同数据收集手段相结合来收集我国水泥烧成窑系统热耗及粉磨电耗参数，能更全面地了解我国水泥烧成热耗及粉磨电耗现状。并且不同手段各有优缺点，数据全面性也不尽相同，因此通过不同手段并存的方式能弥补数据的不足，使收集到的数据更具有代表性。

（1）表格调查

为了更全面地了解被调查企业水泥整体能耗情况，我们以发放表格的形式开展了调查，进而收集水泥企业的生产基础数据。对于我国能源消耗现状调查部分，我们主要关

心企业生产规模、工艺装备等宏观因素,原燃料基本情况及熟料烧成系统基础数据,例如熟料饱和比、煤粉工业分析、原燃料水分、熟料矿物组分等微观因素。但考虑到被调查企业对问卷填写的数据的准确性,在调查过程中,我们主要针对水泥能耗有影响的因素,包括生产企业的规模、生产企业的投产时间、企业地理位置、生产线设备和装备、能耗情况等信息开展调查。

(2)实地考察

实地考察主要包括两种形式,一种是通过拜访大的水泥集团或典型水泥企业,通过对集团管辖范围内的水泥厂和典型水泥企业进行包括省、国家、生产线编号、设计产能、实际产能、海拔、标煤耗和工序电耗等能耗信息进行调查。另一种形式是通过走访企业,就企业的全面信息情况分三部分进行调查。第一部分为生产企业基本情况,在该部分中我们主要收集生产企业的基本情况及各强度等级水泥的年产量,并对水泥企业规模有初步的了解。第二部分为原燃料的基本情况,在原料部分主要包括原料的种类、年消耗量及主要成分的含量。在燃料部分,考虑到在不同生产企业中,煤的品种可以分为烟煤、无烟煤等不同品种,仅仅知道煤粉的发热量不足以全面了解煤的整体特性,因此还对煤的工业分析数据进行了统计。第三部分则是对生产生料与熟料部分信息进行调查。入厂的原材料经过合理的配料及粉磨后进入了烧成阶段,何敏等曾经研究过生料细度对熟料热耗的影响,研究表明生料的粒度分布对熟料烧成热耗是有一定影响的,因此在问卷中我们对生料细度数据也进行了收集。熟料部分主要为熟料的化学成分、率值及矿物组分。熟料的矿物成分及率值可以一定程度上反映熟料烧成热耗。调查中还就其他部分如主要设备型号及年运转率等进行数据收集,以尽可能全面地了解被调查企业的综合生产情况。

(3)现场热工标定

对部分水泥厂,我们采用 GB/T 26282—2010《水泥回转窑热平衡测定方法》及 GB/T 26281—2010《水泥回转窑热平衡、热效率、综合能耗计算方法》对其窑系统进行热工标定。热工标定的窑系统热平衡范围:物料由提升机入口开始,至熟料冷却机出口;气体由冷却机进风风机经预热器出口到窑尾排风机出口为止。热工标定的生料磨系统热平衡范围:物料由磨机入口开始,至生料磨出口。气体由窑尾入生料磨热风管开始,到尾排风机出口为止。

测定中还增加了窑尾及各级预热器出口的气体温度、压力和气体成分等检测内容。通过测定,使预分解窑的煤、风、料达到热量平衡与物料平衡,同时对熟料的产量及能耗进行计算,并通过对预热器等系统主要工作参数的测量进行综合评价,为节能降耗、提高产量给出合理的建议。

3.2 窑系统能源消耗总体情况分析

近些年来由于环境保护压力的不断增加,水泥、钢铁等能源消耗较多的企业开始将节能减排作为发展目标之一。因此水泥窑系统能源消耗影响因素也受到越来越多学者的重视。

3.2.1　不同规模企业窑系统烧成热耗的情况

2014—2019年间,通过对水泥生产线进行热工标定或走访收集其生产资料,我们掌握了1100条熟料生产线的窑系统的热耗情况,并对现场开展了热工标定的企业按不同产能生产线进行了分类比对,相应数据结果参见图3-1。

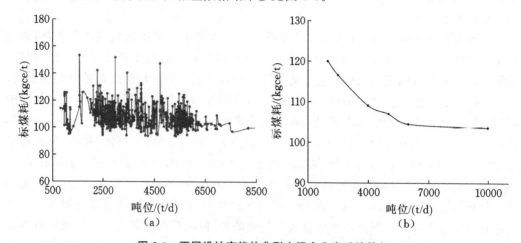

图 3-1　不同设计产能的典型水泥企业窑系统热耗

(a)1100条熟料生产线的标煤耗;(b)典型吨位熟料生产线热工标定平均标煤耗

由图3-1(a)可知:①所有生产线的平均标煤耗为109.16 kgce/t,有文献表明,2013年我国采用新型预分解干法生产工艺的水泥熟料烧成标准煤耗为109.9 kgce/t(数据仅为新型预分解干法生产线,并不是整体平均热耗水平)。这表明,随着我国新型干法技术的全面推广和产能置换,在窑系统热耗方面我国水泥行业已经呈现出整体行业优势,即我国在熟料生产中煤耗的整体控制水平在世界上已经比较领先了,节能减排政策推行的成果还是非常明显的。②对于实际日产量 $G \leqslant 2500$ t/d 的企业标煤耗最高达到了155.57 kgce/t,平均为113.40 kgce/t;日产量2500～3000 t/d以下(2500 t/d$\leqslant G <$3000 t/d)的企业标煤耗最高达到了127.43 kgce/t,平均为109.21 kgce/t;日产量3000～5000 t/d以下(3000 t/d$\leqslant G <$5000 t/d)的企业标煤耗最高达到了154.20 kgce/t,平均为110.78 kgce/t;5000～6000 t/d以下(5000 t/d$\leqslant G <$6000 t/d)的最高标煤耗为127.67 kgce/t,平均为107.33 kgce/t;6000 t/d以上($G \geqslant$6000 t/d)的企业,最高标煤耗仅为114.67 kgce/t,而平均标煤耗也仅为104.67 kgce/t。整体来看,实际产能越大,标煤耗越低。③生产线吨位越小,不同企业不同熟料生产线标煤耗波动越大,这一方面与低吨位熟料生产线中有小部分为特种水泥生产线(一般能耗偏高)是息息相关的,另一方面也受建厂时间、所在地域海拔或管理水平等因素的制约,使得在生产普硅熟料时也出现煤耗的巨大差异。而对于大吨位熟料生产线($G \geqslant$5000 t/d),其不同地域不同企业标煤耗的波动变小,这也与诸如高原地区富氧技术等节能新技术的推广应用是分不开的。

为了保证数据的严谨性,同时对120多家企业通过热工标定获取了生产能耗数据。由图3-1(b)可以发现:①随着生产规模的增大,企业烧成标煤耗同样有明显降低的趋势。我国水泥熟料生产线标准煤耗部分已经达到了国内先进或领先水平,其中最低水泥熟料标准煤耗为 96.7 kgce/t。根据 GB 16780—2012《水泥单位产品能源消耗限额》，水泥熟料单位产品可比熟料综合标准煤耗先进值为 103 kgce/t。这表明我国熟料制备技术已具备了世界领先水平。②在数量上占主导地位的 2500 t/d 的生产线其能耗值普遍较高，设计产量为 2500 t/d 的熟料生产线其平均能耗较 5000 t/d 的熟料生产线高约7 kgce/t。③对于4000 t/d 以下规模的生产企业，其标煤耗的差别较大，但平均值在 110 kgce/t 以上，但是对于高于 4000 t/d 的企业其标煤耗相对小规模的企业有明显的节能优势。据《新世纪水泥导报》2020 年第 1 期报道，目前已经有新建 5000 t/d 水泥熟料生产线业主对总包商提出熟料标煤耗不大于 94 kgce/t 的要求，熟料综合电耗（含石灰石破碎电耗）不大于46（kW·h）/t，并规定如果熟料标煤耗大于 98 kgce/t，业主不予竣工验收，可见国内企业在建设新线时非常关注能耗问题。这迫使我国水泥行业在科学和技术上做出更大的突破。

下面结合部分代表性企业的具体能耗在各工艺段的分布情况来分析水泥生产热量的流向，在水泥烧成热量支出中，熟料形成热、一级筒出口废气显热、系统表面散热、出冷却机余风带走热等是热量支出所占比重比较大的部分。由于熟料形成热主要是取决于生料的配比与原材料的供应情况，与企业生产规模并没有太大的关联。而大规模的水泥生产企业吨水泥熟料的能耗对比低规模的优势主要体现在一级筒出口废气显热、系统表面散热、出冷却机余风带走热等。图 3-2 列出了 87 家企业除熟料形成热外的能量消耗支出情况，其中热量的支出表示方式为 3 次方的多项式曲线拟合。

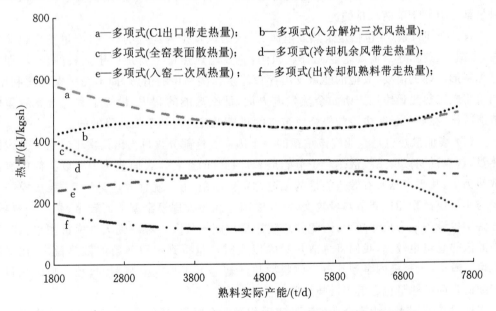

图 3-2　87 家代表性企业的窑系统能量支出情况（熟料形成热除外）

由图 3-2 可见，在能量支出方面，在不考虑熟料形成热的情况下，处于能量支出最高的为 C1 出口带出的热量；其次为入分解炉的三次风热量；冷却机余风（包括送余热发电风、送煤磨风及排入大气的废气）占据能量支出的第三位；入窑二次风带走的热量在低吨位生产线较表面散热低，但入窑二次风带走的热量在高吨位生产线较表面散热更高；出冷却机熟料带走的热量和上述热量相比是最低的。因此在能量支出方面,按能量支出多少的趋势线进行大致排序为:C1 出口带出热量≥入分解炉三次风热量>冷却机余风>入窑二次风带走热量≈表面散热>出冷却机熟料带走热量。

随着熟料产能的增加,C1 出口废气带走的热量和全窑表面散热有明显降低的趋势,出机熟料带走的热量也有持续降低的趋势;且随着产能增加,三次风入炉热量及二次风入窑热量也有一定的提升。其中冷却机余风带走的热量比较稳定。这些数据趋势从一个侧面也明显地体现了我国水泥行业这几年节能技改的成效,窑系统的节能降耗措施集中体现在降低 C1 出口废气热量及加强保温隔热、降低全窑表面散热,同时提高二、三次风量及风温等方面。

从能量支出趋势排序中我们还可以得到如下启示:

(1) 在节能减排方面,由于 C1 出口废气量大且含尘量高,带走的能量居高位,通过降低废气量及废气温度无疑是节能减排中的非常有效的措施,也就是通过提高预热器换热效率降低 C1 出口烟气温度、结合高效燃烧技术及减少燃煤消耗进而减少烟气形成量、防止过多空气进入余热器系统以及利用电石渣取代石灰石降低生料碳酸钙的分解所需热量都是降低 C1 出口带走能量的有效措施。

(2) 由于入分解炉的三次风的热量可以得到有效的利用,三次风带走的热量越高越有利于提高分解炉内的温度,有利于炉煤用量的减少进而减少燃煤的支出,即有利于节能降耗。水泥企业通过篦冷机改造或通过调整头排和尾排风量以期提高三次风风温及风量都是有利于节能减排的。

(3) 冷却机余风(包括送余热发电风、送煤磨风及排入大气的废气)能量支出也非常高,占据第三位,这点需要企业充分认识到:企业燃煤热量主要是用于熟料的烧成,即满足熟料形成热的需要,其他的能量支出存在能量二次利用的情形,即不是一次能源利用。如果将燃煤热量最终用于诸如余热发电方面,那么热能的利用,最终不利于窑系统整体节能减排,在此尽量减少冷却机余风带走的热量无疑是有利于能耗降低的。

(4) 表面散热也是企业应该重视的一个因素。这部分热量支出仅次于二次风带走的热量,这点说明减少系统散热对于节能是非常有效的途径。表面散热中又以窑筒体表面散热为主,几乎占据所有散热能量的二分之一(见图 3-3),就总散热量而言,大规模的窑型与小规模窑型相比其散热量较大,究其原因是因为大规模窑型的回转窑、悬浮预热器、分解炉等设备通常尺寸较大,因此其总散热量也同样较大。考虑到大规模窑型单位时间内的散热总量也较大,我们将总散热量除以实时产量得到单位熟料的散热量,对比平均值可以看出,大规模的窑型其单位熟料散热量普遍低于小规模窑型的,且大吨位熟料生产线的表面散热量也是低于低吨位熟料生产线的。

通过将不同水泥生产企业的系统表面积做一个对比,我们发现 5000 t/d 的窑系统的表面积大约为 10000 m^2,而 2500 t/d 的约为 5600 m^2。由于大规模窑型其实际生产能力可提升的潜力一般高于小规模窑型的,因此在以上所列举的两种窑型中,5000 t/d 的窑系统实际生产能力高于 2500 t/d 的窑系统实际生产能力,但设备表面积只增加了约80%,在相近的工艺条件下,大规模窑型的设备表面散热状况将优于小规模窑型的,即随着水泥回转窑规模的增大,单位水泥熟料的额外支出热量减少,因此在工艺状况相近的

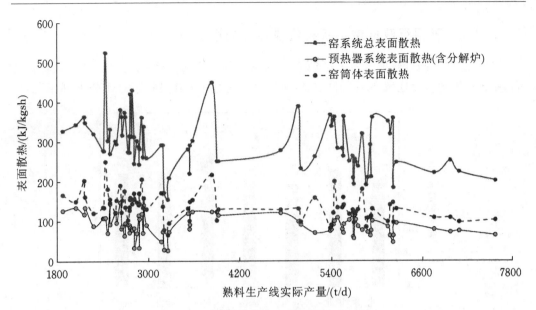

图 3-3　熟料生产线窑系统表面散热量数据

情况下,5000 t/d 以上较大规模窑型有更好的节能效果。也有研究表明对于超大规模 ($G \geqslant 10000$ t/d)系统,由于生产组织管理以及原材料的采买等难度系数加大,技术上的节能效果不再明显甚至在管理不当的情况下热耗还有上升的趋势。

为了更明确地了解高能耗企业的分布情况,表 3-1 列出了标煤耗分别超过平均值 109.16 kgce/t 和 120 kgce/t 的不同吨位企业数量,以及高煤耗企业占同等规模企业中的比例。由表 3-1 明显可见,和同等规模企业相比,标煤耗超过平均值 109.16 kgce/t 的企业中占比最高的是实际产能在 2500 t/d 以下的企业,高煤耗企业占同等规模企业中的比例达到了 61.78%,其次是实际产能 2500 t/d$>G \geqslant$4000 t/d 和 4000 t/d$>G \geqslant$5000 t/d 的企业,分别达到了 52.80% 和 59.03%,实际产能 $G>$5000 t/d 的企业占比为 21.60%。标煤耗超过 120 kgce/t 的企业中实际产能在 5000 t/d 以下的企业,占比在 12%~14% 之间,而实际产能 $G>$5000 t/d 的企业占比仅为 2.40%。可见通过近年新建或对旧生产线的改造,当产能提升到 5000 t/d 以上后,高能耗企业数量明显走低。

表 3-1　高煤耗企业分布情况

实际日产量 /(t/d)	调研熟料生产线数量/个	标煤耗超过 120 kgce/t 生产线数量/个	标煤耗超过 120 kgce/t 生产线占比/(%)	标煤耗超过 109.16 kgce/t 生产线数量/个	标煤耗超过 109.16 kgce/t 生产线占比/(%)
$G \leqslant 2500$	259	35	13.51	160	61.78
$2500 > G \geqslant 4000$	322	40	12.42	170	52.80
$4000 > G \geqslant 5000$	144	19	13.19	85	59.03
$G > 5000$	375	9	2.40	81	21.60
合计	1100	103	9.36	496	45.09

3.2.2　不同行政地域窑系统烧成热耗的情况

为了了解不同行政地区由于区域发展的不平衡是否对窑系统烧成热耗有明显的影响,在此对不同行政地域 2014—2019 年熟料生产线的标煤耗进行了对比分析,见图 3-4。

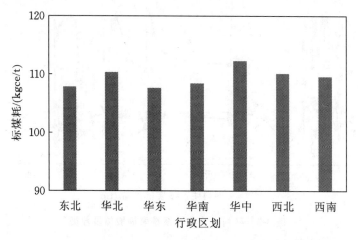

图 3-4　不同行政地域 2014—2019 年熟料生产线的标煤耗对比

按东北、华北、华东、华南、华中、西北、西南 7 个行政区域 2014—2019 年的平均热耗进行了数据比对,发现区域发展的不平衡对平均热耗的影响不大。相比而下,经济不是特别发达的西北地区的平均标煤耗值并不是很高,在各区中居中。统计数据中各区域最大和最小的平均标煤耗的差别不算太大,仅为 4.6 kgce/t。这也反映出目前我国水泥通过淘汰落后产能后,加之各水泥集团分别在各个行政区域布点,西部地区又新建了一批吨位较高的水泥生产线,使得各地水泥制备技术水平都有很大幅度的提升。

对于西部地区,新型干法熟料生产线推广之初,由于人口密度较低导致城镇化速度较慢,因此水泥的需求量也较低。早期在该区域建设的水泥生产企业规模较小,个体经营的也比较多,工艺设备相对较为落后。例如,新疆某水泥生产企业成立于 1996 年,随后建成投产 1000 t/d 的新型干法水泥生产线,在两次数据收集过程中,该企业吨水泥熟料标准煤耗分别为 116 kgce/t、119 kgce/t,现有企业综合煤耗限定值为 112 kgce/t,该水泥企业比较难达到国家标准。新疆另一日产 2000 t 的水泥生产企业,其吨水泥熟料标准煤耗为 122 kgce/t,也属于能耗超标企业。这部分企业能耗超标的主要原因是由于地理位置因素决定了企业设计规模较小。如前所述,随着企业规模的降低,热耗有增加的趋势,因此小规模生产线能耗普遍偏高。反观日产 8000 t 水泥熟料的新疆青松建材化工(集团)股份有限公司,通过采用双系列 5 级旋风预热器及第四代新型篦冷机,其吨水泥熟料标准煤耗仅为 102.2 kgce/t。这表明行政区域位置对标煤耗的影响不大,当然在不进行海拔修正的情况,高原地区的热耗会有所偏高,这点将在 3.3.3 节进行详细的阐述。

3.2.3　投产时间对窑系统烧成热耗的影响

在问卷调查所收集回来的数据中,2500 t/d 与 5000 t/d 的生产线占主导地位。因此我们针对这两种生产线的投产时间开展了对比分析。通过分析发现：2500 t/d 的生产线主要在 2004 年左右投产，而 5000 t/d 的生产线主要在 2007 年投产，通过投产时间的对比可以发现随着水泥行业的不断发展，大规模窑型在未来的发展中将占主导地位。图 3-5 为投产时间对热耗的影响。随着投产时间的后延，投产后生产线的热耗有一定程度的降低。这种降低是由于技术及工艺装备的进步，使得较晚投产的生产线从设计能耗上优于老生产线。

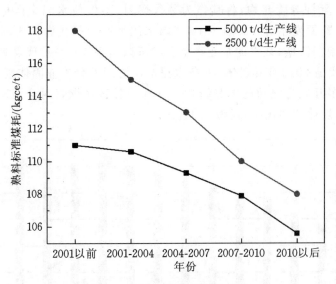

图 3-5 投产时间对热耗的影响

3.2.4 我国水泥行业现状与国际先进水平差距

（1）国内外能耗指标差距

我国水泥行业经过多年的发展，在节能降耗方面取得了显著成绩，然而众多水泥企业与先进水泥企业相比或与发达国家先进水平相比，我们还有一定差距。目前我国水泥企业平均能耗为 109.16 kgce/t，与发达国家相比，2009 年美国采用 5 级旋风预热器的预分解窑其热耗约为 105.8 kgce/t，这与采用 BAT（最佳实用技术）技术后的热耗（98.9～112.6 kgce/t 之间），是相符合的。由于美国等发达国家的水泥工业已经过了快速发展时期，工艺装备及技术发展完善，因此其平均热耗较中国水泥工业总体水平低是正常的。

从熟料生产线的统计调查数据来看，我国目前熟料平均标煤耗为 109.16 kgce/t，而且新建生产线也在努力接近 94 kgce/t 的目标。而对于大于或等于 5000 t/d 的水泥生产线中，331 条生产线的平均能耗为 106.88 kgce/t，与发达国家差距较小。这表明实际上就生产装备先进水平而言，我国水泥工业技术装备与世界先进水平的差距并不大，特别是新建的 5000 t/d 以上的窑，从工艺、装备、管理等方面均能比肩国际先进水平。目前热耗偏高的生产线主要为小型回转窑，而导致这些窑热耗偏高的原因主要是技术与实际应用脱节，水泥生产环环相扣，仅仅改造某一个环节的技术装备，并不能使整个生产线的热耗明显降低。在实际走访过程中，我们发现众多 2500 t/d 的小型企业，生产设备或多或少都有问题,但由于企业规模小,部分企业还存在管理水平低的问题,加之担心在未来几年有面临淘汰的危险,企业进行设备和技术改造的积极性也不大。

(2)能源利用方面的差距

我国与发达国家相比,在能源利用方面(主要为替代燃料的利用)尚存在的较大差距。比如在20世纪60年代,日本废弃物利用产生跳跃式增长,而同时日本又是一个缺乏资源及能源的国家,因此水泥窑替代燃料开始受到重视。近年来,日本大量处置废弃橡胶制品、废油、污泥等废弃物,将其作为替代燃料,不仅使水泥生产标准煤耗大大降低,还无害化处置了废弃物。又如2016德国水泥生产中替代燃料比例达到了60%以上(图3-6),在德国汉堡,某水泥企业甚至已经可以实现100%替代燃料来进行水泥熟料的生产。而我国2016年虽然有76条水泥窑在协同处置工业固体废弃物,处理量中原生垃圾300多万t、污泥和危废等约360万t,但其替代燃料对全国熟料总热耗的贡献率(即对熟料煤耗的替代率)仅为1.8%。

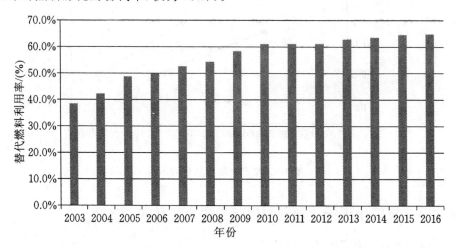

图3-6　德国替代燃料利用率

表3-2为不同国家燃料替代率对比,可以发现发达国家的替代燃料经过多年的发展,其燃料替代率达到了较高的水平,欧洲多国接近或超过60%。通过采用替代燃料进行水泥生产,不仅大大降低了化石燃料的消耗,而且同时消纳了废弃物,且即使熟料生产总热耗略有升高,但由于煤粉比例降低,实际煤耗仍然较低。发达国家将水泥回转窑大部分已转型为废弃物处理设施,因此协同处置更像是水泥回转窑的一种"主要"功能,水泥企业正在向"环保卫士"的角色进行革命性的转变。

表3-2　不同国家燃料替代率对比

国家或地区	燃料替代率/(%)	国家或地区	燃料替代率/(%)
澳大利亚(2013)	7.8	德国(2010)	>60
日本(2012)	15.5	波兰(2010)	45
瑞典(2011)	45	西班牙(2011)	22.4

国家或地区	燃料替代率/(%)	国家或地区	燃料替代率/(%)
瑞士(2012)	41	比利时(2011)	60
荷兰(2011)	85	美国(2010)	16
加拿大(2008)	11.3	欧盟(2012)	18

图 3-7 为我国干污泥年产量及处置量,2014 年我国干污泥总产量约 700 万 t,而干污泥处置量仅约 30 万 t。图 3-8 为我国各种废弃物的发热量。从图 3-8 可以看出,含水率在 10% 左右的干污泥,其平均发热量可达到 11850 kJ/kg,达到了标准煤发热量的 40%。因此用城市污泥等类型的废弃物替代燃料,将有助于节省矿物燃料的利用,同时降低回转窑实物煤耗。现阶段我国目前依旧在大力推进替代燃料的研究和应用,但我国水泥企业利用替代燃料方面与国外的差距仍然十分明显,我国水泥燃料替代距达到良性循环还有一段路要走。

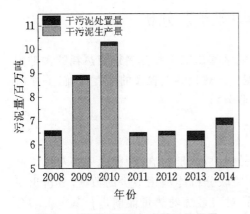

图 3-7　我国干污泥年产量及处置量

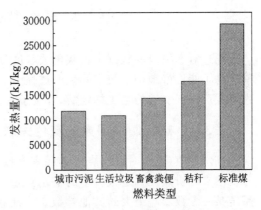

图 3-8　我国不同类型废弃物发热量

（3）人均生产率的差距

我国水泥行业从业人员约 90 万人,2015 年产水泥 23.48 亿 t。国内规模较大的企业员工人数普遍在几百人,我国水泥工业劳动生产率 5000～10000 t/(年·人),国际普遍在于 15000 t/(年·人)。在生料成分分析、熟料成分分析、煤粉热值等都需要经人工采样制样,再通过仪器进行检测。反观发达国家的水泥企业,通过采用例如近红外线光谱(NIR)分析和伽马中子活化等生料成分在线分析仪器,并采用自动化设备在线调控生料配比,使得企业人数大大减少,人均熟料生产能力提高,降低了水泥生产成本,并通过自动化控制使水泥生产能耗稳定。过去十多年来,我国集中精力自主研发工艺主机设备和成套辅机装备,并达到了国际先进水平,这使得我国水泥工业变大变强,自动化程度也有所提高。然而我国水泥生产距智能化还有一定的差距。目前国内企业智能化程度普遍不高,特别是在生产过程控制和产品质量控制方面,如不能实时自动检测某些重要生产参数,例如生料成分、细度等,水泥生产“两磨一烧”的调控还主要靠中控操作员,而操控员受限于自身的技能,在生产控制中易出现操作不当,同时设备管理与维护需要大量一线巡检员,这就造成企业需要安排一定量人力来维持生产。

在"两磨一烧"的生产调控中,发达国家通过采用生产 DSC 数据,并通过 PID 控制、模型、专家系统等智能化系统,实现基于实时数据反馈的生产自动调解,大大降低了水泥企业所需人数,同时能降低 5.5～11 kgce/t 的熟料热耗。国内某企业通过采用瑞士 ABB 公司的智能系统,经优化调试之后,针回转窑、生料磨、冷却机等采用智能控制系统,最长达到了 5 个工作日的无人值守并稳定运行。

2019 年我国最有代表性的智能工厂——全椒海螺水泥有限责任公司首个"无人化"水泥智能工厂推出,成为水泥行业转型升级、智能制造的一大力作。通过"智能化"无人工厂的建设,其矿山生产效率提升约 12%,柴油消耗降低约 7%,轮胎消耗降低约 30%。数字化智能矿山系统搭建完成后,实现了矿石在线监测、生产自动配矿和车辆智能调度,极大地提高了矿山生产效率和安全保障。海螺集团靠自主研发与集成创新,成功打造了以智能生产为核心、以运行维护做保障和以智慧管理促经营的三大平台,实现工厂运行自动化、管理可视化、故障预控化、全要素协同化和决策智慧化等智能化成果。但我们也应该看到与德国等智能制造强国相比,我国水泥行业智能制造整体水平仍有待提升。

3.3　窑系统热耗影响因素分析

通过对所测量的数据进行灰色关联度分析,能掌握影响水泥熟料烧成热耗的关键因素。为了能更好地了解在实际生产过程中对水泥生产热耗影响较大的因素,我们在对 87 家水泥厂开展实地的热工标定后,开展了灰色关联分析。

3.3.1　热耗影响因素的灰色关联分析

在水泥生产中,对熟料烧成热耗有直接影响的就是热量的流向,因此采用灰色关联分析法来分析热工标定报告中的支出热量,灰色关联分析能利用很少的数据,分析出对系统某一参数影响最大的其他参数。为此我们针对窑系统的热量流向进行灰色关联分析,以期验证水泥熟料烧成热耗中对窑系统热耗影响最大的因素。

由于烧成工艺参数对于熟料的热耗有较大的影响,不同窑的操作技术决定了各生产工艺参数,进而影响到熟料的烧成热耗,因此首先针对烧成工艺参数进行分析。在烧成工艺参数中,我们选取了回转窑有效内容积、熟料饱和系数(KH)、入冷却机熟料温度、出冷却机熟料温度、窑头投煤比例、入窑生料温度、C1 出口风量、C1 出口风温、冷却机余风量、冷却机余风风温、冷却机鼓风量、风机鼓入风风温、入窑一次风量、入窑一次风净风温度、入分解炉三次风量、入分解炉三次风温、入窑二次风量、入窑二次风温、全窑表面散热,其中风量和表面散热均为单位熟料量。这些数据来源于 87 家水泥企业的热工标定报告数据,最终选取符合热工标定平衡的数据进行计算。表 3-3 为关联度分析数据结果。

表 3-3　各支出项目与熟料烧成热耗关联度

项目	关联度	项目	关联度
回转窑有效内容积	0.5768	冷却机鼓风量	0.8263
熟料 KH	0.8659	风机鼓入风风温	0.6724
入冷却机熟料温度	0.8321	入窑一次风量	0.6051

项目	关联度	项目	关联度
出冷却机熟料温度	0.6795	入窑一次风净风温度	0.5343
窑头投煤比例	0.7713	入分解炉三次风量	0.8161
入窑生料温度	0.7506	入分解炉三次风温	0.8059
C1 出口风量	0.8238	入窑二次风量	0.7412
C1 出口风温	0.8797	入窑二次风温	0.8121
冷却机余风量	0.6806	全窑表面散热	0.7204
冷却机余风风温	0.7309		

通过计算出来的灰色关联度可以发现,烧成工艺参数中 C1 出口风量和风温、入分解炉三次风温和入窑二次风温、冷却机鼓风量、熟料 KH 等参数与熟料烧成热耗的关联程度较大。为此我们具体分析了这些参数对熟料热耗影响的程度及原因。

(1) C1 出口风量和风温

C1 出口风量及 C1 出口风温均影响 C1 出口废气所带走的热量。通过对多家企业进行实地的热工标定,我们发现预热器出口废气带走热所造成的热损失是烧成热耗最大的支出部分。占烧成熟料理论热耗的 17%～22%,在预分解窑系统中造成的热损失最大。从表 3-3 中可以看出 C1 出口风量对于热耗的关联度达到了 0.8238,而 C1 出口风温对于热耗的关联度也达到了 0.8797。

在换热效率、分离效率不变的情况下,预热器出口废气量决定了系统的固气比,直接影响预热器出口温度;同时,废气量的多少在一定程度上反映了窑炉内煤粉燃烧状况和过剩空气情况,影响预热器出口气体成分;而预热器出口废气温度、气体成分和废气量三者则决定了预热器出口热损失的大小,三者是影响水泥熟料烧成热耗的重要因素。在实际生产中,实现料、风、煤三者的平衡是窑炉操作的关键。其中,风量的大小除了影响物料在预热器内的悬浮状态外,还会对碳酸盐分解、煤粉燃烧产生直接影响。如高温风机拉风不足或过剩直接决定了碳酸盐和煤粉在分解炉内的停留时间和反应气氛,进而影响分解率和燃尽率。除此,还会对窑炉内结皮、结圈、包心料等产生影响。因此,预热器出口废气量的多少会对生产操作、烧成热耗、熟料质量等产生直接影响。

在预热器内实现气固换热之后,废气由一级预热器排出,一部分气体进入窑尾,另一部分进入生料磨。预热器出口废气温度直接影响整个水泥烧成系统的热效率,废气温度过高会导致废气带走较多热量,使热效率降低。

有学者认为,在已经普遍配置有余热发电设备的情况下,一级筒出口温度不用控制得太低,因为升高的温度可以在下一步转化为电能。但有文章指出,预分解窑系统的纯低温余热发电的热效率很低。余热发电需要将热能转化为水蒸气再推动发电机叶轮进行发电,此过程产生的电能与直接通过降低出口温度而节省的能量相比只占 13%～25%,因此在企业窑系统工艺技术等条件能满足直接降低 C1 出口温度的条件下,可以降低 C1 出口温度以达到节能降耗的目的。而在窑系统工艺技术无法充分满足节能降耗的情况下,可以通过优化余热发电工艺,使 C1 出口带走的热量尽可能多地转化为电能。但不建议企业刻意去提高 C1 筒出口温度,使其处在一个较高的温度水平去进行余热发电。

(2)入分解炉三次风和入窑二次风

二、三次风温之所以是烧成系统操作的重要参数,是因为它反映了篦冷机从熟料中回收到的热能被窑炉所用的比例。利用的越多,越能降低窑炉燃煤用量,节约能耗。从表 3-3 中可以看出入分解炉三次风量对于热耗的关联度达到了 0.8161,三风温对于热耗的关联度达到了 0.8059,而入窑二次风温对于热耗的关联度也达到了 0.8121。分解炉是新型干法窑系统中在预热器及回转窑之间所加的一个设备,其主要作用是将原本需要大量吸热的碳酸钙分解反应从回转窑中转移到分解炉中。而分解炉的优势体现在其高速的换热过程,在分解炉中的物料处于悬浮状态,燃料与生料之间充分接触,燃料快速进行无焰燃烧的同时,生料与其换热也同时进行并快速完成分解反应。回转窑是水泥烧成的主要设备,"两磨一烧"中的"一烧"就是在回转窑内完成的,入窑二次风温和风量会严重影响回转窑内熟料的煅烧。

一般而言二次风温高于三次风温 150～200 ℃。二次风温的提升对节能降耗的作用是非常明显的,而且是很多其他手段都无法取代的。合理的二次风量和风温是保证窑内煅烧的重要条件:熟料烧成带温度至少在 1450 ℃以上,煤粉燃烧速度及燃尽程度将直接关系到烧成带的温度、长度及位置,即关系到窑内温度的合理分布。窑内的煤粉燃烧条件远不如分解炉的无焰燃烧,为了提高煤粉的燃烧速度及燃尽程度,操作者要学会使用性能优越的燃烧器,且设法提高二次风温,保障适宜的风量,二次风量既不宜过高也不宜偏低。

不合理的三次风风温和风量易导致分解炉内温度场紊乱,特别是过大的三次风风量,易导致燃料的滞后燃烧、炉内结皮的增加和 C1 烟气出口温度的升高。一般而言,分解炉内保持在 900 ℃左右(一般在 900 ℃偏下)就足以让碳酸钙分解,若温度过高就会增加新的故障,系统运行反而不安全,进而造成分解炉容易结皮、甚至烧结、损坏炉衬;即便暂无这些故障,也无端浪费了热量,提高了各级预热器出口温度,特别是提高了 C1 出口温度,增加了系统热耗。

鉴于此,企业应该关注二、三次风温和风量对系统热工制度的影响。二、三次风温和风量对系统稳定性、篦冷机热回收效率影响非常大。由于二次风不易直接测定且推算也不准确,三次风也不易准确获取,企业对其关注度不够。当然冷却机送高温余热发电风和送煤磨抽热风也普遍作为余热被利用起来,能进一步节约一次资源的消耗量,实现水泥生产的低能耗制备,但和二、三次风比较起来,其对热耗的影响相对弱些。

(3)出冷却机熟料温度和冷却机鼓风量

目前很多企业过分强调出冷却机熟料温度,即对熟料出机温度非常关注。但从灰色关联的计算结果中,出冷却机熟料温度对熟料烧成热耗的关联度为 0.6795,即出冷却机熟料温度的影响远小于二、三次风。这主要是因为只要控制好篦冷机的运行,出窑熟料的平均温度一般不会超过 200 ℃,其带走的热量有限。当然在冷却过程中,若冷却效果不好,将导致出窑熟料带走热偏高。

冷却机系统的风量平衡为:入冷却机的风量＝冷却机送余热发电风风量＋煤磨抽热风

量＋冷却机余风量＋冷却机二次空气量＋冷却机三次空气量(不存在系统漏风的情况下)。由于熟料出窑温度较高,熟料在篦冷机的高压区进行热交换的时候会形成高温热风,而这部分的高温热风会分别进入回转窑和分解炉作为二次风和三次风。因此鼓风量会在一定程度上影响二次空气量和三次空气量,从而进一步影响熟料的烧成热耗,从表3-3中可以看出冷却机鼓风量与热耗的关联度达到了0.8263。另外冷却机送余热发电风和送煤磨抽热风作为余热被利用起来,节约了一次资源的消耗量,实现水泥的低能耗生产。

(4) 熟料 KH

三大率值直接决定熟料的矿物组分,进而影响熟料的形成热。在此仅用 KH 值来代表性地反映率值对熟料烧成热耗的影响。KH 表示水泥熟料中的总 CaO 含量扣除饱和碱性氧化物(如 Al_2O_3、Fe_2O_3)所需要的氧化钙后,剩下的与二氧化硅化合的氧化钙的含量与理论上二氧化硅全部化合成硅酸三钙所需要的氧化钙含量的比值。简言之,KH 表示熟料中二氧化硅被氧化钙饱和成硅酸三钙的程度。欧美国家主张高 KH 值(通常为0.90~0.92),以提高熟料强度,但这样的物料比低 KH 的烧成温度高,热耗增加,从表3-3中可以看出熟料 KH 与热耗的关联度达到了0.8659。因为 KH 高,熟料中 CaO 含量高,相应 $CaCO_3$ 分解热高,同时又增加了 C_2S 吸收 f-CaO 形成 C_3S 的形成热。一般认为 KH控制在0.90左右是经济合理的,在熟料强度等级较为富余时,KH 值可取小值。

(5) 表面散热

系统表面散热的关联度达到了0.7204,即改善系统的保温隔热对于节能降耗是有一定帮助的,特别是回转窑和分解炉的保温隔热。企业应定期检查窑、预热器及分解炉等设备内部状况,加强日常管理和维护,对发生损坏的部件进行及时维修。推荐对散热量大的回转窑和分解炉使用纳米隔热材料,并可在窑筒体上方加装遮热罩。整体而言,合理控制窑系统的散热是必要的。

影响热耗的因素还包括如头煤/尾煤比例等。头煤/尾煤比例与热耗的关联度为0.7713,主要是因为二者的比例直接决定窑内和炉内的煅烧气氛和燃料燃烧状态,因此对热耗也造成一定的影响。其他影响因素相对较弱,在此就不再赘述。

3.3.2 热耗偏高共性和个性原因分析

通过对87条水泥生产线进行热工标定,我们掌握了这些生产线的生产工艺等参数,并通过对每条生产线进行独立的分析,探明不同生产线在生产中导致能耗较高的主要原因。由于不同生产线所处地理位置、生产工艺、生产原燃料、人员操作等因素均存在差异,因此每一条生产线的熟料烧成热耗随着其内外在影响因素的变化而不停波动。为此拟通过对热耗偏高生产线的独立影响因素进行分析,挖掘出每条生产线中所存在的具体问题。每条存在问题的生产线不仅有该生产线所独有的个性问题,也可能存在不同生产线的共性问题。

3.3.2.1 不同生产企业热耗偏高共性原因

为了更清晰地了解热耗高企业的共性问题,我们将15条热耗偏高的生产线存在的问题进行了统一汇总,以期获取不同企业热耗偏高的共性原因。表3-4为整理出来的15条水泥熟料生产线通过热工标定后所存在的问题。

表 3-4　不同生产线存在的问题

生产线	存在的问题
A1	配料不合理;高海拔条件下窑尾预热器设计不够合理,尤其是 C1 筒的规格尺寸过大;旋风筒分离效率明显偏低,含尘量大;窑尾预热器系统漏风明显;表面散热损失明显较大,且回转窑内耐火砖层薄
A2	回转窑和预热器设计尺寸偏大;生料喂料和煤粉系统波动大;中控部分参数显示失灵;表观分解率很低;富氧装备未投入正常运行;C1 出口废气温度高、废气中 CO 含量高、窑尾系统阻力偏大、收尘效率低;系统表面散热快;二、三次风温偏低,篦冷机冷却效果差
A3	篦冷机配置风机效果明显发挥不佳,二、三次风温明显偏低;系统废气和表面散热带走的热损失太大,C1 出口废气温度高、废气中 CO 含量也较高,同时预热器和分解炉系统表面温度高、散热快
A4	石灰石矿山原材料开采面窄、预均化手段缺失;冷却机风机配置不合理,送余热锅炉风温过高,二次风和三次风的风量不足;C1 出口热损失偏大,负压高;全窑系统漏风情况严重;表面散热快
A5	原材料品质差、预均化不够充分;篦冷机风机风压和风量配置不合理;入窑二次风和三次风风温低,送余热发电的风温偏高;预热器系统漏风较严重;C1 出口热损失较大,回转窑内耐火砖层偏薄
A6	二次风量少,窑头供氧不足,系统漏风大,入窑表观分解率低,出冷却机熟料温度偏高,C1 出口含尘量高,系统表面散热快
A7	分解炉缺氧,窑系统阻力大,冷却机供风不稳定,回转窑表面温度较高
A8	窑头过剩空气系数大,分解炉风量不足,冷却机供风不足,窑系统阻力大,C1 出口含尘高,C1 出口温度高,系统漏风大
A9	窑系统供风不足,出冷却机熟料温度高,系统漏风大,窑系统阻力大
A10	分解炉供风不足,C1 出口气体量少,旋风筒分离效率低,三次风量少,系统漏风严重
A11	窑系统缺氧,出冷却机熟料温度偏高,入窑表观分解率低,窑系统阻力大,系统表面散热大,过剩空气系数大
A12	过剩空气系数大,出冷却机熟料温度偏高,系统漏风严重,入窑表观分解率低
A13	窑系统缺氧,分解炉温度低,入窑表观分解率低,窑系统阻力大,系统漏风严重
A14	窑系统缺氧,出冷却机熟料温度偏高,窑系统阻力大,C1 出口温度高
A15	出冷却机熟料温度高,系统漏风严重,C1 出口温度高

　　通过对不同企业热工标定结果进行分析发现,在 15 条生产线中普遍存在 C1 出口温度高,携带走的能量偏高,二、三次风风温和风量尚不合理,风机配置不合理,系统漏风严

重、系统表面散热快等导致熟料热耗偏高等问题。这表明,对于目前国内熟料生产线烧成热耗偏高的原因,虽然不同企业各不相同,但还是存在一定共性问题。而这点也和前面 3.3.1 节利用灰色关联分析法获取的结果一致,即 C1 出口风量和风温、入分解炉三次风温和入窑二次风温、冷却机鼓风量等因素是对热耗影响较大的因素。企业后期在节能技改方面应该致力于这些参数的优化和改进。

3.3.2.2　不同生产企业热耗偏高个性原因

（1）二、三次风量分配不合理

部分企业出现二、三次风量分配严重不合理的现象,二、三次风量的分配直接影响回转窑及分解炉内供氧的情况,进而影响煤粉的燃烧。为了分析二、三次风量对窑内和炉内煤粉燃烧的影响,在此引入入窑风比例（即一、二次风量占总用风量的比例）和入炉风比例（即三次风量占总用风量的比例）。用风比例可以直接反映供风是否充足。一般而言,窑煤和炉煤比例基本就决定了入窑和入炉风量占比,简单而言,煤多的炉内三次风的供风量自然要多,煤少的窑内一、二次风量的总量自然偏少。在煤的品质一定的情况下,风比和煤比呈正比关系。图 3-9 列出了 87 条典型生产线窑煤、炉煤比例和入窑及入炉风量比例。

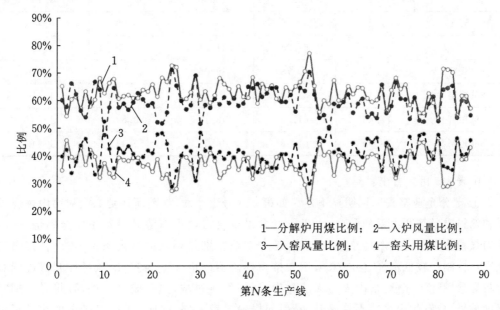

1—分解炉用煤比例；　2—入炉风量比例；
3—入窑风量比例；　　4—窑头用煤比例；

图 3-9　典型生产线炉煤比例和入窑及入炉风量比例

从图 3-9 来看,大部分企业窑煤/炉煤比例和入窑/入炉风量比例是一致的。企业一般控制在 40∶60 左右的用煤比例,在此比例基础上,入窑风量占比一般略高一些,从统计数据来看,入窑风量占比与窑头用煤占比差值的平均值为 3.5%,目前企业一般控制差值在 2% 以内。为更清楚地分析风量比例的影响,表 3-5 列出了几条需要给予关注的熟料生产线的用煤用风比例情况。

表 3-5　具有代表性的熟料生产线的用风用煤比例情况(%)

生产线编号	窑煤比例	炉煤比例	入窑风量比例	入炉风量比例	入窑风量比例与窑煤比例差
3(窑风不足)	39.57	60.43	33.73	66.27	−5.84
8(窑风不足)	39.70	60.30	33.20	66.80	−6.50
6	36.67	63.33	46.05	53.95	9.38
10	37.23	62.77	52.42	47.58	15.19
11	33.60	66.40	42.45	57.55	8.85
21	38.62	61.38	47.85	52.15	9.23
22	31.79	68.21	48.24	51.76	16.45
23	33.18	66.82	44.32	55.68	11.14
30	39.73	60.27	48.37	51.63	8.64
34	31.97	68.03	41.31	58.69	9.34
50	34.90	65.10	44.00	56.00	9.10
57	41.25	58.75	49.71	50.29	8.46
58	32.76	67.24	41.21	58.79	8.45
75(长窑)	39.22	60.78	39.05	60.95	−0.16
80(短窑)	46.42	53.58	47.53	52.47	1.11
85(短窑)	38.46	61.54	40.16	59.84	1.70
86(短窑)	38.62	61.38	40.56	59.44	1.94

由表 3-5 可以看出：

① 部分企业窑头用风明显不足。如第 3、8 号生产线，如前所述势必会对窑内燃烧温度和熟料质量等产生系列影响；由于氧气含量不足窑内煤粉势必进行不完全燃烧，进而增加煤粉化学不完全燃烧热损失；当然部分企业特别强调低氮燃烧条件，进而将窑内二次风量控制在较低水平，但在未采用大推力燃烧器的情况下，将二次风量控制得过低有时将导致燃烧不充分，窑内火力无法集中，还原气氛过浓，熟料质量变差，且将导致烟室温度偏低，分解炉内温度不易提升，易引起煤粉滞后燃烧，这样 C1 出口带走的化学不完全燃烧的热量也将偏大，导致能耗增加。

② 表 3-5 也列出了入窑风量占比与头煤占比差值超过 8% 的生产线，由于窑内二次风量过大，导致系统需要将更多的空气或烟气温度提升到熟料煅烧温度(如 1450 ℃)条件下，这无疑须增加能耗。同时风量大、风速高，给窑况的稳定控制也增加了难度系数。

③ 有的短窑企业因窑过短，熟料在窑内停留的时间明显相对较短，为了保证熟料烧成，在煅烧时一般采用强制煅烧工艺，即强化窑头煅烧，将窑头用煤比例适当增加。如表 3-5 中的 80 号熟料生产线，其回转窑规格为 $\phi 4.6 \times 52$ m，长径比为 11.3，其窑煤用量就达到

了 46.42%。但也有的短窑企业(如 85、86 号熟料生产线),回转窑规格为 $\phi 4.8 \times 52$ m,长径比均为 10.8,比正常窑长径比(15 左右)小得多,但其窑头用煤量比和正常窑型(如 $\phi 4.8 \times 72$ m)的一样,并未增加头煤的用量,二次风量也未因此而大幅提升。目前国内也有企业在研究短窑烧成,从理论上讲这是可行之路,因为窑内主要进行固相反应,在未采用特殊配方的情况下对于硅酸盐熟料形成来讲,该化学反应为弱放热反应,即窑内用煤只要保障固相反应进行所需的温度即可。在此我们也可以看出,短窑企业也未必需大幅增大窑煤比,进而大幅增大入窑一、二次风占比。

④ 存在部分企业窑筒体过长(如 $\phi 4.74$ m$\times 74$ m),回转窑筒体与常规窑筒体的长径比相比较大。这容易导致在同样燃烧状态下回转窑过渡带相应加长,导致 C_2S 晶粒过于粗大,而在高温带其与氧化钙固相反应时形成 C_3S 的速度相对变缓,进而易促进黏散料的形成,影响熟料质量进而影响熟料可比能耗。

当然为相对明确地表示系统风量,还可以引入过剩空气系数。表 3-6 列出了 10 条热耗较高生产线烟室及分解炉出口的过剩空气系数。

表 3-6 不同生产线烟室及分解炉出口过剩空气系数

生产线	B1	B2	B3	B4	B5	B6	B7	B8	B9	B10
窑尾烟室	0.92	1.17	1.57	1.24	1.17	0.99	1.27	1.10	1.00	1.24
分解炉出口	1.11	0.89	1.01	1.04	1.07	1.10	1.28	1.07	1.16	1.17

从表 3-6 中可以看出这 10 条生产线中,均存在窑内或炉内过剩空气系数偏高或者偏低现象。过剩空气系数偏低和用风量偏少对能耗的影响情况是一致的,将导致回转窑或分解炉内由于氧气含量不足而进行不完全燃烧;过剩空气系数偏高则供风可能过多,当然也可能是系统存在一定的漏风,进而和风量偏高对能耗的影响是一样的。

(2) 系统漏风

过剩空气系数的异常在一定程度上能反映出窑系统的风量供给或漏风情况。分析统计数据发现,不少生产线均存在过剩空气系数异常的情况。表 3-7 为热工标定企业中代表性生产线单位熟料漏风量及预热器系统漏风系数。

表 3-7 单位熟料漏风量及预热器系统漏风系数

生产线	C1	C2	C3	C4	C5	C6	C7	C8	C9	C10
系统漏风[m^3/(kg・sh)]	0.15	0.25	0.13	0.38	0.40	0.20	0.37	0.17	0.35	0.20
预热器漏风系数/(%)	7.14	7.14	13.12	33.46	29.73	20.33	17.82	16.69	21.12	20.54

从表 3-7 中可以看出,C1、C2 生产线系统漏风处于相对正常状态,预热器系统漏风系数均在 10% 以下。一般来讲全窑系统漏风系数在设计时控制在 10% 以下,但在实际运行中能控制在 15% 的基本上就属于正常生产控制范围。但从表 3-7 可见,存在相当一部分熟料生产线系统漏风高于 15% 以上的情况。其中严重的仅预热器漏风系数就可达 35% 左右。系统漏风将对煤粉的烧成、气固分离效率、系统热效率等造成不利影响,进而影响能耗。

（3）原、燃料控制参数

烧成工艺控制参数取决于原燃料状况、窑系统的工艺装备及回转窑操作员的技术水平等因素，而原燃料的参数则取决于原燃料产地及后期的加工处理。针对原材料的控制参数，我们选取了生料细度（0.2 mm 筛余）、煤粉细度（0.08 mm 筛余）、煤粉发热量、煤的工业分析、熟料率值等参数进行灰色关联度计算。数据的选取与烧成工艺参数数据的选取采用相同方法，剔除误差较大的数据后进行计算。表 3-8 为原燃料控制参数对热耗的灰色关联度。

表 3-8　原燃料控制参数对热耗的灰色关联度

生料/熟料	生料		熟料率值		
	0.2 mm 筛余	水分	KH	SM	IM
关联度	0.8558	0.6333	0.9357	0.9065	0.9726
煤粉	0.08 mm 筛余	热值	M_{ad}	V_{ad}	A_{ad}
关联度	0.6374	0.7128	0.7021	0.7312	0.6156

从表 3-8 可以看出，在原材料控制参数中，对热耗影响较大的因素中主要有生料 0.2 mm 筛余、熟料三大率值、煤粉热值、煤粉水分及挥发分。在此就各原燃料控制参数对热耗的影响开展如下分析：

① 生料参数控制

生料作为水泥熟料烧成的原料有举足轻重的地位，生料品质也将适当影响熟料烧成热耗，在表 3-8 灰色关联度的计算中，生料细度对熟料热耗的关联度达到了 0.8558。这是因为在生料煅烧过程中，颗粒粗大的生料，尤其是 0.2 mm 以上的生料其比表面积较小，在换热及反应过程中与气体接触面积小，换热速率大大降低。同时颗粒粗大的生料其自由能减少，增加了进行化学反应所需要的能量。熟料形成主要是通过固相反应，反应速度在其他反应环境条件相同的情况下，主要受原材料矿物性质与细度影响。若采用同一矿物原材料，则反应速率与生料的细度正相关。这些综合因素导致 0.2 mm 以上的生料对熟料烧成热耗的影响较为明显，而生料水分则没有特别大的影响，并不是因为增加生料水分不会提高烧成熟料的热耗，而是因为进行标定的企业对生料水分的控制较为严格，入窑生料水分大多控制在 0.5% 以下，因此在低水分含量下的水分波动对热耗的影响不大，进而凸显出生料粉磨细度对热耗的影响较大。某企业某一生产阶段由于生料粉磨能力较低，导致生料均化库空余较大，以致生料均化的效果较差，因此生料细度品质降低，具体指标列于表 3-9。

表 3-9　不同生产时间生料指标变化对比

指标	生料 0.2 mm 筛余/(%)	入窑表观分解率/(%)	KH 合格率/(%)	SM 合格率/(%)	IM 合格率/(%)	f-CaO/(%)	f-CaO 合格率/(%)	标准煤耗/(kgce/t)
1	2.0	92.5	80.1	85.4	95.0	1.25	83.4	101
2	2.5	91.8	79.2	85.3	94.6	1.33	75.4	103
3	3.1	91.0	78.3	85.5	95.1	1.50	69.8	105

为了控制生料均化效果,该企业将生料 0.2 mm 筛余从 2.0% 逐步增长到 3.1%,并在生产中尽量控制其他生产参数不变,此次调整后吨熟料标准煤耗增加了 4 kg,而入窑表观分解率、KH 值的合格率均有略微下降。影响最大的则是游离氧化钙的合格率,生料 0.2 mm 筛余增加了 1.1%,游离氧化钙平均增加了 0.25%,合格率降低了 13.6%。这表明生料细度的增加,对熟料预分解阶段造成了较大的影响,颗粒较大的生料在分解炉内不能快速完成碳酸钙的分解,而是转移到回转窑内进行,导致回转窑负荷增加,熟料矿物形成受到影响。因此,在生产中,需要合理控制生料入窑细度,以使熟料的品质及能耗控制在一个较好的水平。

② 熟料率值波动对热耗的影响

熟料率值在很大程度上受生料配比的影响,其次受窑的热工制度影响。灰色关联计算结果表明,熟料三大率值 KH、SM、IM 均对热耗有较大的影响。KH 全称为石灰饱和系数,表示熟料中二氧化硅被氧化钙饱和成硅酸三钙的程度。KH 越大,则表明二氧化硅生成硅酸三钙的程度也越高,硅酸二钙生成硅酸三钙的化学反应在 1450 ℃ 时得到充分反应,其化学反应式如下:

$$2CaO \cdot SiO_2 + CaO \longrightarrow 3CaO \cdot SiO_2$$

增大 KH 值,则硅酸盐矿物中的 C_3S 占比增加,熟料强度高,但 KH 过高,熟料煅烧困难,为了降低游离氧化钙的含量,需要增加熟料煅烧时间,这样窑产量低,也会相应提高水泥熟料烧成热耗。图 3-10 为国内某水泥集团根据实际的生产经验所绘制的熟料率值与烧成温度的关系,从图 3-10 中可以看出随着 KH 的增长,熟料烧成温度随之上升。这势必需要增加煤粉的用量或改善燃烧条件以提高燃烧温度。

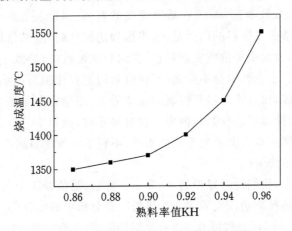

图 3-10 石灰饱和系数与烧成温度的关系

硅率 SM 表示熟料中 SiO_2 的百分含量与 Al_2O_3 和 Fe_2O_3 的百分含量之比,硅率随硅酸盐矿物与溶剂矿物之比而增减。如果熟料中硅率过高,则煅烧时由于液相量显著减少,熟料煅烧困难,势必会在一定程度上提高水泥熟料烧成热耗。特别当氧化钙含量低,硅酸二钙含量高时,熟料易粉化。硅率过低则将因熟料中硅酸盐矿物太少而影响水泥强度,且由于液相过多,易出现结大块、结圈等,影响窑的操作。

铝率 IM 是表示熟料中 Al_2O_3 和 Fe_2O_3 含量的质量比,也表示熟料熔剂矿物中铝酸三钙与铁铝酸四钙的质量比。铝率高液相黏度大,物料难烧,熟料中铝酸三钙含量多,生成硅酸三钙速度慢。铝率过低,虽然液相黏度较小,液相中质点易于扩散,对硅酸三钙形成有利,但烧结范围变窄,窑内易结大块,不利于窑的操作。

　　由此可见,三大率值直接影响熟料形成热,进而影响烧成的热耗,因此在生产控制时应尽量保持率值的稳定,减少波动。有少量企业热耗偏高就是因为率值波动大。图 3-11 即为某企业近 1 个月内生料和熟料 KH 值波动情况。

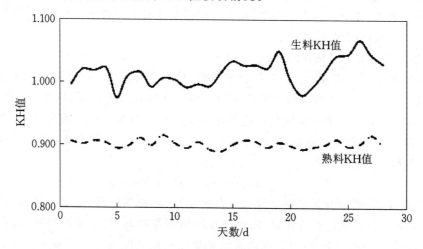

图 3-11　生料和熟料 KH 值波动

　　该企业由于优质石灰石缺乏,实际现有矿山石灰石原材料组分波动大,生料成分非常不稳定,导致热工参数紊乱,不仅容易出现飞砂料,而且能耗也未能达到预期理想效果。组分的波动会造成飞砂料的原因是:①当饱和比偏高时,液相量偏低,导致熟料高温液相黏度低,表面张力太小易造成黏散料;②当饱和比偏低时,导致生料配料方案过于易烧也易造成黏散料。当生料组分不稳定,其所引起的饱和比偏高或偏低的频繁波动不仅会引起黏散料的形成,而且工艺过程控制因此变复杂,相应提高了煅烧条件的要求(包括窑外分解率、烧成温度等工艺参数),因为一旦窑温不够,熟料 f-CaO 含量就会大幅上升,从而使熟料烧成热耗从本质上就处于较高水平,不利于实现优质高产和低能耗。

　　③ 煤粉对热耗的影响

　　灰色关联计算中,我们针对煤粉的 0.08 mm 筛余、热值及工业分析进行了灰色关联度的计算。其中对热耗影响较大的主要是煤粉工业分析中的水分(关联度 0.7021)、挥发分(关联度 0.7312)、热值(关联度 0.7128)及煤粉细度(关联度 0.6374)。

　　煤粉的热值对热耗的影响是显而易见的,煤粉发热量大意味着产生的热量高,处于分解炉内的生料能够更迅速完成换热及碳酸钙的分解。而处于回转窑内的生料,由于煤粉发热高提高了烧成带的温度,有利于熟料矿物的形成。

　　煤粉燃烧首先是挥发分着火燃烧,放出热量,并加热固定炭,使固定炭温度迅速升高,之后燃烧起来。如果燃煤挥发分低,则着火温度高,即不易着火,煤粉着火推迟。如果煤粉的挥发分较高,其着火速度较快,但在粉磨过程中会因部分挥发分挥发而损失热量,同时因固定炭减少,燃煤热值一般偏低,整体放热量的降低使得煅烧温度不易得到保障。

煤粉的水分对煤的低位发热量影响同样很大,煤粉中水分含量高,在燃烧过程中水分会吸收大量的热量,导致其燃烧不稳定,回转窑内温度时高时低。同时,水在汽化时,体积增大 1700 倍,笼罩在煤粉周围,使煤粉无法与空气充分接触,导致煤粉的燃烧不完全。一些较早建成投产的生产线,在设计之初,煤粉质量较好,热值较高,煤粉的水分影响不是太大。经过若干年的消耗,部分企业所使用的煤的质量已大不如从前,因此入窑煤粉的水分也逐步受重视。

煤粉细度对热耗的影响不如上述几个参数明显,但也不容忽视。某水泥企业有 1♯ 和 2♯ 两条生产线,用煤来源一样,但 2♯ 窑内及炉内煤粉有明显燃烧滞后现象,表征为二次风温低、烟室温度高、窑头高温段部分火力不集中,同时入分解炉的三次风温明显偏低,实测 2♯ 三次风温平均为 707 ℃,而现阶段 5000 t/d 生产线一般入炉风温都控制在950 ℃ 以上,而且出分解炉的出口气流温度又明显偏高,达到了 922 ℃(一般控制在 850 ℃左右),加之鹅颈出口温度时有出现倒挂现象,这些均反映出煤粉有燃烧滞后现象。引起煤粉燃烧滞后的主要原因既有助燃二次风温和三次风温温度偏低,同时也与 2♯ 线煤粉颗粒偏粗有关。1♯ 线和 2♯ 线煤粉细度结果比对见图 3-12。

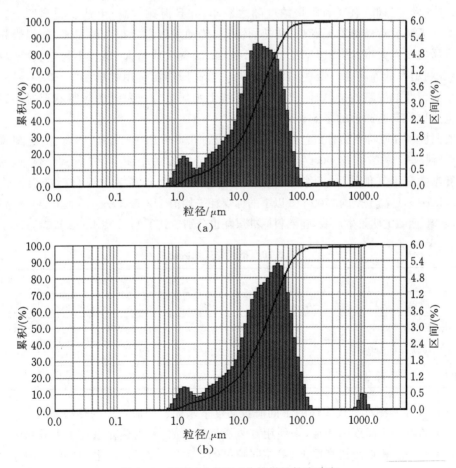

图 3-12　某厂 1♯ 线和 2♯ 线煤粉粒度分布

(a)1♯ 线;(b)2♯ 线

对比图 3-12 中 1♯ 和 2♯ 线煤粉细度可知:1♯ 线的煤粉的中位径($D50$)为 19.03 μm,体积平均径 $D[4,3]$ 为 28.95 μm;2♯ 线的煤粉的中位径($D50$)为 25.12 μm,体积平均径 $D[4,3]$ 为 46.94 μm,即 2♯ 线煤粉整体偏粗,进而影响窑内及炉内的燃烧。特别值得注意的是:对于利用筛分法评价这两条线的煤粉细度时,2♯ 线煤粉筛余反而偏低,因此企业开始并未考虑煤耗增加是煤粉偏粗问题。经激光粒度分析才查明 2♯ 线煤粉粒径其实是偏粗的,其原因后经验证为 2♯ 线煤磨配球出现了问题。也正是因为煤粉在窑、炉内的不完全燃烧,使得 2♯ 线热耗在煤粉偏粗阶段相对偏高。

3.3.3　高原环境对水泥窑烧成系统的影响

随着我国西部开发的不断进行,在高原或者高高原建设的水泥厂越来越多。但高原地区特殊环境因素会对熟料烧成能耗及熟料产量产生很大影响,所以分析高原环境下的煤粉燃烧特性及其对水泥窑烧成系统的影响具有很强的实用价值。

高原是指海拔高度在 1000 m 以上的区域,其中海拔高度高于 2348 m 或 8000 英尺及以上的区域又特指高高原。在高原地区,当海拔升高后,地球引力作用减小,大气压力下降,空气密度降低、氧气的质量浓度随之减小,并且海拔愈高,上述变化愈明显。这些高原特征无疑会对燃料着火燃烧、传热、传质和传动量等产生很大的影响,使得煤粉在燃烧时容易出现点火难、燃烧速率低、燃烧不充分、烟气生成量大、燃烧不稳定、设备故障率高、能源利用率低等问题。这些问题严重制约着高原能源利用效率和"一带一路"时代背景下水泥行业的战略地位,如何改善高原环境下水泥窑烧成系统的运行状况对中国水泥走向世界也将具有深远的影响。

我国极具高原特点的省市包括陕西、四川、云南、贵州、广西、甘肃、青海、宁夏、西藏。通过分析所收集到的数据,2000 t/d 左右及 5000 t/d 左右的企业中,云南、贵州等地的生产线能耗略微高于其他地区。例如云南某 2500 t/d 的企业其平均综合标准煤耗达到了 123.35 kgce/t,远高于全国 2500 t/d 以下的标煤耗平均值 112.58 kgce/t。而在 5000 t/d 的企业中,云南、西藏的两条生产线,吨熟料标准煤耗也分别达到了 114.12 kgce/t、114.7 kgce/t。

表 3-10　不同海拔地区能耗

地区	云南				西藏
规模/(t/d)	2500	2500	2500	5000	5000
标准煤耗/(kgce/t)	123.4	118.3	114.9	114.1	114.7
生产线所在地海拔/m	2214	2214	1670	1670	3650
海拔修正后标准煤耗/(kgce/t)	107.6	103.2	104.0	103.3	—

从统计和实测具有代表性的不同海拔高度下水泥窑烧成系统的热耗来看:

(1) 随着海拔高度的增加,未使用富氧燃烧技术的,平均热耗呈逐步上升趋势。

(2) 同一或相近海拔高度下,对相同吨位的水泥生产线而言,生产吨熟料用标煤量差异非常大。

与平原地区相比,除高原环境的影响外,还有企业原燃料特性与品质、装备的差异以及操作管理水平等影响高原地区烧成系统的热耗,即影响窑系统热耗的因素众多,这些因素相互交叉、互为制约,在实际生产中这些因素带来的差异有时甚至明显高于海拔带来的差异。因此很难以简单的理论推导获得高海拔地区系统生产能力或是能耗与海拔高度变化的函数关系,在此仅通过浅析高海拔地区煤粉燃烧的特性来说明高原环境对窑炉运行的影响。

3.3.3.1 高原环境对燃料燃烧的影响分析

(1) 高原环境对大气状态参数及煤粉燃烧特性参数的影响

高原的环境特点是高海拔、低大气压和低氧质量浓度。随海拔高度的增加,高原地区的大气压力、密度和温度均随之降低。对于燃烧有重要影响的氧气,当以体积百分比计时,随海拔升高,21%的氧气含量基本保持恒定,且不随大气压力的变化而变化;但当以质量浓度(kg/m^3)计时,随海拔升高,O_2质量浓度下降。根据经验公式,不同海拔下的大气压强、氧含量($Vol\%$)、氧质量浓度以及大气温度的计算结果列于表 3-11。

表 3-11 不同海拔下空气状态参数及氧含量的变化情况

海拔/m	大气压/kPa	O_2含量/(Vol%)	O_2分压/kPa	大气密度/(kg/m³)	O_2质量浓度/(kg/m³)	O_2质量浓度下降率/(%)	温度*/℃
0	101.3	21	21.3	1.293	0.301	0	15.0
1000	89.8	21	18.9	1.147	0.267	11.3	8.5
2000	79.5	21	16.7	1.014	0.236	21.6	2.0
3000	70.1	21	14.7	0.894	0.208	30.8	−4.5
4000	61.6	21	12.9	0.786	0.183	39.2	−11.0
5000	54.0	21	11.3	0.689	0.161	46.7	−17.5

＊对于靠近赤道线地区的温度的计算值和实际不是很吻合,如云南省的高原地区的年平均气温与海平面地区的相近,因而此项仅供部分地区参考。

从表 3-11 中大气状态参数的变化可知:随着海拔的升高,氧质量浓度逐渐减小。在海拔 3000 m 处,和平原地区相比,大气压和氧质量浓度约减小 1/3;在海拔 5000 m 处,大气压和氧质量浓度约减小 1/2。高原地区大气压的降低以及氧气的质量浓度偏低,将对窑系统的传质、传热、传动量以及煤粉的燃烧产生直接影响。

有研究者通过对 6 种不同煤粉在常压及低压热重实验下进行对比研究发现,煤粉燃烧过程中在低压环境下的着火温度明显高于常压环境下的着火温度。低压环境不仅提高了煤粉的着火温度,而且延长了着火时间(图 3-13)。

图 3-13 中通过实验获取的这些煤粉燃烧特性参数,是环境对着火燃烧过程的影响结果,为深入了解高原环境对煤粉着火燃烧的影响机制须首先了解高原环境下煤粉着火燃烧过程中的"三传一反"原理。

(2) 高原环境对传质的影响

Arrhenius 提出,只有那些碰撞能量足以破坏现存化学键并建立新的化学键的碰撞才是有效的。分析不同压力下氧分子的平均自由程发现,在同一温度下,常压下氧分子

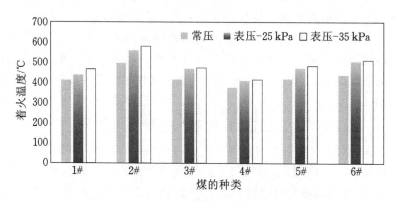

图 3-13　六种不同煤粉着火温度随压力变化情况

的平均自由程明显小于低压下的氧分子的平均自由程,压力越低,氧分子的平均自由程越大。平均自由程小说明氧分子与煤粒所发生的碰撞频率高,运动更剧烈,即氧分子与碳原子更容易发生反应。相比常压,低压环境使得氧分子的平均自由程增大,则说明氧分子与煤粒发生碰撞的概率减小,氧分子与炭发生反应的概率也随之减小。这表明在高原地区,由于大气压低,氧的质量浓度低,单位时间内通过扩散运输的氧分子数相对偏少,进而导致单位体积内能参与有效碰撞并产生反应的氧分子数也减少。这也是当氧的质量浓度低于一定程度后,燃料根本不会燃烧的原因。因此氧质量浓度的下降是高原地区煤粉难以点火的首要原因。

另外,由于海拔高度的增加,低压下固体燃料中的挥发分更容易溢出且能更快地热解,更多挥发分和热解气的形成又可以适当降低着火温度,缩短着火的时间,表现为高原环境对于低压易裂解有机聚合物的着火是有促进作用的。

(3)高原环境对传热的影响

热量传递有三种基本形式,包括传导、对流和辐射。在煤粉着火燃烧前气固二相的换热主要以对流换热形式进行,原因在于:

第一,传导传热是由表及里传递热量,只与煤粉物性、煤粉表面温度和内部温度有关,与大气压和氧气的质量浓度无关,即大气压对固相材料的传热几乎没有影响。

第二,辐射换热主要受煤粉表面温度和外界环境温度的影响,受大气压和氧气的质量浓度影响微弱。单原子气体和对称型双原子气体如 N_2 和 O_2 等对热辐射的吸收能力和自身辐射能力都很弱,因此在固体燃料着火前,氧质量浓度的变化对气固二相的换热影响很弱。窑气中具有辐射传热能力的组分主要为 CO_2、水蒸气、悬浮粉尘以及煤粉燃烧产生的炭黑、焦炭等,一般煤粉燃烧产物中 CO_2 和 H_2O 总量约为 20%。随着海拔高度的增加,CO_2 和 H_2O 蒸汽的分压减小,烟气辐射传热能力相应降低。

第三,对流换热涉及气固两相的换热,不仅与表面温度和外部环境温度有关,而且与对流换热系数有关。大气压强和密度的变化对对流换热系数的影响很大,进而对炉内和窑内的气固二相的换热和煤粉的着火过程有着直接的影响。通过研究压力与对流换热系数的关系发现,对于气体与固体壁(换热器或圆柱体)之间的热量交换,随着压力的增大,总传热系数增大,反之亦然。可见随着海拔升高、大气压强下降,气体的对流换热系数随之降低,进而导致热流密度下降,达到煤粉着火所需的热量积累时间变长。

综合上述因素可知,高原环境对煤粉着火的影响是多方面的:一是随着海拔的升高,氧质量浓度急剧下降,直接导致参与反应的氧分子数目明显减少,造成点火难;二是由于海拔高度的增加,低压下固体燃料的挥发分更容易溢出且固体燃料能更快地热解,更多的挥发分和热解气形成又可以降低着火温度,缩短达到着火温度的时间;三是随海拔高度的升高,着火燃烧前固体燃料表面的对流换热能力随着大气压的降低而降低,导致固体燃料表面在高海拔条件下通过对流换热吸收热介质中的热量减少,从而燃料吸收热量升温至着火温度的时间有所延长。

可见,影响煤粉在高原环境下燃烧的主要因素包括氧的质量浓度、煤粉的种类及煤粉的挥发分含量等。对于煤粉而言,炭粒的着火为主要影响因素,挥发分的影响较弱,加之着火燃烧前煤粉表面的对流换热能力减弱,这几方面因素综合影响的结果是高原环境下,煤粉着火变得困难,这也和众多实验研究结果相吻合。相反,对于如 PMMA 等衍生燃料,由于挥发分多,热解温度又偏低,高原环境对缩短着火时间和降低着火温度的效应就会强于对流换热系数降低导致的延迟着火效应,使得着火时间提前,燃烧反而更加容易。

(4) 高原环境对煤粉燃烧特性的影响

煤粉燃烧实际是一种氧化反应,其燃烧进程可以分为:燃料与空气混合、燃料与空气加热到着火温度、挥发分燃烧、焦炭燃烧及燃尽几个阶段。在煤粉燃烧过程中,挥发分的析出和均相燃烧十分迅速,而焦炭的非均相燃烧过程则缓慢得多,它控制着煤粉燃烧的总速度,因此除着火温度外,焦炭的燃烧速率对煤的燃烧特性的影响也非常大。

焦炭的燃烧过程受炭粒表面的化学反应速度、O_2 扩散至炭表面及 CO_2 从炭表面向外扩散的气体扩散速度控制,是一种扩散-动力燃烧,即煤粉燃烧受化学反应速度和气体扩散速度控制。一般炭粒燃烧速率可结合式(3-1)来进行分析:

$$k_b^{o_2} = \frac{C_\infty}{\dfrac{1}{\alpha_{z1}} + \dfrac{1}{k}} \tag{3-1}$$

式中　C_∞——炭粒无穷远处氧浓度,可视为大气中氧的质量浓度;

　　　α_{z1}——质量扩散系数;

　　　k——化学反应常数,服从阿累尼乌斯定律。

以煤粉作燃料时,从式中可以看出:①不论何种情形下,氧的质量浓度都是关键影响因素之一。这也是当氧的质量浓度低到一定程度后煤粉不燃烧的主要原因。不过当海拔高度一定后,氧质量浓度对化学反应速度的影响也就基本确定了。②当温度在 800 ℃以下时,化学反应速度相当小,k 值受温度的影响大,温度就成为影响煤粉燃烧的另一主要因素,在这种情况下,受大气压影响的扩散速度对煤粉燃烧的影响居次要地位。③当温度升高后(如达到 1000 ℃以上),化学反应速度很快,氧扩散到固体表面即全部参与反应,此时 k 值受温度的影响变小,使得受大气压影响的扩散速度成为影响煤粉燃烧的主要因素。④在 800~1000 ℃的温度范围内,燃烧过程则处于过渡区,两种因素均会影响燃烧的速度。

在此,从煤粉燃烧反应过程来看,影响煤粉在高原环境下燃烧速率的主要因素包括氧的质量浓度、温度及大气压(海拔高度)等。对于同一种煤粉而言,在保障了炉内和窑内的温度后,高原环境变化对燃烧过程的影响也不完全是负面的:一方面,高海拔会导致空气中氧质量浓度的下降从而不利于较低温度下化学反应的进行;但另一方面高海拔同时也降低了大气压力,有利于 CO_2 等气体的扩散,进而对高温下的化学反应产生一定的促进作用。

(5) 高原环境对传动量的影响

和平原地区相比,在不进行海拔修正的情况下,高原地区的能耗一般高于平原地区的。造成能耗增加的因素除煤粉的着火与燃烧变化外,还有一个重要的原因就是系统中动量传递也发生了较大变化。因为在质量流量不变的情况下,大气压的变化会引起气体的工况体积增大。对于西藏拉萨等高海拔的地区,大气压会低至 60 kPa 左右,按理想气体状态方程,等温气体体积会膨胀到标准大气压时的 $101.325/60 = 1.69$ 倍。这点对于煤粉燃尽时间、火焰长度、流体输送、收尘等必将产生影响。具体表现在以下几个方面:

① 在同样窑容积和炉容积下,达到同样质量流量的情况下,由于空气及烟气密度降低造成体积流量增大,窑内和炉内烟气流速相应增大,煤粉和燃烧产物停留时间变短,加之燃尽时间延长,燃料燃尽率降低,在工况调整不当的情况下,C1 出口 CO 含量明显偏高;

② 由于密度降低形成稀相,火焰传播速度下降,窑内火焰长度延长,窑皮变长,火焰温度降低,火力集中度差,窑内总发热能力降低;

③ 由于气体体积增大,为延长煤粉和燃烧产物停留时间,高原地区建厂一般会采取增大炉容的方式,在这种情况下,分解炉、预热器等设备的尺寸必然会增大,设备表面积增大,表面散热加快,导致能耗增加;

④ 气体携带飞灰的量增多,对流换热和辐射换热有一定程度的增加,对热交换有利,同时飞灰会带走一定的热量,使系统热耗增加。

3.3.3.2　高原环境对水泥窑烧成系统工况影响分析

预分解窑系统中,回转窑和分解炉承担着燃烧任务,但由于两者工作的温度不同,导致高海拔对各自的影响也不同,而预热器主要承载着换热和收尘的任务,受迫对流换热对其工作效率影响较大。在此结合课题组多年在高原开展热工标定的经验和高原环境下煤粉的燃烧特点,浅析高原环境对水泥窑烧成系统主要热工设备工况的影响。

(1) 高原环境对回转窑内煤粉燃烧的影响

对回转窑来说,其窑内最低温度也在 1000 ℃以上,为典型高温条件,其中煤粉燃烧速率主要受扩散速度控制。当处于高海拔环境时,虽然氧质量浓度降低会延缓煤粉燃烧速率,但同时气压降低有利于燃烧产物 CO_2 加速扩散,两种作用相抵,使窑内燃烧速率基本上不受大气压力的影响。此外窑内高温下以辐射为主的传热受气压变化的影响也很小,窑内风速也不会成为影响窑径的因素。

当然由于大气压下降,空气密度减小,氧质量浓度减小,此时回转窑风量和废气量都会随海拔升高而增加。如果是单纯回转窑煅烧,显然窑内气体体积将大幅增大,会加大窑内风速,增加飞灰损失和热耗,并限制回转窑生产能力的发挥。不过在预分解窑系统中,60%以上的燃料是在分解炉中燃烧的,回转窑内所需空气量大大下降,故窑内风速虽比平原地区有所上升,但是窑径对产能的影响还是远远小于分解炉尺寸对产能的影响,因此高原地区不能盲目增大窑径。

在一定范围内高海拔造成的大气压力变化对于回转窑的燃烧速率、热交换及窑内风速都没有过大的影响,主要是氧气密度的下降对煤的着火温度和着火时间有不利作用,有时会造成煤的起燃阶段延长,进而导致窑内火焰的黑火头加长,高温带拉后,高温带不易集中。此时再加上工况风量相应增加,会进一步加剧这一趋势,改变窑内的正常热力分布。实践经验表明大气压力降低的这种不良效应是随海拔高度增大而逐步增强的,只有当海拔达到足够高的阶段,这种消极作用才会明显影响到回转窑内的煅烧。总体上在3000 m 以下时都不应以扩大窑的规格为主要手段,而应采取有效增加燃烧强度,以提高燃烧效率的途径来应对氧含量下降而工况风量又有所增加的问题。

针对高海拔大气压力变化对窑内煤粉燃烧的影响,主要还应通过合理选择燃料种类、优化窑用燃烧器系统(如采用大推力大速差低一次风量的高效燃烧器)、提高二次风风温、合理降低一次风比例、提高煤粉起燃速度(采用富氧技术或增氧助燃剂)和燃烧强度来解决。

(2) 高原环境对分解炉内煤粉燃烧的影响

分解炉是预分解窑系统中的核心设备,其主要功能是使燃料完全燃烧、风煤料充分混合和充分换热,以及生料的充分分解。那么高海拔对其主要功能究竟有怎样的影响呢?

① 对炉内燃烧的影响

分解炉的工作温度一般在 850～910 ℃之间,这一温度范围处于燃烧的中温区,故煤粉燃烧速率同时受到化学反应速度和扩散速度的控制。具体而言在化学反应方面,当海拔升高,燃烧反应速度将按氧质量浓度的下降成比例下降。在扩散控制方面,气体扩散速度虽然随着大气压的降低而增大,但实际上实验炉内工况表明扩散控制还是处于弱势。也就是说对于煤粉而言,分解炉内的燃烧速率减缓主要还是因大气压下降所导致的氧质量浓度减小,其减小程度与氧质量浓度的减小比例相当,故与平原地区相比,煤粒在炉内的燃尽时间会有明显延长。

② 对炉内传热的影响

分解炉内的传热以对流换热和辐射传热为主,由于炉的综合换热系数受到众多因素的影响,故很难准确定量,一般可按以下方法大致估算:

以海拔 2000 m 的分解炉的情况为例:ρ 为 1.014 kg/m³,则:

$$\alpha = \left(\frac{\rho}{\rho_0}\right)^{0.5} \alpha_0 = \left(\frac{1.014}{1.293}\right)^{0.5} \alpha_0 = 0.8856\,\alpha_0$$

可见综合换热系数因为海拔高度升高而降低了 12% 左右。但是由于分解炉内气固两相充分接触,传热面积巨大,故气固相换热在瞬间即可完成,实际换热系数下降的影响并不突出。

③ 对风煤料的混合及生料中碳酸盐分解的影响

一般而言,分解炉的结构形式、风煤料的入炉方式和角度等是影响风煤料混合的主要因素,高原环境对其影响较小。此外高海拔时因 CO_2 分压减小,碳酸盐的分解温度有所降低,有利于碳酸盐的分解。按经验公式计算,在海拔4000 m处,碳酸盐分解温度降低35 ℃,分解热提高不足1%。因此,海拔高度对碳酸盐分解反应的影响通常可以忽略不计。碳酸盐分解温度的降低,将有利于物料在分解炉内分解。

高海拔对分解炉性能的主要不利影响在于氧质量浓度降低影响了煤粉稳定着火,降低了煤粉燃烧速率,进而延长了燃尽时间。对于这一问题的解决途径主要是适当增大分解炉的容积,有效延长燃料在炉中的停留时间,再辅之以选择合适煤粉种类、降低煤粉细度、提高三次风温等措施,从而保证煤粉在炉内充分燃尽。这些方面深层次的研究可借助先进的CFD模拟研究手段来开展。

(3) 高原环境对预热器内换热的影响

窑尾预热器系统的主要作用是在悬浮状态下物料和高温气体以宏观逆向传输方式反复进行气固两相的分散、换热和分离过程而达到生料的逐渐预热,为其在窑外充分进行分解打好基础,因此换热是其中的关键。在预热器系统中主要的换热方式为对流换热。当处于高海拔条件时,对流换热系数也相应有所减小。由前述可知,2000 m海拔高度的分解炉内综合换热系数的下降幅度为12%左右。需要思考的问题是:该下降幅度对于预热器总体换热效率究竟有多大的影响?有研究表明预热器系统中换热主要是在连接管道中,换热时间仅为0.02~0.04 s,所需距离为0.2~0.4 m,而预热器系统连接管道长度是远远超过这一距离的,所以换热效率下降12%影响并不大。另一方面由于海拔升高,系统实际的风量和风速是有所增加的,这又可加强气固分子之间的碰撞,提高系统对流换热的效果,这也可相应弥补上述换热系数下降的影响,因此仅从换热而言,预热器系统的规格尺寸并不需要特别加大,即在一定范围内,海拔升高和大气压变化对于预热器换热能力的影响并不十分显著。不过对于如何提高多级旋风预热器系统C1筒的分离效率以及如何将预热器飞灰尽量回收利用是高原环境下必须要重视的问题。

3.3.4 窑系统节能降耗措施和应对策略

3.3.4.1 通用节能降耗措施和应对策略

(1) 积极借助先进CFD数值模拟技术

水泥企业有必要针对生产线所处海拔状况、自身原燃料和设备装备的特点,结合富氧技术、低氮燃烧技术和水泥窑协同处置技术等前言技术设立专题,借助先进的CFD模拟研究手段,优化工艺参数,正确开展相应的燃烧分析、设备选型和技术改造,使窑系统的燃烧条件切实优化,达到真正提产、节能、减排(特别是降氮)的目的。

(2) 科学制定燃煤工艺与品质管理体系

企业应明晰自身用煤的着火和燃烧特性,针对性地正确选择燃料类型(包括科学合理搭配替代燃料),制定符合企业特点的煤粉品质管理体系(包括煤粉的热值、细度、粒度分布、水分等)及强化燃烧的措施(包括使用高效燃烧器和增氧燃煤催化剂)。

(3) 优化窑系统工艺参数

窑内和炉内稳定的温度场是保证煤粉稳定着火和燃烧的重要因素。通过优化窑系统工艺、合理选配风机、提高二三次风温来保障窑炉内足够高的温度,进而保证煤粉的稳定着火;适当降低一次用风量至合理范围,降低将一次风升温至窑温所需的热量;合理调整窑煤和炉煤的比例,提高预热器的换热效率,降低 C1 出口温度,达到综合降耗的目的。

(4) 推广新型窑系统装备

水泥熟料烧成系统新装备的研发主要是针对回转窑系统及预热器系统,目前新型的回转窑主要是强化煅烧的两支撑短回转窑。强化煅烧的两支撑短回转窑是指长径比小于 12.5 的回转窑。在有高效预分解技术的前提下,生料在预热器系统中得到了很好的预分解,且在新型高效箅冷机的技术支撑下,二次风及三次风温度将得到提高,同时配合大推力高效燃烧器为水泥回转窑内的煅烧提供了保证。相较于传统的回转窑,新型两支撑回转窑在表面散热方面也有较大的优势。表 3-12 为规模相同的传统回转窑及新型两支撑回转窑的表面散热对比。两支撑回转窑单位熟料表面散热相对于传统的回转窑有一定的优势。

表 3-12 传统回转窑及两支撑回转窑散热对比

	传统回转窑	两支撑回转窑
规模/(t/d)	2750	2750
规格/(m)	$\phi 4.0 \times 60$	$\phi 4.2 \times 50$
表面散热/[kcal/(kg・sh)]	487.510	440.832

第四代步进式高效冷却机具有熟料输送效率高、冷却风量小、二三次风温高等优势,配合新型强涡流多通道燃烧器,使回转窑内热力集中,为回转窑内熟料煅烧提供较好的温度场。

(5) 合理的管理

当企业经过一系列围绕节能的技术改造后,当节能效益并未充分显现时,不能只是抱怨技术改造方案或设备的不当,更要重视企业管理与操作是否是符合节能原则。相当多的企业只是承认管理与操作的重要性,却从未检查剖析过本企业的管理与操作中,究竟有哪些地方在与节能相悖。在很多介绍节能技术的资料中,也常常忽略对正确管理与操作的要求,虽然应用了节能工艺与装备,但节能水平仍然参差不齐。优秀的技术与装备离不开企业优秀的管理,只有技术、装备、操作、管理相结合,才能最终实现熟料烧成的节能降耗。

3.3.4.2 协同处置窑系统的节能降耗措施和应对策略

(1) 合理处理替代燃料的应用量和熟料产量之间的关系

一般而言,应用替代燃料后熟料产量和质量都会有所降低。企业需要根据处理替代燃料的类型及特性(如水分、燃值等),结合实际生产用原材料的特点,科学合理地选择替代燃料种类、掺入量及合理的协同处理方式。曾有企业未考虑使用替代燃料前石灰石原材料的氧化钙含量已经偏低的问题(接近 46%),强行开展污泥协同处置,导致窑内非常容易结大蛋。

(2) 正确看待热耗的变化

协同处置窑系统的熟料标煤耗若仅按煤粉耗计算,一般较处置前有所降低。如某企业处置前煤粉耗为 105.91 kgce/t,采用协同处置后煤粉耗降至 99.57 kgce/t,但实际煅烧中熟料烧成过程整体实际耗热(含生活垃圾燃值)则有所提高,达到了117.24 kgce/t,即处置后窑系统的实际整体热耗是升高的。这是由于一般情况下入窑系统替代燃料的水分含量高,水分的蒸发与热解导致热耗上升。当然在原煤的用量上的节省是非常明显的。

(3) 防止替代燃料的滞后燃烧

协同处置窑系统必须防止替代燃料的滞后燃烧现象。分析其原因,主要体现在:①由于部分替代燃料粒径粗大,在分解炉内有部分不能及时燃尽,导致滞后燃烧;②分解炉增加协同处置装置后,系统漏风增大,这也会进一步导致分解炉的中下部温度有所降低,进而燃尽时间延长,导致出现滞后燃烧,使分解炉上部和鹅颈出口等区域温度提升,生料分解时间相对偏短,入窑生料分解率下降。③替代燃料中水分含量偏高,水分的蒸发与热解等因素导致炉内温度降低,分解炉工作效率随之有所降低,由此必然会影响系统总的煅烧能力,从而使得系统熟料产量相应降低。④对于较高海拔的企业,还会影响热工制度的稳定。企业需结合生产线实际情况,探索出适合不同替代燃料燃烧的合理的炉内热工制度。

(4) 合理考虑旁路放风及预防窑灰碱氯硫的富集

鉴于替代燃料投入运行后,不可避免会带来碱氯硫的循环和重金属离子的植入。为此,需要设置旁路放风。通过旁路放风系统有效控制 C5 入窑生料硫、氯、碱含量,窑系统可以连续稳定运行,但热工状况的波动仍然会有所增加,对于窑系统的总体操作调整要求随之提高。

(5) 建议将臭气合理引入窑系统

作为水泥窑协同处置项目,预处理废气就近送入水泥窑焚烧处理应作为首选处置技术。在设计时也考虑了产生的臭气量,防止产生二次污染。

3.3.4.3　高镁原材料型窑系统的节能降耗措施和应对策略

我国部分区域石灰石原料中 MgO 含量较高。熟料煅烧系统的运行条件受到 MgO 含量高的制约。MgO 是一种有害杂质,会导致方镁石膨胀破坏,煅烧时产生较多的液相降低了黏度和物料的共熔点,使窑内物料的耐火性能大幅降低,易结圈,结大块,破坏热工制度。对于此类窑系统需要考虑以下的因素。

(1) 合理设计三大率值

相对而言,MgO 含量高时建议提高三大率值,同时入窑分解率不宜过高,为此企业一般降低炉煤比例,这样回转窑工作负荷加大,煅烧热耗增加。采取三高配料后,有的高镁原材料企业由于盲目使用分级燃烧,导致分解炉内整体温度进一步降低,入窑分解率受到很大的影响。为此,企业一定要重视原料 MgO 过高的不利影响,建议寻找低镁石灰石资源进行合理搭配以降低 MgO 含量。此外在配料方面进行深入优化调整,通过改变率值而努力将熟料中 MgO 含量降低至合理范围,从而改善物料的易烧性,优化热工制度。

(2) 推荐添加矿物外加剂

通过矿物外加剂的使用,改善生料的易烧性,并适时调整窑煤和炉煤的比例(特别是头煤和尾煤的合理分配),合理控制相关工艺参数(如炉内温度)。

(3) 改善煅烧条件

改进优化燃烧器,加强窑头煅烧的调整,以适应高镁料的煅烧要求。并适当提高窑头用煤比例,但要注意炉内用煤量的降低不能对分解炉内的温度产生不利影响。

3.3.4.4 高原型企业的节能降耗措施和应对策略

对于高原型窑系统,在明晰了环境对煤粉着火和燃烧的影响机制后,结合水泥企业特定的热工装备条件,后期企业可从以下几个方面来促进煤粉的燃烧:

(1)正确应用富氧燃烧技术

相对而言,正确应用富氧燃烧技术对于高原建设的水泥厂更加重要。高原环境对煤粉燃烧影响的关键因素之一是氧的质量浓度。因此很多高原建厂的水泥企业意识到该问题,纷纷采纳富氧技术,其中不可避免地会出现盲目应用富氧技术的现象。在使用富氧技术的过程中,一定要科学地计算富氧浓度以及富氧空气用量,避免达不到预计的氧质量浓度(一般目标值接近海平面的氧质量浓度 0.301 kg/m³)。表 3-13 列出了 30%富氧空气和 100%纯氧气的自身氧质量浓度,以及几家典型高原型企业空气分别采用 30%富氧空气和 100%纯氧气取代一次风后,所有用于煤粉燃烧用空气(即一、二、三次风的总和)中的氧质量浓度。

表 3-13　使用富氧空气取代一次风后空气的氧质量浓度(目标值:0.301 kg/m³)

企业编号	当地氧质量浓度/(kg/m³)	引入30%富氧后氧质量浓度/(kg/m³)		引入100%纯氧后氧质量浓度/(kg/m³)	
		富氧自身	取代一次风	富氧自身	取代一次风
1	0.201	0.287	0.211	0.955	0.294
2	0.245	0.350	0.257	1.168	0.349
3	0.192	0.274	0.204	0.912	0.306
4	0.228	0.325	0.239	1.084	0.329

由表 3-13 可见:

① 如仅采用 30%富氧,当海拔超过 1700 m 时,即便全部取代一次风,其氧质量浓度依旧不能达到平原地区的氧质量浓度水平。当然,对于位处 2000 m 左右海拔的企业,若仅考虑窑内煤粉火焰的控制,采用 30%富氧空气也不能满足该局部需求。

② 若引入 100%纯氧,在全部取代一次风的情况下,氧质量浓度甚至可以高出平原地区。对比而言,在一次风量大的情况下,窑系统整体氧质量浓度的提升会更明显。

在实际应用中,部分企业采用 30%和 80%左右的两种富氧空气来混合,以期达到不同海拔下煤粉燃烧的需求,这种设计思路是非常好的。可见,科学地选用制氧设备及正确地使用富氧技术对于高原水泥企业的提产降耗具有非常重大的意义。

(2)合理设计热工设备尺寸

对于高海拔环境,熟料线的设计不能盲目地考虑高原效应,应结合企业实际情况,充分考虑大气压力降低造成氧质量浓度下降对煤粉燃烧带来的影响,合理地设计燃烧设备的形状和尺寸,避免窑、分解炉和预热器的不合理尺寸放大,引起负面效果。

3.3.4.5 水泥窑系统节能潜力

对我国水泥生产热耗而言,在利用化石燃料的情况下,企业吨熟料煤耗在100 kgce/t

标准煤以下的比例并不高。现场实地进行的热工标定数据显示,广州某设计生产能力 6000 t/d 生产线,实际生产能力达到了 7000 t/d,在每小时协同处置 7900 kg 干污泥的情况下,实际熟料综合煤耗仅为 96 kgce/t。但对于大部分水泥生产企业来说,我国水泥生产单位能耗至少还有 5~10 kgce/t 的能耗缩减空间。如果将目前平均标准煤耗降低至 100 kgce/t,按我国水泥熟料产量 13 亿 t 左右计算,每年可节省约 700 万 t 标煤。另外,我国水泥行业还有巨大的替代燃料利用的空间。这主要体现在我国新型干法水泥生产线的燃料替代处于刚起步阶段,废弃物尚不能得到合理的利用,因此如果能进一步提高燃料的替代率,将为我国水泥行业节能降耗做出巨大贡献。

3.4　生料磨系统电耗分析

水泥生产工艺过程由"三磨一窑"组成,其中生料、煤粉及水泥成品制备三段粉磨电耗的总和,占吨水泥综合电耗的 70% 左右。三磨均涉及粉磨技术及粉磨工艺带来的电耗问题。对于粉磨生料和粉磨水泥终产品来说,因粉磨物料对象不同,粉磨技术重点和工艺选择各有侧重。就国内外生料粉磨技术发展趋势来讲,主要体现在以下几个方面:

一是从传统粉磨系统的改进扩展到高效率的立式磨、辊压机等多种形式并用,生料制备过程的高产低耗在许多水泥厂已达到相当水平,且对不同的特殊物料具有了广泛适应性。

二是新设备、新技术的应用,使生料粉磨系统工艺更加丰富和完善。球磨机烘干、粉磨一体化适用于高含水率的配备新型选粉机立式磨的推广;辊压机的多种工艺组合,以及对悬浮预热器窑预分解的废气作烘干热源等等,都促进了生料制备技术的发展。

三是操作控制过程的智能化推进。我国水泥生产自动化整体水平已经非常领先,包括磨机操作系统的自动控制,原料分析、检测的自控制,配料、计量的自动控制等都已经得到普及。现阶段主要致力于从一般的自动控制发展到应用人工智能开展专家诊断、云计算等,并结合模拟计算达到优化生产、智能控制的目的。

四是从单纯的减少排放转变为全面重视与生态环境的相容性,强化废气、废料处理利用以改善环境。

五是生料粉磨装备继续大型化、单机能力不断加强,用以满足水泥生产规模的大型化需求。同时着重于提高设备的可靠性、利用率并尽可能减少物料库存。

为全面了解我国国内生料粉磨技术动态及能耗情况,通过分析近年生料磨系统的运行现状,明晰现阶段我国生料粉磨整体电耗水平,并对不同生料粉磨系统开展对比分析,了解不同生料磨系统的优缺点,探讨影响生料能耗的主要因素,最后通过典型改造案例的介绍,展望后期生料磨技术的提升点,以期为行业进一步降低能耗、实现高效生产提供参考。

3.4.1　我国水泥工业生料磨系统运行现状

水泥生产中,粉磨工序能耗主要体现在生料制备、煤粉制备和水泥粉磨的环节。生料粉磨虽然不像水泥成品要求较高的比表面积和严格的颗粒级配、颗粒形貌等指标,但

80 μm 筛余尤其 200 μm 筛余量指标控制较严,以满足窑煅烧的要求。生料粉磨电耗约占水泥综合电耗的 24%。因此,从该方面来说,生料粉磨工艺技术的发展将直接影响到水泥工业发展。如何提高生料磨粉磨效率,降低粉磨电耗,提高磨机台时产量是行业关注的焦点,故对比分析不同企业生料粉磨系统电耗对于节能具有重要意义。

2014—2019 年间,项目组通过对水泥生产线进行热工标定或走访收集其生产资料,掌握了约 1005 条熟料生产线的生料制备工序电耗情况。不同吨位生产线生料制备工序电耗和不同年度生料制备工序平均电耗情况参见图 3-14。分析数据可以得到如下结论:

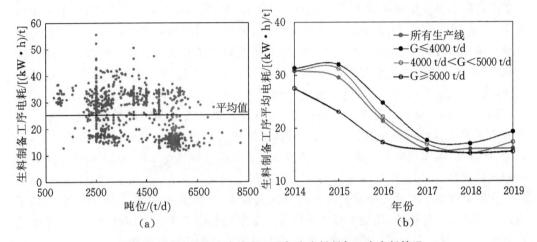

图 3-14　不同吨位生产线和不同年度生料制备工序电耗情况

(1) 由图 3-14(a)数据分布图可见,2014—2019 年间所有熟料生产线的生料制备工序平均电耗为 25.2(kW·h)/t。不同吨位生产线的电耗随时间年限变化波动非常大,且对于低吨位生产线其电耗波动更大,同时低吨位生产线的电耗和平均电耗相比偏高,而高吨位生产线的电耗和平均值相比偏低。这表明,近年随着我国粉磨技术进步及生产线设备大型化的全面推广,在生料粉磨电耗方面整体降耗工作一直在持续改善。

(2) 由于生料粉磨电耗波动太大,为得出电耗变化的整体情况,在此对不同年度的生料粉磨平均电耗进行了整理和分析。由图 3-14(b)可见,对于不同吨位的生产线,不同年度生料粉磨平均电耗存在明显差异,其中吨位较大($G \geqslant 5000$ t/d)企业的生料粉磨平均电耗值和小于 5000 t/d 的相比是具有一定优势的。同时在 2014 年度不同吨位生产线平均电耗差异很大,而至 2017 年后不同吨位生产线平均电耗差异性明显变小。2017 年后,随着生产线吨位的增加,生料粉磨平均电耗也降低,但不同吨位生产线在生料粉磨平均电耗方面的差距明显缩小。这点说明 2017 年后生产线吨位的提升对生料粉磨平均电耗的降低优势影响不大。

(3) 随着时间的变化,从 2014—2019 年间不同年度生料粉磨平均电耗下降趋势非常明显,生料粉磨平均电耗从 2014 年的 30.88(kW·h)/t 下降到 2019 年的 16.13(kW·h)/t,降幅达一半以上,这也是全外循环生料立式磨终粉磨系统和辊压机终粉磨系统在行业得到大幅推广的作用。其中比较典型的如实际日产量小于 4000 t/d 的企业,该类企业大部分为老企业,建厂年限较早,和实际日产量 5000 t/d 以上的新建企业相比,其生料粉磨电耗随年限的变化更能反映出行业技术的进步。结合现场调研和热工标定 1005 套数据对比可以看出,实际日产量小于 4000 t/d 的企业生料粉磨电耗在 2014 年最高,达到了 55.58 (kW·h)/t,最低为 17.00 (kW·h)/t;通过技术持续改造,到 2019 年生料粉磨电耗最高仅为 29.50 (kW·h)/t,最低为 16.07 (kW·h)/t。对于实际日产量大于 5000 t/d 以上的企业,生料粉磨电耗最低仅为 12.33 (kW·h)/t,可见通过技术提升,生料粉磨电耗的节省效果非常明显。

综述所述,随着新型干法水泥技术日趋完善,生料粉磨工艺技术的提升和推广取得了重大进展。纵观生料粉磨工艺技术的发展历程,其历经两个重大变革阶段:第一阶段是 20 世纪 50—70 年代,烘干兼粉碎钢球磨机发展阶段(包括风扫磨及尾卸、中卸提升循环磨);第二阶段是 20 世纪 70 年代至今,辊式磨及辊压机粉磨工艺发展阶段。根据调查结果,目前国内新型干法水泥生产企业生料制备工艺主要包括中卸烘干管磨系统、全外循环生料立式磨终粉磨系统、辊压机终粉磨以及辊压机联合粉磨(工艺较复杂,应用较少)等几种粉磨系统。目前粉磨电耗最低、节电效果最显著的为辊压机终粉磨系统。同时在生料粉磨系统中设备日益大型化,目前球磨机直径已达 5～6 m,单产可达 300 t/h以上;立式磨、辊压机的单产能力也可高达 640 t/h,能很好地与 2000～12000 t/d 规模的生产线相配套。

为更全面地了解这几种常见生料磨系统的特点,掌握使用中易出现的问题,需寻求合理的改进方法和措施,以期为行业整体进一步节能提供参考。下面就三大主流系统进行详细介绍,方便企业在生产时做出合理的生料磨系统的选择和改造。

3.4.2　中卸烘干管磨生料制备系统

管磨工艺技术方案一般常见于建设较早的生产线,其具有对物料物理性质波动适应性强、产品细度和颗粒级配易于调节等特点,同时磨机结构简单,容易管理和维护。缺点是动力消耗大,尤其是用于处理含水较少且易磨的物料时,用于风扫和提升物料所需的气体量大于烘干物料所需的热风量,因此非常不节能。由于管磨系统电耗大,现阶段逐步让位于立式磨或辊压机系统。但对于特殊品种水泥如油井水泥等的生产依旧能发挥管磨机的优势。

中卸烘干管磨是磨内烘干兼粉磨的一种形式。该系统从烘干作用来讲相当于风扫磨和尾卸提升循环磨的结合。从粉磨作用来讲实际上相当于两级圈流,较风扫磨和尾卸提升循环磨高,适合大型化。图 3-15 是中卸烘干磨生料制备系统工艺流程图。

图 3-15 可见,物料由磨头喂入,细磨后由中间卸料仓排出。选粉回料分别从磨头、磨尾返回粗磨仓和细磨仓,选粉细粉即为成品。

(1)中卸烘干管磨制备系统工艺特点

中卸烘干管磨前端设有烘干仓,中间出料篦板阻力小,热风能从两端进入(大部分热风从磨头进入),由于粗磨仓内的物料较粗,风速适当提高后仍能维持合适的料面,故磨内通风量大,烘干能力强。粗磨仓风速高于细磨仓的,故既有良好的烘干效果,也不致产生过粉磨现象。如果利用窑尾含有一定热量的废气,可烘干含水分 6% 以下的原料;如增设热源,提供高温热风,则可烘干水分达 14% 的物料。磨机设有两个粉磨仓,磨仓配球可

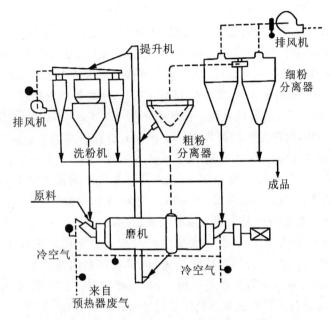

图 3-15 中卸烘干磨生料制备系统工艺流程

根据物料的情况适当调整,对入磨粒度要求不需特别严格,最大粉磨物料粒径可达25 mm。为提高烘干仓的物料流动性,生产中可在喂料中配入适量的选粉机回粉,由磨头和磨尾喂入的回粉比例一般为1:2。两级圈流过粉磨现象少,粉磨效率高,特别适于生料成品要求粒度均匀、细度较粗、不追求大比表面积的工况情形。由于其对原料的适应性好,因此在球磨系统中发展较好。中卸提升循环粉磨生料的电耗较低,磨机电耗可控制至 15(kW·h)/t,系统电耗可控制至 20(kW·h)/t 左右。但其供热、送风系统较为复杂,严格锁风是值得重视的问题。

中卸烘干管磨属于管磨工艺的一种,虽然其电耗无法与立式磨相比,但仍具有设备故障率低、检修方便、运行可靠、设备维护较简便、对物料的适应性强、烘干效果好、磨细能力好、细度调节方便等优势,因此在我国有相当一部分企业依旧采用该粉磨工艺,特别是建厂较早的企业。中卸烘干磨的投资低,维护及管理工作难度较小,设备运转率高,采用中卸烘干磨系统有利于发挥工厂的优势,缩短调试时间,尽快产生效益,便于生产管理。中卸烘干磨系统正常生产时操作较为简单,但是在调试初期非常容易发生出磨斜槽堵料等问题,需要在负荷试车的各个阶段根据不同情况采取相应措施。

(2) 中卸烘干管磨技术分析

由于预分解窑大多数已投运余热发电系统,进入中卸烘干管磨的热气温度比未投余热发电之前约下降 100 ℃,磨机烘干仓较短,与物料热交换能力一般,对入磨物料水分较敏感,适应综合水分 6% 以下的物料。入磨物料水分及粒度越小,系统产量越高。但在管磨机内部不能形成料床,研磨体对被磨物料随机做功,粉磨效率较低,故粉磨电耗高。管磨机的生产能力与其直径的 3.5 次方成正比,管磨机直径增大时,虽粉磨能力增大,系统产量显著提高,但磨内"滞留带"(研磨体管状死区)的形成比例同时增大,吨生料粉磨电耗亦随之增加。在使用中卸烘干管磨制备生料的工艺中,随着磨机直径的增大,生料粉磨电耗增大。

企业规模为 2000 t/d 的管磨系统一般配置一台 $\phi 5.0\text{m} \times 10.5\text{ m}$ 的中卸烘干管磨，主电机功率 3600 kW，筒体工作转速 15 r/min，设计研磨体装载量 190 t，设计产量 190 t/h。视入磨物料粒径等物理性能以及系统装机功率、磨内结构与配置等因素的影响，一般系统产量在 190～240 t/h 之间，粉磨电耗为 22～25 (kW·h)/t，平均粉磨电耗在 23 (kW·h)/t 左右。企业规模为 3000 t/d 的管磨系统一般配置一台 $\phi 5.0\text{ m} \times 10.5\text{ m}$ 中卸烘干管磨，主电机功率为 3600 kW，筒体工作转速为 14.42 r/min，设计研磨体装载量 200 t，设计产量 230 t/h。系统产量在 230～260 t/h 范围内，粉磨电耗 24～27 (kW·h)/t，平均粉磨电耗 25 (kW·h)/t 左右。企业规模为 5000 t/d 的管磨系统一般配置两台 $\phi 4.6\text{m} \times (10 + 3.5)\text{m}$ 中卸烘干管磨，系统总产量在 380～480 t/h 之间，平均粉磨电耗为 22～24 (kW·h)/t。

（3）中卸烘干管磨运行中易出现的问题及改造措施

虽然管磨对物料的适应性强，但在实际生产过程中也不能放任自流，特别是部分企业将石灰石矿山对外承包，容易导致监管缺失，使得石灰石内在质量（含泥量多）及破碎后的粒径不能保证，导致入磨石灰石粒径偏大，系统产量低。据报道，曾在安徽某水泥公司 2500 t/d 生产线的石灰石库底拿到粒径超过 100 mm 的样品，是设计入磨粒径允许值的 4 倍以上，导致 $\phi 4.6\text{m} \times (10 + 3.5)\text{m}$ 中卸烘干磨系统（主电机功率 3550 kW）产量只有 180 t/h 左右。打开磨门观察发现，粗磨仓和细磨仓有较多的棱角圆润的颗粒石灰石及砂岩，后及时对破碎机采取措施，更换磨损严重的锤头后，入磨石灰石最大粒径降至 25 mm 以下，磨机产量则上升至 230 t/h。仅此一个因素就导致系统产量降低 50 t/h，不得不引起高度重视。

另外在研磨体选择方面也应多加关注。据调查了解，高铬合金铸铁磨球硬度高，具有优良的耐磨性能。将该磨球应用于山东联合水泥有限公司 $\phi 4.6\text{m} \times (9.5 + 3.5)\text{m}$（设计产量 180 t/h、主电机功率 3550 kW）的中卸烘干磨，吨生料研磨体磨耗仅为 15 g/t，各仓级配相对稳定，系统粉磨效率相对较高。

还有企业对入磨物料的水分关注也不够。中卸烘干生料磨一般设有 2 个粉磨仓，粗磨仓采用较大的研磨体对物料进行有效破碎；细磨仓则应采用较小的研磨体，以强化研磨，提高研磨效率。但由于许多厂入磨水分偏高，粗磨仓出料篦板结构设计不合理，导致粗磨仓料位较高，破碎能力下降，使部分没得到有效破碎的粗颗粒随之出磨而进入细磨仓。更有甚者，这些没有得到有效破碎的粗颗粒会堵塞粗磨仓的出料篦板篦缝而使粗磨仓产生饱磨现象。许多企业为缓和上述现象而不得不加大粗磨仓的球径，这严重降低了粗磨仓的粗磨作用。由于部分粗颗粒进入细磨仓，细磨仓无法采用细磨能力较强的较小研磨体级配，故细磨仓的细磨能力下降进而影响磨机的研磨效率。由于从烘干仓到粗磨仓的隔仓板的通风面积过小，而中卸烘干磨是属于大通风量的半风扫磨工艺，势必导致此处风速过高，急停磨时经常发现物料被直接吹到粗磨仓的中部，粗磨仓头部 1～2 m 处的无料状态使该区域研磨体出现空砸现象，既加大了研磨体与零部件的消耗也影响了磨机的粉磨效率。针对该问题，可采取以下几方面的措施：①粗磨仓采用具有筛分功能的出料篦板装置。通过采用具有筛分功能的出料篦板，使出磨物料在出料篦板装置的筛分部件中进行粗细分离，粗颗粒返回粗磨仓用大球继续破碎，细物料及时在中卸仓出磨。新设计的粗磨仓出料结构改善了原结构中出料不畅、通风不良的现象。②细磨仓采用较小规格研磨体。由于进入细磨仓的是经过筛分后的不含粗颗粒的物料,细磨仓就无须采用较大规格的钢球来破碎粗颗粒,这就为细磨仓采用研磨能力强的较小规格研磨体创造了条件。规格小的研磨体其单位质量的表面积大,研磨能力强。而生料与水泥熟料相比,细磨性能更好。可以采用较小规格的研磨体,使细磨仓的粉磨效率得到提高。③优化细磨仓出料篦板。由于细磨仓采用较小规格的研磨体,对细磨仓出料篦板也做相应改进,使其除满足细磨仓出料的要求外,还具有降低通风阻力,篦缝不易堵塞的作用。④改进烘干仓与粗磨仓之间的隔仓结构。通过该处结构的改进,以增大通风面积,降低风速,改善粗磨仓头部研磨体粉碎不到物料的现象,也减小了通风阻力。

3.4.3 立式磨生料终粉磨系统

国内外水泥工业生产线在生料粉磨上主要以立式磨粉磨系统为主流,因立式磨是集粉磨、烘干及选粉于一体的粉磨设备,具有粉磨效率高、工艺流程简单、操作维护方便、建筑面积及占有空间小、操作环境清洁、磨损小等特点,所以受到广大的水泥生产企业的青睐。立式磨主要特点是粉磨效率高、烘干能力强、产品的化学成分稳定、颗粒级配均匀、有利于煅烧。目前,国内外立式磨的生产厂家比较多。进入 21 世纪以来,在国内外 5000 t/d 生产线的设计中多有采用。

在粉磨技术高速发展的今天,在水泥生产线生料粉磨上,我国已经从普遍采用的传统生料立式磨粉磨工艺系统(属于风扫磨系统,参见图 3-16)改进到全外循环生料立式磨制备系统。传统生料立式风扫磨在磨机上方设有选粉机,物料在磨内循环,因此磨内部需要通入大量气体,由于要由喷嘴环高速的喷射气流将被粉磨物料带入选粉机内,因此这种内循环立式磨系统风机消耗功率比较大,其能耗指标已没有明显优势。其单机电耗为 8～11 (kW·h)/t,而系统电耗基本维持在 14～19 (kW·h)/t 之间。这种工艺虽然比管磨机节电效果明显,但是由于其属于风扫粉磨系统,其电耗进一步降低很困难。

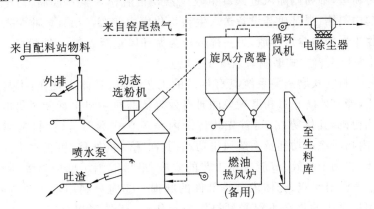

图 3-16 风扫立式磨生料制备系统工艺流程

为进一步降低生料粉磨电耗,合肥水泥研究设计院和天津水泥工业设计研究院有限公司分别推出了具有自主创新特色的全外循环生料立式磨系统。以合肥水泥研究设计院设计的全外循环生料立式磨 HRM 系统为例,其工艺流程见图 3-17。

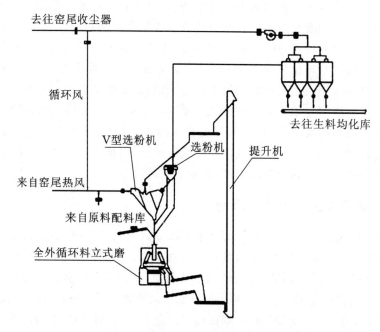

图 3-17　全外循环生料立式磨制备系统工艺流程

由图 3-17 可知,配料库过来的原料与循环提升机提上来的出磨物料一起进入 V 型选粉机,V 型选粉机中的物料在下落的过程中由来自窑尾的热风烘干并进行分级处理,粗颗粒落入立式磨磨盘上,在离心力作用下,物料向磨盘边缘移动,经过磨盘上的环形槽时受到磨辊的碾压而粉碎,粉碎后的物料在旋转的磨盘上继续往外运动,越过磨盘边缘后落入磨盘底下的排料腔,被刮料板刮至排渣口后排出,落入外循环提升机再喂入 V 型选粉机中;V 型选粉机中的细粉由风带入高效动态选粉机内进行分级处理,选出的粗粉回到立式磨内再粉磨,细粉则随风进入旋风收尘器收集后作为生料成品,与窑尾收尘器收下的成品一起由斜槽、提升机等设备送入生料均化库内储存。出旋风收尘器的气体一部分进入窑尾收尘器经除尘后排放,另一部分作为循环风重新入 V 型选粉机。

（1）全外循环生料立式磨制备系统工艺特点

全外循环生料立式磨制备系统具有自己的工艺特点,具体表现在:①与传统立式磨粉磨工艺相比,能有效防止过粉磨现象同时有效降低磨机主机电耗及风机电耗。②立式磨本体不带选粉机,其优势在于:首先较传统内循环立式磨而言,物料全部经过机械提升,降低了磨内物料输送功耗及系统风机功耗;其次选粉机外移,可根据不同的粉磨工艺进行特殊设计,有利于高效、节能选粉工艺的实施;最后取消了磨内喷嘴环设置,大大减缓了高速含尘气流对磨辊、壳体内壁等部件的磨损。③充分利用辊式磨料床粉磨原理,处于磨槽外侧粉磨区的物料不仅受到挤压力的作用,还受到相对速度造成的剪切力作用,更容易使物料得到高效率的粉磨。特殊磨辊设计增大了物料的粉磨区域,配合特殊设计的衬板粉磨区（磨盘衬板）,实现磨相对物料层的均匀施压,不论是高强压缩还是剪切粉磨,都具有优异的粉磨效率。④粉磨后物料分散效果好。由于粉磨过程是剪切力和挤压力共同作用,出立式磨物料呈松散状,大大降低了后续选粉工序中物料分散、分级的功耗,无须另外设置打散工序,物料在 V 型选粉机中分散均匀,选粉效率高,因此可降低选粉风量,有效降低系统风机功耗。

全外循环生料立式磨的电耗在风扫立式磨的较低电耗的基础上得到了进一步的降低,其原因在于 V 型静态选粉机的设计区别于辊压机粉磨系统中的 V 型选粗机,风选系统阻力降低 30%~35%,循环风机功率可降低 40%~45%,从而具有一定节能效果。采用全外循环生料立式磨后系统电耗可降低至 13(kW·h)/t 以下。

(2)全外循环生料立式磨技术分析

全外循环生料立式磨制备系统是根据我国机械加工能力和配套能力研究设计出先进、结构合理、适合我国国情的大型全外循环生料立式磨。其中主要根据国产轴承和减速机的规格、液压系统的能力及尺寸,优化了磨辊、磨盘、结构等。同时其磨辊、磨盘上耐磨材料的现场修复技术,不仅能解决生料立式磨保持良好工作状态问题,而且可大幅度提高材料利用率、节约资源、降低劳动强度、提高设备及工艺系统的运转率。

通过系统研究磨盘、磨辊研磨曲率对粉磨能力、单位电耗的影响,确定最佳的研磨曲率。对磨盘座及传动臂等主要承载的大型部件进行静、动态载荷下的结构分析与计算,找出磨盘座上应力平均分配的、有利于工艺的最佳形状,并充分考虑了热力的影响。开发了立式磨进料缓冲+导流、双挡料环等技术,并采用磨盘调速技术,稳定了料床,减少了大颗粒物料逃逸,降低了循环负荷,提高了粉磨效率,保证了设备稳定运行。进料缓冲技术可省去磨上稳流仓的设置,降低外循环提升机高度。开发了立式磨振动值与主电机转速调节、主电机电流与磨辊加压压力组成双回路控制系统,保证磨机稳定、安全、经济运行,为系统智能控制创造了条件;开发了系统远程监控、故障诊断,提高了设备管理的信息化水平,运维便捷。

磨辊设计成轮胎形,磨盘具有粉磨轨道,粉磨区域分为粗磨区和细磨区,粉磨过程是挤压和剪切共同作用,磨辊研磨比压大,磨盘粉磨轨道线速度大,物料被多次粉磨,粉磨效率高。见图 3-18。

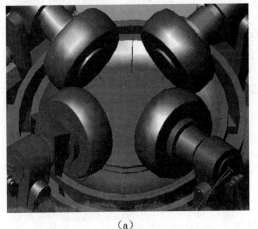
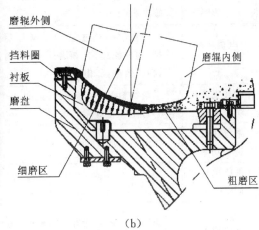

(a)   (b)

图 3-18 全外循环生料立式磨磨辊形状及粉磨区域划分

(a)磨辊形状;(b)粉磨区域划分

　　粉磨后的物料全部经过外循环提升机提升,替代了传统的磨内物料依靠气力提升,出立磨物料通过刮料板打散,呈松散状。物料因全部外循环,无风扫磨损,加之采用三辊或四辊加压机构设计,研磨面积大,单位面积受力较小,选用优质的耐磨材料和先进的堆焊工艺,碾磨体磨损小。

　　另外在其制备系统中选择了适合全外循环大型生料立式磨粉磨系统配套用 V 型选粉机及高效组合式选粉机,并进行了相应规格选粉机的开发设计。重点考虑选粉区域部分对颗粒运动的控制,降低循环负荷,提高选粉效率。

　　为全面了解全外循环立式磨和风扫立式磨的区别,表 3-14 进行了入磨物料要求、选粉机配置、操作稳定性、装机功率和系统电耗等方面的对比。

表 3-14　全外循环立式磨和风扫立式磨综合性能对比

项目		HRM 型全外循环立式磨	风扫立式磨(内循环立式磨)
烘干及水分适应性		粉磨原料水分适应性较差,有一定的烘干能力,但要求入磨物料水分不大于3%	粉磨原料水分适应性好,有很强的烘干能力,粉磨物料水分可达到10%~15%
选粉机配置	一级选粉	外置 V 型静态选粉机阻力消耗为1000~1500 Pa	内置喷嘴环阻力消耗4000~5000 Pa
	二级选粉	外置高效动态选粉机阻力消耗2600~3500 Pa	内置高效动态选粉机阻力消耗3000~3900 Pa
操作稳定性	系统控制核心参数	系统物料循环量(通过出料提升机的电流变化来反映)	磨内压差
	物料输送方式	全部采用外循环提升机机械输送	主要通过磨内气力输送
	产品细度调整	系统风机全压低,细度易调节,选粉效率高,电耗低	系统风机全压高,细度难调节,选粉效率低,电耗高
	磨辊磨损影响	无风扫,辊套磨损小,故产量高,对产品细度影响小	磨损大,因为不均匀的磨损造成性能显著降低,使产品粒度变粗
主电机功率消耗		物料在磨内经过3~4次碾压后全部外排,物料流速快,碾磨压力大,料层适中,粉碎效率高,电耗低	物料在磨内碾压后,大部分物料内循环,停留时间长,料层较厚,粉碎效率低,电耗较高
外循环提升机功率消耗		系统物料循环量为喂料量的300%~350%,循环斗提能力大	部分物料外排量为喂料量的20%~30%,循环斗提能力小
系统风机装机功率		相对小	相对大
系统电耗(kW·h)/t		13~17	14~19
维修成本		磨辊与衬板寿命在10000~15000 h,机械故障少,维修成本低	每4000~8000 h 必须对磨辊与衬板表面进行堆焊处理,维修成本高,还要担心堆焊层的剥落
系统复杂程度		稍复杂	简单

（3）立式磨系统存在的问题及改造措施

不同立式磨的结构和原理虽有一些差异，但一些常见的故障不论是在内循环系统还是外循环系统均有存在，常见问题主要涉及磨机本体（液压张紧系统故障、磨辊漏油和轴承损坏故障、磨辊磨盘磨损时机掌握及修复、机械设备原因引起的频繁振动故障等）、循环风机及选粉机等。

① 液压张紧系统故障及排障措施

液压张紧系统是立式磨中最为重要的设备系统之一，对立式磨的稳定运行起到关键作用，也是一个最容易发生故障的环节，磨辊对物料所施加的巨大研磨压力就是通过液压系统提供的。这部分故障主要包括氮气囊故障、液压站高压油泵频繁启动故障、液压缸缸体拉伤或漏油故障三个方面。

为保证液压系统的正常工作，在生产中要做到以下几点：首先，要求液压系统内液压油要有较高的清洁度。为了保持液压油的干净，在进行缸体检查、管路清洗、更换氮气囊和液压油时，周围环境一定要干净清洁，以防小颗粒物体带入液压油中，造成缸体划伤、氮气囊破损。其次，为了防止细颗粒物料进入缸体，可在外部做一个连接护套加以保护。再次，液压油使用过程中应每半年检测和检查油质情况一次，发现油液乳化变质时应及时更换液压油。最后，根据物料特性设定合理的研磨压力，在正常生产情况下实际操作压力一般应设定在最大限压的 $70\%\sim90\%$ 之间。

总之，正确使用和维护液压系统，保持液压系统良好运行是减少系统故障、提高磨机粉磨效率的主要途径之一。

② 磨辊漏油和轴承损坏故障及排障措施

立式磨磨辊轴承是磨内关键及脆弱的部件，磨辊轴承的润滑有浸油润滑和强制循环润滑两种，现在使用的立式磨辊润滑方式多采用稀油循环润滑。出现的问题也比较集中，主要表现为磨辊漏油和轴承损坏故障。

为了保证磨辊轴承的正常运行，在日常维护中需要做到以下几点：

a. 保证密封风机的正常运行，风压不得低于规定值，要定期检查密封风管是否有破损；磨腔内密封风管与磨辊连接处的关节轴承法兰是否脱开等。同时为了保证进入磨辊的正压风清洁，一定要在风机入口处加装滤网和滤布，以防止微颗粒物料进入磨辊密封风腔内，损坏磨辊密封圈和油封，导致磨辊漏油。

b. 磨辊回油管真空度决定了磨辊腔内的油位，为了保持磨辊内的油位相对稳定，真空度的调节一定要慎重，它直接关系到磨辊轴承的润滑状态。油压过高，磨辊内油位上升、油量过高，易造成磨辊漏油，甚至损坏油封；油压过低，磨辊内油量偏低或欠缺，润滑不足易损伤磨辊轴承。

c. 要定期检查磨辊润滑系统运行情况，如油温是否正常，磨辊与油箱之间连接的平衡管有无堵塞、真空开关是否正常，油管接头和软管有无破损漏气，回油泵工作是否正常等。同时要紧密观察油箱油位变化情况，当发现油箱油位不正常波动时，一定要仔细分析原因，查找问题症结，及时处理，以防止因缺油造成轴承损坏或加油过多引起磨辊密封圈被涨破。

d. 定期为磨辊两侧密封圈添加润滑脂。在磨辊热态且被液压顶起时加入，不可加入过多。

e. 定期对油质进行检测,检测油样中金属颗粒含量,以判断轴承受损情况。同时保持润滑油清洁,根据油质情况及滤油器的更换间隔时间来判断是否更换润滑油。

f. 重视磨机的升温和降温操作。大部分厂家不注重立式磨的升降温操作,没有认识到合理的升降温操作可以延长关键大型轴承和耐磨件的使用寿命。合理的升温速度可以使辊套、衬板、轴承均匀受热,从而延长衬板、辊套及关键轴承的使用寿命,在磨机备件中这些关键部件的价格是较为昂贵的,其中任一部件损坏都会直接影响磨机的运行周期。

g. 在磨内进行焊接施工时,必须注意焊接件的接线和接地,焊接电流不可以经过轴承或绞点,否则会伤害轴承或绞点。

③ 辊磨盘衬板磨损时机掌握及修复措施

磨辊磨盘衬板是立式磨的主要易损件,当磨损到一定程度,由于形不成稳定的料层,物料不能被有效研磨,振动加剧,磨机操作困难,立式磨粉磨效率降低,电耗升高。因此延长磨辊磨盘衬板的使用周期,合理掌握修复和更换时机,是立式磨节能降耗的前提,也是保证立式磨产质量的重要基础工作。

a. 为了尽量延长磨辊衬板的使用周期,在衬板轻度磨损,厚度达到 30～40 mm 时,可对磨辊衬板进行调向使用,这样可以使磨辊衬板各个部位均匀磨损,减少衬板的局部磨损,延长衬板的使用周期。

b. 为降低更换成本和节能降耗,除了更换衬板外,衬板磨损后可考虑再次堆焊修复使用。目前硬面耐磨堆焊修复技术已相当成熟,相关资料也较多,就是通过耐磨件表面堆焊一层或多层硬质合金,提高磨辊与磨盘的耐磨性,延长耐磨件的使用寿命,降低设备维修和更换的成本。因此若考虑衬板修复后再次使用,当磨损厚度达到 70～80 mm 时就要更换;若磨损严重就不能再堆焊使用了,必须整体报废。

c. 对磨辊衬板进行调向或修复时,不能单独对磨损严重的磨辊衬板进行调向或修复,否则会引起磨机的剧烈振动而造成重大事故,要求对磨辊衬板整体进行修复或翻面后再投入使用。

d. 磨辊磨盘更换或修复时机的掌握要结合全厂大中修来完成,如果单独为了维修磨辊或磨盘衬板而停机,其产生的检修费用和间接费用是相当高的,最好在大修期限内完成磨辊及磨盘衬板的更换或修复。

④ 立式磨频繁振动的原因和解决措施

立式磨振动的原因比较复杂,基本原因大致可分为三类:一是操作控制方面的原因,如料层厚度、喷水量、压差、风量、风温、研磨压力、喂料量等控制不合理引起的振动;二是物料方面的原因,如物料粒度、物料易磨性、铁器或大块物料进入磨内等引起的磨机振动;三是机械设备原因引起的振动。前两种原因引起的振动较易发现也容易控制,通过加强工艺管理和过程控制就能解决;机械设备原因引起的振动较为复杂不易控制。

a. 磨辊和中心支架组合的中心偏移磨盘中心,引起的磨机振动。在日常维护中,要根据生产状况每年至少安排一至二次计划性检修,主要是对磨机进行系统检查,更换磨损、老化的部件,保养关键部件,不论运行好坏均要求关注扭力杆和拉力杆处球面轴承,加以保养,必要时更换缓冲垫和轴承。

b. 氮气囊破损,引起的磨机振动。由于氮气囊破损,蓄能器将起不到缓冲减震的作用,不能吸收由于磨床料层厚度变化对液压系统的冲击,液压缸中的压力油就失去了缓冲,导致持续不断的冲击性振动,同时也加速了液压缸密封件和高压胶管的损坏。为避免上述故障,要定期检测蓄能器内压力,发现氮气囊压力为零时要及时检修或更换胶囊。

c. 磨辊不转,引起的磨机振动。磨辊不转多是由于内部轴承损坏或卡死造成的,此时主电机工作电流会突然增大。发生这种现象时要立刻停车检查。预防磨辊轴承损坏的有效措施前面已做阐述。

d. 磨辊磨盘衬板磨损,引起的磨机振动。随着磨辊磨盘衬板的磨损,磨盘上料层厚度也会发生相应变化,当这种磨损达到一定程度,料层厚度会增加,粉磨能力下降,振动值升高,磨机操作困难。因此挡料圈高度并不是一个固定值,在喂料量和研磨压力一定时,料层厚度主要靠挡料圈的高度来调整。不同的物料特性和产品细度,有不同的挡料圈高度,在具体的操作与调节中,必须要兼顾挡料圈高度和研磨压力,随着磨辊衬板的磨损要及时降低挡料圈高度。

⑤ 立式磨循环风机和磨机主体运行不匹配及解决措施

在不断的节能改造升级的过程中,水泥企业也充分意识到生料磨循环风机若运行不恰当会增加电耗。为此云南尖峰水泥有限公司在 2015 年 2 月开展了原料磨循环风机的改造,企业磨机型号为 HRM3700E,改造时购置了行业认可的豪顿华(Howden)风机,型号为 L3N 2575.12.90 DBL6T,设计风量 493000 m^3/h,设计全压 11500 Pa,设计工作温度 75 ℃,设计入口密度 1.4 kg/m^3,设计转速 990 r/min,使用入口挡板调节门,拟使风机效率达到 80%。改造完毕后水泥厂统计了共计 11 个月内的吨生料平均电耗,发现在循环风机改造前后并没有较大的变化。风机改造前平均循环风机单耗为 6.56 (kW·h)/t,风机改造后平均循环风机单耗为 6.30 (kW·h)/t,即改造后电耗虽有所变化但并未达到预期目的。后企业又开展了原料磨改造并增加了变频器,之后在 2017 年统计了 9 个月的数据,认定循环风机单耗降低至 5.2 (kW·h)/t。企业最后总结时认为改造初期电耗未能降低的主要原因是初始循环风机和磨机主体运行不匹配。按照正常磨和风机匹配运行关系,磨机产量和所需入口风量成正比,而风机风量和风机功率成正比,所以磨机产量和风机功率接近正比关系。当使用与产量匹配风量时,同一台循环风机的单耗变化不大,但厂里记录的风机单耗数据不符合这个规律,说明磨机产量变化时,风量并未进行适当调节,风机提供了超出必要的风量,这样风机单耗会随着产量减少而增加。改造循环风机后,水泥厂运行时使用过多风量是一个常见的现象。原因是:更换风机后,风机特性与原风机不同,风量与风压对应关系与原有风机自然有所不同,目前国内水泥厂没有在线监测风量的手段,只能在运行时依据系统的压力来控制风机,当风压与改造前相同时,改造后循环风机运行风量会超过改造前的风量,导致风机做功有一部分是浪费的,因此风机节能量不足甚至超过改造前的。鉴于此,当风机增加了变频器并通过磨机主体改造降低了系统阻力后,循环风机和磨机主体运行才匹配,单耗才得以降低。企业通过持续探索,技改后生料磨电耗最终成功降至 12.28 (kW·h)/t。

风机使用中常见运行弊病总体上可分为两类:一类属风机使用类,如系统设计、使用条件、环境等影响损害风机效能的发挥;第二类属风机自身的结构性缺陷,影响风机性能的发挥。风机的实际效率受烟气介质中粉尘浓度、气体成分的影响。因此企业在风机改造时需要注意的是,采用高效能的风机并不等于就能节能,风机只有位于风机性能曲线的最高效率点附近,才能真正实现最佳节能效果。而风机实际运行时,并非永远处于在最佳设计工况点,随工况的变化,风机实际上是在连续变化的工况下工作。在工况变化时,变频器能及时优化风机运行状态,只有将有效的调节与节能技术结合起来,才能实现风机的最佳运行,企业采用变频器实现节能是有明显效果的。

⑥ 立式磨选粉机等综合运行工况正确匹配

永登祁连山水泥有限公司 3 号生产线于 2010 年建成投产,配套的生料磨为 TRMR53.4 立磨,台时产量 500 t/h,生料细度 $R_{80}=12\%$。因该系统存在磨机压差大、系统负压高等不足之处,虽然台时产量不低,但系统电耗高达 17.05 (kW·h)/t。为降低水泥生产成本及提升产品竞争力,永登祁连山水泥有限公司于 2018 年 4 月采用天津水泥工业设计研究院(以下简称"天津院")新型低阻高效 U 型选粉机动叶片技术、中壳体风量调节技术、低阻稳料风环和大蜗壳低阻型旋风筒等新的技术,对 TRMR53.4 立磨进行了节电技术改造。改造的技术思路是:通过降低磨内压差、管道和旋风筒等系统的阻力,实现循环风机节电;提高选粉机的选粉效率和稳定料层,降低主电机的功率。改造后 2017 年平均台时产量达 504 t/h,系统工序电耗从改造前 17.05 (kW·h)/t 降低至小于或等于 15.55 (kW·h)/t。具体改造方法为:

a. 选粉机的改造。原系统设计为 SR5200H1 选粉机,改造为 U 型选粉机(动叶片技术),该动叶片相对于选粉机常见的直动叶片,在相同的工况条件下能降低阻力 30%,特征粒径 30 μm 细度的选粉效率提高 9.13%,循环负荷降低 312%(立磨),还通过调整外风翅的角度调整不同粒径颗粒的选粉效率,进而改善粉磨过程,有效控制成品的粒度分布。根据改造目标确定的磨机台时产量、生料细度,同时考虑海拔等因素,改造设计的选粉机规格为 NU5832。改造中保留了原选粉机的传动、出风口、选粉机电机和减速机,充分利用了原选粉机结构,降低了改造成本。

b. 应用中壳体风量调节技术。我们暂且将生料立磨选粉机所需要的用风量简称为"选粉风量",将磨内粉磨过程用于提升 0.2 mm 以下细粉的用风量简称为"风扫风量"。根据理论计算和试验模拟,"选粉风量"和"风扫风量"是不同的,"选粉风量"要比"风扫风量"大 20% 左右。即如果"风扫风量"减少 20% 左右,既能够满足粉磨用风,同时能降低风环处通过风量,能有效降低磨体阻力,从而降低磨机压力损失。中壳体风量调节技术基于以上原理,解决了"选粉风量"和"风扫风量"的矛盾,在保证烘干和细料提升条件下,尽可能降低风环风量。选粉风量由"短路"的中壳体调节风量来保证,实现一方面降低风环的阻力,另一方面减少粗粉进入选粉机,从而提高选粉效率,进而实现回盘细粉量减少、料层稳定性提高、粉磨效率提高、主机电耗降低。中壳体风量平衡技术即在磨机中壳体上开两个 1000 mm×1280 mm 椭圆孔,将两边入磨风管上分别增加一个"短路"入磨机中壳体的 $\phi1000$ mm 小风管,并在小风管上安装调节风量的 DN1000 耐热型电动百叶阀。

c. 采用楔形盖板风环对原有风环进行改造。楔形盖板风环是在大量的 CFD 模拟研究得到的新型低阻高效风环,该风环技术主要是为配套中壳体风量平衡技术开发的。其主要工作原理是利用了"楔形"通风道,使风环气流缓慢加速,使得风环气流速度均匀性大大提高,确保以较低的风环风速实现大的物料提升能力。CFD 理论计算表明,相同入磨风量和有效通风面积条件下,相比传统导风叶片风环,风环速度梯度平均降低 56.4%,带料能力统计平均增加 40.2%,为确保磨机外排及磨机稳定的条件下最大限度地利用中壳体旁路风量提供了重要的技术保障,同时低的风环风速也大幅度降低了磨机系统的阻力。此外,磨盘边缘落入风环的物料在离心力的作用下甩至楔形盖板的顶板、导风侧板,其中团聚状物料发生一次、二次冲击打散,即进入风环的物料不以团聚的方式下落,经两次冲击打散,团聚料中细粉脱离出来,回料中的细粉量减少;同时,较低的风环风速也减小了粗颗粒进入选粉机的可能性,有利于提高选粉效率,降低回盘细粉量,从而料层得以稳定,粉磨效率得以提高。

d. 旋风筒的改造。该 TRMR53.4 生料磨系统旋风筒为 4 个 4.8 m 旋风筒,改造后采用大蜗壳低阻型旋风筒。拆除原有旋风筒进、出口部分管道;同时更换旋风筒的入口和出口风管;立磨出口到旋风筒入口之间的风管由原来的 $\phi 3.55$ m 改为 $\phi 4.2$ m;出旋风筒风管由 $\phi 2.25$ m 改为 $\phi 2.5$ m[仅改造每个旋风筒出风口处的风管,原系统中两个旋风筒出风的汇合风管($\phi 3$ m)保留,循环风机入口的原风管($\phi 3.55$ m)保留]。

3.4.4 辊压机生料终粉磨系统

辊压机用于生料和水泥粉磨,都以高效节能著称。进入 21 世纪,国内设计开发的大型辊压机终粉磨系统试验成功后,开始在国内外大量推广使用,特别是国内许多厂为适应生产规模的扩大,用其取代传统的球磨机粉磨系统已经非常普遍。辊压机在生料粉磨系统中,一般采用终粉磨工艺。图 3-19 为辊压机生料终粉磨系统的工艺流程。

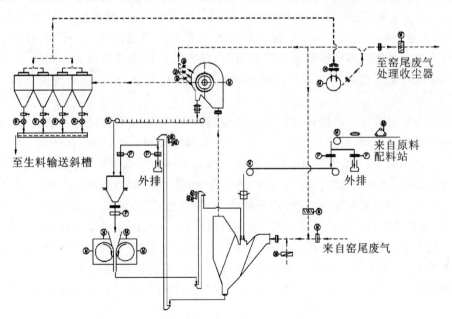

图 3-19 辊压机生料终粉磨系统工艺流程

由图 3-19 可见,从配料站按照要求配好的原料混合料经配料皮带机送入生料磨车间,在原料输送皮带机上设置有除铁装置,将混合料中的铁除去,同时在输送皮带上装有金属探测仪,当发现有金属后气动三通阀换向,将混有金属的物料由旁路卸出,以免对设备造成损害。物料进入V型选粉机后在选粉系统实现烘干,初步烘干后的物料经稳流仓进入辊压机进行挤压,挤压后物料经提升机送入V型选粉机进行分选,分选后大块物料经斗式提升机送入稳流仓再入辊压机进行挤压,细物料随气流进入动态选粉机再次分选,粗料通过锁风阀卸出依次送至稳流仓、辊压机进行循环挤压,细粉随热风进入旋风分离器,收集下来后经空气输送斜槽和斗式提升式机送入生料均化库。

(1)辊压机生料终粉磨系统工艺特点

辊压机是根据料床粉磨原理设计而成,其主要特征是:高压、满速、满料、料床粉碎。辊压机由两个相向同步转动的挤压辊组成,一个为固定辊,一个为活动辊。物料通过磨辊主要分为三个阶段:满料密集、层压粉碎、结团排料阶段。物料从两辊上方给入,被挤压辊连续带入辊间,受到两个反向旋转磨辊的100～150 MPa的高压作用后,变成密实的料饼从机下排出。排出的料饼,含有一定比例的细粒成品。在非成品颗粒的内部,产生大量裂纹。

由于磨辊之间存在高应力,同时还存在相对转动,所以磨辊间属于三体磨料磨损,即一个固定辊和一个浮动辊及两辊之间物料相互作用的高应力磨料磨损。物料颗粒在高应力作用下,辊面产生弹、塑性变形,在表面不同深处会形成循环应力和拉应力,当此应力超过材料疲劳强度时,在表层形成疲劳裂纹,裂纹扩展、连接,进而产生剥落。辊面的磨损是受物料的高应力切削磨损和正应力、剪应力的挤压造成的疲劳剥落磨损。

辊压机终粉磨系统的特点是粉磨效率高、电耗较立式磨系统更低;金属消耗低,有的达到0.5 g/t生料;设备少、流程简单、易于安装;体积小、占地面积小、土建费用低;噪声小;运行入磨物料粒度大。从实际运行来看,生产能力均超过设计生产能力,经济技术指标优于立式磨系统。因辊压机系统已国有化,设备及备件购置方便、成本低、维修方便。生料制备采用辊压机终粉磨系统已经逐渐显现出其技术魅力,并受到使用企业的广泛赞誉。

相比于球磨机单点接触粉碎的粉磨原理,辊压机与立式磨之所以节能,完全是由于采用料床粉碎的原理,即物料是作为一层或一个料床得到粉碎,料床在高压下导致颗粒集体破碎、断裂。与立式磨相比,辊压机的料床压强约为立式磨的10倍,因此辊压机总的高压作用大,产生的细粉具有微裂纹,同时细粉颗粒形状均为针状或片状,生料易烧性更好。主要监控参数有辊压机动/定辊压力、料饼厚度(左右辊缝)、辊压机动/定辊电动机电流、动态选粉机进口和出口负压、循环风机电流、外循环斗式提升机电流、动态选粉机入口温度和生料入库斗式提升机电流等。运行操作过程中要特别注意辊压机上部小仓重的稳定、入辊压机的物料水分和粒度。当入辊压机的物料细粉含量过高时辊压机会急剧爆振,原材料中含有黏土时要注意其水分含量,塑性过高时易黏附辊面,造成挤压效果下降。

(2)辊压机生料终粉磨系统技术分析

一般来讲,2500 t/d规模生产线辊压机生料终粉磨系统相比风扫立式磨系统总装机功率约降低1000 kW,5000 t/d规模生产线辊压机生料终粉磨系统相比立式磨系统总装机功率约降低 2000 kW;相对于立式磨生料制备系统而言,采用辊压机生料终粉磨工艺,2500 t/d 规模生产线至少每年节电效益可达 150 万元,5000 t/d 规模生产线至少每年节电效益可达 300 万元以上;相对于中卸烘干管磨生料制备系统而言,采用辊压机生料终粉磨按吨生料平均送电 10 (kW·h)/t 计算,2500 t/d 规模生产线至少每年节电效益近 700 万元,5000 t/d 规模生产线至少每年节电效益近 1400 万元[平均电价按 0.60 元/(kW·h)计]。

由于辊压机生料终粉磨系统装机功率低于中卸烘干磨及风扫立式磨,故辊压机生料终粉磨系统电耗比上述两个系统低,但也有极少数辊压机生料终粉磨系统电耗高达 17~19 (kW·h)/t,这时系统产量及粉磨电耗除与工艺线配置有关外,主要受入机原材料粒径、水分、易碎性及生料细度等因素的影响。进入辊压机的物料粒径要求均齐,95% 以上应不大于 55 mm,过大则辊压机运行不稳定;辊压机生料终粉磨系统入机物料综合水分宜控制在 6% 以下,水分过大则挤压后的料饼难以打散、分散,影响系统产量。生料不同于成品水泥,一般比表面积在 230~250 m^2/kg 左右即可,而水泥成品的比表面积至少要达到 300 m^2/kg。由于熟料烧成采用窑外预分解技术,辊压机终粉磨的生料颗粒均匀性较好,在生料细度 R_{200} 筛余小于 1.5% 且满足易烧性的前提下,R_{80} 筛余可由 12% 适当放宽至 15% 甚至 18% 以上。

辊压机生料终粉磨系统电耗低、主辅机设备运转率高,是生料制备选型与改造的方向,在选择输送设备时一定要留出足够的富裕系数,避免系统出现瓶颈,现采用中卸烘干管磨制备生料的企业,应积极创造条件采用辊压机生料终粉磨系统,充分挖掘生料粉磨系统节电潜能。

(3) 辊压机生料终粉磨系统易出现的问题及改进措施

① 台时产量低,电耗高

2014 年天瑞集团水泥有限公司采用 HFCG160-140 型辊压机配套 V 型选粉机和原有的 ZX3000 组合式选粉机组成辊压机终粉磨系统,以改造代替原有的一台中卸烘干磨系统,改造后台时产量一直徘徊在 200~230 t/h,有时低至 195 t/h,生料电耗也高达 16 (kW·h)/t(不含窑尾排风机)。原料易磨性差[其粉磨功指数达 13.83 (kW·h)/t],但目前无法改变原材料现状。除此之外造成上述问题的主要原因包括:入辊压机物料粒度偏大且不均匀,物料含水率过大或过小;V 型选粉机分散效果不好导致选粉效率偏低;侧挡板间隙调整不到位造成辊压机挤压效果差;系统漏风;辊缝偏差大,辊面磨损严重;出磨生料细度。

针对该现象公司进行了相应的改进:a.控制入辊压机物料粒度和水分。在粒度控制方面,定期更换石灰石破碎机锤头和砂岩破碎机颚板,并通过调整石灰石破碎机篦子和保证保险门正常使用来减少大颗粒的含量,尽量控制石灰石粒度小于 30 mm,砂岩粒度小于 50 mm。在石灰石、砂岩和校正原料混合料的下料管处用圆钢加设篦缝为 80 mm 的篦子,将大块物料及时排除,大大提高了辊压机的台时产量。在控制入辊压机原料水分方面,水分宜在 1.0%~1.5% 之间,操作上还可通过入 V 型选粉机气体温度来控制。b.改善 V 型选粉机物料分散效果。对入 V 型选粉机皮带进行改造,使皮带机中心和 V 型选粉机进料管中心对齐,改进物料进入 V 型选粉机的方式。将 V 型选粉机接料板上焊接 3 块高度为 80 mm 的厚钢板,呈"川"字形布置,强制物料相对均匀地从各通道通过。

对于 V 型选粉机进料管内经常有大块物料等杂物堵塞的现象,采用从源头抓起和利用停机时间进行检查的方法。c.保持侧挡板的完整性及合理间隙。经常检查侧挡板,观察侧挡板和磨辊边缘的距离,保持其不超过 2 mm,若侧挡板变形或磨损严重就及时更换,以免因小失大。另需养成定期对动辊"轨道"进行更换的习惯。d.加强漏风检查和堵漏。外漏风比较容易发现,停机时就可进行焊补堵塞;对于内漏风,必须加强停机时的检查,一旦发现及时焊补。e.减少辊压机的辊缝偏差,减少稳流仓内物料离析现象。对仓内稳流装置进行改造,即将单层的方形稳流板改为双层的弧形稳流装置,大大减少了离析现象。f.经常检查并及时焊补辊面。并制定一套辊面管理制度,停机即检查,出现剥落及时补焊,保证辊压机正常运行。g.控制出磨生料细度在合理的范围。刚开机时将出磨生料细度控制在 0.08 mm 筛筛余不大于 18%,0.2 mm 筛筛余不大于 1.5%,后来为提高生料磨台时产量,将细度控制在 0.08 mm 筛筛余不大于 20%,0.2 mm 筛筛余不大于1.8%。熟料质量没有下降,生料磨台时产量提高 5 t/h 左右。

从 2016 年开始通过不断地摸索改进,天瑞集团公司生料辊压机终粉磨系统台时产量有了显著提高,从原来的不到 230 t/h,提高到 240～250 t/h,生料工序电耗降低至 14.5（kW·h）/t,取得了不错的效果。

② 工艺布置对动态选粉机分选效率的影响

辊压机生料终粉磨系统中,由动态选粉机控制生料的细度。动态选粉机(如 XR 型)为卧式布置,该选粉机的特点是对物料适应性好,烘干能力强,可适应工况温度较高的场合,并且由于卧式转笼的布置,其进风为单侧进风,选粉机压损低,但正因为该布置形式和单侧进风方式导致选粉机内局部风速不匀,转子也不能很好地进行全周分选,成品的细度不易控制,因此,外部的因素干扰极易对选粉机分选效率产生影响,不同工艺布置对选粉机效率有较大影响。

a. XR 动态选粉机出口风管塌料。工艺布置上,若旋风分离器的进口高于 XR 动态选粉机的出口,XR 动态选粉机出口风管会形成向上弯头,弯头处容易积料,当该积料到一定程度,将向动态选粉机内塌料,使得被分选后的物料又回到 XR 动态选粉机中,而且塌料程度不均匀,造成 XR 动态选粉机的运行电流波动,而选粉风量来不及调整,对 XR 动态选粉机的分选效率产生较大影响。为避免塌料对系统物料分选造成影响,一是可将该弯头处的物料用溜子排出,二是在工艺布置上,可通过调整 XR 动态选粉机和旋风分离器的相对位置实现,使得旋风分离器进口高度低于 XR 动态选粉机的出口位置。如果两者高度差不大,连接风管的角度很小,布置上应尽可能减小两者距离,减少物料在低角度风管处积料。

b. XR 动态选粉机进风均匀性影响。XR 动态选粉机出口高,旋风分离器进口低,可避免出口风管处的积料,避免塌料对 XR 动态选粉机的影响。但在这种布置中,XR 动态选粉机与 V 型选粉机的相对位置关系布置不理想,导致 V 型选粉机出口与 XR 动态选粉机进口有一定偏离,使得进口风管形成弯头,可能造成 XR 动态选粉机内分选气流不均匀现象加剧,降低分选效率。为降低不均匀现象造成的影响,可在 XR 动态选粉机进口处增设布风格栅板,以均布入口的气流,使得部分风能够引导至转子的上侧,起到一定的均风效果。

③ 生料细度不合格

新疆天山水泥股份有限公司塔什店分公司 2500 t/d 预分解窑水泥熟料生产线生料粉磨系统原配置 MLS3626 立磨,2015 年用闲置的 CLF180-100 辊压机淘汰 MLS3626 立磨,建成辊压机生料终粉磨系统。但投产后,虽生料台产量有所提高,电耗下降 7.45 (kW・h)/t,但生料细度 R_{200} 方孔筛筛余一直比较高,基本在 2.5%~2.8%,有时达到 3.2%。分析原因主要是 V 型选粉机系统导流板断面磨损不均匀(同一块导流板中间磨损量大,两边磨损量小)导致物料布料不均,V 型选粉机断面的通风不均,选粉效果差,且风速高的部位易将粗颗粒带入精细选粉机,精细选粉机分离能力有限,加之精细选粉机出风端转子与外壳体之间密封不良,存在内漏风现象,导致部分粗颗粒未经过转子分选直接随风进入成品。针对该现象公司进行了相应的改进:

a. 为使 V 型选粉机内布料均匀,对 V 型选粉机进口下料管道进行了改造。V 型选粉机内部的改造见图 3-20。改造后经过两个月的运行,再次检查 V 型选粉机导流板的磨损情况,发现 V 型选粉机导流板的磨损程度比较均匀,说明 V 型选粉机内部的布料比较均匀。

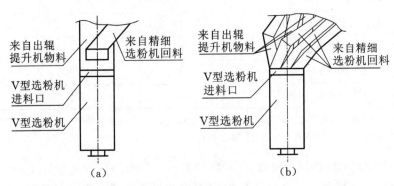

图 3-20　V 型选粉机系统改造前和改造后物料布料方式的变化

(a) 改造前;(b) 改造后

b. 对精细选粉机出风端转子与外壳体之间密封情况进行了改进。改进后,2017 年 8 月投入运行,从运行数据来看,生料 200 μm 筛余有了明显改观,基本保持在 1.3%~1.8%之间,熟料 f-CaO 合格率也从有大幅提升,同时粉磨电耗也从 16.04 (kW・h)/t 降低至 13.65 (kW・h)/t。具体改进参数见表 3-15。

表 3-15　改造前后出磨生料相关技术各数据

项目	时间	系统产量/(t/h)	粉磨电耗/(kW・h)/t	80 μm 方孔筛筛余/(%)	200 μm 方孔筛筛余/(%)	熟料 f-CaO 合格率/(%)
改进前	2017 年 4 月前	203.64	16.04	12.01~4.0	2.5~2.8	70
改进 V 型选粉机后	2017 年 4—6 月	207.50	13.41	12.0~14.0	2.0~2.3	75
改进密封后	2017 年 8—10 月	206.8	13.65	12.0~14.0	1.3~1.8	85

3.4.5　三种生料粉磨系统对比及影响运行因素分析

3.4.5.1　三种生料粉磨系统技术指标对比

为对三种生料终粉磨系统的性能有个综合认识,结合项目组调查研究结果,表 3-16 列出目前三大系列中常见大型生料磨型号及技术指标。

表 3-16　常见大型生料磨型号及技术指标

国家	磨机类型及规格型号	装机功率/kW	产量/(t/h)	电耗 ＊ /[(kW·h)/t]
中国	中卸烘干管磨 $\phi4.6$ m×(10＋3.5)m	2×3550	380～480	20～24
	外循环立式磨 TRM53.4	4000	410～440	15～17
	外循环立式磨 TRM56.4	4000～5500	460～590	13～15
	外循环立式磨 HRM480	3800	380～450	13～17
	辊压机 HFCG200-180	2×2000	520	12～17
	辊压机 TRP(R)220-160	2×1800	470～510	12～13
	辊压机 CLF180120-D-SD	2×1250	260	14～22
丹麦	立式磨 ATOX50	3800	380	17～20
德国	立式磨 LM48.4	2700	320	22
	立式磨 RMR57/28/555	4200	430～450	17

＊ 备注:电耗值为调研企业实际运行的数据,由于不同企业原材料品质、管理水平等存在差异,该数据不可用于评价生产厂家产品质量或进行生产设备常见产品电耗排名。

由表 3-16 可知,中卸烘干管磨、立式磨和辊压机终粉磨能面向各种不同吨位生产线提供相应选择。在所调研的企业范围内,其中中卸烘干管磨系统由于粗磨及细磨过程中始终存在研磨死区,且无法形成料床,在上述几种粉磨系统中其生料制备电耗最高,多在 20～24 (kW·h)/t 范围内。立式磨利用高效率料床粉磨原理,由于被磨物料的易磨性不同,加之设备使用不当或维护不够,电耗同样具体波动性。外循环立式磨生料粉磨系统电耗多为 13～17 (kW·h)/t,内循环立式磨生料粉磨系统电耗多为 19～22 (kW·h)/t。辊压机生料终粉磨系统,充分发挥了辊压机挤压粉磨的技术优势,由于系统装机功率低,吨生料粉磨电耗相对较低,多在 12～22 (kW·h)/t 范围内。未列出的辊压机联合粉磨系统工艺较为复杂,应用极少,吨生料制备电耗高于立式磨系统,接近于中卸烘干管磨。相比而言,辊压机生料终粉磨节电幅度最大,应大力推广应用。

3.4.5.2　不同生料粉磨系统的选配原则

结合前述对三种粉磨系统的特点、技术、存在的问题及改进措施的分析,对三种粉磨系统的选择可按如下原则进行:

(1)一般原材料易磨性好、水分较大的可考虑选用中卸烘干磨。中卸烘干磨的投资低,维护及管理工作难度较小,设备运转率高,采用中卸烘干磨系统有利于发挥工厂的优势,缩短调试时间,尽快产生效益,便于生产管理。

（2）易磨性差、水分适中的可以考虑选用立式磨。立式磨主要特点是粉磨效率高，烘干能力强，产品的化学成分稳定，颗粒级配均匀，有利于煅烧。工艺流程简单、建筑面积及占有空间小、操作环境清洁、磨损小、利用率高等。

（3）易磨性适中、水分适中的可以考虑选择辊压机终粉磨。辊压机终粉磨系统的特点是粉磨效率高、电耗较立式磨系统更低，金属消耗低，有的达到 0.5 g/t 生料，且体积小、占地面积小，易于安装。

（4）对于生料粉磨而言，立式磨和辊压机终粉磨系统都可以实现较低能耗，已成为现今使用较多较为普遍的生料粉磨工艺。从常见工艺流程可以看出，生料粉磨的过程中，利用窑尾气悬浮烘干物料、利用循环风入气流分级机进行物料分选以及使用相关的输送设备进行物料输送都是很重要的过程。因此，生料粉磨工艺，系统漏风、相关设备的损耗故障以及入磨原料的性能都对生料磨系统的能耗有一定的影响。

3.4.5.3　影响生料磨系统电耗因素的分析

影响生料磨系统电耗的因素很多，包括粉磨工艺流程、磨机的种类、规格型号、入磨物料的物理性质（水分、粒度、易磨性、自然堆积角等）、喂料量和均匀性、产品细度、选粉效率、循环负荷、热风温度、风机效率和通风量等。对于管磨还有研磨介质和介质级配等因素；对于立磨有辊面材质、研磨压力、挡环高度、喷口环面积等因素；对于辊压机还有辊面材质、辊缝偏差和系统漏风等因素。这些因素之间相互制约，情况比较复杂，需要不断总结经验以全面了解影响生料磨能耗的因素。鉴于前面三大粉磨系统的介绍中已经从粉磨工艺流程、磨机的种类、规格型号、系统设备的维护等方面进行了分析，在此仅从入磨原料性能以及系统漏风几个方面进行以下总结归纳，以期引起对影响电耗关键指标的关注。

（1）入磨原料粒度和品位

生料配料组成主要有石灰石、砂岩或页岩、铁粉或铁矿石等，考虑工业固体废弃物的综合利用，也有企业引入钢渣、铜矿渣、铁尾矿、粉煤灰或炉渣等。石灰石在原材料中所占比重最高，为 80%～83%，是生料的最主要成分，也是粉磨中需要重点关注的原材料之一。

中卸烘干管磨对粒料大小的适应性是最好的，但尽管如此，当粒径超过 25 mm 时易造成产量降低。

立磨对粒径有一定的要求。当入磨物料中石灰石粒度过大时，过大的颗粒会将磨辊瞬时支起，不能形成较好的研磨层，出现料层不稳定现象，使得磨机振动较大，甚至发生磨振停车。石灰石粒度过大时其易磨性变差，磨机吐渣量增多，外循环量增加，磨机台时产量将会变低。如果为适应物料状况，采用加大研磨压力的方法提高磨机台时产量，将会增大磨机运行电流，倘若操作中出现磨机振动，将会加重对设备的危害。同时当入磨物料中石灰石含泥量过多时，粉状料较多，使得入磨物料的颗粒级配不合理，导致料层不稳定，磨机内循环增大，容易发生塌料现象，使得磨机振动变大，极易发生磨机振动停车的情况，影响磨机的运行效率，造成班次产量下降。

辊压机对原料粒度是比较敏感的，粒度不仅对辊压机产量影响非常大，而且对辊压机的稳定运行产生较大影响。粒度不均匀时,辊压机两侧辊缝偏差大,辊缝波动大,频繁纠偏,辊压机振动大,做功不稳定。有研究表明:物料粒度大,会造成辊子啮合物料时产生打滑现象,在压缩区辊面材料由于压痕反复变形,导致辊面剥落,从而加快辊面的磨损进程。也有研究表明:当入辊压机的物料中存在较多大块物料时,如果在稳流仓内分布不均匀,大块物料将偏向辊子一侧,造成辊缝偏差太大。此外,物料过大容易在辊压机上部喂料溜子处卡料、搭桥,也容易导致物料下料不均匀而导致物料偏辊,进而影响辊压机的稳定运行。辊压机对物料的粒度较为敏感,应严格控制进料大颗粒粒径不超过辊径的5%,尽力控制绝大部分的颗粒粒径小于辊径的3%,以保证辊压机平稳高效运行。

当然,当生料易磨性差时,诸如含有铁质的钢渣,或砂岩中含有结晶完好的石英,或石灰石含有燧石时,这些组分都使生料的易磨性变差。这种原料进入磨机后吐渣量会增多,外循环量增加,使得磨机台时产量明显下降。在这种情况下需要采取定时除渣或二次除铁等工艺手段。

(2) 入磨原料含水率

水泥生料粉磨制备过程中,物料水分是一个重要的控制指标。生产实践表明,入磨物料综合水分在很大程度上制约着生料磨的台时产量、生料的电耗和生产成本。相对而言,风扫立式磨有很强的烘干能力,对水分的适应性最好,粉磨物料水分可放宽至10%～15%,外循环立式磨对水分的适应性要求比较高,一般要求控制在3%以下。

对于管(球)磨,当物料水分较大(一般综合水分大于2.5%)时,生料磨的台时产量将明显下降。一方面物料水分大时,影响了均匀喂料,并使喂料时间延长。实践表明,干料和湿料相比,喂料时间相差15～30 s,甚至更长。另一方面湿物料喂入过多,就有可能造成饱磨或在磨内衬板粘上厚厚一层湿料,只好被迫停磨处理。入磨物料水分直接影响物料在磨内的停留时间、球料比和粉磨温度。由于磨内温度较高,物料水分受热变成水蒸气,与细粉一起黏附于研磨体和衬板上,形成"缓冲垫层"并使部分隔仓板篦孔被糊死,阻碍物料流通,同时也使选粉机循环负荷骤增,选粉效率下降,从而影响磨机电耗。

辊压机对水分的含量更为敏感。当水分较大时,物料进入压力区后黏在一起,使得物料的缓冲作用加剧,挤压效率下降。同时当物料水分过大,特别是采用有一定黏附性的原料配料时,物料还容易在选粉打散叶片上黏附,使得物料在V型选粉机中的打散效果变差,细粉物料被包裹携带与粗颗粒混合,不能被及时分选出,需返回辊压机循环挤压,辊压机做功效率降低,系统循环负荷增大,导致运行工况恶化。此外,当物料水分较大时,容易在稳流仓内壁形成结皮与挂壁,容易引起小仓拱料,下料困难,此时如果调整辊压机进料阀门开度,仓内起拱物料又容易塌仓,整个过程将造成辊压机下料不稳定,对辊压机做功造成影响。对辊压机而言,最好控制入辊压机的物料综合水分低于1.5%,如果原料综合水分大,应该强化物料在V型选粉机及管道中的烘干,提高选粉烘干系统烘干效率。

(3) 系统用风

风机在新型干法生产中,是物料输送、生料制备、熟料煅烧、水泥制成、收尘等重要环节的关键设备,是环环、步步、时时、刻刻都不可或缺的设备,是总装机容量最多的设备,具有重要的作用和意义。对于生料磨系统,系统风温、风速和风量直接影响磨机的产量。风机的正确选型与高效管理也是实现节能的保障,减少通风系统的偏差,克服运行中常见的弊病,才能达到节能、稳定、高效运行的目的。

一是需要关注生料磨系统流体介质种类和一般空气不同,属于高温高尘介质,这就需要对易积灰积料的部位进行定期清灰,否则管道的过流断面面积变小,管路压损增大,风速和流量减小,进而严重影响产量,增加电耗。

二是要加强和完善生料磨通风系统的技术管理和设备定期维修,维护管路的气密性,不允许漏风率超过规定值,否则影响高温风机、循环风机和/或尾排风机的运行,使风机运行效率下降。比如当漏风导致生料磨出口端管路负压降低时,则生料磨出磨风量降低,烘干能力也随之降低,产量和电耗都将受影响,同时漏风大,也增加了尾排风机的负荷。

三是适当进行变频技术改造,改变挡风板调节风量的方式,可减少风机振动,消除大电机启动的电流冲击,避免机械振荡,大大降低设备故障率,减轻设备维修工作量。变频技术不但使能耗大幅度下降,经济效益变得更为明显,而且风机运行状态更为优良,振动值更小,无噪声。

影响生料磨运行的因素还有很多,在此鉴于篇幅不再累述。

3.5 水泥粉磨系统能耗分析

3.5.1 我国水泥工业水泥粉磨系统运行现状

水泥是由水泥熟料、混合材、石膏及其他材料(如助磨剂)共同磨细或分别磨细配制而成的具有水硬性的微米级粉体。当今世界水泥粉磨技术已呈现多元化趋势,随着高效率料床粉磨设备的应用以及主机配置不同,目前在运行的水泥粉磨工艺流程主要有以下几种:由最初期的高能耗的管磨机(开路或闭路)粉磨系统,逐步演变为效率更高、系统粉磨电耗更低的水泥立式磨终粉磨系统,以及由辊压机(或三辊、四辊外循环立式磨)组成的联合(或半终)粉磨系统、辊压机水泥终粉磨系统等。

水泥粉磨工艺的选择与应用将直接影响到水泥的产量、质量及生产成本,在水泥制成中占有举足轻重的地位。目前,水泥粉磨设备和生料粉磨设备一样是向大型化、高效低能耗及系统自动化、智能化、功能化方向发展的。

我国水泥粉磨系统的电耗大部分在 25 (kW・h)/t 到 35 (kW・h)/t 之间,而国际先进水平在 25 (kW・h)/t 以下。水泥粉磨电耗占水泥生产过程中总电耗的三分之一以上。水泥粉磨消耗的电耗比例较高,这也意味着还存在着一定的节能改进空间,因此对水泥粉磨系统进行合理化改造,可以对降低水泥厂整体用电总量起到明显的效果。表 3-17 为常见磨机系统对比,结果表明由辊压机和球磨机所组成的粉磨系统已经占到 68%,其中联合粉磨系统的达到 53%,该粉磨系统除了增产效果明显之外,其节电效果相对传统的球磨机粉磨系统更好。

表 3-17　各种粉磨系统对比

不同粉磨系统	市场占有率	工艺流程及设备	产量及能耗对比	优缺点分析
球磨机系统	12%	球磨机＋O-Sepa选粉机（闭路选配）＋收尘器＋风机	产量偏低，能耗较高，颗粒级配分布宽，早期强度高	工艺流程相对简单，易于操控，运转率高，但需避开用电高峰期
辊压机预粉磨系统	9%	辊压机＋开流水泥磨（或闭路水泥磨）	对比单独球磨机系统，增产25%，降耗20%左右	工艺流程简单，球磨机和辊压机分开布置便于改造
辊压机部分终粉磨系统	6%	辊压机＋V型选粉机＋高效选粉机＋开流水泥磨（或闭路水泥磨）	在提高系统产量及单位电耗降低的同时，水泥颗粒相对集中，不能满足部分产品要求	选粉机处理量增大，协同性要求较高，无形中增加收尘器和风机的规格
辊压机联合粉磨系统	53%	辊压机＋打散分级机（或V型选粉机）＋开流水泥磨（或闭路水泥磨）	可提高球磨机产量50%，降低粉磨电耗超过30%，水泥产品颗粒分布宽，细度好	工艺相对复杂，需要辊压机和球磨机同步运行，对运转率要求高，选粉机要配套使用
立式磨终粉磨系统	3%	立式磨＋收尘器＋风机	相对于球磨机，台时产量高，电耗低，水泥颗粒级配较差	流程相对简单，立式磨可露天布置，土建费用少，运转率高
立式磨联合粉磨系统	16%	立式磨＋开流水泥磨（或闭路水泥磨）	相对于辊压机联合粉磨系统，立式磨替代辊压机增产20%，电耗降低15%～20%	相对于辊压机联合粉磨系统，立式磨因其体积小、好布置得到较广泛应用

　　为了探明我国水泥粉磨电耗的发展情况，2014—2019年间，项目组通过对水泥生产线进行热工标定或走访收集相关生产资料，掌握了826条水泥制成系统的电耗情况。不同吨位生产线水泥制成工序电耗和不同年度水泥制成工序平均电耗情况参见图3-22。

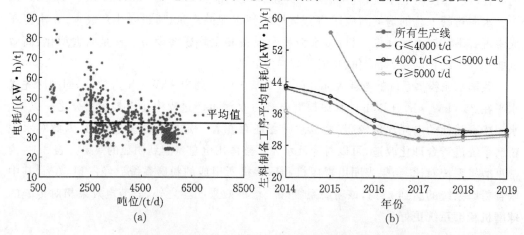

图 3-22　不同吨位生产线和不同年度水泥制成工序电耗情况

分析图 3-22 数据可以得到如下的结论：

(1) 由图 3-22(a) 不同吨位生产线水泥制成工序电耗情况来看，2014—2019 年间所有熟料生产线的水泥制成工序平均电耗为 37.2 (kW·h)/t。和生料制备系统类似，不同吨位生产线随时间年限变化波动非常大，且对于低吨位生产线其电耗随时间的变化幅度非常大。

(2) 不同年度水泥制成工序平均电耗情况见图 3-22(b)。对于不同吨位的生产线，不同年度水泥制成工序平均电耗存在明显差异，其中吨位较大($G \geqslant 5000$ t/d)企业的水泥制成工序平均电耗值和小于 5000 t/d 的相比是具有一定优势的。同时在 2014 年度不同吨位生产线水泥制成工序平均电耗差异很大，而至 2016 年后不同吨位生产线平均电耗差异明显变小，即和热耗指标不同，到 2016 年后虽然随着生产线吨位的增加，水泥制成工序平均电耗也会降低，但不同吨位生产线在水泥制成工序平均电耗方面的差距明显缩小，特别是到 2018 年和 2019 年后，生产线吨位的提升对水泥制成工序平均电耗几乎没有影响。当然这也与水泥制成工序可以脱离窑系统而单独存在有关，如水泥粉磨站可以只建水泥制成系统，也有的熟料生产线并不设立水泥制成系统。

(3) 随着时间的变化，从 2014 年至 2017 年间不同年度水泥制成工序平均电耗下降趋势非常明显，水泥制成工序平均电耗从 2014 年的 42.38 (kW·h)/t 下降到 2017 年的 29.76 (kW·h)/t，降幅达三分之一以上，之后水泥制成工序平均电耗均在 30 (kW·h)/t 附近波动。这也与水泥立式磨终粉磨系统、辊压机终粉磨系统和联合粉磨系统在行业得到大幅推广有关。

为分析典型水泥粉磨系统的电耗，下面按常见的球磨机粉磨系统、辊压机和球磨机组成的粉磨系统、立磨粉磨系统三大类别进行对比分析。需要说明的是本次调查以不同工艺下的粉磨系统的工序电耗为主，没有考虑原材料和熟料的易磨性方面的个性化参数。

3.5.2 球磨机粉磨系统

球磨机的工作原理是利用研磨体对物料进行冲击破碎。球磨机粉磨系统由球磨机、收尘器和风机组成。球磨机粉磨效率较低，电耗较高，在工作时会造成噪声污染。为了提高粉磨效率，大多数水泥厂都不再将球磨机作为主要的水泥粉磨设备，而是将球磨机与辊压机或立磨组成粉磨系统。现阶段仍存在的球磨机粉磨系统多为闭路球磨机系统，开路磨系统因其会产生过粉磨而导致电耗较高，已经很少有企业会继续使用。从水泥生产质量来说，经球磨机粉磨的水泥具有水泥出磨温度低、水泥颗粒多为球形、水泥的细度可控性好等优点。表 3-18 统计了不同水泥公司近年来提供的闭路球磨机粉磨系统的粉磨电耗的统计值。

表 3-18　闭路球磨机粉磨系统耗电情况(P·O 42.5)

公司	球磨机	选粉机	系统产量/(t/h)	粉磨电耗/[(kW·h)/t]
MX	$\phi 3.8 \times 13$ m	(O-Sepa)N-1500	70~84	32~33
YNHX	$\phi 4.2 \times 13$ m	HXCFX-2600	89~96	46~50
HLTL	$\phi 4.2 \times 14.5$ m	不详	121~125	38~40

由表 3-18 的统计值可知,现阶段球磨机粉磨系统的电耗值在 32～50 (kW·h)/t 之间,较高的电耗值为 50 (kW·h)/t 左右,平均电耗总体偏高。YNHX 和 HLTL 水泥厂的球磨机容量比 MX 水泥厂的球磨机大,其水泥产量也有所增加,但 YNHX 水泥厂的粉磨电耗比 MX 水泥厂的电耗高出 14 (kW·h)/t,HLTL 水泥厂比 MX 水泥厂的粉磨电耗高出约 6.5 (kW·h)/t,这说明对于球磨机粉磨系统来说,不同球磨机的容量、不同设备配置及不同管理模式,对粉磨电耗的影响显著。由于现阶段工业用电的成本较高,球磨系统的整体经济效益较差,此类粉磨系统的技术改造对提高水泥厂粉磨的经济效益将有明显的作用。

3.5.3　辊压机和球磨机组成的粉磨系统

辊压机由一个固定辊和一个活动辊组成,辊压机运行时将物料挤压后变成密实且带有裂缝的扁平料饼,料饼中含有大量的细粉和微裂纹。粉磨之后的物料经 V 型选粉机分选后,细粉的比表面积通常大于 $150m^2/kg$,有利于后续粉磨,以此达到降低电耗的目的。

（1）辊压机和球磨机组成的预粉磨系统

辊压机和球磨机组成的预粉磨系统运行时先将物料送入辊压机进行挤压处,然后将挤压过的物料送入球磨机粉磨为成品。和球磨机系统相比,由辊压机和球磨机组成的预粉磨系统可以使产量提高 40%～60%,电耗下降 25%～35%。该预粉磨系统工艺流程简单,适用于老生产线的改造。表 3-19 为不同时间段内统计的各水泥厂辊压机和球磨机组成的预粉磨系统的粉磨电耗情况。

表 3-19　辊压机和球磨机水泥预粉磨系统电耗情况（P·O42.5）

公司	辊压机	球磨机	选粉机	系统产量 /(t/h)	粉磨电耗 /[(kW·h)/t]
NSCI	CLF170－90	2 台,$\phi 4.6$ m×13.4 m	O-Sepa BN-2500	170	38
HZXY	TRP140-140	$\phi 4.2$ m×13.4 m＋ $\phi 3.2$ m×13.4 m	TVS-80.19	115～134	41～44
HRCF	CLF170-100	2 台,$\phi 4.2$ m×13.5 m	VX8820V	167～182	29～32
FJCC	2 台,HFCG120-45	2 台,$\phi 3.2$ m×13 m	SF500/100	150～200	33
HLTL1	RPV115-100	$\phi 4.2$ m×11 m	不详	131	32
HLTL2	RP120-80	$\phi 4.2$ m×11 m	不详	113～120	39～43

由表 3-19 的统计值可知:

① 不同水泥厂的辊压机和球磨机组成的预粉磨系统的电耗有差别,HZXY 水泥厂的粉磨系统电耗相对较高,最高为 44 (kW·h)/t 左右,HRCF 水泥厂的粉磨系统电耗相对较低,最低值可达 29 (kW·h)/t 左右。

② 通过对比粉磨系统电耗和产能发现,HRCF 和 FJCC 两家水泥厂相对更加节能。对于产能较低的 HLTL 和 HZXY 两家水泥厂的粉磨生产线,由于选用的辊压机产量相

对较低,不论是采用两台球磨机($\phi 4.2$ m×13.4 m 和 $\phi 3.2$ m×13.4 m),还是仅使用了一台 $\phi 4.2$ m×11 m 的球磨机,粉磨系统电耗依旧很高,几乎和单一球磨系统相近。但若选配性能好的辊压机,再配合恰当的球磨机和选粉机,可以提高产能并降低粉磨电耗,这点在 HLTL 水泥厂得到很好的体现:同样的 $\phi 4.2$×11 m 球磨系统,但辊压机型号不同,电耗差别相差可达 11 (kW・h)/t。

③ FJCC 水泥厂粉磨电耗也相比较低,为 33 (kW・h)/t 左右,其粉磨系统采用了两台辊压机和两台容积较小的球磨机,因此对于球磨机容积较小、粉磨效率不高的水泥厂,可以通过增加辊压机的数量提高预粉磨效率,以此达到增产节能的目的。

(2) 辊压机和球磨机组成的联合粉磨系统

辊压机和球磨机组成的联合粉磨系统工作时,辊压机与球磨机同步运行,该系统可以使球磨机产量增幅超过 50%,水泥粉磨电耗降幅可超过 30%[相当于 8~10 (kW・h)/t]。在联合粉磨系统中,以辊压机和球磨组成的双圈流系统占主导地位。联合粉磨系统的磨机主要是由"大辊压机小球磨机"组成。当辊压机和球磨机的装机功率比大于 1 时,该系统的粉磨电耗为 26~29 (kW・h)/t,在相同的生产条件下,当辊压机与球磨机装机功率比小于 1 时,P・O 42.5 普通硅酸盐水泥的电耗为 30~34 (kW・h)/t。"大辊压机小球磨机"的节能效果相对较为显著。表 3-20 为不同时间辊压机和球磨机水泥联合粉磨系统的统计。

表 3-20　辊压机和球磨机水泥联合粉磨系统统计(P・O 42.5)

公司	辊压机	球磨机	选粉机	系统产量 /(t/h)	粉磨电耗 /[(kW・h)/t]
QLS	G180-160	$\phi 3.8$ m×13 m	VX8820+ O-Sepa N-3500	245	28
FQ	HFCG150-100	$\phi 3.2$ m×13 m	HFV2500+ HFX-22500	115	29
NFFY	G180-100	$\phi 4.2$ m×13 m	静态选粉机+ N-4000	180	30
BT	CLF170-100	$\phi 4.2$ m×13 m	VX8820V+ XR2800	301	29
LCZY	2 台,G170-100	$\phi 3.8$ m×13 m	CDV4000	142~167	30~35
HRNN1	CLF170-100	$\phi 4.2$ m×13 m	VX3000-8820+ 改进型 N3500	188~211	28~30
HRNN2	CLF170-100	$\phi 4.2$ m×13 m	VX3000-8820+ 改进型 N3500	165~186	32~33
SYJG	2 台,G150-90	2 台,$\phi 3.8$ m×13 m 2 台,$\phi 2$ m×13 m	VX6817+N1500	273~324	26~27

通过表 3-20 中水泥企业的粉磨电耗对比可以发现,辊压机和球磨机组成的联合粉磨系统电耗在 30 (kW・h)/t 左右。其中 SYJG 水泥厂的粉磨电耗相对较低,在 26~

27（kW·h）/t之间,该厂的辊压机与球磨机装机功率比虽然小于1,但仍有较为明显的节能效果;HRNN水泥厂2线的电耗整体相对较高,在32～33（kW·h）/t之间,其1线电耗在28～30（kW·h）/t之间。整体而言该厂1线电耗相对2线较低,并且产量比2线的产量更高,这说明在粉磨设备完全相同的情况下,其他因素也会对水泥粉磨电耗产生影响。现阶段比较突出的影响因素包括生产线管理水平、球磨机中研磨体的级配、水泥熟料及混合材的易磨程度等。

陶瓷研磨体作为一种新型的研磨介质,具有高硬度和低密度的特点,具有良好的节能降耗效果。为此,对不同企业用氧化铝耐磨陶瓷研磨体替代球磨机中的金属研磨体的水泥粉磨电耗进行了比对。陶瓷研磨体最突出的特点是节电,主机电流降低约20%,水泥节电超过4（kW·h）/t。表3-21为水泥厂使用金属研磨体和陶瓷研磨体的粉磨系统对比,本文将结合运行参数说明陶瓷研磨体的实际使用过程中的一些特点。

表 3-21　使用金属研磨体和陶瓷研磨体的粉磨系统对比（P·O 42.5）

公司	辊压机	球磨机	选粉机	研磨体	系统产量 /(t/h)	粉磨电耗 /[(kW·h)/t]
EM	G160-140	φ3.8×13 m	V型选粉机	金属	140	33
				陶瓷	130	28
YX	HFCG140-80	φ3.8×13 m	Sepax3000	金属	118	33
				陶瓷	115	28
TH	CLF150-90	φ3.8×13 m	O-Sepa3000	金属	174	29
				陶瓷	170	25

对比使用金属研磨体和耐磨陶瓷研磨体的系统产量发现,使用陶瓷研磨体之后系统产量有所下降,同时系统的粉磨电耗降低了4～5（kW·h）/t,节能效果比较明显。因为耐磨陶瓷研磨体质量较金属研磨体轻,在生产过程中粉磨效率有所降低,对系统的产量有所影响,但使用陶瓷研磨体优点更加明显,其较轻的质量可以使主机的运行电流减小,载荷明显降低,从而实现了粉磨电耗降低。如果从企业利润来考虑,虽然系统产量有所下降,但粉磨的电耗降低,陶瓷研磨体的耐磨性更好,寿命更长,综合来看可以为企业减少成本。部分企业使用这项新型的粉磨技术的成功证明耐磨陶瓷研磨体在节能减排方面是值得推广的一项技术,具有一定的发展前景。

数据统计显示辊压机和球磨机组成的联合粉磨系统的水泥电耗相对较低,取得了较好的节能效果,并且该系统粉磨的水泥产品颗粒分布宽、细度好,这也从侧面说明了辊压机和球磨机所组成的联合粉磨系统可以达到较高市场占有率的原因。

（3）辊压机和球磨机组成的水泥半终粉磨系统

辊压机和球磨机组成的水泥半终粉磨系统利用了辊压机料床挤压破碎节能高效的优势,同时也充分发挥球磨机的磨细能力,以此达到提高产量、降低电耗的目的。根据半终粉磨系统中选粉设备的功能和数量不同,一般可以分为双选粉和三选粉半终粉磨系统。表3-22为辊压机和球磨机水泥半终粉磨系统的系统产量和粉磨电耗。

表 3-22　辊压机和球磨机组成的水泥半终粉磨系统的系统产量和粉磨电耗（P・O 42.5 水泥）

公司	辊压机	球磨机	选粉机	系统产量 /(t/h)	粉磨电耗 /[(kW・h)/t]
SC	HFCG150-100	ϕ 3.2 m×13 m	HFV2500 ＋HFX-W2500	160	23
RX	HFCG140-80	ϕ 3.2 m×13 m	HFV2000 ＋DSM-2000	110	25
NFFY （双选粉）	G180-100	ϕ 4.2 m×13 m	静态选粉机＋N-4000	200	29
NFFY （三选粉）	G180-100	ϕ 4.2 m×13 m	静态选粉机＋组和式 动态选粉机＋N-4000	240	26
SL	HFCG160-140	2×ϕ 4.2 m×13 m	O-Sepa N-3500	275	23

从 5 条粉磨系统工艺生产线可见，辊压机和球磨机组成的水泥半终粉磨系统电耗在 23～29 (kW・h)/t 之间，节能增产效果比较明显。对比 NFFY 公司的双选粉系统和三选粉系统，在粉磨设备相同的情况下，三选粉系统较双选粉系统产量高 20%，系统电耗低 11%。半终粉磨系统有效地发挥了辊压机破碎效率高、电耗低的优点，减少了球磨机后续粉磨的压力，降低了球磨机的电耗，同时高效选粉机提高了选粉效率，有助于提高粉磨设备的产量，使辊压机和球磨机组成的水泥半终粉磨系统的整体电耗降低。

辊压机和球磨机组成的水泥半终粉磨系统的缺点在于会对水泥质量产生一定的影响，这是由于进入料仓的细粉和出球磨机的粉料化学成分可能不一致，进而导致入库水泥质量的不稳定，同时半终粉磨的粉料中微粉含量增加，颗粒级配较窄。因此，虽然半终粉磨系统的电耗较低，但对水泥的质量产生了负面影响，所以市场占有率并不高。

3.5.4　立磨粉磨系统

立磨系统占地面积较小，在进行粉磨的同时还可以进行烘干，较为关键的是立磨系统的电力消耗相对球磨来说更低。立磨内物料主要是受到挤压力破裂成粉料，物料在立磨内粉磨 2～3min 即可完成粉磨，具有粉磨时间短、效率较高、节约电耗的优点。立磨系统通常较球磨系统可减少 30%～40% 的电耗。常见的由立磨组成的粉磨系统有立磨终粉磨系统、立磨与球磨机组成的联合粉磨系统和立磨与球磨机组成的半终粉磨系统。在粉磨水泥质量方面，立磨粉磨的水泥颗粒级配较窄，导致需水量大，不利于早期强度。为解决此问题，可以利用球磨机粉磨水泥质量较好的特点，引入球磨机组成立磨加球磨的联合粉磨系统。在粉磨时，物料先进入立磨进行挤压预处理，再进入球磨机粉磨为成品。该系统的粉磨电耗较球磨机系统节约 20% 以上，在系统正常运行时，几乎可与辊压机和球磨机联合粉磨系统的效果相近。表 3-23 为水泥立磨粉磨系统的系统产量和粉磨电耗。

表 3-23　　水泥立磨粉磨系统的系统产量和粉磨电耗(P·O 42.5)

公司	立磨	球磨机	粉磨方式	系统产量/(t/h)	粉磨电耗/[(kW·h)/t]
ZJQ	MPS5000BC		终粉磨	300	28
MLXY	TRMK5021		终粉磨	180	30
SXFP	LM56.2+2C/S		终粉磨	180	37
CCF	VPM170	ϕ4.4 m×13 m	联合粉磨	167	26
JN	VPM170	ϕ4.0 m×13 m	联合粉磨	121	29
JD	JLMS1-24.3	ϕ4.2 m×9.5 m	联合粉磨	208	33
JYSN	VPM170	ϕ3.2 m×13 m	联合粉磨	100	28
YL	VPM170	ϕ4.2 m×13 m	半终粉磨	225	24

表 3-23 显示,水泥立磨组成的粉磨系统的电耗总体来说相对较低,其中半终粉磨系统的粉磨电耗相对较低,其产量相对较高,而终粉磨系统电耗整体较高。对比三家联合粉磨系统,CCF、JN 和 JYSN 有相同立磨,但球磨机大小不同。可以发现随着球磨机容积增大,系统的产量增加,粉磨电耗减小。对比 JD 水泥厂,虽然其使用 JLMS1-24.3 型立磨系统的产量有明显增加,但其粉磨电耗达到了 33 (kW·h)/t 左右。在立磨粉磨系统的统计值中,CCF 的联合粉磨系统和 YL 公司的粉磨系统所用的立磨与球磨相同,YL 公司的半终粉磨系统产量更高,粉磨电耗更低,为 24 (kW·h)/t。由此可见,通过加强管理同时在搭配适合的选粉机等设备的情况下,使用立磨和球磨机组成的半终粉磨系统也能达到增产节能的目的。

3.5.5　三种水泥粉磨系统综合对比

上述统计结果表明,现阶段以球磨机为主的粉磨系统电耗最高,部分企业的粉磨电耗高达 50 (kW·h)/t 左右,但由于球磨机粉磨的水泥质量较好,球磨机存在量巨大,因此仍会有小部分闭路和开路的球磨机粉磨系统存在。

在由辊压机和球磨机组成的粉磨系统中,可以发现由辊压机加球磨机的预粉磨系统电耗最高,粉磨电耗为 29～44 (kW·h)/t;相对而言,由辊压机和球磨机组成的联合粉磨电耗在 25～35 (kW·h)/t 之间,虽不能最大限度地降低电耗,但水泥产品颗粒分布宽、细度好,使得联合粉磨系统可以达到一半以上的市场占有率。由辊压机和球磨组成的半终粉磨系统电耗最低,统计显示最节能的粉磨系统电耗值仅为 23 (kW·h)/t,但由于该系统对水泥质量有一定影响,因此市场占有率并不高。所以对于大部分水泥厂来说,应合理配置辊压机与球磨机组成的联合粉磨系统,使用高效选粉机,从而提高粉磨效率、降低水泥粉磨电耗。对于仍在使用球磨机系统作为粉磨水泥的企业,也可以通过技术改造的方式,引进辊压机组成联合粉磨系统,以此达到增产节能的目的。有企业将球磨机中的金属研磨体替换为耐磨陶瓷研磨体,与辊压机组成联合粉磨系统,取得了很好的节能效果,系统粉磨电耗降低 4~5 (kW・h)/t,节能效果显著,证明这项新技术值得推广。对于使用辊压机和球磨机组成的半终粉磨的企业来讲,可以在满足企业生产要求的情况下,尽量选用三选粉系统,在提高产量的同时,又可以有效降低粉磨电耗。

由立磨组成的粉磨系统电耗相对较低,多数企业粉磨电耗为 30 (kW・h)/t 左右。相比而言,立磨终粉磨和联合粉磨系统的电耗较高,由立磨和球磨机组成的半终粉磨系统电耗相对较低,最低为 24 (kW・h)/t。使用立磨和球磨机组成的半终粉磨系统的企业相对较少,该粉磨技术也具有一定的推广价值。

调查显示,我国水泥粉磨电耗大部分为 25~35 (kW・h)/t,先进水平在 23 (kW・h)/t 左右,能耗最高的为球磨系统,达 50 (kW・h)/t。综合上述调查结果来看,辊压机和球磨机组成的联合粉磨系统具有较低的能耗、较高的粉磨效率以及生产的水泥质量较高的优点,受到水泥企业的普遍欢迎,达到了较高的市场占有率;对于能耗较高的球磨机粉磨系统和辊压机与球磨机组成的预粉磨系统,建议水泥企业在结合自身水泥厂实际的情况下,可以考虑采用搭配高效选粉机等技术手段,对粉磨设备和工艺进行适当改造,达到增产节能的目的。现阶段存在的球磨机(建厂时间一般较早),虽然其粉磨效率低、电耗高,但因为球磨机粉磨的水泥出磨温度低,水泥颗粒多为球形,水泥的细度可控性好,水泥质量较高,因此短期内不会全部淘汰。水泥企业应该按照实际生产情况对球磨机粉磨系统进行合理的技术改造,同时加强组织管理也有利于降低粉磨电耗。

今后一段时间内,水泥工业高耗能粉磨设备(如管磨机)的选用将会逐步减少,而具有高效低耗的大型立式磨终粉磨系统以及大型辊压机(或大型外循环立式磨)的联合粉磨系统、三选粉半终粉磨系统,甚至辊压机终粉磨系统将成为水泥粉磨领域主机设备与工艺的选择方向。几种水泥粉磨系统电耗比较见表 3-24。

表 3-24 不同粉磨系统电耗比较

粉磨工艺	系统电耗 /[(kW・h)/t]	粉磨电耗 /[(kW・h)/t]	风机电耗 /[(kW・h)/t]	特点
球磨机开流磨	45	44	—	非常简单
球磨机圈流磨	40	36	3.5	简单
辊压机预粉磨	35	31	7.6	复杂
辊压机半终粉磨	28	24.0	3.5	复杂
立磨终粉磨	28	22	5.5	简单

由表 3-24 的数据并结合课题统计数据对比分析我国不同粉磨设备组成的粉磨系统的实际工序电耗可见:由单一球磨机组成的粉磨系统的能耗较高,一般在 42 (kW・h)/t 左右,最高电耗值高达 50 (kW・h)/t 左右;由辊压机和球磨机组成的联合粉磨系统电耗处于中等水平,一般在 31 (kW・h)/t 左右,市场占有率高达 53%。此系统中若将辊压机联合粉磨系统中球磨机的研磨体更换为耐磨陶瓷研磨体,系统电耗可降低 4~5 (kW・h)/t;由辊压机和球磨机组成的半终粉磨系统的电耗一般在 26 (kW・h)/t 左右,加强管理后电

耗值可达 23（kW·h）/t;由立式磨和球磨机组成的粉磨系统的电耗一般在 29（kW·h）/t左右,最低电耗值可达 24（kW·h）/t。立磨终粉磨电耗可以降低至 24（kW·h）/t 左右,因此建议水泥厂可根据原材料情况和生产的实际环境,一部分选用粉磨效率较高、电耗较低的辊压机和球磨机组成的联合粉磨系统,同时搭配高效选粉机和适宜研磨体,实现高效粉磨;另一部分可选择立磨终粉磨系统,达到节能减排的目的。

鉴于水泥磨系统和生料磨系统设备有相似之处,在此就不再对水泥磨系统的影响因素进行重复阐述。

3.6　建议及展望

通过采用调查问卷、现场调研和开展测试等多种形式调研了水泥生产线能源消耗情况,初步摸清了我国水泥工业能源消耗情况,分析了影响企业能源消耗的因素。对于我国水泥行业能耗方面未来的发展,有以下几点建议:

（1）尽快淘汰落后产能

我国水泥制造业已经由快速发展期逐渐转变为稳定发展期,产能过剩将加剧水泥市场的恶性竞争,造成资源的浪费并对环境产生影响。我国应淘汰落后产能,控制产业规模,提升产品质量。同时加快兼并重组,通过等量的产能置换,降低中小企业在水泥行业中所占比重,提高行业集中度,从而促进行业进步。逐步将高能耗熟料生产线进行兼并重组,大力发展能耗限额等级达 1 级的熟料生产线。

（2）严格市场准入

严格执行 GB 16780《水泥单位产品能源消耗限额》,对于能耗及排放不达标的企业,通过限制生产敦促其进行设备工艺的改造以达到能源消耗及排放的要求,使高能耗企业的能耗降低到合理范围。

（3）注重技术创新

我国水泥生产智能化程度还比较弱,对于水泥行业未来的发展,需要逐步提高智能制造的水平,加快自动化、信息化、数字化和智能化的融合,大力研发和推进智能制造技术。并借助仿真模拟开展包括诸如工程力学、计算流体力学、燃料燃烧及污染物排放等方面的研究,科学实现节能降耗。同时也要加大新技术新设备的推广,进一步降低粉磨电耗,大型集团可加强产业链的延伸,提升水泥制品生产技术,促进产业结构的调整。

（4）促进产业转型升级

水泥行业也需要逐步转型,我国人口基数大,每年所产生的废弃物数量巨大,而水泥行业可以通过替代原、燃料来消纳部分废弃物,同时降低原材料及原煤的消耗。我国目前替代燃料研究方面还有很长的路需要走,而发达国家的替代技术成熟、替代率高。这意味着我国水泥行业在原、燃料方面的替代潜力高,当某些企业在热耗降低所需要的技术改进成本与热耗降低所带来的收益差距较大时,可以考虑通过协同处置废弃物,在不影响水泥质量的情况下,为社会的废弃物处置做出贡献,国家可以适当降低对协同处置替代率达到一定程度的水泥厂热耗方面的要求,达到双赢。

本章参考文献

[1] 朱明,陈袁魁.水泥熟料煅烧过程中的节能降耗[J].水泥工程,2008(4):10-16.

[2] 何敏,罗帆.原料易磨性对粉磨细度的影响试验探讨[J].四川水泥,2013(4):126-128.

[3] 中国水泥协会《水泥行业煤炭消费总量控制方案及政策研究》课题组.降低水泥行业煤炭消耗总量减少二氧化碳排放[J].中国水泥,2015(5):22-27.

[4] SCHNEIDER M,ROMER M,TSCHUDIN M,et al. Sustainable cement production—present and future[J]. Cement and Concrete Research,2011,41(7):642-650.

[5] 蒲生彦,张红艳,杨金艳.日本震后固体废弃物分类处置的实践经验与启示[J].环境污染与防治,2014(1):84-88.

[6] 陈友德.德国水泥工业能耗概况[J].水泥技术,2015(5):111.

[7] RAHMAN A,RASUL M G,KHAN MM K,et al. Recent development on the uses of alternative fuels in cement manufacturing process[J]. Fuel,2015,145:84-99.

[8] 于宏亮,郝丽娜,王孝红.中小型水泥企业综合自动化系统研究与实现[J].东北大学学报(自然科学版),2006(6):618-622.

[9] BAUER K,HOENIG V. Energy efficiency of cement plants[J]. Cement International,2010,8(3):148-152.

[10] 邱文斗,汤铁松.ABB Optimizer IT 专家优化系统在水泥厂的应用[J].中国水泥,2011(8):69-70.

[11] 刘思峰,J.福雷斯特.不确定性系统与模型精细化误区[J].系统工程理论与实践,2011(10):1960-1965.

[12] 周英明,吴国忠,李栋,等.灰色关联分析法在原油集输系统能耗评价中的应用[J].油气田地面工程,2009(2):14-15.

[13] 王君伟.新型干法水泥生产工艺读本[M].北京:化学工业出版社,2011.

[14] 吴国芳,陆雷.纯低温余热发电系统的热效率及㶲效率[J].新世纪水泥导报.2010(1),8-10.

[15] 赵青林,唐登航,周和敏,等.高原环境下煤粉燃烧特性及水泥熟料烧成系统优化分析[J].新世纪水泥导报,2019,25(1):42-48.

[16] 刘峰.高海拔煤粉燃烧特性的热重实验研究[D].武汉:华中科技大学,2009.

[17] 吴志博.高海拔环境下燃料着火特性及燃烧强化研究[D].合肥:中国科学技术大学,2017.

[18] 缪沾.高原预分解低碱水泥生产线开发研究[D].武汉:武汉理工大学,2003.

[19] 陈刚.高海拔水泥生产线的设计开发[J].水泥技术,2009(3):26-29,81.

[20] 顾守岩,张卢伟,安志强.压力对气体强制对流传热系数的影响[J].辽宁化工,2009,38(10):734-735,740.

[21] 谢福寿,厉彦忠,王鑫宝,等.低真空压力下横掠圆柱体强制对流传热特性的实验研究[J].西安交通大学学报,2017,51(03):43-47,61.

[22] 袁颖,姚伟,相大光,等.高海拔对煤粉燃烧炉膛的影响[J].热力发电,2000(4):16-20.

[23] 刘利军,张喜来,刘家利.高海拔对煤粉燃烧特性的影响研究[J].洁净煤技术,2016(5):21-24.

[24] 周永康.高海拔对水泥生产过程影响的理论探讨(上)[J].水泥工程,2000(5):16-19.

[25] 袁颖,姚伟,相大光,等.高海拔对煤粉燃烧炉膛的影响[J].热力发电,2000(4):16-20.

[26] 周永康.高海拔对水泥生产过程影响的理论探讨(下)[J].水泥工程,2000(6):18-22.

[27] 狄东仁,陶从喜,刘方方.高海拔地区烧成系统技术研究及工程实践[A].华北地区硅酸盐学会第八届学术技术交流会论文集[C].北京:中国建材工业出版社,2005.

[28] 郑青宏,李永成,杨俊松,等.高海拔地区5000 t/d生产线成功实践[J].中国水泥,2016(12):92-94.

[39] 武晓萍,徐俊杰.高海拔地区水泥生产线技术诊断及优化[J].水泥技术,2017(1):85-89.

[30] SHUXIA MEI,JUNLIN XIE, et al. Numerical simulation of the complex thermal processes in a vortexing precalciner[J]. Applied Thermal Engineering,2017(125):652-661.

[31] 梅书霞,谢峻林,陈晓琳,等.涡旋式分解炉中煤及垃圾衍生燃料共燃烧耦合 $CaCO_3$ 分解的数值模拟[J].化工学报,2017,68(6):2519-2525.

[32] 姜洪舟.无机非金属材料热工设备[M].5 版.武汉理工大学出版社,2015.

[33] 王仲春,曾荣.水泥粉磨工艺技术及进展[M].中国建筑工业出版社,2008.

[34] 刘志江.新型干法水泥技术[M].中国建筑工业出版社,2005.

[35] 蔡学云.水泥生产生料立式磨智能控制系统研究[D].济南:济南大学,2014.

[36] 周扬铭.水泥生产关键设备及其节能降耗技术研究[D].武汉:武汉理工大学,2010.

[37] 吴志明,邹一峰,吴雨波.风扫生料磨系统工艺与设备的改进[J].中国水泥,2013(06):94-95.

[38] 李新萍,张汉林.中卸烘干磨、立式磨和辊压机生料终粉磨方案比较[J].水泥,2010(10):42-43.

[39] 孙国玉,王建华,胡泰然,等.关于生料磨系统节能技术改造的分析[J].低碳地产,2016,2(17):145-146.

[40] 张浩云,李天一,齐俊华.提高风机运行效能的方法与措施[J].中国水泥,2013(10):67-71.

[41] 赵坚志,隋良志.降低入磨物料水分的必要性[J].水泥技术,1998(1):45-46.

[42] 周彪,王悦蓓.我国水泥工业典型生料制备系统评价[J].新世纪水泥导报,2014,20(3):29-33.

[43] 吴雨波,吴志明.中卸烘干原料磨的工艺与设备改进[J].中国水泥,2017(9):103-104.

[44] 杨国春.生料立磨的故障模式及根本原因和影响分析[J].四川水泥,2011(3):82-86.

[45] 尚再国,焦继先,韩博文,等.TRM53.4 生料立磨的节电改造[J].新世纪水泥导报,2019,25(1):24-27.

[46] 崔星太.现代水泥生产生料制备与水泥粉磨工序节能技术方案研究[J].中国水泥,2012(10):43-47.

[47] 郑占锋,闫吉霞.影响生料辊压机终粉磨产量的因素及措施[J].水泥,2018(7):24-26.

[48] 梁建筑.辊压机终粉磨系统生料细度不合格的改造[J].新世纪水泥导报,2018,24(6):77-78.

[49] 王晓明.如何做好生料制备系统的经济运行[J].水泥,2016(8):11-14.

[50] 王军,钟根,钟永超.浅析辊压机生料终粉磨系统稳定运行因素及措施,水泥,2018(9):34-37.

[51] 周涛,王希娟,张嘉伦,等.对辊压机入料粒度的控制及应用[J].水泥,2007(6):74-76.

[52] 张德.浅谈进料粒度对辊压机工作状况的影响[J].水泥,1996(11):8-10.

[53] 衡琼枝,李洪,李洪双,等.物料特性对辊压机联合粉磨系统的影响(上)[J].水泥技术,2011(2):47-50.

[54] 邹伟斌.水泥联合(半终)粉磨系统节能要素分析[J].新世纪水泥导报,2018,24(1):24-34.

[55] 邹伟斌.粉磨过程与颗粒粒径分布及水泥性能的关系探讨[J].新世纪水泥导报,2018,24(2):54-61.

[56] 邹伟斌.再论水泥粉磨工艺发展趋势及改造要点(上)[J].新世纪水泥导报,2018,24(5):52-57.

[57] 邹伟斌.邹伟斌粉磨技术[R].新世纪水泥导报杂志社.2017.

[58] 何金明,赵青林,周明凯.不同水泥粉磨系统电耗比较[J].水泥,2017(10):19-23.

4 替代燃料应用和协同处置废物篇

4.1 概　述

4.1.1 协同处置的提出

4.1.1.1 几类主要城市固体废物的排放、危害及处置方式

（1）生活垃圾的排放、危害及处置方式

伴随着全球经济的高速发展和人民生活水平的日益提高,全球的城市生活垃圾产量迅猛增加。据相关部门统计,全国 668 座城市中至少有 200 座以上处于垃圾的包围中;在城市周围历年堆存的生活垃圾量已达 60 亿 t,侵占了 5 亿多平方米的土地,显然垃圾的处理处置问题已经成为我国所面临的最紧迫问题之一。据国家统计局 2015 年统计数据,随着城镇化率和经济生活水平提高,我国城市生活垃圾呈现缓慢增长的趋势,自 2004 年起,我国垃圾清运量由 1.55 亿 t 增长到 2015 年的 1.9 亿 t,年增长率约为1.8%。而 2016 年,全国城市生活垃圾清运量为 2.15 亿 t,处理量约 1.97 亿 t,处理率约96.62%,如图 4-1 所示。相关研究表明,人均 GDP 对人均垃圾产量之间的可决系数为0.86,人均 GDP 每增加 1 万美元,则人均垃圾产量将增长 99.6 kg,可见随着我国经济的进一步发展,人均 GDP 和生活水平的进一步提高,我国人均垃圾产量也将进一步增长。

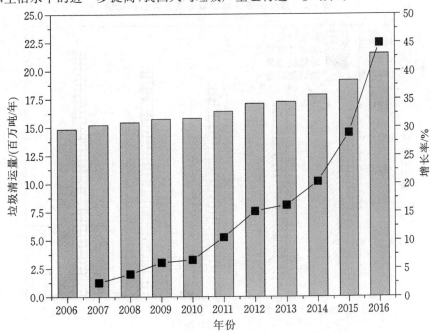

图 4-1　2006—2016 年我国生活垃圾清运量及其增长率

　　生活垃圾的不恰当处置不但占用大量的土地,而且还污染水体、大气、土壤,危害农业生态,影响环境卫生,传播疾病,对生态系统和人们的健康造成危害。目前国内外广泛采用的城市生活垃圾处理方式包括填埋、堆肥和焚烧等三种方式,由于地理环境、垃圾成分、经济发展水平等因素不同,这三种垃圾处理方式的比例有所区别。据统计,德国、奥地利、荷兰等国家主要采用焚烧、堆肥和回收 3 种处理方法,几乎不用填埋技术,而意大利、法国、美国还是以填埋为主,西方发达国家以及中国垃圾处理方式比例分配见图 4-2 和图 4-3。

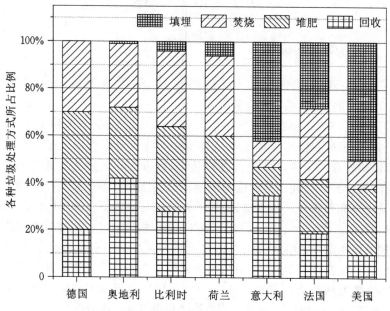

图 4-2　部分国家生活垃圾处理方式所占比例

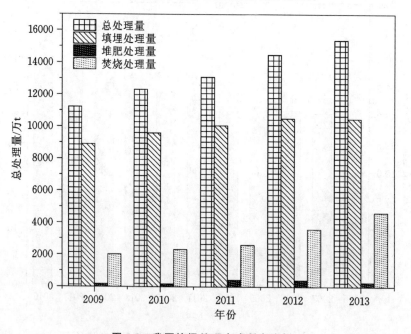

图 4-3　我国垃圾处理方式所占比例

　　纵观世界上主要发达国家,在较好的分类收集基础上,生活垃圾处理技术路线基本可以归为如下三类:一是以机械-生物处理为特色,焚烧发电与生物处理相结合,剩余惰性残渣填埋的方式,可以称为德国模式;二是焚烧发电加炉渣填埋的方式,可以称为日本模式;三是以填埋为主焚烧为辅的方式,可以称为美国模式。这三条技术路线之所以能够成为这些国家的主流模式,主要是由各国的自然社会经济条件和垃圾特性所决定的。

　　我国的生活垃圾管理基本体系是依据 1996 年颁布的《中华人民共和国固体废弃物污染防治法》,其中规定"城市生活垃圾应当逐步做到分类收集、贮存、运输及处置",而"三化"原则确立来自于 2007 年的《城市生活垃圾管理办法》;管理策略指导意见来自 2011 年《关于进一步加强城市生活垃圾处理工作的意见》,从控制城市生活垃圾产生、全面提高城市生活垃圾处理能力和水平、强化监督管理等几个方面给出具体的意见;最新管理政策导向是 2016 年 9 月国家发展改革委和住建部联合发布《"十三五"全国城镇生活垃圾无害化处理设施建设规划(征求意见稿)》,规划"十三五"期间,全国城镇生活垃圾无害化处理设施建设总投资约 1924 亿元,其中无害化处理设施建设投资 1360 亿元(占比达 71%)占比最高,规划明确垃圾无害化处理设施新建项目仅考虑焚烧和填埋两种技术路线(其他方式不是主要发展方向)。

　　(2) 城市污泥的排放、危害及处置方式

　　污泥是指主要由各种微生物以及有机、无机颗粒组成的絮状物。从广义上讲,污泥的来源可以分为给水厂污泥、生活污水污泥、工业污泥、城市水体疏浚污泥等几类。

　　由于城镇化和经济发展需求,我国近年来污水排放量和处理量呈上升趋势。截至 2015 年年末,我国城市污水处理厂日处理能力达到 13784 万 m^3,比 2014 年末增长 5.3%;城市污水处理率达到 91.0%,提高 0.8 个百分点。而作为污水的衍生品,近年来污泥产量也在不断上升。2015 年生活污泥产量为 3500 万吨,同比增长 16%。市政污泥方面,大约 1 万 t 污水产生 5 万~8 万 t 污泥。我国每年产生 3000 万~4000 万 t 含水率在 80% 左右的市政污泥。

　　污泥的危害性主要体现在病原微生物、重金属以及持久性有机污染物。污泥种类繁多,不同种类的污泥危害性也不尽相同,比如给水污泥和城市水体疏浚污泥的危害性相对较小,而且这些种类污泥的产量较小。而生活污水污泥和工业污水污泥危害性大、产量高。

　　为加强污泥的处置,降低污泥对环境的危害,我国相继颁布了《农用污泥中对污染物的控制标准》《城镇污水处理厂污染物排放标准》《城镇污水处理厂污泥处置混合填埋泥质》以及最新的《城镇污水处理厂污泥处理技术政策通知》,对污泥的农用、填埋、在污水处理厂污泥的稳定化标准以及污泥的处理技术都有明确的规定和限制。

　　当前,污泥的主要处置方式包括农用、填埋、焚烧以及其他处置方式。图 4-4 为当前世界主要国家或地区各种污泥处置方式占比,图 4-5 为我国各种污泥处置方式占比。可见传统的农用、填埋和焚烧仍然是发达国家的主流污泥处理技术,而且随着时间的推移,填埋比例逐渐降低,污泥焚烧处置比例在欧盟国家大幅度增加。而在我国,污泥的处置方法以传统的农业利用和填埋为主,焚烧比例较低。

　　(3) 危险废弃物的排放、危害及处置方式

　　危险废弃物的来源以工业企业为主,特别是化工行业产生的危险废弃物占主要地

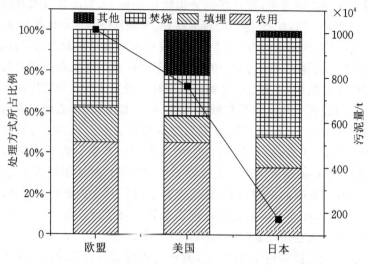

图 4-4　世界主要国家或地区各种污泥处置方式占比

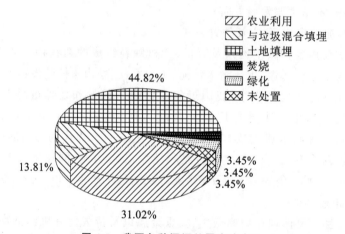

图 4-5　我国各种污泥处置方式占比

位,依据《国家危险废弃物名录》分为化工废弃物、医药废物、废矿物油、其他废物等,包括医疗废物共计 49 类约 500 种危险废弃物类别。危险废弃物存在形态多样,如气态、液态、半固态和固态。危险废弃物在各国管理中一般隶属于固体形态废物的管理领域,需要注意的是与常规理解不同,危险废弃物不仅以固态形式存在,也存在液体形态如农药废物、废有机溶剂和矿物油等,装入密封罐体的有害气体也属于此类范围,如罐装氯气等。若按照产生源来划分,可以划分为社会源危险废弃物和工业源危险废弃物,后者如工业生产过程中所生成的无用副产品,镀铸车间含油含酸废物、未经处置的干电池、医药医疗废物等。

　　危险废弃物引发危害集中反映在这些废弃物所具备的危害性特质,这些危害性特质造成对周边环境体系如大气、土壤、水域等的污染。危险废弃物的处理处置目标是减量化、资源化、转移和存储。根据处理处置方法可以从理论上划分为有减容效果的物理方法,有针对性的生物方法,可改变某些物质性质的化学方法,安全有效的固化、焚烧以及安全填埋等处理形式。在国内外的工程运用中,最为常用的是焚烧处理和固化处理后再进行安全填埋,甚至于在一个危险废弃物处置中心包含焚烧和固化两种处理技术。

综上所述,无论是生活垃圾,城市污泥还是危险废弃物,焚烧处理是未来发展的主要处置方向,而就当前焚烧处置而言,主要存在焚烧发电以及水泥窑协同处置两类形式。

4.1.1.2 水泥窑协同处置的原理、优势、问题

(1) 水泥窑协同处置的原理

水泥窑协同处置城市固体废物技术大体上可以分为两大类,一是机械生物预处理与回转窑联合处理技术,通过机械破碎、筛分回收固体废物(主要是城市垃圾)中的高热值物质如塑料、纸张、有机物(或城市污泥),将其作为水泥窑的替代燃料(RDF);二是水泥窑与焚烧/气化联合处理技术,该技术是将垃圾焚烧或气化后产生的高温气体引入窑系统之中,为水泥生产提供一定的热量。这两种技术相比较,机械生物预处理与回转窑联合处理技术应用较为广泛,在欧美地区被广泛应用于城市垃圾的处置,而水泥窑与焚烧/气化联合处理技术由于其使用原状垃圾,其中含有的氯、碱等有害物质对于预分解窑系统的稳定运行有着极大的影响,而且其成分与热值波动大,也对水泥窑系统的热工制度有影响,因此该技术只在少数地区有应用。

(2) 水泥窑协同处置的技术优势

利用水泥窑协同处置城市固废是一种利用垃圾、废渣、污泥等废物代替传统原料,利用废物中的能量和热量等成分,再塑价值的过程。水泥窑协同处置城市固废,主要利用水泥高温煅烧窑炉焚烧城市固废。水泥窑协同处置的主要技术优点在于:

① 水泥回转窑内温度高达 1600 ℃,能够彻底分解有害物质,并且烧成系统容量大,消耗和容纳的能力巨大,能够把各种有害物及有害气体容纳在水泥熟料的化学结构中;

② 水泥窑对各种原料有很强的适应和兼容能力,可以通过调整工作温度等工艺操作参数来处理不同种类的城市固废;

③ 处理能力高,因此水泥工业对城市固废的消纳量巨大;

④ 固废中的各种有害成分、物质能够全部以分子的形态固溶在水泥熟料分子的晶格之中,因此无法做到再次与土壤或者大气接触,不会对环境造成二次污染;

⑤ 城市固废可替代部分一次原料和燃料,再塑价值。

(3) 水泥窑协同处置存在的相关问题

自从 20 世纪 90 年代国内开始水泥窑协同处置城市垃圾的有关研究,在法律法规、技术储备、工程应用等方面都有很多成果,推动了水泥协同处置技术的发展,但仍存在的许多问题,比较典型的有如下三个方面:

① 预处理技术不成熟。欧美的水泥窑协同处置技术的一个核心就是城市垃圾的预处理,通过城市垃圾的分类和处置提高城市垃圾的稳定性,降低了协同处置的难度,有利于推广应用,国内则缺乏这一成套的城市垃圾预处理体系,导致协同处置的效果稳定性差,技术推广难度较大。

② 国家的激励政策力度不足。协同处置城市垃圾会增加水泥企业的生产成本,水泥企业的利益不能得到一定的保障,技术难以推广。以铜陵的 CKK 协同处置生产线为例,其处理城市垃圾的综合成本为每吨 210 元,政府给予补贴每吨 192 元,这是较为合理的,

而其余地区的补贴仅为每吨 50～60 元,补贴力度不足以抵消协同处置带来的成本增加,极大阻碍了水泥企业的积极性。

③ 配套的法律法规不健全。虽然国家针对回转窑协同处置城市垃圾技术出台了很多相关政策,但仍没有形成一个完备的体系,例如大多数法规都是针对技术进行规范,对于从城市垃圾分类到回转窑处置这个过程中的垃圾分类、运输等前置环节规范较少,致使对于城市垃圾的质量较难把控,无形中增加了技术难度。

4.1.2　发达国家协同处置进展与水平

4.1.2.1　协同处置的提出

世界首个进行水泥窑协同处置的国家是加拿大,在 1974 年,Lawrence 水泥厂进行了垃圾飞灰、危险废弃物固化研究以及固体废弃物替代燃料的研究。水泥行业协同处置的方式有两种:一种将废弃物作为水泥原料掺入水泥中,废弃物通常是将具有活性的工业废渣,如硫酸渣、粉煤灰、高炉矿渣、烟气脱硫石膏、煤矸石、钢渣、磷石膏等,这些废渣具有化学成分与水泥生产原料相近、组分均匀稳定的特点,常用作水泥生料原料或水泥熟料混合材。另外一种协同处置的方式则是将废弃物经过加工处理后,制成均匀的可燃物,作为水泥窑炉的替代燃料使用,既减少了废弃物的堆积存放带来的一系列问题,又可以减少水泥窑炉能源的消耗。本项目主要对第二种协同处置方式进行科学调研,即研究水泥行业协同处置废物作替代燃料的情况。

4.1.2.2　发达国家和地区水泥企业协同处置发展水平

早在 19 世纪 70 年代,加拿大、美国、德国、日本、瑞士等发达国家就已经开始研究使用废弃物甚至是危险废弃物作为水泥窑的替代燃料,以达到减少废弃物堆积的目的,水泥窑协同处置的废弃物包括城市固体废弃物,如城市生活垃圾、城市污泥等;工业废弃物,如工厂的生产废渣、废油等;甚至是受有机物污染的土壤也能通过水泥窑处置。随着科技的进步,协同处置技术也在不断进步,从一开始使用城市固体垃圾废弃物,到现在使用废塑料、污泥、生物质燃料等,处置的种类越来越多,处置量也在不断上涨。国外水泥窑协同处置燃料替代率情况见图 4-6。

由图 4-6 可以看出水泥企业协同处置在发达国家中的应用十分广泛,其中欧盟成员国的应用水平居世界领先地位,瑞典、瑞士、荷兰、比利时、德国、波兰等燃料替代率达到 40%以上,其中荷兰和德国的燃料替代率高达 80%以上,基本上能够替代传统燃料使用。

(1) 美国

在发达国家中,美国在世界上水泥生产中排在第三位,排在中国和印度之后。美国的水泥行业发展十分迅速,其水泥行业高度集中,根据 2014 年的数据统计,美国境内 34 个州共建有 97 个水泥厂,熟料产能 7230 万 t,水泥产能 8270 万 t。美国水泥产量从 2005 年达到 9900 万 t 峰值以后,就一直维持在此之下,有数家水泥厂持续保持停窑状态,多家水泥厂处于产能半开状态,甚至有水泥厂倒闭停业,在这样的情况下,美国水泥消费仍有 7%的进口需求。德克萨斯州、加利福尼亚州、密苏里州、佛罗里达州和密歇根是美国五大水泥生产区域,合计产量占美国总产量的 53%。

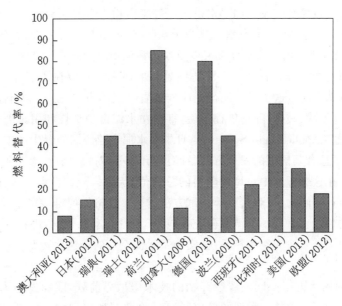

图 4-6　国外水泥窑协同处置燃料替代率情况

　　美国水泥协同处置的发展历程,自 1974 年来,美国开始使用有机废弃物作为替代燃料;从 1976 年开始,美国国会通过《资源保护和回收法》(简称为 RCRA),当年生效,这是针对当时美国日益增加的固体废弃物和危险废弃物而制定的,并在之后的一段时间多次修正该法,以适应不断变化的管理需求。在 1984 年通过了《危险废物与固体废物法律修正案》,该修正案完成了美国对危险废弃物管理的法律制定,并且一直沿用到现在。美国环保署还有一项政策:每一个工业发达城市都需保留一座以上的水泥协同处置窑,在满足部分水泥消耗的同时保证了城市废弃物的安全处置。美国在 1985 年的时候,共焚烧处理了 25 万 t 危险废弃物,而到了 1989 年的时候,危险废弃物年处理量已经达到了 100 万 t,随着社会的发展,美国对危险废弃物管理的要求越来越严格,在 1990 年所有的 111 家水泥厂中,有 34 家水泥厂使用水泥窑处理危险废弃物作为替代燃料,到了 1994 年,全美境内有 37 家水泥厂拥有处置危险废弃物制备水泥的许可证,一直到 2000 年,美国保持着年消耗 100 万 t 危险废弃物的处理量,消耗了近 60% 的危险废弃物。

　　(2) 日本

　　根据相关的数据统计,2008 年日本共有 18 家水泥企业,建有 32 个水泥厂,共计 57 座水泥窑炉,当年的熟料生产能力 6780 万 t,2014 年日本的水泥熟料产能在 5500 万 t。日本相关的统计数据表明,水泥生产所用的替代燃料在逐年上涨,其中城市污泥的使用量在大幅度上升,这表明日本在水泥窑协同处置方面下了很大的功夫。日本在水泥窑协同处置领域的发展也十分迅速。日本由于自身的地域条件影响,其自然资源十分稀缺,再加上城市生活固体废弃物和工业废弃物不断堆积,在 20 世纪 80 年代后期,正值日本经济飞速发展的时候,重点发展垃圾焚烧处理领域,两年内大量建成垃圾焚烧炉,共计 2000 多台,消纳了当时日本大部分的垃圾,虽然焚烧能将垃圾量减少到 5% 左右,但是随之而来的是,大量的污染废气和毒性较大的焚烧飞灰难以处理,经过近 10 年的研究,终于 1997 年以日本秩父小野田公司为主以城市垃圾焚烧飞灰和下水道污泥等废弃物为主要原料生产出高强度的水泥，满足生产建设需求，称其为"生态水泥"，并在随后建成世界上第一座生态水泥厂。到了2006 年日本水泥行业使用垃圾焚烧飞灰以及城市污泥年总量达到了 2889 万 t，平均每吨水泥使用了替代原料 395 kg。日本将水泥协同处置的研究重心放在了废弃物焚烧灰的应用上，并制备了"生态水泥"，这也是水泥行业协同处置发展的方向之一。当然，日本也有将垃圾收集起来，经过发酵、破碎、筛选等程序后，直接在水泥窑中焚烧利用其潜在热值的技术，统称为"AK 系统"（Applied Kiln System）。日本在水泥工业协同处置生产中，经过了多年的研究发展，形成了适合其国情的发展方向，针对废弃物处理排放问题，颁布了《密封垃圾衍生燃料》系列标准，在这个标准中对垃圾燃料的总热值、灰分、含水量、重金属含量、硫含量、总氯含量、元素分析、分解物、表观密度等测试方法进行了严格的规定，除此之外对协同处置生产的水泥产品的性能也进行了检测和研究，收集了大量的本底数据，进行分析和研究，得到了完善的水泥协同处置废弃物生产系统，实施了水泥企业的绿色化转型。

（3）欧盟

欧盟国家利用水泥窑协同处置废弃物的技术居世界前列，欧洲发达国家地区将固体废弃物进行分类回收，经过一系列的破碎、筛选、除铁制备出尺寸合适的高热值的垃圾衍生燃料（RDF）作为水泥窑炉的替代燃料，其中保证有机成分含量在 80% 以上，经过处理的衍生燃料不仅成分均匀，发热量高，而且储存运输方便，污染物少。经过多年的发展，欧盟国家在进行了大量的水泥窑协同处置废弃物的情况下，收集了大量的本底数据与生产状况数据，结合实际情况，制定了一系列的相关制度和标准，如《废物框架指令》《工业排放指令》《固体回收燃料》《固体回收燃料热值测定》《固体回收燃料灰分测定》《可利用固体燃料取样方法》等，并且还有针对垃圾废物燃烧特性的试验方法，这里不一一列举。这些标准均是在进行了大量的本底数据收集以及分析后得出的。这些标准中的相关规定包括进水泥窑的垃圾颗粒大小、水泥窑协同处置过程中废气和废水排放中各种污染物的排放限制指标（如 NO_x、CO、TOC、HCl、HF、SO_2、各种重金属元素、二噁英、粉尘量等）。还规定用于水泥窑协同处置的废弃物必须经过分类和严格的预处理过程（脱水、干燥、破碎、均化等），以及用于不同利用途径的废弃物（替代原料、替代燃料、混合材）中重金属和有害物质含量限值，并且对水泥协同处置生产进行持续和定期测量。欧盟大力发展水泥窑协同处置废弃物，并且取得了巨大的成功，欧盟国家的水泥生产已经在逐渐脱离传统燃煤的束缚，将传统的能耗大户转变为绿色环保的生产企业，这恰恰证明了水泥协同处置的发展是水泥工业未来可持续发展的一个重要方向。

（4）瑞士

20 世纪 80 年代开始，瑞士就开始重视垃圾分类回收以及无害化处理的管理模式，执行了不可处理垃圾付费处理的政策，执行力度强，当地居民自觉进行严格的垃圾分类，并且减少了不可处理的垃圾产生量。从这时候开始，瑞士 Holcim 水泥公司开始将可燃废弃物作水泥窑的替代燃料使用，将经过处理的城市垃圾制成 RDF 在窑炉中燃烧，以及使用一部分含有潜在热值的工业废弃物经过处理后也作为替代燃料使用。

（5）德国

与瑞士相似，德国也在 20 世纪 80 年代开始进行垃圾的分类处理，并且水泥企业开始进行水泥窑协同处置处理城市废弃物及工业废弃物。德国的豪瑞水泥企业是协同处置技术的领先企业,该企业将不同品质的 RDF 燃料以不同的技术应用到水泥生产线中的不同部位,其化石燃料的替代率高达 80% 以上,有效地减少了不可再生能源的消耗,而且能够有效地处理城市废弃物,达到环保的目标。

(6) 欧洲的其他国家地区

欧洲的其他地区和国家,水泥窑协同处置的应用也十分广泛,在欧盟相关的指令法规的框架中,达到相当的高度。瑞典、奥地利、比利时等国家水泥工业的燃料替代率高达 50%,丹麦采用机械脱水和低温干燥的方法处理城市污泥作为水泥窑的替代燃料,等等。

4.2　我国水泥窑协同处置发展历程

近年来我国水泥行业"节能减排"技术取得了长足的进步,单位产品能耗从 2010 年的 144 kgce/t 降低至 2019 年的 107 kgce/t。由于我国水泥行业产能巨大,整个水泥产业对能源的消耗依然巨大,2013 年水泥行业的总能源消耗高达 17563t 标煤。而采用替代燃料,能在一定程度上降低水泥行业对煤炭等化石能源的消耗,从而达到节约能源、资源的目的。

4.2.1　我国水泥窑协同处置技术

(1) 我国水泥窑协同处置技术发展概况

我国水泥窑协同处置城市垃圾技术发展较晚,国家"十二五"计划实施以来,我国水泥窑协同处置生产线仅建成 42 条,在 2010 年以前,水泥窑协同处置技术的研究重点在处置危险废弃物和污泥上,且国家政策推动了垃圾焚烧电厂的兴建,垃圾焚烧发电成为垃圾处置的热点。我国生产线从 2007 年开始建成第一条生产线,川煤广旺集团协同处置生产线,处置规模仅为 50 t/d,一直到 2010 年海螺集团依托铜陵 5000 t/d 熟料的水泥生产线采用 CKK 技术建成处置规模达 350 t/d 的水泥窑协同处置生产线。2011—2012年期间,由于"十二五"计划的实施,国内多家水泥企业开始筹备水泥窑协同处置项目的建设,在这两年间建成的水泥窑协同处置生产线并不多,仅有 4 条。2013 年水泥协同处置项目陆续建成投产,截至 2015 年底,根据统计信息我国水泥生产线当中仅有 27 条参与水泥协同处置项目,处置的总规模达到 10250 t/d,这个数值仅仅占了 2015 年城市垃圾无害化日处理量 1.774%,相比焚烧垃圾占城市垃圾无害化处理比重(2014 年为 32.51%)远远不够。虽然水泥窑协同处置城市垃圾在垃圾处置总量中占据的比重并不高,但是其自身的发展势头却不弱,从 2010 年占据垃圾处置量 0.090% 发展到 2015 年占垃圾处置量 1.774%,每一年都在增长,逐年增长率分别为 293%、26.55%、90.4%、59.32%、30.54%。国家第十二个五年计划将水泥窑协同处置项目提上了日程,这意味着我国水泥窑协同处置是水泥行业发展的一个可行的途径,对比城市垃圾的无害化处理量,水泥窑协同处置还需要进一步扩大规模,这不仅仅需要时间,更多的是需要国家政策以及各部门的协调才能完成。

(2) 我国四种水泥窑协同处置技术

我国水泥窑协同处置技术发展迅猛,比较主流的几种技术有华新 HWT 技术、海螺

CKK 技术、中材国际 SINOMA 技术、成都水泥工业设计研究院(以下简称"成都院")多相态 SPF 阶梯式推动预燃炉技术、中信重工协同处置技术、金隅热解气化焚烧技术、天津院设计的污泥干化处置技术等,其中应用比较广泛的是华新 HWT 技术、海螺 CKK 技术、中材国际 SINOMA 技术、成都院多相态 SPF 阶梯式推动预燃烧技术这四种协同处置技术,接下来对这四种主流技术进行对比介绍。

① HWT 技术

HWT 技术是华新水泥与豪瑞集团共同研发的适合我国国情的水泥窑协同处置固体废弃物的技术,借鉴了豪瑞集团水泥窑废弃物处理技术及经验,结合中国的环境现状与废弃物的特点研发而成,其工艺流程如图 4-7 所示。

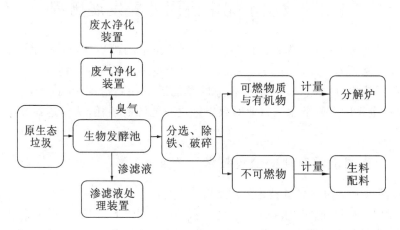

图 4-7　华新 HWT 技术工艺流程图

市政垃圾由运输车运送到预处理厂进行破碎,而后输送到干化区,在发酵池中进行好氧发酵,将垃圾中易腐败的有机物分解成小分子,再通过发酵产生的热量和吹风共同作用,经过 15～18 d 的干化后,其含水率从 45％以上降低到 10％～30％。将干化的垃圾送到分选车间进行机械分选,分选出可燃物质、惰性材料、黑色金属、有色金属、有害物质,并对惰性材料这类不可燃物作为水泥生产的原料加入生料配制当中,金属进行回收处理。分选出的可燃物质经破碎后,计量送入窑头燃烧器、窑尾分解炉或者预燃烧室煅烧,替代部分化石燃料。在协同处置废弃物的过程当中,干化区的发酵池中,会产生一定量的渗滤液以及臭气,将臭气通过风机收集起来,通过废气净化设施,净化到排放标准后排放,而产生的渗滤液则经过渗滤液处理设施进行净化,经检验合格后排放。

② CKK 技术

CKK 系统是 CONCH Kawasaki Kiln System 的缩写,这是海螺集团与日本川崎公司共同开发的,它是利用新型的干法水泥窑处理城市生活废弃物的技术,该技术的核心是气化炉,工艺流程如图 4-8 所示。

垃圾运输到水泥厂中称重后卸入密封的垃圾坑中,垃圾的预处理是将垃圾坑中的垃圾破碎均化处理,产生的臭气喷入气化炉中焚烧。均化后的垃圾通过喂料装置喂入气化炉中,在 500～550 ℃下,流化沙与均化垃圾混合沸腾,部分垃圾发生欠氧燃烧转化为气化炉的热量维持气化炉的正常运转,另外更多的一部分垃圾发生气化,生成含有可燃成

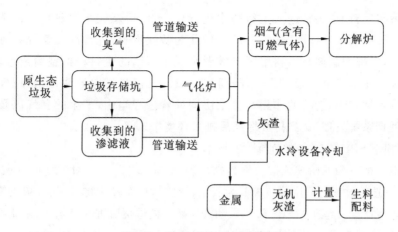

图 4-8　海螺 CKK 系统流程图

分的烟气,这部分烟气送入水泥窑外分解炉中进行更高温度的燃烧以利用热量并消除有害物质。气化炉燃烧后的垃圾灰渣经底部排除,冷却后经过磁选和分选,掺入水泥生产原料当中,作为生料使用。垃圾坑中产生的垃圾渗滤液,喷入气化炉中进行高温氧化处理,最终实现无害化处理。在垃圾焚烧处理过程中产生一定量的氯离子,因此在水泥窑窑尾烟室处架设除氯装置,抽取窑中一部分含氯粉尘的气体,经过急冷后用收尘装置回收粉尘,以减少系统中氯离子过多产生的诸多负面影响,保证系统的正常运行和产品的正常性能。

③ SINOMA 技术

SINOMA 技术是由中材国际集团经过 15 年的研究,从最开始的基础研究、设备的开发研究、工业实验,最终到示范化生产线建设,运行管理,形成了自主研发的成套设备和技术成果。中材国际研发的水泥窑协同处置技术包括三个部分,预处理、水泥生产系统和辅助设施,其工艺流程如图 4-9 所示。

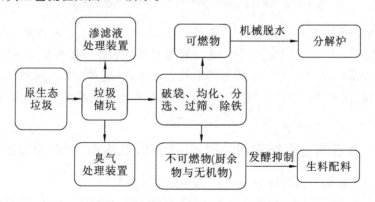

图 4-9　中材国际 SINOMA 技术工艺流程图

城市垃圾运输到水泥厂的垃圾储存坑中,将储存的垃圾取出进行破袋均料处理,再经分选工序,送往粗破机破碎处理,破碎后的垃圾经过多重筛选工序选出可燃部分送往机械压缩脱水机中脱水处理,剩下的厨余不可燃物经过发酵抑制剂处理后搅拌均匀,准确计量后参与生料的配制,进入生料磨中进行粉磨,而后烧成水泥熟料。分选出的可燃物经过机械压缩脱水处理后,送入分解炉中作为替代燃料,进行高温焚烧处理。这里需要说明一下,发酵抑制剂是指利用窑灰或者水泥生产用的生料粉抑制厨余垃圾发酵,比较适宜的添加比是厨余垃圾:发酵抑制剂＝5～10:1,经过试验证明,厨余垃圾能够有效促进生料的粉磨,起到助磨的作用。整个协同处置过程当中,产生的臭气以及渗滤液经过专门的处理系统处理,达到排放标准后排入环境中。

④ 多相态 SPF 阶梯式推动预燃炉技术

成都院多相态 SPF 阶梯式推动预燃炉方案(图 4-10、图 4-11)对垃圾进行预处理,经破碎、筛分及分选等过程将原生态垃圾分为灰土、重质物料及轻质物料三类,灰土等小颗粒物料可同污泥等物料一起进入 SPF 阶梯推动式预燃炉内煅烧后进入分解炉,重质物料不做处理,返回填埋场填埋,而轻质物料经破碎后制成原生 RDF 进入回转窑内煅烧。

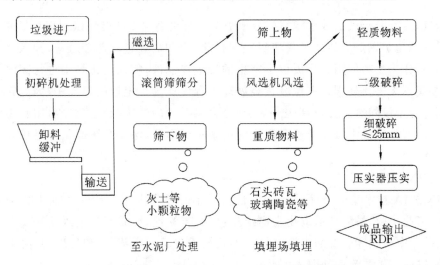

图 4-10　成都院多相态 SPF 阶梯式推动预燃炉方案(一)

该技术采用垃圾窑头焚烧,可有效抑制二噁英的产生,因工艺优势使二噁英排放大幅降低,最大限度保证了污染物排放最小化。而窑尾预燃炉外接燃料后可灵活控制预燃炉内的温度和停留时间,大大保证了有害物的处理能力,对废弃物的适用性较好,可同时处理多种废弃物,而窑尾预燃炉的温度可控表明该系统处理危险废弃物能力较强,可大大减小环境风险。

4.2.2　水泥窑协同处置相关政策、法规以及标准、规范的发展概况

(1) 我国水泥窑协同处置相关政策、法规的发展概况

表 4-1 为 2006 年以来,我国有关水泥窑协同处置方面的相关政策、法规的发展情况。从 2006 年到 2017 年,基于相关政策可以分为以下几个阶段:

规划阶段(2006—2010 年):该阶段国家主要通过一系列政策确定水泥窑协同处置作为未来水泥工业发展的一个方向:2006 年 4 月国务院 7 部委首次提出抓紧研究鼓励水泥工业处理工业及城市垃圾方面的配套政策;同年 10 月、11 月,国家发展改革委均提到水泥窑协

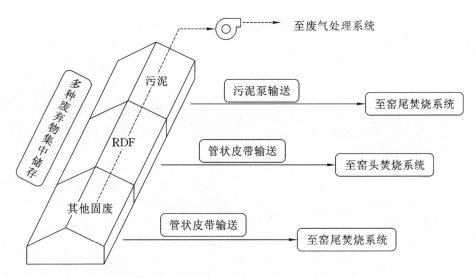

图 4-11　成都院多相态 SPF 阶梯式推动预燃炉方案(二)

同处置固体废物为未来我国水泥工业的一个发展及规划方向,2010 年 10 月,国务院发布《关于加快培养和发展战略性新兴产业的决定》,同年 11 月,工信部发布《关于水泥工业节能减排的指导意见》,明确了水泥工业应转变为兼顾污染物处置的新兴环保产业。

探索阶段(2011—2014 年):该阶段各大水泥企业相继开展了水泥窑协同处置生活垃圾、危废、城市污泥等一系列的技术开发与示范研究。2014 年 5 月,国家发展改革委、科技部、工业和信息化部、财政部、环境保护部、住房城乡建设部以及国家能源局联合发布了《关于促进生产过程协同资源化处理城市及产业废弃物污染防治规划工作的意见》,该政策对水泥窑协同处置的现状、意义、指导思想、基本原理和目标进行了详细介绍,并对重点领域和之后的工作重点进行了详细描述。该文件的发布既是水泥窑协同处置技术探索阶段的一个总结,亦可作为下一阶段的开端。

试点阶段(2015—2016 年):2015 年 12 月,国务院多部委联合颁布了《关于印发水泥窑协同处置生活垃圾试点企业名单的通知》,确定了安徽铜陵海螺水泥有限公司、贵定海螺盘江水泥有限责任公司、遵义欣环垃圾处置有限公司/遵义三岔拉法基瑞安水泥有限公司、华新环境工程有限公司、华新环境(株洲)有限公司、溧阳中材环保有限公司等 6 家企业为水泥窑协同处置生活垃圾试点,标志着我国水泥窑协同处置技术正式进入试点运营期。

逐步开放与发展阶段(2016—现在):在前期技术探索、试点运行基础上,国家发展改革委针对运行过程中出现的水泥厂协同处置生活垃圾成本过高的问题,于 2016 年回复了《关于国家出台具体政策支持利用水泥窑协同处置生活垃圾的建议》,同意了协同处置通过工业电价优惠等政策给予补贴。环保部于 2016 年 12 月及 2017 年 6 月,分别出台了《水泥窑协同处置固体废物污染防治技术政策》和《水泥窑协同处置危废经营许可证审查指南(试行)》,对水泥窑协同处置危废的适用范围、术语定义、经营模式以及技术规范等方面进行了详细规定,标志着我国水泥窑协同处置技术正式进入发展阶段。

表 4-1　水泥窑协同处置固体废弃物相关政策、法规汇总

时间	名称	发文单位	主要内容
2006.4	《关于加快水泥工业结构调整的若干意见》	国家发展改革委、财政部、国土资源部、建设部、商务部、中国人民银行、国家质量监督检验总局、国家环保总局	提出抓紧研究制定鼓励水泥工业资源综合利用和处理工业、城市垃圾方面的配套政策措施
2006.10	《水泥工业产业发展政策》	国家发展改革委	鼓励和支持利用在大城市或中心城市附近大型水泥厂的新型干法水泥窑处置工业废弃物、污泥和生活垃圾,把水泥工厂同时作为处理固体废物综合利用的企业
2006.10	《关于印发水泥工业发展专项规划》	国家发展改革委	提出推广利用水泥窑处理工业废物及分类号的生活垃圾等技术,发展循环经济
2010.10	《关于加快培养和发展战略性新兴产业的决定》	国务院	提出要加快资源循环利用共性技术研发和产业化示范,提高资源综合利用水平和在制造产业化水平。示范推广先进环保技术装备及产品,提升污染防治水平
2010.11	《关于水泥工业节能减排的指导意见》	工业和信息化部	提出大城市周边的水泥企业基本形成协同处置城市生活垃圾和城市污泥的能力,使水泥工业转变为兼顾污染物处置的新兴环保产业
2013.10	《国务院关于化解产能严重过剩矛盾的指导意见》	国务院	提出支持利用现有水泥窑无害化协同处置城市生活垃圾和产业废弃物,进一步完善费用结算机制,协同处置生产线数量比重不低于10%
2014.5	《关于促进生产过程协同资源化处理城市及产业废弃物污染防治规划工作的意见》	国家发展改革委、科技部、工业和信息化部、财政部、 环境保护部、住房和城乡建设部、国家能源局	对水泥窑协同处置的现状、意义、指导思想、基本原理和目标进行了详细介绍;对重点领域和之后的工作重点进行了详细描述
2015.5	《关于开展水泥窑协同处置生活垃圾试点企业名单的通知》	国家工业和信息化部、住房和城乡建设部、国家发展改革委、科学技术部、财政部、环境保护部	工业和信息化部、住房和城乡建设部、发展改革委、科技部、财政部、环境保护部联合开展水泥窑协同处置生活垃圾试点及评估工作。优化水泥窑协同处置技术,加强工艺装备研发与产业化,健全标准体系,完善政策机制,强化项目评估

时间	名称	发文单位	主要内容
2015.12	《关于印发水泥窑协同处置生活垃圾试点企业名单的通知》	国家工业和信息化部、住房和城乡建设部、国家发展改革委、科学技术部、财政部、环境保护部	确定了安徽铜陵海螺水泥有限公司、贵定海螺盘江水泥有限责任公司、遵义欣环垃圾处置有限公司/遵义三岔拉法基瑞安水泥有限公司、华新环境工程有限公司、华新环境（株洲）有限公司、溧阳中材环保有限公司等6家企业为水泥窑协同处置生活垃圾试点
2016.1	国家发展改革委回复《关于国家出台具体政策支持利用水泥窑协同处置生活垃圾的建议》	国家发展改革委	同意协同处置通过工业电价优惠等政策给予补贴
2016.12	《水泥窑协同处置固体废物污染防治技术政策》	环境保护部	规定协同处置固体废物应利用现有新型干法水泥窑，并采用窑磨一体化运行方式，处置固体废物应采用单线设计熟料生产规模 2000 t/d 及以上的水泥窑。在该技术政策发布之后新建、改建或扩建处置危险废物的水泥企业，应选择单线设计熟料生产规律 4000 t/d 及以上水泥窑；新建、改建或扩建处置其他固体废物的水泥企业，应选择单线设计熟料生产规模 3000 t/d 以上水泥窑
2017.6	《水泥窑协同处置危废经营许可证审查指南（试行）》	环境保护部	对水泥窑协同处置危废的适用范围、术语定义、经营模式以及技术规范等方面进行了详细规定

（2）我国水泥窑协同处置相关标准、规范的发展概况

2010 年以前我国水泥窑协同处置相关规范，对污染物排放限制等标准采用已有垃圾焚烧污染物排放规范，针对水泥窑协同处置规范的技术规范基本空白，经过多年的发展，我国水泥窑协同处置相关规范越来越完善。为规范水泥窑协同处置工业废弃物，国家相继制定多项国家标准及环境规范标准。通过调研发现我国水泥协同处置规范如表 4-2 所示。早在 2006 年，国家发展改革委公布《水泥工业产业发展政策》，鼓励大型水泥厂协同处置固体废物，水泥厂作为固废处理综合利用企业。后来，国家又发布了《水泥窑协同处置固体废物污染控制标准》（GB 30485—2013）、《水泥窑协同处置固体废物环境保护技术规范》（HJ 662—2013）、《水泥工业大气污染物排放标准》（GB 4915—2013）、《铅、锌工业污染物排放标准》，逐渐形成了水泥窑协同处置标准规范体系。

表 4-2　水泥窑协同处置固体废弃物相关政策、法规以及规范、标准的汇总

时间	名称	类别	主要内容
2011.3	《水泥窑协同处置工业废物设计规范》	设计规范	对工业废物的处置规模、技术与装备要求,工业废物的主要类别及品质要求、总平面布置,工业废物的接收、运输与储存,工业废物预处理系统,水泥窑协同处置工业废物的接口设计,环境保护,劳动安全与职业卫生等方面做出规定
2012.3	《水泥窑协同处置污泥工程设计规范》	设计规范	规定了利用水泥窑协同处置污泥的设施选择、设备建设和改造、操作运行以及污染控制等方面的环境保护技术要求
2012.12	《水泥窑协同处置固体废物环境保护技术规范》	技术规范	规范了水泥窑协同处置固体废物的管理,防止固体废物协同处置过程及其产品对环境造成二次污染,保护生态环境和人体健康
2013.3	《水泥窑协同处置固体废物污染控制标准》	标准	规定了协同处置固体废物水泥窑的设施技术要求、入窑废物特性要求、运行技术要求、污染物排放限值、生产的水泥产品污染物控制要求、监测和监督管理要求
2013.12	《水泥工业大气污染排放标准》	标准	提及水泥窑协同处置危险废物的大气污染物排放限值
2013.12	《水泥窑协同处置危险废物污染控制标准》	标准	在协同处置设施技术、废物特性、协同处置运行操作技术、协同处置末端污染控制、协同处置设施性能测试(试烧)、特殊废物系统处置技术等方面做出了要求
2014.1	《水泥窑协同处置垃圾工程设计规范》	设计规范	目的:规范水泥窑协同处置生活垃圾的技术标准,实现处置过程"无害化、减量化、资源化"的目标,做到运行安全可靠,技术先进,经济合理。 适用范围:利用新型干法水泥熟料生产线协同处置生活垃圾的新建、改建和扩建工程的设计
2014.3	《水泥窑协同处置危险废物污染控制标准》	标准	对水泥窑协同处置危险废物的设施选择、设备建设和改造、入窑协同处置固体废物特性、操作运行技术和污染控制等方面的环境保护技术要求等方面做出规定
2014.6	《水泥窑协同处置固体废物技术规范》	技术规范	规定了水泥窑协同处置固体废物的术语和定义,协议处置固体废物的鉴别和检测,处置工艺技术和管理要求、入窑生料和水泥熟料重金属含量限值以及水泥可浸出重金属含量限值、检测方法及检测频次等

（3）设计规范

从表 4-2 可以看出《水泥窑协同处置工业废物设计规范》《水泥窑协同处置污泥工程设计规范》《水泥窑协同处置垃圾工程设计规范》这三个设计规范是针对水泥窑协同处置废弃物的类型不同而制定的,其中包含有处置工业废物、污泥、垃圾这三种常见的水泥窑协同处置固体废弃物,上述三个设计规范的规范内容相似,均是对不同的处置废弃物设计其相应的处置规模、技术、装备要求,废弃物主要类别及品质要求,厂房的总平面布置要求,废弃物的接收、运输与储存要求,预处理系统的设计要求,生产安全以及环境保护要求等。上述三个规范的出台应用时间对应着我国水泥窑协同处置的发展方向,首先是处置工业废弃物的研究,而后是污泥处置的研究,最后是处置城市垃圾的研究。

（4）污染排放控制规范

《水泥窑协同处置固体废物环境保护技术规范》(HJ 662—2013)、《水泥窑协同处置固体废物技术规范》(GB 30760—2014)、《水泥窑协同处置固体废物污染控制标准》(GB 30485—2013)这三个规范是控制水泥窑协同处置污染物排放限值的标准规范。从上述规范的内容来看,《水泥窑协同处置固体废物环境保护技术规范》(HJ 662—2013)包含水泥窑协同处置设施的技术要求、固体废弃物的特性要求、协同处置运行操作要求、协同处置污染物排放要求、特殊危险废弃物的入窑要求、水泥协同处置废弃物生产人员与制度要求等。《水泥窑协同处置固体废物技术规范》(GB 30760—2014)和《水泥窑协同处置固体废物污染控制标准》(GB 30485—2013)则是对 HJ 662—2013 的补充。其中 GB 30485—2013增加了协同处置固体废物水泥窑大气污染物最高允许排放浓度,以及相关的测定手段标准;GB 30760—2014 增加了水泥熟料重金属含量的限值及其测定标准。

4.2.3 我国水泥窑协同处置的规模

从 2008 年开始至今,我国水泥窑配置协同处置垃圾系统的生产线已投产的约 36 条,2016 年实际垃圾处置量约 300 万 t,占当年城市生活垃圾产出总量的 1.7%。此外,我国还有近 50 台水泥窑协同处置市政污泥和危险废物等每年约 360 万 t。详见图 4-12、图 4-13。

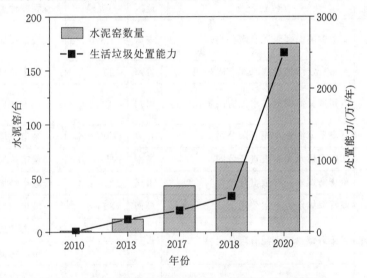

图 4-12　我国水泥窑协同处置生活垃圾发展、现状及预测

表 4-3 为我国水泥工业协同处置企业基本情况。从表 4-3 可以发现:(1)我国水泥窑协同处置主要包括焚烧生活垃圾、市政污泥、一般工业固废、危险废物等。以其中调研信息比较全面的 80 条生产线为样本进行统计,其中,处置生活垃圾的水泥窑线为 29 条,处置一般工业固废及漂浮废物的为 4 条,处置市政污泥的为 12 条,处置危险废物及漆渣的为 35 条,如图 4-14 所示。(2)我国协同处置企业当中项目较多、规模较大的企业有海螺集团、华新集团、北京金隅集团和红狮集团,其中海螺集团拥有协同处置窑线 11 条,华新集团拥有 14 条,北京金隅集团拥有 11 条,红狮集团拥有 4 条,拉法基瑞安集团拥有 3 条,中材集团拥有 2 条,京兰水泥集团拥有 2 条,如图 4-15 所示。(3)从投产时间看,最早投产为 2007年的天台水泥厂,到 2017 年、2018 年生产线投产条数最多,如图 4-16 所示。

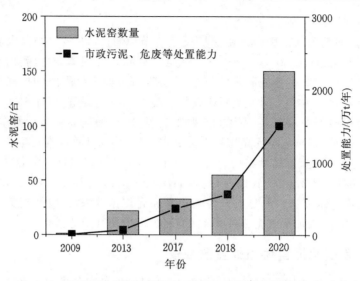

图 4-13　我国水泥窑协同处置市政污泥、危废等发展、现状及预测

表 4-3　我国水泥工业协同处置企业基本情况

编号	集团企业	依托企业	地区	规模	固废种类	时间
1		安徽铜陵海螺水泥有限公司	安徽	2×300 t/d	城市垃圾	2010 年 2015 年
2		贵州贵定海螺盘江水泥有限公司	贵州	200 t/d	城市垃圾	2012 年
3		贵州遵义海螺盘江水泥有限责任公司	贵州	2×400 t/d	城市垃圾	2014 年 2015 年
4		甘肃平凉海螺水泥有限公司	甘肃	300 t/d	城市垃圾	2014 年
5		祁阳海螺水泥有限责任公司	湖南	300 t/d	城市垃圾	2015 年
6		重庆海螺水泥有限责任公司	重庆	200 t/d	城市垃圾	2015 年
7		双峰海螺水泥有限公司	湖南	200 t/d	城市垃圾	2015 年
8	海螺集团	贵阳海螺盘江水泥有限公司	贵州	300 t/d	城市垃圾	2015 年
				50 t/d	市政污泥	
9		兴业海螺水泥	广西	20000 t/a	危险废物 市政污泥	2017 年
10		广元海螺水泥有限公司	四川	100000 t/a	工业固废	2018 年
11		安徽海螺水泥股份有限公司宁国水泥厂	安徽	—	—	—
12		阳春海螺水泥有限责任公司	广东	—	—	—
13		扶绥新宁海螺水泥有限责任公司	广西	—	—	—
14		水城海螺盘江水泥有限责任公司	贵州	—	—	—
15		石门海螺水泥有限责任公司	湖南	—	—	—
106		弋阳海螺水泥	江西	100000 t/a	工业固废	106

编号	集团企业	依托企业	地区	规模	固废种类	时间
16	华新水泥	华新水泥(秭归)有限公司	湖北	1000 m³	漂浮废物	2010 年
17		华新水泥(武穴)有限公司	湖北	1000 t	城市垃圾	2011 年
18		华新水泥(襄阳)有限公司	湖北	—	—	—
19		华新水泥(阳新)有限公司	湖北	—	—	—
20		华新水泥(大冶)有限公司	湖北	—	—	—
21		华新水泥(株洲)有限公司	湖南	350 t	城市垃圾	2013 年
22		华新环境工程(赤壁)有限公司	湖北	300 t	城市垃圾	2013 年
23		华新环境工程武汉陈家冲垃圾生态工厂	湖北	1000 t	城市垃圾	2013 年
24		华新环境工程(应城)有限公司	湖北	500 t/d	城市垃圾	2014 年
25		华新奉节环保工厂	重庆	250 t/d	城市垃圾	2014 年
26		华新水泥(恩平)有限公司	广东	1000t	城市垃圾	2015 年
27		华新水泥鄂州有限公司	湖北	500 t/d	城市垃圾	2014 年
28		华新水泥信阳有限公司	河南	800 t/d	城市垃圾	2014 年
29		华新水泥宜昌有限公司	湖北	150 t/d	市政污泥	2008 年
30		华新水泥黄石有限公司	湖北	150 t/d	市政污泥	2013 年
31		华新金龙水泥(郧县)有限公司	湖北	—	—	—
32		华新武汉污泥生态处理工厂	湖北	300 t/d	市政污泥	2012 年
33		华新水泥(株洲)有限公司	湖南	35460 t/a	危险废物	2017
34	拉法基瑞安	重庆拉法基瑞安水泥公司南山工厂	重庆	10t	市政污泥	2008 年
35		重庆长寿润江环保建材公司	重庆	20t	市政污泥	2009 年
36		遵义三岔拉法基瑞安水泥有限公司	贵州	400t	城市垃圾	2015 年
37	金隅集团	北京新北水水泥有限公司	北京	500t	市政污泥	2010 年
38		北京市琉璃河水泥有限公司	北京	1000t	市政污泥	2012 年
39		太行前景水泥有限公司	北京	100t	城市垃圾	2013 年
40		保定曲阳金隅水泥有限公司	河北	30000 t/a	危险废物	2018 年
41		沁阳金隅水泥公司	河南	30000 t/a	危险废物	2014 年
42		鹿泉金隅鼎鑫水泥有限公司	河北	300t	城市垃圾	2014 年
43		邢台金隅咏宁水泥有限公司	河北	20000 t/a	危险废物	2018 年
44		岚县金隅水泥有限公司	山西	30000 t/a	危险废物	2018 年
45		陵川金隅水泥有限公司	山西	30000 t/a	危险废物	2017 年
46		广灵金隅水泥有限公司	山西	30000 t/a	危险废物	2017 年

续表 4-3

编号	集团企业	依托企业	地区	规模	固废种类	时间
47		(焦作)博爱金隅水泥有限公司	河南	9900 t/a	危险废物	2017 年
48	金隅集团	北京金隅北水环保科技有限公司	北京	—	—	—
49		北京金隅琉水环保科技有限公司	北京	—	—	—
50		赞皇金隅水泥有限公司	河北	—	—	—
51		涿鹿金隅水泥有限公司	河北	—	—	—
52		宣化金隅水泥有限公司	河北	—	—	—
53	中材集团	溧阳天山水泥有限公司	江苏	450t	城市垃圾	2013 年
54		溧阳中材环保有限公司	江苏	29800 t/a	危险废物	2017 年
55		中材安徽水泥有限公司	安徽	—	—	—
56	葛洲坝集团	葛洲坝水泥老河口公司	湖北	500t	城市垃圾	2015 年
57		葛洲坝松滋水泥有限公司	湖北	—	—	—
58		葛洲坝宜城水泥有限公司	湖北	—	—	—
59	联合水泥	枣庄中联水泥有限公司	山东	50t	市政污泥	2008 年
60		淮海中联水泥有限公司	江苏	100000 t/a	危险废物	2018 年
61	华润水泥	广州市越堡水泥有限公司	广东	600t	市政污泥	2009 年
62		广西华润红水河水泥有限公司	广西	—	—	—
63		华润水泥(南宁)有限公司	广西	—	—	—
64		华润水泥(田阳)有限公司	广西	—	—	—
65		华润水泥(昌江)有限公司	海南	—	—	—
66	红狮集团	浙江红狮环保科技有限公司	浙江	600t	市政污泥	2015 年
67		浙江红狮水泥股份有限公司	浙江	30000 t/a	危险废物	2017 年
68		大田红狮水泥有限公司	福建	—	—	—
69		会昌红狮水泥	江西	100000 t/a	工业固废	2017 年
70		宜良红狮水泥	云南	100000 t/a	危险废物	2018 年
71		武鸣红狮环保科技有限公司	广西	—	—	—
72	冀东水泥	河北省唐县冀东水泥有限责任公司	河北	250t	生活垃圾+污泥	2013 年
73		涞水冀东水泥有限责任公司	河北	—	—	—
74		唐山冀东启新水泥有限责任公司	河北	—	—	—
75		冀东水泥永吉有限责任公司	吉林	—	—	—
76	京兰水泥	湖北京兰水泥	湖北	100000 t/a	危险废物	2018 年
77		河北京兰水泥有限公司	河北	80000 t/a	危险废物	2017 年
78	其他	天台水泥厂	四川	50t	城市垃圾	2007 年

编号	集团企业	依托企业	地区	规模	固废种类	时间
79	其他	广州市珠江水泥有限公司	广东	—	—	—
80	其他	茂名石化胜利水泥有限公司	广东	—	—	—
81	其他	兴仁大桥河水泥有限责任公司	贵州	100t	城市垃圾	2011年
82	其他	贵州茂鑫水泥有限责任公司	贵州	—	—	—
83	其他	贵州黔西西南水泥有限公司	贵州	—	—	—
84	其他	台泥(安顺)水泥有限公司	贵州	—	—	—
85	其他	遵义砺锋水泥有限公司	贵州	—	—	—
86	其他	习水赛德水泥有限公司	贵州	—	—	—
87	其他	洛阳黄河同力水泥有限公司	河南	350t	城市垃圾	2012年
88	其他	天津振兴水泥有限公司	天津	180t	市政污泥	2015年
89	其他	贵州科特林水泥有限公司	贵州	100t	城市垃圾	2015年
90	其他	唐山燕东水泥股份有限公司	河北	50000t/a	危险废物	2017年
91	其他	保定太行和益水泥有限公司	河北	—	—	—
92	其他	沙河市双基水泥有限公司	河北	—	—	—
93	其他	武安市新峰水泥有限责任公司	河北	—	—	—
94	其他	山西省新绛威顿水泥有限责任公司	山西	50000t/a	危险废物	2017年
95	其他	山西汇丰建材有限责任公司	山西	20000t/a	危险废物	2018年
96	其他	山西中兴水泥有限任公司	山西	31000t/a	危险废物	2018年
97	其他	山西桃园东义水泥有限公司	山西	50000t/a	危险废物	2018年
98	其他	山西双良鼎新水泥有限公司	山西	80000t/a	污染土壤	2018年
99	其他	山铝水泥	山东	70000t/a	危险废物	2018年
100	其他	鲁中水泥	山东	50000t/a	危险废物 城市污泥	2017年
101	其他	沂州水泥	山东	60000t/a	危险废物 城市污泥	2018年
102	其他	江苏鹤林水泥有限公司	江苏	40000t/a	危险废物	2017年
103	南方水泥	湖州南方水泥	浙江	40000t/a	危险废物	2017年
104	其他	江山市何家山水泥有限公司	浙江	37200t/a	危险废物	2017年
105	其他	浙江衢州巨泰建材有限公司	浙江	80000t/a	危险废物	2017年
106	其他	福建春驰集团新丰水泥有限公司	福建	100000t/a	危险废物	2018年
107	其他	福建龙麟环境工程有限公司	福建	100000t/a	危险废物	2017年
108	其他	福建蓝田水泥有限公司	福建	100000t/a	危险废物	2017年
109	其他	三明金牛水泥有限公司	福建	—	—	—
110	其他	武鸣锦龙水泥有限公司	广西	60000t/a	工业固废	2017年
111	其他	广西凌云通鸿水泥有限公司	广西	—	—	—
112	其他	广西鱼峰水泥股份有限公司(柳州金太阳工业废物处置有限公司)	广西	—	—	—

续表 4-3

编号	集团企业	依托企业	地区	规模	固废种类	时间
113	其他	贵州茂鑫水泥有限公司	四川	100000 t/a	危险废物	2018 年
114	其他	陕西富平水泥有限公司	陕西	100000 t/a	危险废物	2017 年
115	其他	格尔木宏扬水泥厂	青海	100000 t/a	危险废物	2017 年
116	其他	新疆天山水泥股份有限公司	新疆	700 t/a 600 t/a	生活垃圾 城市污泥	2012 年
117	其他	吉林亚泰水泥有限公司	吉林	45000 t/a	替代燃料(漆渣等)	2011 年
119	其他	大连水泥厂	辽宁	300 t/d	城市污泥	2017
120	其他	江苏九九水泥有限公司	江苏	—	—	—
121	其他	南京中联环保建材有限公司	江苏	—	—	—
122	其他	凌源市富源矿业有限责任公司富源熟料厂	辽宁	—	—	—
123	其他	大连小野田水泥有限公司	辽宁	—	—	—
124	其他	黑龙江省宾州水泥有限公司	黑龙江			

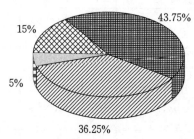

图 4-14　我国水泥窑协同处置废物种类分布

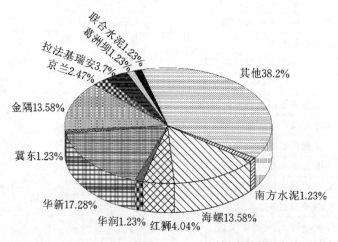

图 4-15　我国水泥窑协同处置生产线按集团分布统计图

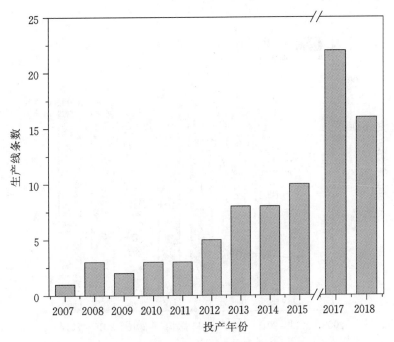

图 4-16　我水泥窑协同处置生产线数量发展

4.3　我国水泥窑协同处置对环境的影响

4.3.1　我国水泥窑协同处置固体废物的规模及其发展情况

4.3.1.1　我国水泥窑协同处置城市垃圾的规模及其发展情况

图 4-17 为 2009—2017 年我国垃圾无公害化处理量、水泥窑协同处置量及所占比例。

从 2009 年到 2017 年期间,我国城市垃圾无害化处理总量为 145385 万 t,其中水泥窑协同处置的城市垃圾总量为 1364.2 万 t,占无害化处理总量的 0.9338%。可见,水泥窑协同处置技术对生活垃圾无害化、减量化处理产生积极作用,水泥窑协同处置的应用具有十分巨大的空间和前景。

4.3.1.2　我国水泥窑协同处置市政污泥的规模及其发展情况

我国的污泥无害化处置量非常少,而水泥窑协同处置污泥由于污泥的干化技术问题,导致污泥的水泥窑协同处置成本较高,因此国内水泥企业研究污泥处置的并不多,其中最先应用并且处置量最多的是北京金隅集团,采用多种污泥干化技术,使得污泥能够发挥最大的利用价值。

图 4-18 为 2009—2015 年我国市政干污泥排放量、水泥窑协同处置量及所占比例的统计数据。从图 4-18 可以看出,我国市政干污泥的产生量逐年增长,从 2009 年的 2005 万 t 增加到 2015 年的 3832.41 万 t,增大了 91%,预计到 2020 年,全国市政干污泥的产生量将达到 4382 万 t;我国水泥窑协同处置污泥量也从 2009 年的 29.88 万 t,增加到

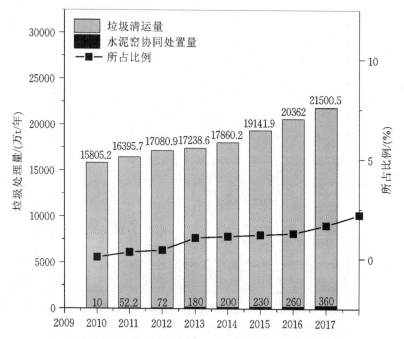

图 4-17　2009—2017 年我国垃圾无害化处理量、水泥窑协同处置量及所占比例

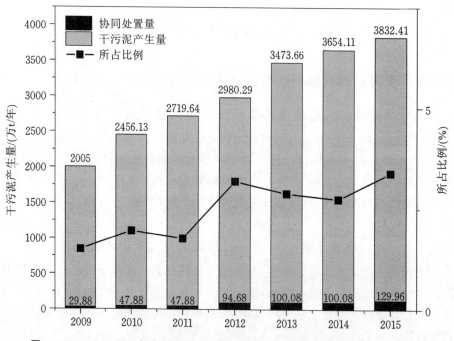

图 4-18　2009—2015 年我国市政干污泥排放量、水泥窑协同处置量及所占比例

2015 年的 129.96 万 t,增加了 335%,到 2017 年底,我国水泥窑协同处置城市污泥能力达到 195 万 t,增加了 552%。尽管我国水泥窑协同处置城市干污泥的量增长明显,但总量依然降低,占比仅为 3.39%。因此,水泥窑协同处置城市污泥还有进一步发展的空间。

从 2009 年到 2015 年期间,我国市政污泥产生总量为 21121.24 万 t,其中水泥窑协同处置的市政干污泥为 550.44 万 t,占产生总量的 2.61%。可见,水泥窑协同处置技术对市政污泥无害化、减量化处理具有积极作用,水泥窑协同处置技术在城市污泥处置的应用具有十分巨大的空间和前景。

4.3.1.3 我国水泥窑协同处置危险废物的规模及其发展情况

图 4-19 为 2009 年到 2015 年间我国危险废物的产生量。从危险废物的处理能力上来看,目前危险废物的常见处理方式有综合利用和无害化处置。综合利用主要方式是金属回收、燃料利用、油脂再生等。无害化处置主要方式是专业焚烧、填埋、水泥窑焚烧等。在综合利用方面,2015 年 50% 的工业危废被综合利用,30% 左右的工业危废被无害化处置,但仍有 20% 没有得到处理。若是以估计的 8800 万 t 的危废的量计算,没有经过处理的量将超过 5000 万 t,相当于产生量的 60%,数量十分庞大。

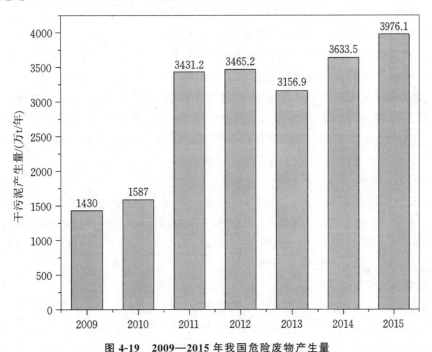

图 4-19　2009—2015 年我国危险废物产生量

截至 2017 年 9 月,水泥窑协同处置危废投产能力达 179 万 t。其中,具有水泥窑协同处置危废资质的企业 30 家,分布在 16 个省市,核准经营能力 151.5 万 t,占全部企业核准能力的 2.3% 左右,平均处置能力 5 万 t/家。目前投产的项目涉及 31 条生产线,占全部生产线的 1.7%,4000 t/d 及以上占 60%,占全国的 2.6%。其中陕西虽然核准了 8 家企业,但是只有 2 家在处理危险废物,也就 18.50 万 t。目前仍有 15 个省市未投产水泥窑协同处置设施。

2016 年 12 月 8 日环保部印发《水泥窑协同处置固体废物污染防治技术政策》要求:本技术政策发布之后新建、改建或扩建处置危险废物的水泥企业,应选择单线设计熟料生产规模 4000 t/d 及以上水泥窑。截至 2017 年 9 月底,我国 4000 t/d 以上的生产线有

740条。扣除掉已经或准备上协同处置生活垃圾、污泥、污染土的生产线以及跨区域水泥企业集团的生产线(采用自建模式)后,中国水泥研究院对剩下的生产线根据地理位置条件做出筛选,认为有120条具备很好的条件,以平均6万t/条建设,可增加处置能力720万t,加上现有的和前期准备中的共530万t,水泥窑协同处置危废能力未来有机会超过1250万t。

综上所述,据不完全统计,目前全国已建成水泥窑协同处置线约80条,占水泥生产线比例的5%左右,其中生活垃圾处置线43条、年处置能力约500万t;污泥处置线24条、年处置能力约195万t;具有水泥窑协同处置危险废物资质的企业30家,核准年处置能力约152万t。目前,在建和拟建的水泥窑协同处置生产线还有90多条。

4.3.2　我国水泥窑协同处置城市垃圾对能源消耗的影响

4.3.2.1　生活垃圾预处理环节的能源消耗情况

垃圾预处理环节是水泥窑协同处置城市垃圾的关键环节之一。垃圾预处理主要是通过筛分、破碎、机械分选等环节将原生垃圾中热值高、宜焚烧的成分分选出来,然后进一步破碎,再由水泥厂专用设备输送到水泥窑内作为替代燃料(或气化成可燃气体)进行焚烧,而筛选下来的不燃组分则按比例投放到生料磨,替代一部分生料。本课题详细调研了我国20家水泥窑协同处置城市垃圾企业生活垃圾预处理环节的原生垃圾基本特性、预处理工艺及成本、预处理后主要产物特征以及垃圾渗滤液的处理方式等,现综述如下:

(1) 生活垃圾预处理技术简介

当前我国生活垃圾预处理技术根据处理后产物状态主要可以分为两大类:一类为预处理后产生可燃气体,主要以海螺CKK技术为代表;另一类的预处理后的可燃组分为固体,主要以华新HWT技术、中材国际SINOMA技术为代表。先就我国几大主要水泥窑协同处置生活垃圾预处理技术进行简介:

① 海螺CKK技术

该技术利用垃圾气化处理技术将垃圾转化成可燃气体,将此气体通入新型干法水泥窑系统的分解炉中,替代部分燃料进行燃烧,并利用分解炉内900℃以上的高温和碱性气体等条件,吸收和处理垃圾产生的二噁英等有害气体,使垃圾处理达到"无害化、减量化、资源化"的要求。该系统分为垃圾储存和喂料、垃圾焚烧、灰渣处理、渗滤液处理、有害成分分离等五个部分。具体工艺流程如图4-20所示。

② 华新HWT技术

华新HWT生活垃圾系统处置技术将生活垃圾破碎、生物干化、分选后,得到RDF(Refuse Derived Fuel,垃圾衍生燃料)、石头瓦块等惰性材料和金属。产生臭气、渗滤液等污染物。

其中RDF可以作为工业窑炉辅助燃料,主要用作水泥窑替代燃料;石头瓦块等惰性材料作为生料再次利用;金属资源化利用;渗滤液、臭气等经环保设施处理后达标排放。其工艺主要包括卸料及暂存、生物干化、破碎及分选等部分,其具体工艺流程如图4-21所示。

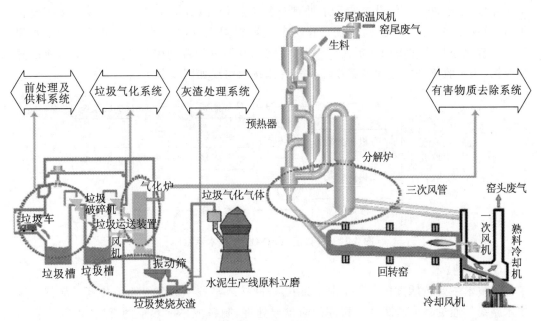

图 4-20 海螺 CKK 技术示意图

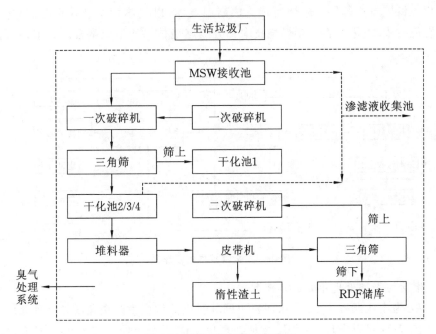

图 4-21 华新 HWT 技术示意图

③ 中材国际 SINOMA 技术

中材国际水泥窑协同处置生活垃圾技术包含两个部分,即生活垃圾预处理部分和水泥生产系统接纳部分。经市政环卫系统收集的原生态垃圾,送至专门设置的预处理厂,经计量后进入综合预处理系统进行分选处理,将垃圾分成四种不同类别的物质,即垃圾渗滤液部分(自然和挤压渗出)、金属废弃物部分、可燃物部分和不可燃物部分。垃圾渗滤液部分,就近进入专门设置的污水处理车间进行处理;分选出的少量金属直接市场销售;可燃物经挤压脱水后运至水泥厂作为替代燃料喂入分解炉燃烧;不可燃物运至水泥厂用作替代原料或缓震助磨剂使用,最终实现彻底消解处置利用。处置过程中形成的异味气体,统一收集经净化处理后排放。其具体技术路线如图4-22所示。

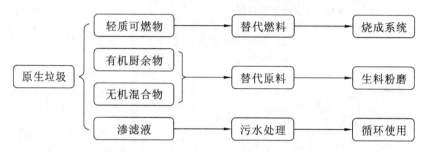

图 4-22　中材国际 SINOMA 技术示意图

④ 金隅技术

该技术主要包括直接入窑技术、气化燃烧间接入窑技术和分级燃烧技术三部分。该技术路线是通过将生活源废弃物进行简单预处理,制备成不同热值的燃料,进行分质利用。其中高热值产品通过机械输送方式直接进入水泥窑处置,低热值燃料通过一个立式旋转气化炉将燃料热解气化燃烧后转化成高温气体,以气体状态进入水泥窑,是垃圾燃料气化燃烧技术、垃圾燃料直接燃烧技术和分级燃烧技术的集成耦合。其主要工艺如图4-23所示。

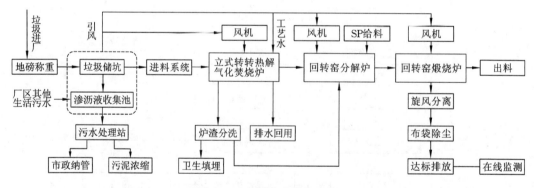

图 4-23　金隅技术的示意图

(2) 生活垃圾预处理单元成本概况

图4-24为本次调查中20个水泥窑协同处置生活垃圾生产企业的垃圾预处理成本统计。分析图4-24可以发现,生活垃圾预处理单元成本与预处理技术密切相关。其中A技术的预处理成本最高,在184.23~194.17元/t垃圾之间。这主要是由于A技术中垃圾预处理工厂与水泥窑线是分开的,垃圾预处理成本包括了RDF替代燃料的运输成本;抛开运输成本,每吨垃圾的预处理成本在70元左右。此外,其他相关技术中,垃圾预处理成本基本都在70元左右。可见,我国水泥窑协同处置生活垃圾的前端环节——生活垃圾预处理单元的成本约为70元/t垃圾。

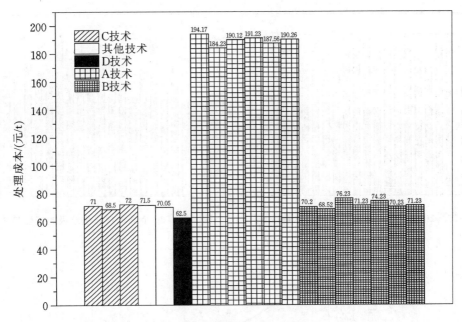

图 4-24 城市垃圾预处理成本统计

（3）生活垃圾预处理后产物的基本特性及占比

预处理工艺主要通过破碎、分选、筛分等工艺将原生垃圾中热值较高的部分制备成水泥生产的替代燃料，或通过气化工艺将其分解为可燃气体；将原生垃圾中热值较低的成分及惰性成分分选出来，进一步粉碎后，加入生料磨替代一部分生料，其中还需将金属组分分选出来。本部分在对 20 个协同处置生活垃圾生产线所有原生垃圾特性进行统计基础上，对这 20 个样本中生活垃圾预处理后产物的组成、替代燃料特性等数据进行统计与分析。

① 原生生活垃圾基本特性统计

图 4-25、图 4-26 分别为 20 个样本中原生生活垃圾的含水量及低位热值。从图 4-25 可以看出，该 20 个样本的原生垃圾含水量基本位于 48.2%～62.1%之间，含水量相对较高。同时，低位热值基本位于 1033.6～1725.3 kcal/kg 之间，热值差异较大，且热值偏低，必须经过预处理获得热值较高的水泥窑替代燃料。

进一步分析原生垃圾含水量与热值之间的关系可以发现，随着垃圾含水量增加，其热值逐渐降低，二者关系如图 4-27 所示。因此，在进行垃圾预处理阶段，有必要对垃圾进行压滤，降低替代燃料的含水量，从而提高其热值。

② 预处理产物组成统计

图 4-28 为不同预处理工艺下，生活垃圾经预处理后产物的基本组成（同一技术，多个样本取平均值）情况，B 技术产生的可燃物质为可燃性气体，在下文将进行专门讨论。

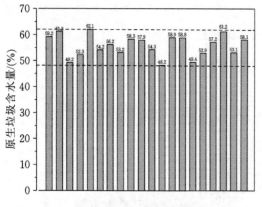

图 4-25　20 个样本中原生垃圾的含水量统计　　　　图 4-26　20 个样本中原生垃圾的低位热值统计

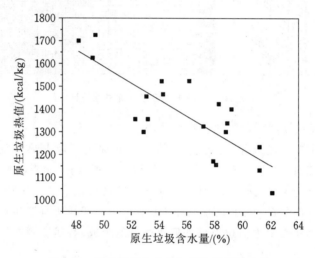

图 4-27　原生垃圾含水量与低位热值的关系

　　分析图 4-29（横坐标表示不同的样本）可以发现，垃圾预处理工艺对其处理后产物的组成影响并不大。其中可燃组分比例在 36.67%～54.33% 之间，惰性材料的比例在 12%～12.67% 之间，垃圾渗滤液的比例在 10.67%～14% 之间，而金属的比例在 0.2%～0.28% 之间。

　　（4）预处理过程产生渗滤液的处理

　　为了避免垃圾预处理和储存过程中产生的渗滤液渗透至地下，污染地下水体，有必要对预处理等相关过程中所产生的垃圾渗滤液进行处理，当前处理垃圾渗滤液的方式主要有两类：

　　① 将垃圾渗滤液收集到渗滤液收集池，再用泵经管道送至水泥厂回转窑烧成系统的高温区，利用烧成系统进行高温处置。

　　② 建设渗滤液处理系统，经"混凝气浮＋水解酸化＋MBR 系统＋RO 系统"处理后，浓缩液进入水泥厂回转窑烧成系统的高温区，利用烧成系统进行高温处置；处理后出水排入水泥厂内现有的循环水池。

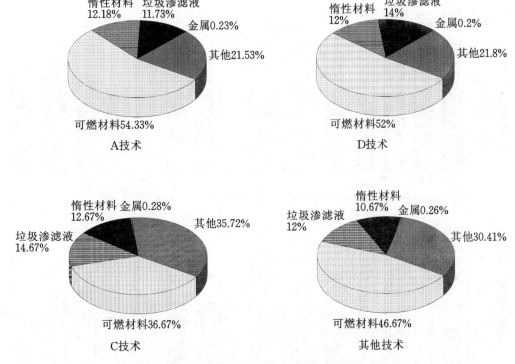

图 4-28 不同垃圾预处理工艺处理后产物组成统计

从对水环境影响、对大气环境影响以及人员配置与资金投入等方面对上述两种方案进行了对比分析,具体如表 4-4 所示。

表 4-4 垃圾渗滤液处置方案对比

项目	对比内容	方案①	方案②
1	对水环境的影响	渗滤液直接入窑高温处置实现废水零排放	处理效率难保证,回用可行性难保证,且渗滤液处理系统非正常工况下会对地下水和地表水产生影响
2	对大气环境的影响	处置每吨渗滤液煤耗增加 0.148 t;三次风增加 3887 m³/h,对烧成系统生产工况影响不大,对烧成系统处置可燃物产生的节煤效果影响不大	渗滤液处理站会产生恶臭,对大气环境产生不良影响
3	人员配置及资金投入	渗滤液收集池投资约 10 万元,无须配备环保专员,处理渗滤液增加的煤耗约 876 t/a,运行费用约 52.6 万元	以 25 m³/d 渗滤液处理站为例,建设投资额约为 200 万元,运行及维修费用约 50 万元/a,配置 2 名环保专员

从上述对比分析可以看出,两类方案中渗滤液直接入窑焚烧具有投资低、运行成本低等优点,但也存在增加煤耗、三次风量等问题;而渗滤液先经过污水处理,浓缩液焚烧,

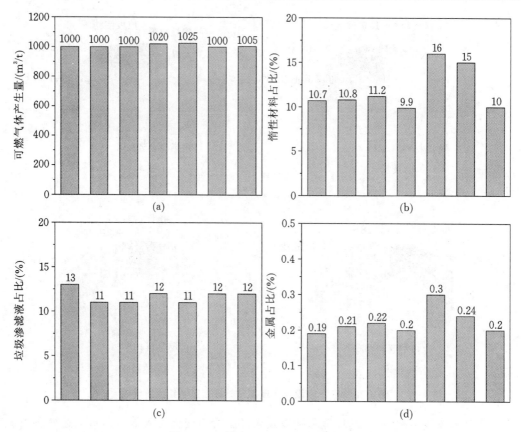

图 4-29　B 技术预处理产物组成占比

处置后的水循环使用,具有可进一步利用水资源的优点,且浓缩液焚烧对水泥烧成煤耗、三次风量等影响不大,但存在投资大、运行成本高等问题。从调查的 20 个样本来看,当前我国除了采用 A 技术的 5 条生产线采用污水处理方案外,另外 15 条生产线均采用垃圾渗滤液直接入窑焚烧的处置方式。

4.3.2.2　水泥窑煅烧过程中的能源消耗情况

能耗是水泥窑协同处置技术的一个重要指标,替代燃料的使用就是为了减少常规能源的消耗,本节对比了采用不同协同处置技术、不同厂家处置不同固废(生活垃圾、污泥以及危险废物等),对水泥窑产量、单位熟料可比综合煤耗、单位熟料可比综合电耗以及单位熟料可比综合能耗的影响。

(1)协同处置对产能的影响情况

图 4-30 为采用不同协同处置技术处置生活垃圾前后水泥窑的产量情况。图 4-31 为不同协同处置技术处置生活垃圾后水泥窑产能的增量。

分析图 4-30、图 4-31 可以发现,协同处置生活垃圾后对于水泥窑的产能影响不大,在本调查所取得的样本中,产能既有提高的,也有降低的。

图 4-32 为水泥窑协同处置污泥前后,水泥窑产能的变化情况(注:横坐标表示不同工厂的样品的相关数据,由于技术保密,未做公开说明,图 4-33 至图 4-50 同此。)。可以发

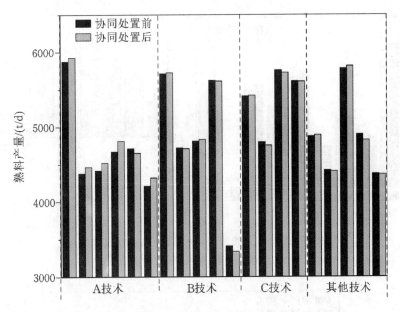

图 4-30　不同处置技术协同处置生活垃圾前后水泥窑产量

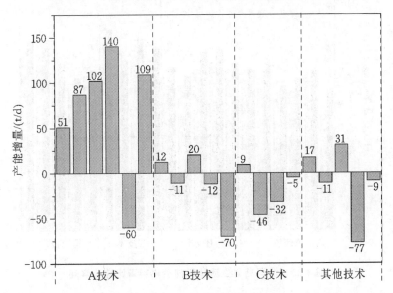

图 4-31　不同处置技术协同处置生活垃圾前后水泥窑产能的增量

现,协同处置污泥对水泥窑产能的影响不明显。

(2)协同处置对熟料生产可比综合煤耗的影响情况

图 4-33 为协同处置生活垃圾前后熟料的可比综合煤耗,图 4-34 为协同处置生活垃圾后熟料可比综合煤耗的增量。

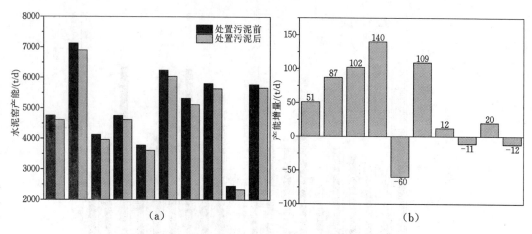

图4-32 协同处置污泥后水泥窑产能的变化情况

(a) 处置前后的产能;(b)处置前后产能的增量

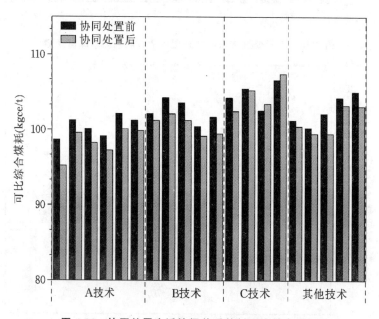

图4-33 协同处置生活垃圾前后熟料可比综合煤耗

由图4-33、图4-34可以发现,水泥窑协同处置生活垃圾后,均能在一定程度上降低熟料烧成的可比综合煤耗,这与生活垃圾中含有一部分热值有关。

图4-35为水泥窑协同处置污泥前后,熟料生产可比综合煤耗的变化情况。可以发现,协同处置污泥能显著降低熟料生产的综合煤耗,降低值在1.67~3.69 kgce/t之间。

图4-36为不同厂家每协同处置1 t危险废物,所需要多消耗的标准煤数量。分析图4-36可以发现,处置危险废物会在一定程度上增加标准煤的消耗,消耗量一般在0.087~0.121 t/t之间。这可能与大量危险废物的热值或水分含量偏高有关。

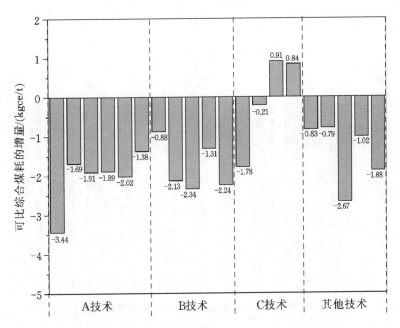

图 4-34　协同处置生活垃圾前后熟料可比综合煤耗的增量

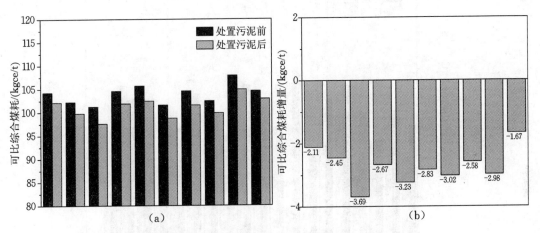

图 4-35　协同处置污泥前后熟料生产可比综合煤耗的变化情况
(a) 处置前后的可比综合煤耗;(b) 处置前后可比综合煤耗的增量

（3）协同处置对熟料生产可比综合电耗的影响情况

图 4-37 为采用协同处置生活垃圾前后熟料的可比综合电耗,图 4-38 为协同处置生活垃圾后熟料可比综合电耗的增量。

分析图 4-37、图 4-38 可以发现,采用水泥窑协同处置生活垃圾对熟料烧成可比综合电耗的影响因采用的技术不同而不同。部分可能导致可比综合电耗增加,其主要原因在于生活垃圾投入后,烟气中灰量增加,需要增大风机功率,从而造成熟料烧成的可比综合电耗增加。

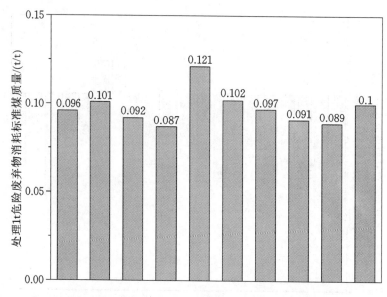

图 4-36　每处理 1 t 危险废物需要额外消耗的标准煤数量

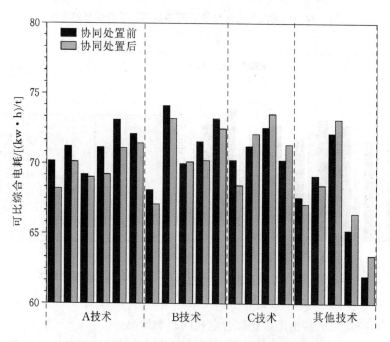

图 4-37　协同处置生活垃圾前后熟料可比综合电耗

　　图 4-39 为水泥窑协同处置污泥前后,熟料生产可比综合电耗的变化情况。可以发现,一般而言,协同处置污泥会显著提高熟料生产的综合电耗,提高值一般在 0.43~1.54(kW·h/t)之间,这同样与烟气中细颗粒含量增加而需要提高风机风量有关,但也存在少数样本降低了熟料烧成的可比综合电耗,这与生产的实际情况相关,还有待进一步研究。

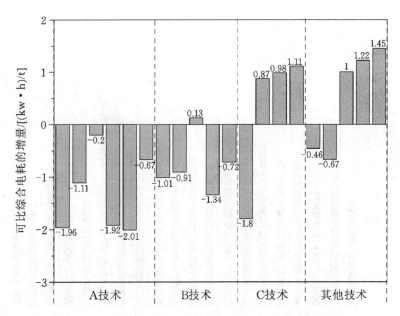

图 4-38 协同处置生活垃圾前后熟料可比综合电耗的增量

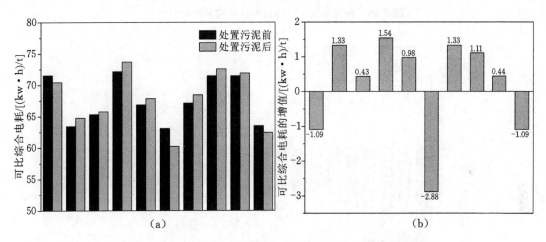

图 4-39 协同处置污泥前后熟料生产可比综合电耗的变化情况

(a) 处置前后的可比综合电耗；(b) 处置前后可比综合电耗的增量

（4）协同处置对熟料生产可比综合能耗的影响

图 4-40 为采用协同处置生活垃圾前后熟料的可比综合能耗，图 4-41 为协同处置生活垃圾后熟料可比综合能耗的增量。

分析图 4-40、图 4-41 可以发现，一般而言，采用水泥窑协同处置生活垃圾能够在一定程度上降低熟料烧成可比综合能耗，且降低幅度因采用技术不同而不同，可比综合能耗降幅最大可达到 4.85 kgce/t。

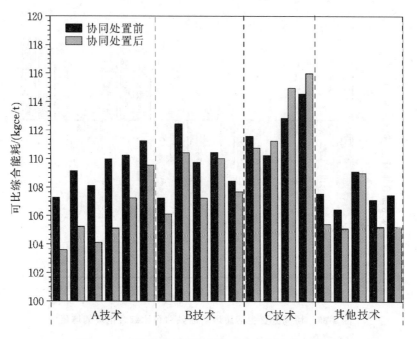

图 4-40　协同处置生活垃圾前后熟料可比综合能耗

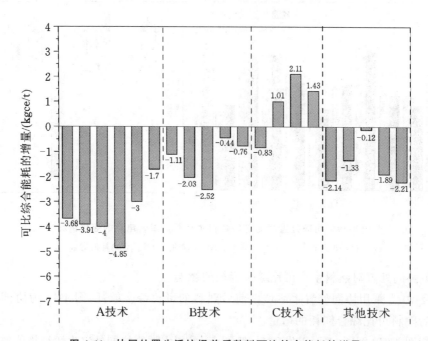

图 4-41　协同处置生活垃圾前后熟料可比综合能耗的增量

　　图 4-42 为水泥窑协同处置污泥前后熟料生产可比综合能耗的变化情况。可以发现,协同处置污泥会显著降低熟料生产的可比综合能耗,降低值一般在 0.67~2.87 kgce/t 之间,这主要与经过预处理后的污泥热值相对较高有关。

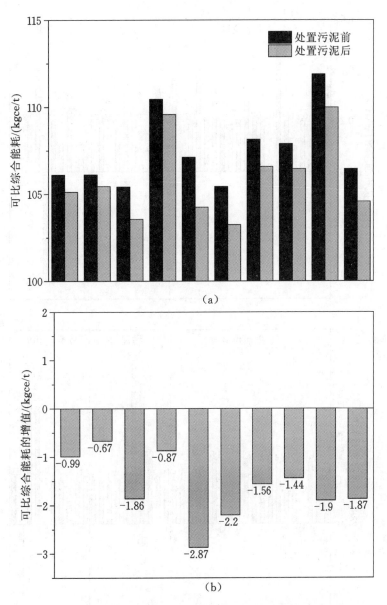

图 4-42 协同处置污泥前后熟料生产可比综合能耗的变化情况

(a) 处置前后的可比综合能耗；(b) 处置前后可比综合能耗的增量

4.3.3 协同处置对水泥熟料特性的影响

(1) 协同处置对水泥熟料物理力学性能的影响

图 4-43(a)为协同处置固废(包括生活垃圾、污泥以及危废等)后，水泥熟料 28 d 抗折强度的变化值，图 4-43(b)为协同处置固废(包括生活垃圾、污泥以及危废等)后，水泥熟料 28 d 抗压强度的变化值。

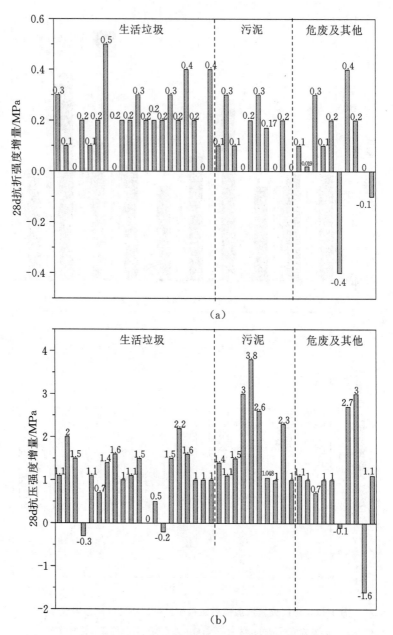

图 4-43　协同处置前后水泥熟料的抗折强度、抗压强度的增量

(a) 抗折强度增量；(b) 抗压强度增量

分析图 4-43 可以发现，协同处置前后，水泥熟料强度的变化值并不大，且在本研究所取的 40 个样本中，协同处置后水泥熟料的抗折或抗压强度均呈现增大的趋势；40 个样本中，28 d 抗折强度增大的样本有 31 个，增长幅度一般在 0.2%～6.1%之间，持平的有 7 个，降低的仅 2 个；28 d 抗压强度增大的样本有 35 个，增长幅度一般在 0.8%～7.2%之间，持平的有 1 个，降低的仅 4 个。

图 4-44 为协同处置固废（包括生活垃圾、污泥以及危废等）后，水泥熟料标准稠度用水量的增量。

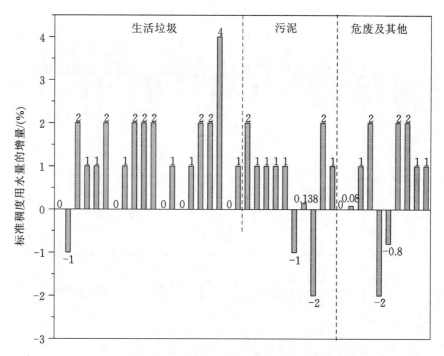

图 4-44 协同处置前后水泥熟料标准稠度用水量的增量

分析图 4-44 可以发现，协同处置固废会对水泥熟料标准稠度用水量造成一定影响，且一般会增加标准稠度用水量。本项目所调研的 40 个样本中，标准稠度用水量增加的样本为 29 个，持平的为 6 个，降低的为 5 个。其中，稠度用水量增加的幅度为 0.3%～18.2%，降低的幅度为 3.3%～7.7%。进一步分析可以发现，协同处置生活垃圾后，水泥熟料的标准稠度用水量主要以增加或持平为主，20 个协同处置生活垃圾样本中，标准稠度用水量减少的样本仅占 5%；而协同处置污泥以及协同处置危废及其他的样本中，减少的样本比例均为 10%。

图 4-45(a) 为协同处置固废（包括生活垃圾、污泥以及危废等）后，水泥熟料初凝时间的增量；图 4-45(b) 为协同处置固废（包括生活垃圾、污泥以及危废等）后，水泥熟料终凝时间的增量。

分析图 4-45 可以发现，协同处置前后，水泥熟料的初凝、终凝时间变化不大，主要以延长凝结时间为主。在本项目调研的 40 个样本中，初凝时间延长的样本占 72.5%，终凝时间延长的样本占 72.5%。但延长幅度均不大，其中初凝时间延长幅度在 0.73%～4.4% 之间，终凝时间延长幅度在 0.57%～5.3% 之间。

（2）协同处置对水泥熟料中重金属离子含量的影响

图 4-46 为协同处置前后水泥熟料中 Cu、Zn、Cr、Ba、Be、Ni、Pb、Ag、As、Hg、Se 等各类重金属离子的浸出浓度及浸出浓度的增加幅度。

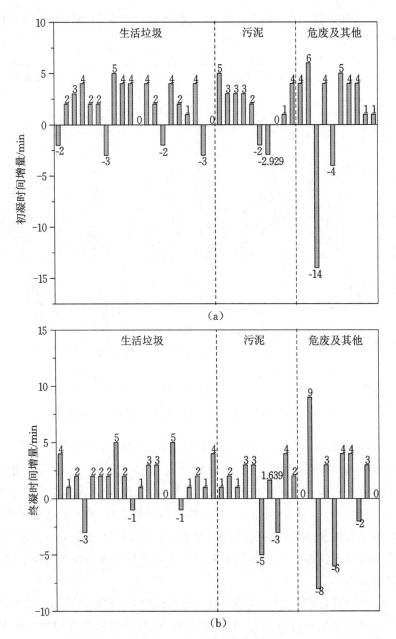

图 4-45 协同处置前后水泥熟料的初凝时间、终凝时间的增量

分析图 4-46 可以发现：(1)协同处置对熟料中重金属离子的浸出浓度影响不明显。从本调研中的 40 个样本看，有些样本中的重金属离子浸出浓度在协同处置后升高，而有些样本则呈现降低的趋势，总体来看规律性并不明显；(2)在水泥窑协同处置后，不论是重金属子浸出浓度升高还是降低，其绝对值均远远低于规范中对重金属离子浸出浓度的限制标准。

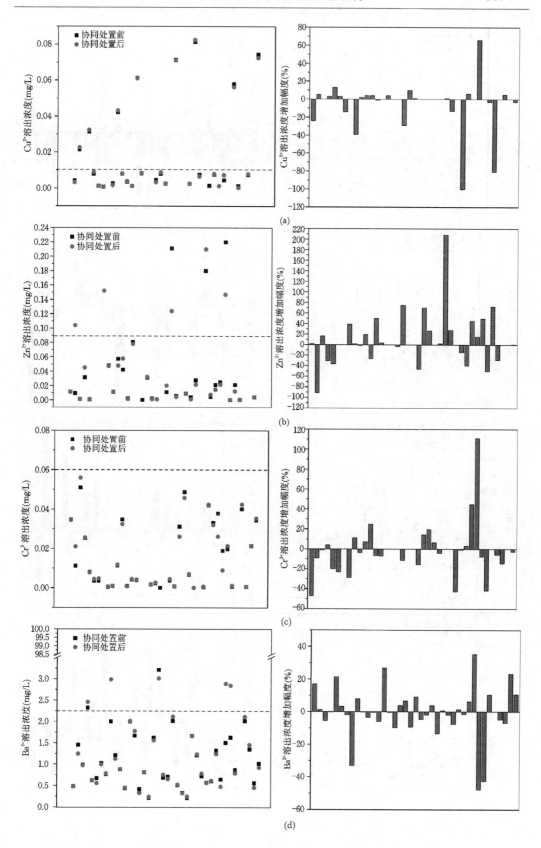

(a)

(b)

(c)

(d)

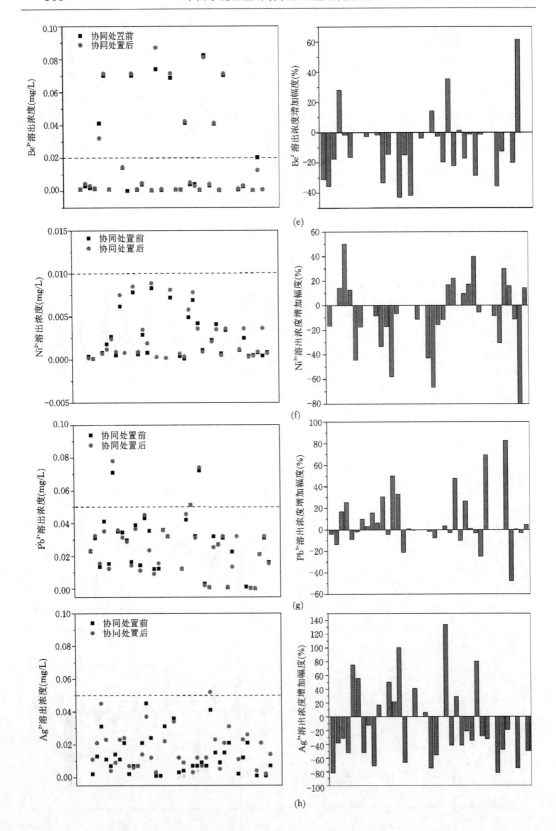

(e)

(f)

(g)

(h)

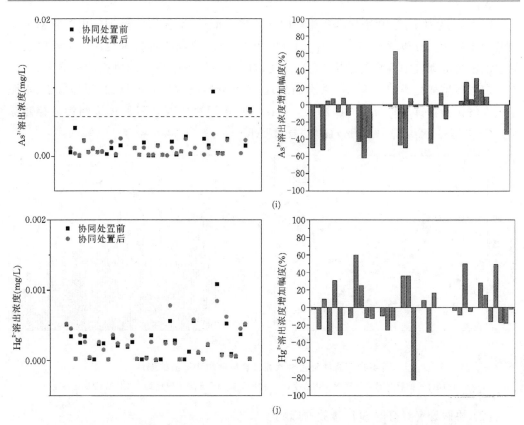

图4-46 协同处置前后水泥熟料中各类重金属离子的浸出浓度及浸出浓度增加幅度

（a）协同处置前后水泥熟料中 Cu^{2+} 的浸出浓度以及浸出浓度的增加幅度；（b）协同处置前后水泥熟料中 Zn^{2+} 的浸出浓度以及浸出浓度的增加幅度；（c）协同处置前后水泥熟料中 Cr^{3+} 的浸出浓度以及浸出浓度的增加幅度；（d）协同处置前后水泥熟料中 Ba^{2+} 的浸出浓度以及浸出浓度的增加幅度；（e）协同处置前后水泥熟料中 Be^{2+} 的浸出浓度以及浸出浓度的增加幅度；（f）协同处置前后水泥熟料中 Ni^{2+} 的浸出浓度以及浸出浓度的增加幅度；（g）协同处置前后水泥熟料中 Pb^{2+} 的浸出浓度以及浸出浓度的增加幅度；（h）协同处置前后水泥熟料中 Ag^{2+} 的浸出浓度以及浸出浓度的增加幅度；（i）协同处置前后水泥熟料中 As^{3+} 的浸出浓度以及浸出浓度的增加幅度；（j）协同处置前后水泥熟料中 Hg^{2+} 的浸出浓度以及浸出浓度的增加幅度

可见，采用水泥窑协同处置生活垃圾、污泥或危废等物质，经过1300℃以上的高温煅烧后，固废中的重金属离子均被固封到水泥熟料中，很难再被溶出。因此，水泥窑协同处置技术生产出的水泥熟料不具有重金属离子溶出的危害。

4.3.4 协同处置对水泥窑大气污染物排放的影响

水泥窑污染物排放，一直是水泥工业"节能减排"关注的重点。协同处置技术实施后，是否会对水泥窑大气污染物排放造成一定的影响，亦是协同处置对水泥工业环境状况影响调研的重点。为此，本项目针对上述40个样本，分别收集了协同处置技术实施前后，水泥窑窑尾颗物浓度、窑尾 SO_2 浓度、窑尾 NO_x 以及窑尾氟化物浓度，试通过对比说明协同处置技术对水泥窑大气污染物排放的影响规律。

（1）协同处置对窑尾颗粒物排放的影响

图 4-47 为对上述 40 个样本实施协同处置技术前后，水泥窑窑尾烟气中颗粒物浓度及其变化幅度。分析图 4-47(a)、图 4-47(b)可以发现，协同处置技术会在一定程度上增加水泥窑窑尾烟气中颗粒物浓度，这也与之前的能耗调查中显示的风机功率增大、电耗有一定程度增加相类似。但进一步分析发现，即便颗粒物浓度有所增加，但均低于《水泥工业大气污染物排放标准》(GB 4915—2013)和《水泥窑协同处置固体废物污染控制标准》(GB 30485—2013)中 30 mg/m³ 的技术要求。

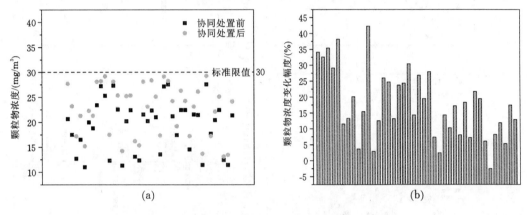

图 4-47　协同处置对水泥窑窑尾颗粒物排放的影响

(a) 协同处置前后水泥窑窑尾颗粒物浓度；(b) 协同处置前后水泥窑窑尾颗粒物浓度的变化幅度

(2) 协同处置对窑尾 SO_2 排放的影响

图 4-48 为上述 40 个样本，实施协同处置技术前后，水泥窑窑尾烟气中 SO_2 浓度及其变化幅度。

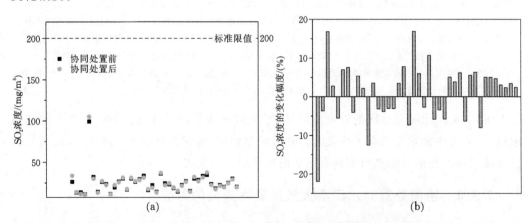

图 4-48　协同处置对水泥窑窑尾 SO_2 排放的影响

(a) 协同处置前后水泥窑窑尾烟气 SO_2 浓度；(b) 协同处置前后水泥窑窑尾烟气 SO_2 浓度的变化幅度

分析图 4-48(a)、图 4-48(b)可以发现，协同处置技术对水泥窑窑尾烟气中的 SO_2 浓度没有明显的影响。从调研的 40 个样本看，SO_2 浓度升高的样本为 24 个，SO_2 浓度降低的样本为 16 个，且影响幅度大部分在 10% 以内。进一步分析发现，实施协同处置技术后，水泥窑窑尾烟气中 SO₂ 浓度依然远低于《水泥工业大气污染物排放标准》(GB 4915—2013)和《水泥窑协同处置固体废物污染控制标准》(GB 30485—2013)中 200 mg/m³ 的技术要求。

（3）协同处置对窑尾 NO_x 排放的影响

图 4-49 为对上述 40 个样本实施协同处置技术前后，水泥窑窑尾烟气中 NO_x 浓度及其变化幅度。分析图 4-49(a)、图 4-49(b)可以发现，协同处置技术对水泥窑窑尾烟气中的 NO_x 浓度没有明显的影响。从上述 40 个样本看，NO_x 浓度升高的样本为 16 个，而 NO_x 浓度降低的样本为 24 个，且影响幅度大部分在 5% 以内。进一步分析发现，实施协同处置技术后，水泥窑窑尾烟气中 NO_x 浓度依然低于《水泥工业大气污染物排放标准》(GB 4915—2013)和《水泥窑协同处置固体废物污染控制标准》(GB 30485—2013)中 400 mg/m³ 的技术要求。

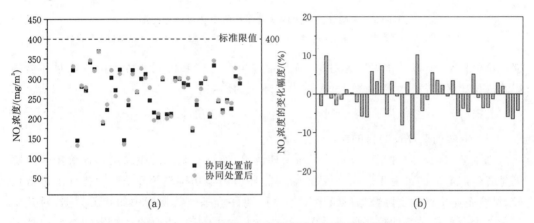

图 4-49 协同处置对水泥窑窑尾 NO_x 排放的影响

（a）协同处置前后水泥窑窑尾烟气 NO_x 浓度；（b）协同处置前后水泥窑窑尾烟气 NO_x 浓度的变化幅度

（4）协同处置对窑尾氟化物排放的影响

图 4-50 为对上述 40 个样本实施协同处置技术前后，水泥窑窑尾烟气中氟化物的浓度及其变化幅度。

分析图 4-50(a)、图 4-50(b)可以发现，协同处置技术对水泥窑窑尾烟气中的氟化物浓度有一定的影响。从上述 40 个样本看，氟化物浓度升高的样本为 17 个，而氟化物浓度降低的样本为 23 个，且影响幅度大部分在 10%~20% 之间。进一步分析发现，实施协同处置技术后，水泥窑窑尾烟气中氟化物浓度依然远低于《水泥工业大气污染物排放标准》(GB 4915—2013)和《水泥窑协同处置固体废物污染控制标准》(GB 30485—2013)中 5 mg/m³ 的技术要求。

综上所述，协同处置技术的实施，对水泥窑窑尾烟气中污染物浓度具有一定的影响，会显著增加颗粒物的含量，但其浓度依然低于相关规范要求。而对于 SO₂、NO_x 以及氟化物浓度影响规律不明显，但其排放浓度均远远低于相关标准的要求。可见，水泥窑协同处置技术不会对水泥工业常规污染物排放浓度造成负面影响。

4.3.5 水泥窑协同处置技术对环境影响的 LCA 分析

本部分主要对水泥窑协同处置技术对环境的影响进行分析研究，应用 LCA 生命周

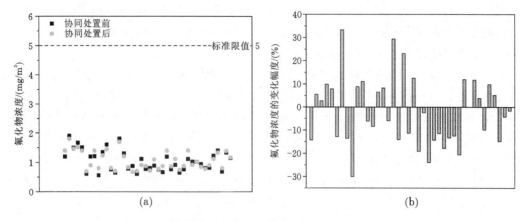

图 4-50　协同处置对水泥窑窑尾烟气氟化物排放的影响

（a）协同处置前后水泥窑窑尾烟气氟化物浓度；（b）协同处置前后水泥窑窑尾烟气氟化物浓度的变化幅度

期评价分析方法，以某水泥厂为对象，对其常规生产方式和协同处置生产方式对环境的影响进行比较，分析水泥窑协同处置技术对环境的影响。

4.3.5.1　生命周期评价过程

（1）生命周期评价的目的

基于某水泥厂两种生产方式的生命周期清单，通过一系列的生命周期评价步骤对协同处置生产前后的水泥生产在资源能源消耗、环境污染物排放等环境负荷指标上进行比较，结合企业生产的实际数据以及中国生命周期评价基础数据库中的相关数据，对其生产的全生命周期进行评价。项目采用 CML2001 方法体系，选取的坏境影响类型包括温室效应（GWP）、酸化效应（AP）、光化学效应（POCP）、水体富营养化（EP）、人体健康损害（HTP）和不可再生资源消耗（ADP）六种，为了确保分析结果的可比性，选取 1 t 水泥熟料为 1 个功能单位，所有的数据均以该单位进行换算。

（2）生命周期评价系统边界

水泥生产一般包括原材料的开采运输、煤粉的制备、生料制备、熟料煅烧和水泥粉磨等阶段，采用协同处置技术后，处置的废弃物可以替代部分燃料和部分原料。本部分主要研究目的是对水泥协同处置生产进行生命周期评价，因此不考虑原料开采、煤粉制备等过程，主要考虑水泥熟料煅烧过程以及原料、废弃物的运输过程。系统边界以石灰石等原料的运输为起点，水泥熟料烧成为终点，包含废弃物从运输进厂到处置完成的全过程。原料矿山距离厂区约 16 km，废弃物的运输距离约 15 km，均考虑运输方式为汽运，煤炭的运输采用水路运输，运输距离大约为 1000 km。水泥生产系统边界图如图 4-51 所示，根据生产方式分成常规生产和协同处置生产两部分，虚线部分为废弃物处置。

（3）水泥生产环境负荷清单分析

① 水泥生产环境负荷清单

表 4-5 和表 4-6 分别是该厂常规生产以及协同处置生产的环境负荷清单，其中标准煤、电力数据为企业实测数据，污染物排放数据是根据实测数据污染物排放浓度转换成单位熟料排放量数据，原料消耗数据即石灰石、黏土消耗量，来自中国水泥工业的生命周

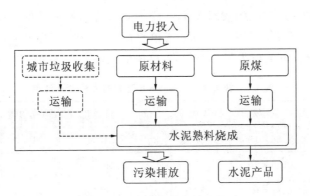

图 4-51 水泥生产系统边界

期清单,按烧成 1 t 熟料需 1.5 t 原料计算得出。垃圾焚烧后的灰渣成分与水泥生产用黏土成分相似,而且城市垃圾在水泥窑中焚烧会提供一定的热能,水泥窑处置每吨城市垃圾减少的黏土与煤用量,将会间接避免这些资源在开采以及运输过程中的环境负荷。CO_2 的排放数据将根据石灰石煅烧排放和煤燃烧排放计算得出。水泥烧成过程中 CO_2 的排放量计算,根据石灰石中碳酸盐的分解 $CaCO_3 \longrightarrow CaO + CO_2$,$MgCO_3 \longrightarrow MgO + CO_2$,以及国家发展和改革委员会能源研究所提供的 CO_2 排放系数计算得出。

表 4-5 常规生产环境负荷清单

能源资源消耗	单位	消耗量	排放物质	单位	排放量
标准煤	kg/t	110.58	CO_2	kg	7.77×10^2
石灰石	kg/t	1275	颗粒物	kg	1.32×10^{-1}
黏土	kg/t	225	SO_2	kg	9.02×10^{-2}
电力	(kW・h)/t	55.5	NO_x	kg	6.50×10^{-1}

表 4-6 协同处置生产环境负荷清单

能源资源消耗	单位	消耗量	排放物质	单位	排放量
标准煤	kg/t	106.98	CO_2	kg	7.68×10^2
石灰石	kg/t	1275	颗粒物	kg	6.45×10^{-2}
黏土	kg/t	219	SO_2	kg	3.50×10^{-2}
电力	(kW・h)/t	57	NO_x	kg	6.90×10^{-1}
			HCl	kg	9.57×10^{-3}
			HF	kg	2.43×10^{-4}
			二噁英类	kg	5.40×10^{-10}

② 发电阶段的清单分析

我国的电力工业主要是以燃煤发电为主,同时具有水力、太阳能、风能等发电方式,这里采用全国电网平均发电的数据来计算 1 kW·h 电力所涉及的资源能源输入和污染物的输出。电力生产清单采用 eBalance 清单数据库中收集的我国平均电网电力生命周期清单,选取 1 kW·h 的电力为功能单位,单位电力的生命周期清单列于表 4-7 中。

表 4-7　我国生产 1 kW·h 电力的生命周期清单

能源资源消耗	单位	消耗量	排放物质	单位	排放量	排放物质	单位	排放量
硬煤	kg	5.86×10^{-1}	总颗粒物	kg	5.54×10^{-5}	Pb	kg	4.59×10^{-10}
褐煤	kg	8.96×10^{-5}	SO_2	kg	3.16×10^{-3}	As	kg	3.38×10^{-10}
水能	MJ	6.09×10^{-01}	NO_x	kg	2.59×10^{-3}	Zn	kg	1.37×10^{-9}
原油	kg	3.05×10^{-3}	CO_2	kg	9.29×10^{-1}	Ni	kg	1.90×10^{-10}
生物质能	MJ	1.23×10^{-4}	CH_4	kg	2.62×10^{-3}	Cu	kg	3.06×10^{-10}
风能	MJ	3.06×10^{-2}	N_2O	kg	1.41×10^{-5}	Hg	kg	1.61×10^{-10}
太阳能	MJ	5.70×10^{-7}	CO	kg	1.73×10^{-4}	Cr	kg	1.74×10^{-10}
煤矿瓦斯气	m^3	1.06×10^{-6}	NMVOC	kg	1.07×10^{-4}			
天然气	m^3	1.46×10^{-4}	Cd	kg	1.08×10^{-10}			

③ 运输清单

由于原料以及废弃物的运输均设定为汽车运输,运输清单采用 eBalance 清单数据库中 18 t 运货汽车清单,列于表 4-8 中。

表 4-8　公路运输清单

能源消耗物质	单位	消耗量	排放物质	单位	排放量
硬煤	kg	3.46×10^{-3}	总颗粒物	kg	3.59×10^{-7}
褐煤	kg	4.16×10^{-4}	SO_2	kg	1.29×10^{-4}
原油	kg	4.12×10^{-2}	NO_x	kg	1.96×10^{-3}
天然气	m^3	1.10×10^{-3}	CO_2	kg	1.16×10^{-1}
			CH_4	kg	5.80×10^{-4}
			N_2O	kg	1.11×10^{-5}
			CO	kg	1.73×10^{-2}
			NMVOC	kg	2.54×10^{-3}

煤炭的运输采用水路运输,运输距离约为 1000 km,煤的运输数据采用 eBalance 清单数据库中水路运输清单,见表 4-9。

表 4-9 煤炭运输清单

能源消耗物质	单位	消耗量	排放物质	单位	排放量
硬煤	kg	2.35×10^{-4}	总颗粒物	kg	2.47×10^{-8}
褐煤	kg	3.21×10^{-5}	SO_2	kg	1.11×10^{-5}
原油	kg	3.18×10^{-3}	NO_x	kg	4.02×10^{-4}
煤矿瓦斯气	m^3	2.42×10^{-7}	CO_2	kg	1.24×10^{-2}
天然气	m^3	8.48×10^{-5}	CH_4	kg	4.42×10^{-5}
			N_2O	kg	6.15×10^{-7}
			CO	kg	9.40×10^{-5}
			NMVOC	kg	8.03×10^{-5}

④ 清单汇总

将上述清单按不同生产方式汇总,得出常规生产的环境负荷清单以及协同处置生产的环境负荷清单,见表 4-10 和表 4-11。

表 4-10 常规生产环境负荷清单汇总

能源消耗物质	单位	消耗量	排放物质	单位	排放量	排放物质	单位	排放量
标准煤	kg	1.11×10^2	CO_2	kg	8.33×10^2	Ni	kg	1.05×10^{-8}
石灰石	kg	1.28×10^3	颗粒物	kg	1.35×10^{-1}	Cu	kg	1.70×10^{-8}
黏土	kg	2.25×10^2	SO_2	kg	2.70×10^{-1}	Hg	kg	8.94×10^{-9}
硬煤	kg	3.26×10^1	NO_x	kg	9.03×10^{-1}	Cr	kg	9.66×10^{-9}
褐煤	kg	1.99×10^{-2}	CH_4	kg	1.66×10^{-1}			
水能	MJ	3.38×10^1	N_2O	kg	1.14×10^{-3}			
原油	kg	1.65	CO	kg	4.39×10^{-1}			
生物质能	MJ	6.83×10^{-3}	NMVOC	kg	7.93×10^{-2}			
风能	MJ	1.70	Cd	kg	5.99×10^{-9}			
太阳能	MJ	3.16×10^{-5}	Pb	kg	2.55×10^{-8}			
煤矿瓦斯气	m^3	9.63×10^{-5}	As	kg	1.88×10^{-8}			
天然气	m^3	4.76×10^{-2}	Zn	kg	7.60×10^{-8}			

表 4-11　协同处置环境负荷清单汇总

能源消耗物质	单位	消耗量	排放物质	单位	排放量	排放物质	单位	排放量
标准煤	kg	1.07×10^2	CO_2	kg	8.25×10^2	Pb	kg	2.62×10^{-8}
石灰石	kg	1.28×10^3	颗粒物	kg	6.77×10^{-2}	As	kg	1.93×10^{-8}
黏土	kg	2.19×10^2	SO_2	kg	2.20×10^{-1}	Zn	kg	7.81×10^{-8}
硬煤	kg	3.35×10^1	NO_x	kg	9.47×10^{-1}	Ni	kg	1.08×10^{-8}
褐煤	kg	2.02×10^{-2}	HCl	kg	9.57×10^{-3}	Cu	kg	1.74×10^{-8}
水能	MJ	3.47×10	HF	kg	2.43×10^{-4}	Hg	kg	9.18×10^{-9}
原油	kg	1.67	二噁英类	kg	5.40×10^{-10}	Cr	kg	9.92×10^{-9}
生物质能	MJ	7.01×10^{-3}	CH_4	kg	1.70×10^{-1}			
风能	MJ	1.74	N_2O	kg	1.17×10^{-3}			
太阳能	MJ	3.25×10^{-5}	CO	kg	4.53×10^{-1}			
煤矿瓦斯气	m^3	9.67×10^{-5}	NMVOC	kg	8.11×10^{-2}			
天然气	m^3	4.83×10^{-2}	Cd	kg	6.16×10^{-9}			

4.3.5.2　生命周期环境影响评价

环境影响评价是运用相关评价模型,将清单分析中的结果进行整理并转换成可用作比较的环境影响指标,并对环境影响进行评价的过程,主要包括分类、特征化、加权归一化等步骤。本文主要应用 CML2001 生命周期评价方法对上述水泥厂协同处置前后环境影响进行评价。

（1）分类

根据水泥生产的环境影响清单,将水泥生产的环境影响类型分为温室效应(GWP)、酸化效应(AP)、光化学效应(POCP)、水体富营养化(EP)、人体健康损害(HTP)和不可再生资源消耗(ADP)六类。

（2）特征化

特征化是指将不同影响特征的污染物根据相关环境影响指标转化为统一单位,即为每种环境负荷确定参考值,选取 CML2001 特征化模型的相关特征化因子,特征因子通过查阅 eBalance 的数据库选取,如表 4-12 和表 4-13 所示。特征化的过程为特征因子乘以污染物排放量得出环境影响值的大小。

表 4-12　环境影响特征化因子

环境影响	温室效应 CO_2 当量	酸化效应 SO_2	光化学效应 乙烯	水体富营养化 磷酸根	人体健康危害 1,4-二氯苯
CO_2	1.00E+00	0	0	0	0
NO	0	1.07E+00	0	2.00E-01	0
NO_2	0	7.00E-01	2.80E-02	1.30E-01	1.20E+00

环境影响	温室效应 CO₂当量	酸化效应 SO₂	光化学效应 乙烯	水体富营养化 磷酸根	人体健康危害 1,4-二氯苯
SO₂	0	1.00E+00	4.80E−02	0	9.60E−02
颗粒物	0	0	0	0	8.20E−01
CO	0	0	2.70E−02	0	0
NMVOC	4.52E−02	0	1.50E−01	0	1.14E+01
CH₄	2.50E+01	0	6.00E−03	0	0
N₂O	2.98E+02	0	0	0	0
As	0	0	0	0	3.48E+05
Cd	0	0	0	0	1.45E+05
Cr	0	0	0	0	3.43E+06
Hg	0	0	0	0	6.01E+03
Ni	0	0	0	0	3.50E+04
Pb	0	0	0	0	4.67E+02
Cu	0	0	0	0	4.30E+03
Zn	0	0	0	0	1.04E+02
氟化物	0	1.60E+00	0	0	2.85E+03
HCl	0	8.80E−01	0	0	5.00E−01
二噁英	0	0	0	0	1.93E+09

表 4-13 不可再生资源特征因子

资源能源	不可再生资源消耗	资源能源	不可再生资源消耗
褐煤	8.08E−07	煤矿瓦斯气	7.02E−06
硬煤	8.08E−07	石灰石	3.16E−06
原油	9.87E−06	黏土	3.78E−05
天然气	9.83E−06		

经过表 4-12 和表 4-13 中数据的特征化计算,得出环境影响特征化结果,见表 4-14。

表 4-14 环境影响特征化结果

	GWP	AP	POCP	EP	HTP	ADP
常规特征化	8.37E+02	1.07E+00	5.03E−02	1.49E−01	1.62E+00	1.27E−02
协同处置特征化	8.30E+02	1.07E+00	4.92E−02	1.56E−01	3.35E+00	8.44E−03

（3）加权归一化

为了比较不同环境类型之间的影响，对不同环境类型特征化后的数值单位进行归一化处理转化为同一标准下的量化数据，使之能够对整个生产过程的环境影响程度进行判断。本文以资源稀缺性作为确定权重的原则，权重因子的数据来源参考我国 CLCD 数据库中部分地域的环境影响参数，对归一化的数据进行加权计算。表 4-15 所示为分类、加权、归一化基准。

表 4-15　分类、加权、归一化基准

环境影响类型	环境负荷项目	单位参照物	归一化基准 /$(kg \cdot 人^{-1} \cdot a^{-1})$	权重因子
温室效应	CO_2、CH_4、NM_{VOC}、N_2O	1 kg(CO_2)	4.18E+13	10
酸化效应	NO、NO_2、SO_2、NH_3、HCl、氟化物	1 kg(SO_2)	3.18E+11	2.0
光化学效应	SO_2、NO_2、CO、NM_{VOC}、CH_4	1 kg(乙烯)	4.04E+10	3.0
水体富营养化	NO、NO_2、NH_3	1 kg(PO_4^{3-})	1.58E+11	7.0
人体健康危害	NO_2、SO_2、HCl、氟化物、颗粒物、二噁英、重金属	1 kg(1,4-二氯苯)	8.86E+12	8.0
不可再生资源消耗	褐煤、硬煤、原油、天然气、煤矿瓦斯气、石灰石、黏土	1 kg(锑)	2.14E+10	1.5

表 4-16 所示为该厂水泥协同处置前后环境影响值加权结果。

表 4-16　环境影响值加权结果

	GWP	AP	POCP	EP	HTP	ADP
常规生产	2.00E−10	6.73E−12	3.74E−12	6.60E−12	1.46E−12	8.90E−13
协同处置	1.99E−10	6.73E−12	3.65E−12	6.91E−12	3.02E−12	5.92E−13

4.3.5.3　生命周期结果解释

根据表 4-16 协同处置前后环境影响的加权归一化结果，对该水泥厂常规生产与协同处置生产这两种不同生产方式在不同的环境影响类型下进行对比分析，其结果见图 4-52。

（1）温室效应环境影响值

从图 4-52 可以看出，常规生产与协同处置生产温室效应环境影响值从 2.0×10^{-10} 降至 1.99×10^{-10}，下降了 0.5%，产生上述环境影响值变化的原因是水泥窑协同处置城市垃圾能够替代部分原材料。黏土作为替代燃料可以节省部分能源的消耗，降低资源消耗量，间接减小由于原料和煤炭运输带来的环境影响，而水泥生产过程中温室气体 CO_2 的排放主要是由化石燃料的燃烧以及碳酸盐原料的使用产生的，因此使用城市垃圾替代原料和部分燃料能够减少温室气体的排放，从而使得协同处置生产温室效应环境影响值低于常规生产温室效应影响值。

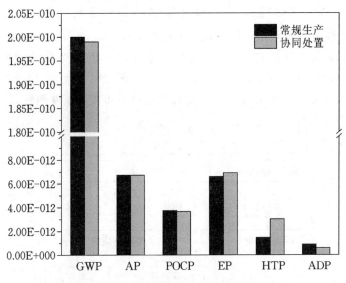

图 4-52　不同影响类型的环境影响值

（2）酸化效应环境影响值

协同处置生产与常规生产的酸化效应影响情况基本一致，这是因为影响酸化效应的因素主要是 NO_x 排放以及 SO_2 的排放，由于水泥窑协同处置前后均有窑尾脱硝设备，NO_x、SO_2 排放变化不大，酸化效应环境影响值变化也不大。

（3）光化学效应环境影响值

常规生产与协同处置生产的光化学效应环境影响值从 3.74×10^{-12} 降至 3.65×10^{-12}，下降了 2.41%，水泥窑协同处置生命周期中处置城市垃圾减少了原料和燃料的使用，间接降低了由于原料和煤炭运输带来的环境影响，其中由于运输带来的 CO、CH_4、NOVOC 的排放减少了，使得光化学效应环境影响值降低了。

（4）水体富营养化环境影响值

水体富营养化环境影响值协同处置前后从 6.60×10^{-12} 增加至 6.91×10^{-12}，增加了 4.7%，这是由于水泥窑协同处置城市垃圾的过程中，水泥窑窑尾烟气中 NO_x 的浓度有所升高，从而影响水体富营养化环境影响值升高。

（5）人体健康危害环境影响值

人体健康危害环境影响值增大较多，常规生产与协同处置生产的环境影响值分别为 1.46×10^{-12} 和 3.02×10^{-12}。人体健康危害环境影响值的升高是因为水泥窑协同处置废弃物的过程中会产生一定量的二噁英，虽然排放的浓度在国家标准规定的范围内，但是二噁英在评价中占较重的地位，因此水泥窑协同处置前后人体健康危害环境影响值增大了近一倍。

（6）不可再生资源消耗

常规生产与协同处置生产的不可再生资源环境影响值分别为 8.90×10^{-13} 和 5.92×10^{-13}，下降达 33.48%，这是由于水泥窑协同处置替代了一部分水泥生产原料以及化石燃料，使得不可再生资源消耗环境影响值大幅度下降。

4.3.5.4　水泥窑协同处置前后对环境的影响负荷比较

（1）水泥常规生产及城市垃圾常规处置边界条件

在水泥窑协同处置生产过程中城市垃圾在水泥窑中处置，水泥窑协同处置的系统边界包含了城市垃圾的处置过程，如图 4-53 所示。而在常规生产中，缺少城市垃圾的常规处置过程。城市垃圾的常规处置方式主要有卫生填埋和焚烧填埋两种。

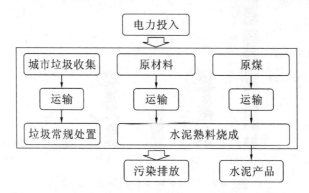

图 4-53　水泥窑常规生产及城市垃圾常规处置系统边界

（2）城市垃圾常规处置生命周期评价结果

本书中选用卫生填埋以及焚烧填埋为垃圾常规处理方式，省略掉 LCA 生命周期评价过程，仅将其最终归一化后结果列于表 4-17 中。

表 4-17　城市垃圾填埋生命周期评价加权归一化结果（功能单位为 1 t 城市垃圾）

	GWP	AP	POCP	EP	HTP	ADP
卫生填埋	$8.58×10^{-14}$	$2.74×10^{-14}$	$1.34×10^{-14}$	$4.56×10^{-14}$	$2.17×10^{-10}$	$8.30×10^{-16}$
焚烧填埋	$-3.68×10^{-14}$	$1.80×10^{-14}$	$1.13×10^{-14}$	$-6.17×10^{-15}$	$4.54×10^{-12}$	$6.33×10^{-17}$

（3）生命周期评价解释

对比分析表 4-17 与表 4-16 可以发现：

① 对环境影响总值贡献分析

选用卫生填埋作为城市垃圾的常规处置手段时水泥常规生产生命周期环境影响类别排序为：温室效应＞人体健康危害＞酸化效应＞水体富营养化＞光化学效应＞不可再生资源消耗，对环境影响总值的贡献分别为 86.04％、6.23％、2.9％、2.84％、1.61％、0.38％。选用焚烧填埋方式作为城市垃圾的常规处置手段时水泥常规生产生命周期环境影响类别排序为：温室效应＞酸化效应＞水体富营养化＞人体健康危害＞光化学效应＞不可再生资源消耗，对环境影响总值的贡献分别为 89.29％、3.01％、2.94％、2.68％、1.68％、0.40％。而对于水泥协同处置生产生命周期环境影响类别排序为：温室效应＞酸化效应＞水体富营养化＞人体健康危害＞光化学效应＞不可再生资源消耗，对总环境影响的贡献分别为 90.49％、3.14％、3.06％、1.66％、1.37％、0.27％。

对环境影响最大的因素是温室效应，高达 85％以上，其主要来源是生产过程中煤燃烧和碳酸盐原料的分解所排放的 CO_2,因此减少碳酸盐原料在水泥生产中的应用或者使用非碳酸盐原料替代碳酸盐原料是减少 CO_2 排放、降低温室效应影响的最有效措施。

② 城市生活垃圾处置方式对环境影响的分析

城市垃圾常规处置方式为卫生填埋时,水泥常规生产生命周期环境影响总值为 2.324×10^{-10},水泥协同处置生命周期环境影响总值为 2.199×10^{-10},水泥窑协同处置生命周期总影响值较常规生产生命周期环境总影响值降低 5.37%。而城市垃圾常规处置方式为焚烧填埋时,水泥常规生产生命周期环境影响总值为 2.239×10^{-10},水泥协同处置生命周期环境影响总值 2.199×10^{-10} 与之相比减小了 1.78%。其主要原因是城市垃圾常规处置对人体健康危害环境影响值影响较大,而城市垃圾卫生填埋对人体健康危害环境影响值影响远远大于城市垃圾焚烧填埋。由上述结果可知,水泥窑协同处置城市垃圾能够有效减少由于处置垃圾带来的环境影响。

4.4 我国水泥窑协同处置技术发展存在的问题与展望

4.4.1 我国水泥工业协同处置存在的问题

4.4.1.1 我国水泥工业协同处置规范存在的问题

(1) 缺乏符合我国国情的水泥窑协同处置废物危险废物名录

根据我国现有的标准规范《水泥窑协同处置固体废物技术规范》对于入窑废物仅仅从废物的特性、污染物排放限值和有害物质含量等方面做了规定,而不能处理的废物仅定义了放射性废物,石棉类废物,具有传染性、爆炸性以及反应性废物,含汞的温度计、血压计、荧光灯管和开关,未经拆解的废电池、废家电和电子产品,未知特性和未经鉴定的废物等,这几类危险废物。在规定当中缺少详细的清单,对于废物的定义并不全面,不便于操作。在现有《水泥窑协同处置固体废物技术规范》中所引用的《国家危险废物名录》,并未对水泥窑协同处置的现状进行修改,该名录实施于 2008 年,主要是针对危险废物产生企业,方便环保企业对危险废物进行管理处置。目前实行的危险废物鉴别标准缺乏危险废物的热值、含水率、粒度等信息。

(2) 缺乏水泥窑协同处置危险废物的风险评价体系

我国现有的规范中,缺少水泥窑协同处置废物的风险评价的相关规范,仅将安全生产、环境保护、事故应急管理等风险评价内容加入《水泥窑协同处置危险废物环境保护技术规范》《水泥窑协同处置工业废物设计规范》等设计规范当中,我国对于水泥窑协同处置废物的风险评价研究多集中于水泥窑协同处置对环境的风险影响、对危险废物的风险评估等,而对于实施协同处置的设备的风险评价却少之又少。

(3) 水泥窑协同处置设计规范和技术标准不完善

当前,我国现行的水泥窑协同处置技术规范当中,对于能够作为水泥替代原料和替代燃料的固体废物的相关设计规范和技术标准仍然不完善。在相关规范中,缺少对危险废物产生企业的相关规定,没有明确规定相关企业需如何处置废物以便水泥窑协同处置实施,这将会增加水泥窑协同处置废物过程中筛选、储存、预处理的难度和处置风险。除此之外,我国对于协同处置固体废物作为替代燃料的规范还十分缺乏,没有严格地控制分类固体废物,也没有对固体废物的热值以及优劣等级进行测定,在国外的研究和规范当中,都对这些做了相当详细的规定和分级,方便替代燃料在使用的时候能够尽可能地利用其潜在的能量。缺乏预处理的设施和相关规定,将会严重限制我国水泥窑协同处置技术的发展。

4.4.1.2　我国水泥工业协同处置相关政策存在的问题

(1)国家利废政策重心不在协同处置

从我国固体废物处理现状可以看出,我国对于固体废物的处理重心仍然在卫生填埋和焚烧发电上,过去在焚烧发电还没发展起来的时候,国家对焚烧发电给了政策和经济上的援助,在短短的 10 年时间焚烧发电已然成为我国处置固体废物的主要手段之一。然而国家目前政策的支持力度不足以支撑水泥企业发展水泥窑协同处置技术,开展协同处置项目将导致成本增加,投资回收无期,企业常年亏本,无法正常发展。协同处置推动难、进度慢,根本原因在于地方政府和企业都在等待国家出台支持鼓励水泥窑协同处置城镇生活垃圾的政策。这也表明只有出台相关政策才能调动地方政府和水泥企业协同处置的积极性。

(2)缺少正规的废物收集预处理机构

我国对于废物收集预处理的现有政策规定不利于水泥窑协同处置的发展,没有正规的废物收集和预处理机构,水泥企业废物的来源复杂和不能满足持续供给,将导致水泥窑协同处置生产线不能正常运行。

4.4.1.3　我国水泥窑协同处置生活垃圾中存在的问题

(1)影响生产过程

垃圾在焚烧的过程当中会产生一定的挥发性组分,如碱、氯、硫等,这些组分会增加水泥窑系统中碱、氯、硫的富集,从而加大了预热器系统结皮堵塞的可能,影响水泥窑的正常运转。

(2)增加环境负荷

无论何种垃圾协同处置方式都会产生重金属元素,这些有害的重金属元素虽然固化在水泥熟料当中,但是在一定环境中,这些重金属元素可能会溶出,也会增加水泥窑窑尾烟气中的重金属元素含量,导致环境污染。

(3)影响水泥窑操作难度

由于我国城市垃圾成分复杂,热值不均匀,且含水率较高,容易造成预热器系统的热工制度不稳定,增加了水泥窑系统的操作难度。

4.4.2　解决我国水泥工业协同处置问题的建议

针对我国水泥工业协同处置存在的问题,在这提出几点建议:

（1）完善我国协同处置危险废物管理体系，建立完善的风险评估体系，增加符合我国国情的技术标准与规范。

完善我国现有的《国家危险废物名录》，在此名录的基础上增加与水泥窑协同处置相匹配的管理标准，增加水泥窑协同处置危险废物的可选择性，主要针对水泥窑协同处置过程，对危险废物的化学性质、成分、物理性质、热值、含水率、灰分等参考值做出相关规定，同时对于水泥窑生产系统有影响的元素，如重金属、硫、氯、碱金属元素、磷等元素需设置最高限值。这些参考数值能为水泥企业实施协同处置前做设计规划提供参考。

建立完善的风险评估体系，当前我国现有的风险评价体系一般包括风险识别、风险评价以及风险控制三个方面，而这三者中风险评价中的事故频率和事故来源是重难点，对于我国水泥窑协同处置危险废物的风险评价不应仅仅包括处置过程中的进料、燃烧空气、焚烧、热能利用、灰渣处置、烟气净化等过程的风险，还应该包含在处置过程中可能对水泥窑正常运行造成的影响评价，保障水泥窑的正常运转和生产。

对于现有的相关标准增加针对能用于协同处置危险废物的接收、储存、鉴别分析、可用的处置方法、处置的污染物排放、环境影响因素等方面的详细规范，这样能够避免在协同处置过程中对水泥窑的正常运转、周边环境等造成不利影响，对于可作为替代燃（原）料，具有较高利用价值的危险废物的来源建立长期的跟踪记录，这样能够保障对水泥生产企业的长期供给。

（2）建立完善的水泥窑处置废弃物鼓励政策，设立合理的废弃物分类回收点，普及水泥窑协同处置的优势改变群众观念。

我国水泥窑协同处置现有的政策补贴仅为当地政府的一部分补助，补贴价约 50～70 元/t 垃圾。相比于我国 20 世纪 80 年代对垃圾发电站的补贴是远远不够的，对于垃圾焚烧发电每处理 1 t 原生垃圾补贴 50～60 元，全部发电量均由国家电网收购，额外再给每发电 1 度补贴 0.25 元，假若按照垃圾发电每度电消耗标煤 360 g 计算，那么垃圾发电站在替代 1 t 标煤时就有 694 元的补贴。德国在水泥窑协同处置早期，就出台全国统一补贴标准对水泥厂烧废料每替代 1 t 煤就补给 1 t 煤，这样的补贴大大鼓励了水泥厂使用废弃物替代燃料的项目发展。水泥窑协同处置城市垃圾的成本约为 150 元/t，不难看出，这样的政策补贴是水泥窑协同处置发展缓慢的根本原因。假如政府合理增加补助将能够加快推动水泥窑协同处置的发展。

普及水泥窑协同处置的优势，加大正面宣传力度，宣传水泥窑协同处理废弃物在节能减排中的重要作用，积极稳妥地推行信息公开，消除民众心中垃圾处置环境恶劣、臭气熏天的顾虑，提高有关部门、相关企业和广大群众的认识程度，加强垃圾分类回收意识。

（3）严格控制入窑废弃物的成分，以满足水泥窑正常生产的需求。

由于我国城市垃圾成分复杂多变，在预处理方面应该更加用心，严格控制入窑垃圾的氯、硫、碱、重金属等含量，并且实时监控入窑的废物中氯、硫、碱、重金属等含量变化，以及水泥生料率值变化，及时做出适当调整，不至于影响水泥窑的正常运转。当然若城市垃圾、市政污泥或者是其他固体废弃物在进入水泥厂前，先进行合理的预处理，如干化、破碎、均化等处理，可以更加有效地节约水泥窑协同处置的成本并且可以规避一些风险,这需要设立专门的固体废物收集预处理机构,在这点上不仅仅需要企业的努力,更多的是政府及相关部门的配合。

4.5　结论与展望

本报告在收集到的《2014—2018 年我国水泥生产替代燃料应用和协同处置废物对环境状况影响调查数据》的基础上,从水泥窑协同处置技术的发展、我国水泥窑协同处置基础发展历程、我国水泥窑协同处置对环境的影响等多方面阐述项目取得的主要成果、对学科及经济社会发展的作用和影响等,分析评价水泥窑协同处置废物及替代燃料使用对我国环境的影响情况,为政府决策、科学研究、企业发展提出科学建议,取得的主要结论如下:

(1) 分析了我国生活垃圾、城市污泥以及危险废弃物等几类典型固废的排放、危害及处置方式。几类典型固废的排放量均呈现逐年升高的趋势,且对环境造成较严重的危害。焚烧处理是上述固废未来主要的处置方式。

(2) 论述了水泥窑协同处置的技术原理、技术优势以及当前存在的问题,并系统分析了美国、日本、欧盟等发达国家或地区水泥企业协同处置发展水平。通过统计 12 个国家和地区水泥窑协同处置燃料替代率发现,水泥企业协同处置在发达国家中的应用十分广泛,水泥窑协同处置燃料替代率高达到 40%～80%。

(3) 通过我国水泥产能发展、分布、能源消耗等情况的分析,提出水泥窑协同处置替代燃料技术的必要性与紧迫性。分析了我国水泥窑协同处置技术发展概况,简要介绍了华新 HWT、海螺 CKK、中材国际 SINOMA、成都院 SPF 多相态预燃炉技术等四种主流水泥窑协同处置技术的主要原理、工艺与特点。

(4) 收集、整理了我国水泥窑协同处置相关政策、法规、标准及规范。从政策、法规的发展看,我国水泥窑协同处置技术经历了规划阶段(2006—2010 年)、探索阶段(2011—2014 年)、试点阶段(2015—2016 年)以及逐步开放与发展阶段(2016 年至今)。同时,还从设计规范与污染排放控制规范两方面,深入论证了我国水泥窑协同处置技术的发展趋势以及控制要点。

(5) 收集、整理了我国水泥工业协同处置企业的地区、规模、固废种类以及实施时间等基本信息,结合大数据系统分析了我国水泥窑协同处置废物种类分布、生产线集团归属分布。获得了我国水泥窑协同处置生活垃圾、市政污泥、危废等主要固废的现状、发展与未来。

(6) 调研分析了我国 20 家水泥窑协同处置城市垃圾企业生活垃圾预处理环节的原生垃圾基本特性、预处理工艺及成本、预处理后主要产物特征以及垃圾渗滤液的处理方式等。分析认为:当前我国水泥窑协同处置生活垃圾预处理单元的成本约为 70 元/t;预处理工艺对其垃圾预处理后产物的组成影响并不大,其中可燃组分比例在 36.67%～54.33%之间;预处理过程中产生的垃圾渗滤液主要采用高温处置及污水系统处置两类,其中高温处置具有投资低、运行成本低的特点,但增加了煤耗、三次风量,而污水系统处置对煤耗、电耗影响不大,但投资与运行成本较高。

(7)调研分析不同协同处置技术、不同固废(生活垃圾、污泥以及危险废物等)对水泥窑产量、单位熟料可比综合煤耗、单位熟料可比综合电耗以及单位熟料可比综合能耗的影响。协同处置生活垃圾后对于水泥窑的产能影响不大。采用水泥窑协同处置生活垃圾、污泥能够在一定程度上降低熟料烧成可比综合能耗,但降低幅度根据所使用技术而不同。

(8)调研分析了不同协同处置技术、不同固废(生活垃圾、污泥以及危险废物等)对水泥熟料物理力学性能的影响,协同处置对水泥熟料强度影响不大,对水泥熟料凝结时间影响不明显。

(9)调研分析了不同协同处置技术、不同固废(生活垃圾、污泥以及危险废物等)对水泥熟料中重金属离子溶出浓度的影响。协同处置对水泥熟料中重金属离子溶出浓度没有明显影响,且远低于规范中对重金属离子浸出浓度的限制标准。

(10)调研分析了不同协同处置技术、不同厂家处置不同固废(生活垃圾、污泥以及危险废物等)对水泥窑大气污染物排放情况的影响。协同处置技术会在一定程度上增加水泥窑窑尾烟气中颗粒物浓度,对水泥窑窑尾烟气中的 SO_2、NO_x 浓度没有明显影响,对水泥窑窑尾烟气中的氟化物浓度有一定的影响。但上述大气污染物排放均符合《水泥工业大气污染物排放标准》(GB 4915—2013)和《水泥窑协同处置固体废物污染控制标准》(GB 30485—2013)中的相关要求。

(11)采用全生命周期评价方法,对比研究了水泥厂常规生产与协同处置生产、水泥窑协同处置生活垃圾与卫生填埋处置生活垃圾的环境影响,说明水泥窑协同处置生活垃圾技术能够有效降低由于水泥常规生产以及处置生活垃圾带来的环境影响。

(12)通过数据分析以及查阅资料等方法,分析了我国水泥窑协同处置现状及存在的问题,从国家政策、规范标准以及水泥企业三个方面分别分析制约我国水泥窑协同处置发展的因素,并提出三点建议:①完善我国协同处置危险废物管理体系,建立完善的风险评估体系,增加符合我国国情的技术标准与规范;②建立完善的水泥窑处置废弃物鼓励政策,设立合理的废弃物分类回收点,普及水泥窑协同处置的优势;③严格控制入窑废弃物的成分,以满足水泥窑正常生产的需求。

本章参考文献

[1] 李春雨.我国生活垃圾处理及污染物排放控制现状[J].中国环保产业,2015(1):39-42.

[2] 马向东,谭庆俭.浅谈城市生活垃圾处理技术[J].城市建设理论研究,2013(24):1

[3] 中国环境保护产业协会城市生活垃圾处理委员会.我国城市生活垃圾处理行业 2012 年发展综述[J].中国环保产业,2013(3):20-26.

[4] 温俊明,吴俊锋.中国城市生活垃圾特性及焚烧处理现状[J].上海电气技术,2009,2(1):44-48.

[5] 王勇.垃圾焚烧产生的二噁英处理探讨[J].城市建设理论研究,2012(23):1

[6] 刘素芹,熊永超,钱英.水泥窑协同处置城市污泥试生产的成效[J].江苏建材,2013(1):22-25.

[7] 张玮,王艺璇.利用水泥窑协同处置城市生活垃圾技术浅析[J].中国水泥,2014(4):58-60.

[8] 王焕顺,矫学成.预分解窑共处置废弃物对水泥质量的影响[J].新世纪水泥导报,2014(5):6-9.

[9] 富丽.我国水泥窑协同处置废弃物现状分析与展望[J].居业,2012(4):67-70.

[10] 耿春雷,顾军,於定新.高温热解析在多环芳烃污染土修复中的应用[J].材料导报,2012,26(3):126-129.

[11] 周俐萍.中美危险固体废弃物管理比较研究及对我国的启示[J].生态经济,2009(10):170-173.

[12] 施惠生,施慧聪.新加坡对固体废弃物管理的实践和面临的挑战[J].环境卫生工程,2006,14(1):9-13.

[13] PAVELTESÁREK,JAROSLAVADRCHALOVÁ,JIRÍKOLÍSKO,et al. Flue gas desulfurization gympsum:Study of basic mechanical,hydric and thermal properties[J]. Construction and Building Materials,2007,21(7):1500-1509.

[14] 宋丙东.环保工作中垃圾焚烧技术的应用浅谈[J].科技致富向导,2013(21):235

[15] 施惠生.城市垃圾焚烧飞灰处理技术及其在水泥生产中资源化利用[J].水泥,2007(10):1-4.

[16] 王世忠.日本生态水泥的发展动向[J].中国建材科技,2001,10(3):36-38.

[17] 孙凤琴,佟为,吕和荣.生态水泥[J].化学教育,2008(9):1-3.

[18] GUO Q Z,ECKERT J O. Heavy metal outputs from a cement kiln cofired with hazardous waste fuels[J]. Journal of Hazardous Materials,1996,51(1):47-65.

[19] 陈洁,逄辰生,张瑞久.欧盟城市固体废物立法管理及实践[J].节能与环保.2008(8):22-25.

[20] CRISTIANE DUARTE RIBEIRO DE SOUZA,MÁRCIO DE ALMEIDA D'AGOSTO. Value chain analysis applied to the scrap tire reverse logistics chain:An applied study of co-processing in the cement industry[J]. Resources,Conservation and Recycling 2013,78:15-25.

[21] 丁琼,彭政,闫大海,等.欧盟水泥窑协同处置发展对我国的启示[J].环境保护,2015,43(3):89-91.

[22] 《中国水泥》编辑部."工业能效沙龙——水泥窑协同处置废弃物"综述[J].中国水泥,2013(1):63-64.

[23] 蒋明麟.我国水泥工业"协同处置"废弃物现状及和未来发展的政策建议[J].中国水泥,2012(12):16-19.

[24] 孙郁瑶.水泥窑协同处置引热议财税金融政策有待完善[J].中国水泥,2014(12):54-55.

[25] 陈必鸣,卢欢贞,陈伟锋.利用水泥窑处置城市生活垃圾的技术研究[J].环境卫生工程,2011,19(1):41-42.

[26] 贺光岳.水泥业新出路:窑协同处置废弃物的现状及前景分析[J].四川水泥,2013(9):55-58.

[27] 康宇,陈艳征,李安平,等.水泥生产线协同处置生活垃圾技术及装备[J].中国水泥,2012(9):47-50.

[28] 杨倩,吕宙峰.新型干法水泥窑协同处置城市生活垃圾的技术分析[J].化学工程与装备,2012(7):195-197.

[29] 王宝明,姜玉亭.水泥窑协同处置城市生活垃圾技术及其在我国的应用现状[J].水泥工程,2014(4):74-78.

[30] 汪澜,徐迅,刘姚君,等.我国利用水泥窑协同处置危险废物和城市生活垃圾现状:中国国际水泥峰会论文集[C].中国国际水泥峰会,2011.

[31] 孔祥娟,魏亮亮,薛重华,等.城镇污泥水泥窑协同处置现状与政策需求分析[J].给水排水,2012,38(6):22-27.

[32] 魏丽颖,颜碧兰,汪澜,等.国内外水泥窑协同处置废物标准、规范现状分析[J].水泥,2009(10): 1-5.

[33] 胡芝娟,李海龙,赵亮,等.水泥窑协同处置废弃物技术研究及工程实例[J].中国水泥,2011(4): 45-49.

[34] ROVIRA J,MNADAL,MSCHUNMACHER,et al. Environmental levels of PCDD/Fs and metals around a cement plant in Catalonia,Spain,before and after alternative fuel implementation[J]. Science of the Total Environment,2014,485-486(3):121-129.

[35] EMOKRZYCKI,AULIASZ-BOCHEŃCZYK. Alternative fuels for the cement industry[J]. Applied Energy,2003,74(1):95-100.

[36] EUGENIUSZ MOKRZYCKIA,ALICJA ULIASZ-BOCHEŃCZYK,MIECZYSAW SARNA. Use of alternative fuels in the Polish cement industry[J]. Applied Energy,2003,74(1):101-111.

[37] GENON G,BRIZIO E. Perspectives and limits for cement kilns as a destination for RDF[J]. Waste Management,2008,28(11):2375-2385.

[38] WENDELL DE QUEIROZLAMAS,JOSE CARLOS FORTES PALAU,JOSE RUBENS DE CAMARGO. Waste materials co-processing in cement industry:Ecological efficiency of waste reuse [J]. Renewable and Sustainable Energy Reviews,2013,19:200-207.

[39] KA°RE HELGE KARSTENSEN. Formation,release and control of dioxins in cement kilns[J]. Chemosphere,2008,70(4):543-560.

[40] FYTILI D,ZABANIOTOU A. Utilization of sewage sludge in EU application of old and new methods—A review[J]. Renewable and Sustainable Energy Reviews,2008,12(1):116-140.

[41] KUMAR M S,MUDLIAR S N,REDDY K M K. Production of biodegradable plastics from activated sludge generated from a food processing industrial wastewater treatment plant[J]. Bioresource Technology,2004,95(3):327-330.

[42] DEWIL R,APPELS L,BAEYENS J. Energy use of biogas hampered by the presence of siloxanes [J]. Energy Conversion and Management,2006,47(13):1711-1722.

[43] 王新频,梁树峰,赵娇,等.国外水泥工业替代燃料的应用进展[J].水泥技术,2016(5):40-46.

[44] 刘伟.环巢湖区域利用水泥窑协同处置城市废弃物分析[J].安徽农学通报,2016,22(6):103-105.

[45] 胡芝娟,李海龙,赵亮.利用水泥窑协同处置废弃物技术研究及工程实例[C].中国水泥技术年会.2016.

[46] 王新频,吴小缓,梁树峰,等.水泥窑协同处置城市生活垃圾的最佳实践(上)[J].水泥技术,2017 (1):71-75.

[47] 王新频,吴小缓,梁树峰,等.水泥窑协同处置城市生活垃圾的最佳实践(下)[J].水泥技术,2017 (2):58-63.

[48] 高长明.水泥窑协同处置对环境的影响[J].中国水泥,2015(2):24-25.

[49] 胡芝娟,李海龙,赵亮,等.水泥窑协同处置废弃物技术研究及工程实例[J].中国水泥,2011(4): 45-49.

[50] 邓皓,王蓉沙,唐跃辉,等.水泥窑协同处置含油污泥[J].环境工程学报,2014,8(11):4949-4954.

[51] 张邦松.水泥窑协同处置垃圾焚烧飞灰技术工程应用[J].四川水泥,2018(7):1.

[52] 王文华,程君,洪伟,等.水泥窑协同处置污泥技术探究[J].石油化工应用,2016,35(5):132-134.

[53] 黄丽霖,杨帆,李铁彬,等.水泥窑协同处置油漆渣可燃废物的生产应用[J].水泥,2018(4):18-19.

[54] 陈友德.替代燃料解决途径[J].水泥技术,2016(4):94-95.

[55] 周严敦,袁建伟,赵洪亮.替代燃料在水泥工业使用状况简述:第十五届全国耐火材料青年学术报告会论文集[C].第十五届全国耐火材料青年学术报告会,2016.

[56] 韩力.替代燃料在水泥窑中的应用[J].中国水泥,2010(9):87-88.

[57] 蔡玉良,邢涛,李波.中材国际利用水泥窑炉协同处置城市生活垃圾技术的控制过程及实施效果[C].中国硅酸盐学会环境保护分会换届暨学术报告会,2014.

[58] 武建领.不同地区水泥窑协同处置生活垃圾大气环境影响特征研究[D].天津:天津大学,2017.

[59] 黄敏锐.典型污泥类废物水泥窑协同处置技术研究[D].杭州:浙江工商大学,2016.

[60] 黄川,李彤,李可欣.城市污泥用作水泥行业替代燃料的可行性分析[J].安全与环境学报,2018,18(3):1144-1149.

[61] 王焕顺,矫学成.预分解窑共处置废弃物对水泥质量的影响[J].新世纪水泥导报,2014,20(5):6-9,3.

[62] 周奇,黄启飞,王琪,等.废皮革水泥窑共处置生命周期评价[J].环境科学研究,2009,22(4):506-510.

[63] 张宏良.危险废物理化特性分析及水泥窑替代燃料/原料焚烧配伍研究[D].重庆:重庆大学,2017.

[64] 李春萍.水泥窑替代燃料中的重金属特性分析[J].环境工程,2013,31(S1):573-576.

[65] 魏丽颖,颜碧兰,汪澜,等.国内外水泥窑协同处置废物标准、规范现状分析[J].水泥,2009(10):1-5.

[66] 侯星宇.水泥窑协同处置工业废弃物的生命周期评价[D].大连:大连理工大学,2015.

5 常规污染物篇

5.1 概 述

进入 21 世纪以来,我国水泥工业发展迅速,水泥年产量从 2000 年的 6.0 亿 t 快速增长 2013 年的 24.1 亿 t,占全球水泥总产量近 60%,新型干法水泥生产比重达 95%,2014 年我国水泥年产量达历史最高峰 24.8 亿 t,之后几年水泥产量在波动中略有下降,特别是"十三五"以来,随着经济发展方式的转变,国内市场对水泥总量需求将由高速增长转为逐渐下降趋势。2018 年世界水泥产量为 39.5 亿 t,比 2017 年下降了 2.7%,其中,印度水泥产量位居世界第二,为 2.9 亿 t,美国水泥产量位居世界第三,为 8850 万 t,日本和俄罗斯水泥产量都是 5500 万 t。2018 年,我国水泥产能为 38 亿 t,实际水泥产量为 22.1 亿 t,比 2017 年下降了 1.4%,水泥行业产能的利用率只有 58.2%。根据预测,我国水泥年产量将在今后较长一段时期内保持在 20 多亿 t 的规模,水泥产能严重过剩矛盾依然没有得到根本解决。

在水泥生产过程中,从原料破碎、烘干、粉磨,熟料煅烧、冷却,以及水泥粉磨等,每道工序都存在着不同程度的颗粒物排放,而水泥窑系统则集中了 90% 的颗粒物有组织排放和几乎全部气态污染物(SO_2、NO_x、氟化物等)排放。据测算,2016 年我国水泥工业颗粒物、NO_x 和 SO_2 排放量分别是 151.6 万 t、115.5 万 t 和 33.1 万 t,全国颗粒物、NO_x 和 SO_2 排放总量分别是 1010.7 万 t、1394.3 万 t 和 1102.9 万 t。水泥工业的颗粒物、NO_x 和 SO_2 排放量分别占全国排放总量的比例约为 15.0%、8.3% 和 3.0%,水泥行业仍然是我国大气污染防控的重点行业之一。

由于原燃材料的开采及综合利用、生产工艺过程复杂性和高强煅烧特性、替代原燃料的应用及协同处置废物的新要求,水泥工业环境状况及其对环境的影响存在各种风险和不同程度的影响。为此,国务院印发了《"十三五"生态环境保护规划》的通知,要求调整优化水泥行业产业结构,实现等量或减量置换,健全清洁生产评价指标体系,深入推进过剩产能退出。水泥窑全部实施烟气脱硝,水泥窑及窑磨一体机进行高效除尘改造,引导和规范水泥窑协同处置危险废物,实施以脱硝改造和稳定达标改造为主的重点工程。此外,国务院印发了《"十三五"节能减排综合工作方案》,要求推进水泥窑协同处置城市生活垃圾,实施水泥行业全面达标排放治理工程,鼓励开展水泥企业的余热余能梯级利用,督促各地严格落实水泥行业阶梯电价政策,促进节能降耗。

经过多年的努力我国的环境空气质量有了较大改善,但离人民群众对美好生活的期盼还有很大距离,环境保护形势依然十分严峻,国家相关环境保护政策对改善空气质量提出了更高的目标和要求。国务院《打赢蓝天保卫战三年行动计划》国发〔2018〕22 号文要求:到 2020 年,SO_2、NO_x 排放总量分别比 2015 年下降 15% 以上。推进重点行业污染治理升级改造,重点区域二氧化硫、氮氧化物、颗粒物、挥发性有机物(VOCs)全面执行大气污染物特别排放限值。开展建材等重点行业无组织排放排查,建立管理台账,对物料(含废渣)运输、装卸、储存、转移和工艺过程等无组织排放实施深度治理。针对水泥行业提出了具体要求:加快城市建成区重污染水泥企业搬迁改造或关闭退出;重点区域严禁新增水泥产能,新、改、扩建涉及大宗物料运输的建设项目,原则上不得采用公路运输;严格执行水泥行业大气污染物特别排放限值,推进污染治理设施升级改造和无组织排放治理,在安全生产许可条件下,实施封闭储存、密闭输送、系统收集。

水泥行业虽然已普遍安装除尘等污染治理设施,污染物减排作用明显,但整个行业的污染物排放总量仍然很大,特别是由于炉窑温度高,其氮氧化物排放浓度较高,个别地区由于原料中含硫量高,其二氧化硫排放浓度很高。虽然很多水泥窑通过安装低氮燃烧器、空气分级、SNCR 脱硝等途径降低氮氧化物,但总体去除效果还有待提高。在排放标准限值日益严格的情况下,一些企业通过增加喷氨量来提高脱硝效率,造成氨逃逸超标现象较为普遍。

本书主要针对水泥工业生产全过程环节多、原燃料来源复杂、污染物产生种类多、污染物减排需求紧迫、对水泥企业周边的环境污染状况不清等,深入调查研究,了解水泥行业的环境状况,引导水泥行业采取合理的污染减排措施,实现水泥工业生产与环境保护协调发展。

5.2　水泥行业常规污染物排放现状

5.2.1　研究方法

通过资料收集、实地考察、现场测试、数据收集等方式,对我国水泥企业(主要是熟料生产的水泥窑)污染物排放状况进行了梳理,获得 1152 条水泥窑污染物排放调查数据表、120 套深度调查数据表和在线监测数据表。

在梳理了国内外水泥生产工艺状况、排放标准及政策要求的基础上,重点开展了实地调查和测试工作,重点调查了多家水泥企业污染物排放状况、生产工艺过程、污染治理设施情况、原辅材料情况、燃料使用情况等;筛选重点企业,进行现场数据收集,利用便携式在线监测仪器对部分企业进行测试,与企业在线监测数据进行比对,核实和验证氮氧化物、二氧化硫和颗粒物排放浓度或排放量数据;2017 年之后,水泥企业陆续完成了排污许可证申报,对所有申报了排污许可的水泥企业排污许可状况进行了详细梳理和比对,对排污许可信息完整的 829 家水泥企业的水泥窑及粉磨工序等进行了大量数据分析。

5.2.2　排放标准

排放标准是环境管理的基本手段,各国都非常重视,并且随着技术、经济的发展,排放控制要求也不断提高。从全球范围看,美国分行业制定的新固定源标准(NSPS)和危险空气污染物国家排放标准(NESHAP)、欧盟发布的工业排放指令(IED)及其配套的行业 BAT 指南文件、日本主要按污染物项目规定统一的排放限值(很少区分行业、工艺),三者在污染物排放管理方面最具典型性。下面将它们与我国排放标准进行比较。

5.2.2.1　国内标准

我国水泥工业从 1985 年制定第一版《水泥工业污染物排放标准》起,历经 1996 年、

2004 年和 2013 年的三次修订,目前执行的是 2013 年发布、2014 年实施的《水泥工业大气污染物排放标准》(GB 4915—2013),之后随着环境管理要求的进一步提升,有部分省市发布了地方排放标准,还有一些省市以行政文件的方式发布了相关排放限值,国家及部分省市水泥企业大气污染物排放限值汇总情况见表 5-1。

表 5-1　国家及部分省市水泥企业大气污染物排放限值汇总情况

序号	标准政策名称	地区	标准限值/(mg/m³)					
			颗粒物	SO₂	NOₓ	氟化物	汞及化合物	氨
1	《水泥工业大气污染物排放标准》GB 4915—2013	一般地区	30	200	400	5	0.05	10
		重点地区	20	100	320	3	0.05	8
2	山东省《建材工业大气污染物排放标准》(DB 37/2373—2018)	现有企业	20	100	300	5	0.05	8
		新建企业重点/一般控制区	10/20	50/100	100/200	5	0.05	8
3	北京《水泥工业大气污染物排放标准》(DB 11/1054—2013)	—	20	20	200	2	0.05	5
4	河北省《水泥工业大气污染物排放标准》(DB 13/2167—2015)	现有企业	20	50	260	3	0.05	8
5	河北省《水泥工业大气污染物超低排放标准》(DB 13/2167—2020)	现有/新建企业	10	30	100	3	0.05	8
6	重庆市《水泥工业大气污染物排放标准》(DB 50/656—2016)	主城区	15	100	250	3	0.05	8
		其他区域	30	200	350	5	0.05	10
7	贵州省《水泥工业大气污染物排放标准》(DB 52/893—2014)	一般地区	50	200	400	5	—	—
		重点地区	20	100	320	3	0.05	8
8	河南省《水泥工业大气污染物排放标准》(DB 41/1953—2020)	现有企业	10	35	100	—	—	8
9	江苏省《关于开展全省非电行业氮氧化物深度减排的通知》苏环办〔2017〕128 号	现有企业			100			
10	安徽省《水泥工业大气污染物排放标准》(DB 34/3576—2020)	现有与新建企业	10	50	100	3	0.05	8

从表 5-1 可以看出,我国地方水泥标准排放要求中颗粒物排放限值最严的要求是 10 mg/m³,二氧化硫排放限值最严的要求是 20 mg/m³,氮氧化物排放限值最严的要求是 100 mg/m³,远远严于国家对水泥行业排放限值的要求。2020 年,河北省和安徽省相继发布实施了水泥工业地方排放标准,氮氧化物浓度限值为 100 mg/m³,对水泥行业的污染治理提出了更高的要求。

5.2.2.2　国外标准

(1) 美国 NSPS & NESHAP 标准

美国关于水泥行业大气污染物排放控制的标准有两种，一是针对常规污染物的新源特性标准(NSPS)，列入联邦法规典 40 CFR 60 Subpart F(表 5-2)；另一是针对 189 种空气毒物(Air Toxics，近几年有修订)的危险空气污染物国家排放标准(NESHAP)，列入联邦法规典 40 CFR 63 Subpart LLL(表 5-3)。无论是 NSPS 标准，还是 NESHAP 标准，均是基于污染控制技术制订的，对应污染物不同，选择的控制技术也不同，例如 NSPS 是基于最佳示范技术(BDT)，而 NESHAP 则是基于最大可达控制技术(MACT)。

表 5-2　美国水泥工业 NSPS 标准

受控设施/工艺	污染物	1971.8.17～2008.6.16 建设、重建、改建	2008.6.16 后 建设、重建、改建	说明
水泥窑(包括窑磨一体机)	PM	0.07 lb/t (～14 mg/m³)	0.02 lb/t (～4 mg/m³)	1 lb≈ 0.454 kg，按每吨熟料 2000 ～ 2500 m³ 烟气量计算
	NO_x	1.5 lb/t (～300 mg/m³)	1.5 lb/t (～300 mg/m³)	30 d 滑动平均
	SO_2	0.4 lb/t (～80 mg/m³)	0.4 lb/t (～80 mg/m³)	30 d 滑动平均
熟料冷却机	PM	0.07 lb/t	0.02 lb/t	
原料磨、水泥磨、原料干燥机、原料、熟料及水泥产品储库、输送系统转运点、包装、散装水泥装卸系统等	不透光率	10%	10%	

表 5-3　美国水泥工业 NESHAP 标准

受控设施/工艺	污染物	现有源	新源(2009.5.6 后建设)	说明
水泥窑(包括窑磨一体机)	PM	0.07 lb/t (～14 mg/m³)	0.02 lb/t (～4 mg/m³)	1 lb≈ 0.454 kg，按每吨熟料 2000～2500 m³ 烟气量计算
	二噁英/呋喃(D/F)	0.20 ng/m³	0.20 ng/m³	以等物质的量毒性计，含氧 7%
	汞	55 lb/MMt (～10 μg/m³)	21 lb/MMt (～4 μg/m³)	如果在 PM 控制装置入口处，温度不超过 204 ℃
	总碳氢(THC)	24 ppmvd (47 mg/m³)	24 ppmvd (47 mg/m³)	以丙烷计，含氧 7%
	HCl	3 ppmvd (5 mg/m³)	3 ppmvd (5 mg/m³)	含氧 7%

受控设施/工艺	污染物	现有源	新源(2009.5.6 后建设)	说明
熟料冷却机	PM	0.07 lb/t	0.02 lb/t	
原料干燥机	总碳氢 (THC)	24 ppmvd (47 mg/m³)	24 ppmvd (47 mg/m³)	以丙烷计
原料磨、水泥磨		10%	10%	
原料、熟料及水泥产品储库；输送系统转运点；包装；散装水泥装卸系统等	不透光率	10%	10%	

(2) 欧盟 IPPC 指令及 BAT 指南

除大型燃烧装置指令(2001/80/EC)、废物焚烧指令(2000/76/EC)以及 VOCs 排放控制(1999/13/EC、94/63/EC)外,欧盟将工业污染物排放纳入综合污染预防与控制(IPPC)指令进行多环境介质(水体、大气、土壤、噪声等)的统一管理。如果说前三项是针对通用操作或设备的要求,IPPC 指令则是对典型行业的要求。它将工业生产活动划分为能源工业、金属工业、无机材料工业、化学工业、废物管理以及其他活动 6 大类共 33 个行业,水泥行业是其中之一。

为配合 IPPC 指令以及许可证制度的实施,根据各成员国和工业部门信息交流的成果,欧盟委员会出版了 33 份行业 BAT 参考文件(BREF)。水泥行业 BAT 文件最初发布于 2001 年 12 月,最新的文件发布于 2013 年 4 月,相应 BAT 排放要求见表 5-4。

表 5-4 欧盟水泥行业 BAT 排放水平

污染物	排放源	BAT 相关排放水平	说明
颗粒物	水泥窑	<10～20 mg/m³	
	冷却、粉磨	<10～20 mg/m³	
	其他产尘点	<10 mg/m³	
NO$_x$	预热器窑	<200～450 mg/m³	1. 窑况良好时,可实现 BAT 排放水平小于 350 mg/m³ 2. 如果采用初级措施/技术后,NO$_x$ 浓度大于 1000 mg/m³,则 BAT 排放水平为 500 mg/m³
	立波尔窑、长窑	400～800 mg/m³	基于初始排放水平和氨逸出率
SO$_2$	水泥窑	<50～400 mg/m³	与原料中硫含量有关
HCl	水泥窑	<10 mg/m³	
HF	水泥窑	<1 mg/m³	
PCDD/F	水泥窑	<0.05～0.1 ng/m³	

续表 5-4

污染物	排放源	BAT 相关排放水平	说明
Hg	水泥窑	<0.05 mg/m³	
Cd+Tl	水泥窑	<0.05 mg/m³	
As+Sb+Pb+ Cr+Co+Cu+ Mn+Ni+V	水泥窑	<0.5 mg/m³	

（3）德国

德国是世界上环保要求最为严格的国家之一。《联邦排放控制法》（Federal Immission Control Act，BImSchG）是德国大气污染控制的基本法律，下辖各种条例和指南。在《空气质量控制技术指南》（Technical Instructions on Air Quality Control，TA Luft）中规定了大气污染物排放限值。2002 年版的 TA Luft 中规定的水泥行业排放要求为：颗粒物 20 mg/m³、SO_2 350 mg/m³、NO_x 500 mg/m³（一般行业为 350 mg/m³）、氟化物 3 mg/m³。

对于水泥窑协同处置固体废物，执行关于废物焚烧和共焚烧的 17. BImSchV 条例要求。该条例要求较 TA Luft 更加严格，如颗粒物控制在 10 mg/m³，SO_2 控制在 50 mg/m³，NO_x 控制在 200 mg/m³。按掺烧废物比例计算应执行的标准，如掺烧 60% 的废物，NO_x 执行的标准值为（500×0.4+200×0.6）=320 mg/m³。

（4）日本

日本是按污染物项目制定排放标准，而不是按行业，类似我国的《大气污染物综合排放标准》。其排放标准包括两种情况。一是对于二氧化硫，按各个地区实行 K 值控制，同时配合燃料 S 含量限制。K 值标准是基于大气扩散模式，根据 SO_2 环境质量要求、排气筒有效高度确定 SO_2 许可排放量。K 值与各个地区的自然环境条件、污染状况有关，需要根据区域确定 K 值。二是对于烟尘、粉尘（含石棉尘）、有害物质（Cd 及其化合物、Cl_2、HCl、氟化物、Pb 及其化合物、NO_x）、28 种指定物质，以及 234 种空气毒物（其中 22 种需要优先采取行动），由国家制定统一的排放标准。目前对空气毒物完成了苯、三氯乙烯、四氯乙烯、二噁英 4 项标准制定工作。

由此可见，对某一行业的大气排放要求分散在不同的污染物项目标准里。一些污染物项目在制定排放限值时考虑了行业差异，以 NO_x 为例，区分了锅炉、熔炼炉、加热炉、水泥窑等，排放浓度限值从 60 ppm（燃气锅炉）到 800 ppm（电子玻璃熔炉）不等。表 5-5 为日本水泥工业执行的大气排放标准。

表 5-5　日本水泥工业执行的大气污染物排放标准

颗粒物	SO_2	NO_x
一般地区 100 mg/m³ 特殊地区 50 mg/m³	K 值法	250/350 ppm （500/700 mg/m³）

比较国内外标准可知,我国排放浓度限值是 1 h 平均值,而国外一般为日均值,相同排放限值情况下,我国排放标准要求更严。我国国标颗粒物控制要求略为宽松,部分重点区域地方标准和要求更为严格,颗粒物控制需要采用高效袋式除尘器或静电除尘器。我国国标 NO_x 控制要求略为宽松,部分重点区域地方标准和要求更为严格,并且有进一步加严的趋势。NO_x 控制需要在优先开展工艺控制(低氮、分级燃烧等)的前提下,采用 SNCR 及 SCR 等技术实现高效减排。

5.2.3 排污许可

当前我国环境管理的核心是改善环境质量,而减少污染物排放是改善环境质量的根本手段。固定污染源是我国污染物排放主要来源,抓住固定污染源就是抓住了城市空气质量改善的重点和关键。我国修订后的《环境保护法》《大气污染防治法》《水污染防治法》对实施排污许可制度都提出了明确要求。其中,《大气污染防治法》第十九条规定:排放工业废气的企事业单位,应当取得排污许可证。《环境保护法》第四十五条规定:国家依照法律规定实行排污许可管理制度。实行排污许可管理的企事业单位和其他生产经营者应当按照排污许可证的要求排放污染物;未取得排污许可证的,不得排放污染物。

2016 年 11 月,《国务院办公厅关于印发控制污染物排放许可制实施方案的通知》,标志着我国排污许可制度改革进入实施阶段。排污许可证管理内容主要包括大气污染物、水污染物,并依法逐步纳入其他污染物。按行业分步实现对固定污染源的全覆盖,到2020 年将完成覆盖所有固定污染源的排污许可证核发工作,对固定污染源实施全过程管理和多污染物协同控制,实现系统化、科学化、法治化、精细化、信息化的"一证式"管理。2017 年 7 月 27 日,《排污许可证申请与核发技术规范 水泥工业》(HJ 847—2017)发布并实施。

2018 年 1 月,生态环境部出台《排污许可管理办法(试行)》(简称《办法》),规定了排污许可证的申请、核发、执行以及与排污许可相关的监管和处罚等行为,细化了环保部门、排污单位和第三方机构的法律责任。《办法》注重强化排污单位污染治理主体责任,要求排污单位必须持证排污,无证不得排污,并通过建立企业承诺、自行监测、台账记录、执行报告、信息公开等制度,进一步落实持证排污单位污染治理主体责任。管理办法第六条规定:生态环境部负责指导全国排污许可制度实施和监督;各省级环境保护主管部门负责本行政区域排污许可制度的组织、实施和监督;排污单位所在地设区的市级环境保护主管部门负责排污许可证核发。地方性法规对核发权限另有规定的,从其规定。

2018 年 11 月,生态环境部发布《排污许可管理条例(草案征求意见稿)》(以下简称《条例》),明确提出以下要求:

(1)建立"一证式"管理模式。排污许可制建设成为固定污染源环境管理的核心制度,作为企业守法、部门执法、社会监督的依据。衔接整合相关环境管理制度,融合总量控制制度,有机衔接环境影响评价制度,为环境保护税征收、年度生态环境统计、污染物总量考核、污染源排放清单等工作提供统一的污染物排放数据。对固定污染源实施"一证式"管理。

（2）实现固定污染源全覆盖。为落实 2020 年完成覆盖所有固定污染源的排污许可证核发工作的要求，《条例》在《排污许可管理办法（试行）》基础上扩大排污许可证覆盖范围：一是增加了管理要素，新增对固体废物的管理，其他要素根据法律规定增加；二是扩大了领域覆盖范围，增加了对向管辖海域排污的管理；三是完善了排污许可分类管理，并增加登记管理类别及相关内容。

（3）明确以环境质量改善为核心。规定了环境质量不达标地区要通过提高污染物排放标准，实施更为严格的污染物总量控制，依证强化事中和事后监管，推动改善环境质量。

（4）落实排污单位主体责任。《条例》规定了排污单位的排污许可证申领、证照管理，严格按照排污许可证规定排污；依照法律法规和部门规定设置排污口；按照排污许可证的要求进行自行监测，如实记录与保存台账记录，及时报送执行报告，将污染物排放信息在国家排污许可管理信息平台上记载并公开；积极配合生态环境主管部门开展监督检查工作；建立信用评价体系和无证违证排污的处罚规定，强化排污单位的主体责任。

排污许可制包括申请、核发、实施、监管多个环节，各阶段都需要相应的技术规范。目前，我国基本建立了以排污许可证申请与核发技术规范为核心的排污许可技术支撑体系，建成了全国统一的排污许可管理信息平台，实现了污染源全过程管控和各项管理制度的衔接与融合。各地基本完成火电、造纸、钢铁、水泥等 15 个行业排污单位排污许可证核发，推动生态环境保护由粗放式管控向精细化管控转变。

水泥行业作为首批基本完成排污许可证核发的行业，截至 2017 年底，全国已给三千余家企业核发水泥企业排污许可证，覆盖全国除港澳台之外的 31 个省、自治区、直辖市。课题组收集了 3245 家水泥企业的排污许可证副本，进行了分类梳理，其中有水泥窑企业1147 家，开展协同处置各类固体废物的水泥企业 124 家，利用其他企业水泥窑开展协同处置废物的环保工程公司 14 家，独立粉磨站 2098 家，其中没有烘干设备的水泥粉磨企业有 1821 家，有烘干设备的水泥粉磨企业 277 家，具体情况见表 5-6。

表 5-6 水泥行业排污许可证信息统计

序号	省份	水泥窑企业（无协同）	水泥窑企业（有协同）	环保公司（无窑）	水泥窑企业数量	粉磨站（无烘干）	粉磨站（有烘干）	粉磨站数量	水泥窑企业＋粉磨站数量
1	安徽	41	4	1	45	118	3	121	166
2	北京	0	2	0	2	0	0	0	2
3	福建	23	5	1	28	34	1	35	63
4	甘肃	36	0	1	36	31	1	32	68
5	广东	35	5	0	40	103	3	106	146
6	广西	31	8	2	39	66	6	72	111
7	贵州	64	10	0	74	13	3	16	90
8	海南	4	1	0	5	11	0	11	16

序号	省份	水泥窑企业（无协同）	水泥窑企业（有协同）	环保公司（无窑）	水泥窑企业数量	粉磨站（无烘干）	粉磨站（有烘干）	粉磨站数量	水泥窑企业＋粉磨站数量
9	河北	50	11	0	61	94	49	143	204
10	河南	68	3	0	71	145	12	157	228
11	黑龙江	20	1	0	21	68	19	87	108
12	湖北	31	11	4	42	64	8	72	114
13	湖南	53	4	3	57	75	2	77	134
14	吉林	11	2	0	13	31	10	41	54
15	江苏	20	3	0	23	140	12	152	175
16	江西	37	0	0	37	88	10	98	135
17	辽宁	26	3	0	29	58	30	88	117
18	内蒙古	43	2	1	45	87	7	94	139
19	宁夏	16	0	0	16	16	0	16	32
20	青海	12	1	0	13	8	1	9	22
21	山东	63	4	0	67	252	6	258	325
22	山西	47	5	0	52	23	63	86	138
23	陕西	29	5	0	34	47	3	50	84
24	上海	0	0	0	0	3	0	3	3
25	四川	72	5	0	77	39	5	44	121
26	天津	1	1	0	2	13	1	14	16
27	西藏	5	0	0	5	1	0	1	6
28	新疆	64	0	0	64	23	1	24	88
29	云南	75	5	0	80	45	16	61	141
30	浙江	25	12	1	37	108	5	113	150
31	重庆	21	11	0	32	17	0	17	49
	全国总计	1023	124	14	1147	1821	277	2098	3245

从表 5-6 可知,我国水泥窑企业数量最多的是云南、四川和河南,分别是 80 家、77 家和 71 家,开展协同处置固体废物水泥窑企业数量最多的是浙江、重庆、河北、湖北和贵州,都超过了 10 家,其中湖北有 4 家企业协同处置固体废物部分的工作由专门的环保工程公司负责。我国在 124 家开展协同处置废物的水泥企业中,只有 14 家企业的水泥窑生产和协同处置是由 2 家不同的公司共同开展的,其余 110 家都是水泥企业自己开展协同处置固体废物工作的。

我国独立粉磨站数量最多的是山东、河南、江苏、河北和安徽,分别是 258 家、157 家、152 家、143 家和 121 家,有烘干设备的粉磨站数量最多的是山西、河北和辽宁,分别是 63

家、49 家和 30 家,烘干的物料以矿渣为主。

课题重点调查并筛选出水泥企业 828 家,共 1152 条水泥窑的基础信息,其中,开展协同处置各类废物的水泥窑是 119 条,未开展协同处置废物的水泥窑是 1033 条。环保相关内容包括颗粒物、二氧化硫和氮氧化物排放量信息,脱硫除尘和脱硝设施信息等,记录数据 44970 条。

由于京津冀及周边地区六省市(北京、天津、河北、河南、山东和山西)是我国重点区域,也是我国水泥生产与消费重点区域,水泥熟料产能 3.7 亿 t,占全国总产能的 20%。"2+26"城市中 23 个城市有水泥窑(沧州、衡水、菏泽、濮阳和开封 5 个城市无水泥窑),水泥熟料产能 1.8 亿 t,占全国总产能的 10%,唐山、石家庄、新乡、郑州、淄博水泥熟料产能均超过 1000 万 t。因为水泥窑以燃煤为主,平均每吨熟料标煤耗约 112 kg,2017 年,我国水泥行业煤炭消耗量约 1.57 亿 t,"2+26"城市水泥行业煤炭消耗量约 1600 万 t,由燃煤产生的大气污染物排放对环境影响较大,因此本课题将水泥行业作为调查和现场监测的重点。北京和天津水泥窑数量少,已开展协同处置固体废物。京津冀及周边六省市、河北、河南、山东和山西各省水泥窑分布情况分别见表 5-7、表 5-8、表 5-9、表 5-10 和表 5-11。

表 5-7　京津冀及周边六省市水泥窑企业分布情况统计表

省份	水泥窑企业(无协同)	水泥窑企业(有协同)	水泥窑企业数量
北京	0	2	2
河北	50	11	61
河南	68	3	71
山东	63	4	67
山西	47	5	52
天津	1	1	2
6 省市合计	229	26	255
"2+26"北京	0	2	2
"2+26"天津	1	1	2
"2+26"河南	41	1	42
"2+26"河北	40	8	48
"2+26"山东	23	2	25
"2+26"山西	17	2	19
"2+26"合计	122	16	138
全国合计	1028	124	1152
"2+26"占 6 省市比例	53.3%	61.5%	54.1%
"2+26"占全国比例	11.9%	12.9%	12.0%
6 省市占全国比例	22.3%	21.0%	22.1%

表 5-8 河北省水泥窑企业分布情况统计表

范围	水泥窑企业（无协同）	水泥窑企业（有协同）	水泥窑企业数量
保定	2	4	6
邯郸	2	1	3
廊坊	1	0	1
石家庄	12	0	12
唐山	14	2	16
邢台	9	1	10
"2＋26"范围	40	8	48
其他城市	10	3	13
河北省合计	50	11	61

表 5-9 河南省水泥窑企业分布情况统计表

范围	水泥窑企业（无协同）	水泥窑企业（有协同）	水泥窑企业数量
安阳	5	0	5
鹤壁	2	0	2
焦作	5	1	6
新乡	10	0	10
郑州	19	0	19
"2＋26"范围	41	1	42
其他城市	27	2	29
河南省合计	68	3	71

表 5-10 山东省水泥窑企业分布情况统计表

范围	水泥窑企业（无协同）	水泥窑企业（有协同）	水泥窑企业数量
德州	1	0	1
济南	5	0	5
济宁	8	0	8
聊城	1	0	1
淄博	8	2	10
"2＋26"范围	23	2	25
其他城市	40	2	42
山东省合计	63	4	67

表 5-11　山西省水泥窑企业分布情况统计表

范围	水泥窑企业(无协同)	水泥窑企业(有协同)	水泥窑企业数量
晋城	3	1	4
太原	4	1	5
阳泉	3	0	3
长治	7	0	7
"2+26"范围	17	2	19
其他城市	30	3	33
山西省合计	47	5	52

京津冀及周边地区六省市水泥窑企业数量占全国 22.1%,其中"2+26"城市占比为 12.0%,超过区域内水泥企业数量的 50%,特别是河北省和河南省水泥企业不仅数量多,并且分布在"2+26"城市的水泥企业比例高,分别占全省比例的 78.7% 和 59.2%,由此带来的环境影响是非常显著的。

河北省水泥窑企业最多的城市是唐山市和石家庄市,分别有 16 家和 12 家,开展协同处置废物最多的城市是保定市,有 4 家。

河南省水泥窑企业最多的城市是郑州市和新乡市,分别有 19 家和 10 家,开展协同处置废物的城市和企业数量较少,其中重点城市中只有焦作市,有 1 家。

山东省水泥窑企业最多的城市是枣庄市,有 13 家。"2+26"城市水泥窑最多的城市是淄博市和济宁市,分别有 10 家和 8 家,重点城市开展协同处置废物的城市只有淄博市,有 2 家。

山西省水泥窑企业最多的城市是吕梁市,有 9 家。"2+26"城市水泥窑最多的城市是长治市,有 7 家,开展协同处置废物的城市有晋城市和太原市,各有 1 家。

5.3　水泥行业污染物排放控制技术

水泥生产工艺流程一般包括原材料的采运、原材料(能源)的储存和制备、熟料煅烧、水泥粉磨和储存、包装和发送。粉磨过程电耗最大,同时伴随粉尘排放。窑系统则是最主要的废气污染源,排放大量的粉尘、NO_x、CO_2、SO_2、CO 等。水泥熟料窑型分为立窑和回转窑两种,新型干法窑投资相对较高,规模大,技术水平和工业配套能力也更为优良,是我们国家目前主力窑型。

根据国家统计局的数据,水泥行业的能源消耗占全国工业总能耗的 7.5% 左右,占整个建材行业能源消耗的 73% 左右。水泥行业的能源结构以燃煤为主,占水泥生产所消耗能源的 86% 左右,电力消耗折合标煤所占比例为 11% 左右,其他燃料占 1%~2%。水泥工业能源消耗总量在 2 亿 t 标煤左右。随着行业生产技术水平不断发展和提高,在水泥产量持续攀升的情况下,行业总能耗有所增加,但是单位熟料和单位水泥的生产综合能耗从 2005 年以来一直呈下降趋势。

研究人员对水泥行业大气污染物排放浓度分布情况进行评估,选择了"2＋26"城市的 29 家水泥生产企业进行现场调研。从调研的结果分析,污染物浓度各不相同,但总体水泥污染物的数据有一定特点:粉尘的浓度范围为 80～100 g/m^3,氮氧化物浓度在 600～1000 mg/m^3,大都在 800 mg/m^3 以上,SO$_2$ 的浓度波动较大,个别厂原始数据已达标,最低的在 30 mg/m^3 以下。

污染物排放方面,95％以上水泥企业颗粒物排放浓度不大于 20 mg/m^3。因工艺特点无须提高污染治理设施水平,80％的企业 SO$_2$ 排放浓度在 50 mg/m^3 以下,部分企业因为原料问题采用湿法脱硫或复合法脱硫措施,也能实现排放浓度 50 mg/m^3 以下。NO$_x$ 排放方面,重点地区 95％以上企业采用低氮燃烧、分级燃烧和 SNCR 技术,实现 NO$_x$ 排放浓度不大于 150 mg/m^3,河南 3 家企业采用低氮燃烧、分级燃烧和 SNCR 技术,末端同时配备了 SCR 脱硝技术,稳定实现 NO$_x$ 排放浓度不大于 100 mg/m^3。

在污染控制技术方面,19 家企业安装了完善的除尘、脱硫、脱硝设施,其余 10 家企业,未安装脱硫设施。其中,除尘主要采用静电除尘、布袋除尘、电袋除尘,脱硫采用较多的是湿法脱硫或复合法脱硫,脱硝主要以分解炉内的 SNCR 技术为主。

5.3.1　颗粒物主要控制技术状况

可根据工艺流程特点,选取集中或分散除尘系统,在工艺允许的条件下尽量回收可利用的粉尘。水泥工业粉尘控制方面广泛应用的是袋式除尘器,取得了良好的效果。

烟气颗粒物控制目前主要采用静电除尘器和袋式除尘器。静电除尘器通常用在窑头或者窑尾烟气脱硝前,一般采用高温静电除尘器,对炉窑烟气进行预收尘处理,在湿法脱硫后采用湿式电除尘技术。袋式除尘一般用于脱硝之后温度较低的地方,同时在半干法脱硫后也采取袋式除尘技术。袋式除尘器的除尘效率一般高于 99％,颗粒物排放浓度大多能控制在 30 mg/m^3 以下。袋式除尘器、静电除尘器除了能收集颗粒物外,还能协同捕集重金属等污染物。

水泥窑窑头和窑尾目前使用的除尘技术主要是袋式除尘、静电除尘以及电袋复合除尘,其中部分重点区域因排放限值要求高,采用高效袋式除尘器(覆膜滤料、经优化处理的滤料、降低过滤风速等)、高效静电除尘器(高频电源、脉冲电源、三相电源等)、电袋复合除尘器。其他通风生产设备、扬尘点几乎全部采用袋式除尘器。

5.3.1.1　袋式除尘技术

袋式除尘技术是利用纤维织物的过滤作用(纤维过滤、膜过滤和颗粒过滤)对含尘气体进行净化。它处理风量范围大、使用灵活,适用于水泥工业各工序废气的除尘治理。

适当的过滤材料是袋式除尘器的关键,目前可供选择的滤料材质主要有涤纶(聚酯)、丙纶(聚丙烯)、亚克力(聚丙烯腈)、PPS(聚苯硫醚)、诺梅克斯(芳香族聚酰胺)、玻璃纤维、P84(聚亚酰胺)和 PTFE(聚四氟乙烯)等。

在国内水泥工业生产中,破碎、粉磨、包装、均化和输送系统以及其他扬尘点用袋式除尘器主要选用涤纶滤料。煤粉制备系统用袋式除尘器主要选用抗静电涤纶滤料。水泥窑尾袋式除尘器主要用玻纤滤料和 P84 滤料。由于诺梅克斯综合性能好,用途较为广泛,典型用途是水泥窑头篦冷机余风的除尘,其过滤风速比用玻纤滤料高,可减小除尘器体积。PTFE性能好,摩擦系数小、耐高温,制成薄膜的微孔多而小,可进行表面过滤,目前利用它的优越性,制成表面覆膜,大大改善了普通滤料的过滤性能。

　　过滤风速、清灰方式对除尘效率有重大影响,当排放浓度限值要求严时,应相应降低过滤风速。早期的袋式除尘器依靠人工振打清灰,之后采用机械振打,目前已被淘汰,现在主要使用反吹风清灰和压缩空气清灰(气箱式、脉喷式),后者是目前的主流,可实现在线清灰。袋式除尘器的箱体大多按模块结构设计,即按一定的布袋数构成一个单元滤室,若干个滤室组成一个除尘器,例如气箱脉冲袋式除尘器可分别以32、64、96、128条袋为一个滤室。这有利于系统维护和环境保护,发现故障、破损,及时对有问题的单元滤室进行在线检修,不影响袋式除尘器的总体性能。

　　袋式除尘技术的除尘效率可达99.80%～99.99%,颗粒物排放浓度可控制在30 mg/m³以下。使用覆膜袋式除尘器,颗粒物排放浓度可控制在10 mg/m³以下。袋式除尘器的运行费用主要来自更换滤袋和引风机电耗。

5.3.1.2　静电除尘技术

　　静电除尘技术是通过电晕放电使粉尘荷电,然后在电场力作用下,向集尘极移动并沉积在表面上,通过振打将沉积的粉尘去除,烟气得以净化。它适合大风量、高温烟气的处理,主要用于水泥窑头、窑尾烟气除尘。

　　静电除尘器由供电装置和除尘器本体两部分构成。除尘器本体包括放电电极、集尘电极、振打清灰装置、气流分布装置、高压绝缘装置、壳体等。供电装置为粉尘荷电和收尘提供所需的电场强度和电晕电流,要求能与不同工况使用的静电除尘器有良好的匹配,从而提高除尘效率和工作稳定性。提高高压电源性能一直是静电除尘技术发展的一个方向,如开发专家控制系统、减少人工干预,根据烟气条件变化及时调整控制参数和控制方式;使用高频电源、脉冲电源、三相电源等。

　　静电除尘器的除尘效率既与粉尘比电阻等废气性质有关,也与集尘板面积、气流速度等结构设计参数有关。可以通过增大集尘板面积、增加通道数、增加电场级数等方法提高静电除尘器性能。通常,一台三电场的静电除尘器,其第一电场通常有80%～90%的除尘效率,而第二、三级电场仅收集含尘量小于10 g/m³(对回转窑而言)的烟气粉尘。有时为了达到50 mg/m³以下的低排放浓度,收集很少的粉尘,需要增设第四、五级电场。可见为了提高除尘效率以满足严格的排放标准要求,增加电场级数逐渐趋向经济不合理。

　　由于第一电场捕集粒径比较粗的颗粒,后续电场捕集的粉尘越来越细,最后一个电场捕集的都是微细粉尘,当振打清灰时产生二次扬尘,使部分微细粉尘直接排入大气。因此减少二次扬尘是控制颗粒物排放非常关键的环节,可采用移动电极技术。移动电极的工作原理是将常规卧式静电除尘器最后一个电场的固定电极设计为旋转电极,变阳极机械振打清灰为下部毛刷扫灰,从而改变常规电除尘最后一个电场的捕集和清灰方式,以适应超细颗粒和高比电阻颗粒的收集,提高除尘效率。移动电极技术是静电除尘器未来的发展方向。

　　此外,振打清灰装置的振打方式、振打频率和强度,气流分布装置的气流分布均匀性也都对除尘效率有影响。

静电除尘技术的除尘效率为 99.50%～99.97%，颗粒物排放浓度可控制在 30 mg/m³ 以下，如果要控制到 10 mg/m³ 以下将很难做到。静电除尘器的运行费用主要来自除尘器本身的电耗。

5.3.1.3 电袋复合除尘技术

电袋复合除尘器就是在除尘器的前部设置一个除尘电场，发挥电除尘器在第一电场能收集 80%～90% 粉尘的优点，收集烟气中的大部分粉尘，而在除尘器的后部装设滤袋，使含尘浓度低的烟气通过滤袋，这样可显著减小滤袋的运行阻力，延长清灰周期，缩短脉冲宽度，降低喷吹压力，延长滤袋的使用寿命，相应降低了运行维护成本。

电袋复合除尘技术特别适合于原有静电除尘器的改造，它充分结合了电、袋除尘的优点，除尘效率可达 99.80%～99.99%，颗粒物排放浓度可控制在 30 mg/m³ 以下。使用覆膜滤袋，颗粒物排放浓度可控制在 10 mg/m³ 以下。除尘器的运行费用既有更换滤袋部分和引风机电耗，也有电场的电耗。

一般水泥企业有大大小小数十台除尘器，常温通风除尘以袋式除尘技术为主。处理水泥回转窑煅烧高温气体，袋式除尘和电除尘技术并存，但随着标准要求的不断提高，袋式除尘器所占比例越来越高。对于高温燃烧气体，过去多用静电除尘器净化，但随着耐高温滤料、覆膜滤料和高新技术的发展，水泥窑尾、烘干机成功应用大袋式除尘器的实例不断涌现。由于窑头温度高且工况易变，不如窑尾稳定，因此目前很大部分窑头仍使用静电除尘器，但有越来越多的水泥生产线开始使用袋式除尘器。

在 2013 年水泥标准修订时，收集了全国 835 条水泥窑除尘设施的相关信息，其中窑头采用袋式除尘器的比例最高，为 51%，采用静电除尘器的比例是 43%，采用电袋除尘器的比例为 6%。窑尾采用袋式除尘器的比例最高，为 77.5%，采用静电除尘器的比例是 15.7%，采用电袋除尘器的比例是 6.8%。京津冀及周边地区 6 省市因环保要求更加严格，其污染治理设施的情况与全国差异较大，具体情况见表 5-12。

表 5-12　我国水泥窑除尘方式比较

范围	除尘方式	窑头 数量	窑头 比例	窑尾 数量	窑尾 比例
全国	袋式除尘	426	51.0%	646	77.5%
	静电除尘	359	43.0%	131	15.7%
	电袋除尘	50	6.0%	57	6.8%
	合计	835	100.0%	834	100.0%
京津冀及周边 6 省市	袋式除尘	144	77.4%	159	87.8%
	静电除尘	26	14.0%	4	2.2%
	电袋除尘	16	8.6%	18	9.9%
	合计	186	100.0%	181	100.0%

可以看出，京津冀及周边 6 省市由于标准的加严，水泥窑使用袋式除尘器的比例远

高于全国平均水平,特别是窑头使用袋式除尘器的比例高于全国 26.4%,窑尾高于全国 10.3%,电袋复合除尘在全国和 6 省市的窑头和窑尾应用比例都低于 10%,水泥窑主要除尘方式随着环保要求的加严,将以袋式除尘器为主。

5.3.2　氮氧化物主要控制技术状况

氮氧化物的产生有两个主要来源,热力型氮氧化物和燃料型氮氧化物。水泥窑熟料煅烧过程是氮氧化物产生的高温燃烧的过程,以热力型氮氧化物为主,其中 NO 约占 95%,NO_2 约占 5%。NO_x 的产生与燃烧状况密切相关,因此现有水泥窑可采取 NO_x 燃烧过程工艺控制和末端烟气脱硝技术。燃烧过程控制措施可采用低 NO_x 燃烧器、分解炉分级燃烧减少 NO_x 的产生,烟气脱硝可采用 SNCR、SCR 等技术,有效减少 NO_x 的排放。

选择性非催化还原(SNCR)是在没有催化剂的作用下,向 850~1100 ℃ 水泥分解炉中喷入还原剂,还原剂迅速热解并与烟气中的 NO_x 反应生成 N_2。炉膛中会有一定量氧气存在,喷入的还原剂选择性地与 NO_x 反应,基本不与氧气反应,所以称为选择性非催化还原法。SNCR 的还原剂一般为氨、氨水或尿素等。结合分段烧成的 SNCR 技术,已经发展为水泥工业中减排 NO_x 最重要的方法。从实践经验来看,SNCR 技术 NO_x 脱除效率为 40%~60%。SNCR 工艺在许多水泥企业中都有使用。按照欧盟 IPPC 指令,SNCR 工艺被认为是目前可用于水泥工业的最好的技术,在水泥窑中应用较为广泛。

选择性催化还原(SCR)技术已经发展成电力行业、垃圾焚烧设备、特殊场合和其他工业领域里比较成熟的脱硝技术。SCR 脱硝的催化剂对温度的要求较高,目前市面上主要是高温催化剂,要求温度在 300 ℃ 以上,其 NO_x 脱除效率为 70%~90%,在水泥窑上采用 SCR 脱硝的企业还很少。2018 年,郑州宏昌水泥、嵩基水泥等少数企业,在现有 SNCR 脱硝的基础上增加了 SCR 脱硝设施,据初步了解,运行效果较好,NO_x 浓度可以低于 50 mg/m³,但还需要更长时间的检验。

水泥窑氮氧化物的控制主要有以下几种方式。

5.3.2.1　源头控制措施

新型干法水泥生产用燃料分别从窑头和分解炉喷入,窑头煤粉燃烧温度可达 1600 ℃ 以上,且烧成废气在高温区停留时间较长;煤粉在分解炉处于无焰燃烧状态,燃烧温度为 900 ℃ 左右。由于 60% 的燃料在分解炉内燃烧,燃烧温度低,几乎没有热力型 NO_x 生成,只产生燃料型 NO_x,因此与普通回转窑(2.4 kg NO_x/t 熟料)相比,削减了约 1/3 的 NO_x 排放,可使新型干法工艺 NO_x 排放量控制在 1.6 kg NO_x/t 熟料。

5.3.2.2　工艺控制措施

NO 和 NO_2 是水泥窑 NO_x 排放的主要成分(NO 约占 95%),主要有两种形成机理:(1)热力型 NO_x;(2)燃料型 NO_x。水泥生产中,热力型 NO_x 的排放是主要的。

因水泥窑内的烧结温度高、过剩空气量大,NO_x 排放量很大。2013 年进行水泥标准修订时,调查统计了 148 条水泥窑的初始浓度大多为 800~1200 mg/m³(80% 在 1000 mg/m³ 以下)。一些新型干法窑采取了低 NO_x 燃烧器,控制分解炉燃烧产生还原性气氛,使

NO_x 部分被还原,排放浓度可降低到 $500\sim800$ mg/m³。

目前 NO_x 控制技术有低 NO_x 燃烧器、分级燃烧、添加矿化剂、工艺优化控制(系统均衡稳定运行)等一次措施,以及选择性非催化还原技术(SNCR)、选择性催化还原技术(SCR)等二次措施。欧洲认为综合使用这些技术后(SCR 除外),NO_x 排放控制水平应达到 $200\sim500$ mg/m³,若使用 SCR 技术,则可进一步控制在 $100\sim200$ mg/m³。表 5-13 为水泥窑 NO_x 控制措施的效果及大致的排放浓度范围。

表 5-13 水泥窑 NO_x 控制措施效果

措施分类		削减效率/(%)	排放浓度/(mg/m³)
一次措施	低 NO_x 燃烧器	$5\sim30$	$500\sim800$
	分级燃烧	$10\sim30$	
	添加矿化剂	$10\sim15$	
	工艺优化控制	$10\sim20$	
二次措施	SNCR	$40\sim60$	$400\sim500$
	SCR	$70\sim90$	$100\sim200$

2013 年修订水泥标准时抽样调查了 148 个有效水泥窑 NO_x 排放样本,平均排放浓度为 621.5 mg/m³,最低值为 234 mg/m³(采取了分级燃烧＋SNCR),最高值为 1233 mg/m³,见表 5-14。数据源自竣工验收、环保监督检查以及在线监测,反映了企业在较佳工艺条件下能够达到的 NO_x 控制水平。水泥窑的 NO_x 浓度是动态变化的,这与窑和分解炉的运行控制密切相关,平均有 20％左右的变化幅度(对同一水泥窑不同时期监测统计结果取平均值),企业会根据在线反馈的数据及时调整,保证窑况的均衡稳定。

表 5-14 水泥窑 NO_x 排放统计表

数据来源统计项目	标准修订抽样调查	与 2003 年抽样调查对比	中国建材院2009 年数据	欧洲 2004 年监测数据
水泥窑数量	148	20	9	258
平均排放浓度/(mg/m³)	621.5	508.6	868.7	784.9
最大值/(mg/m³)	1233.0	920.0	1619.5	2040.0
最小值/(mg/m³)	234.0	105.0	376.4	145.0

从 148 个窑的 NO_x 排放浓度累积分布情况(表 5-15)可知,95％的水泥窑平均排放浓度在 800 mg/m³ 以下,近 20％的水泥窑平均排放浓度控制在 500 mg/m³ 以下,还有 10％的水泥窑达到了 400 mg/m³ 以下。

表 5-15 水泥窑 NO_x 排放浓度累积分布情况

比例	10%	20%	30%	40%	50%	60%	70%	80%	90%	100%
浓度/(mg/m³)	400	520	554	596	640	685	715	735	780	1233

在这些调查的水泥窑中,有 45 条线明确报告了采取的 NO_x 控制措施,见表 5-16。有些水泥窑安装了低 NO_x 燃烧器,特别是近年来新建的一些窑在调查表中并未说明,有些在新建时已采用了低氮燃烧技术,因此实际采用低 NO_x 燃烧器的水泥窑数量要远多于表 5-16 中的 17 个样本。对采取低氮控制措施的 17 条窑的 NO_x 浓度进行了摸底,原始浓度平均值为 929.1 mg/m^3。由表可见,即使采用最佳工艺控制措施(低 NO_x 燃烧器＋分级燃烧),NO_x 浓度降低到 500 mg/m^3 以下也很困难,平均为 584.6 mg/m^3。而采用 SNCR 或工艺控制＋SNCR,则可达到 300～500 mg/m^3,甚至更低。

表 5-16　NO_x 控制措施的采用情况

NO_x 控制措施	样本数	平均排放浓度/(mg/m^3)	削减效率%	最大值/(mg/m^3)	最小值/(mg/m^3)
原始浓度	17	929.1	—	1827.0	706.0
低 NO_x 燃烧器	17	668.1	28.1%	798.0	525.0
分级燃烧	6	670.8	27.8%	761.0	520.0
低 NO_x 燃烧器＋分级燃烧	9	584.6	37.1%	707.0	470.0
SNCR	10	384.3	58.6%	475.0	267.0
低 NO_x 燃烧器＋SNCR	2	260.5	72.0%	273.0	248.0
分级燃烧＋SNCR	1	234.0	74.8%	—	—

SNCR 脱硝效率与喷氨量密切相关,一般 NH_3 和 NO 的比率为 1 时,效率在 50%～60%,氨逃逸较少。虽然一些 SNCR 脱硝案例报道的脱硝效率较高,但考虑到氨逃逸的臭味扰民问题,以及上游合成氨生产的高能耗问题,采用 SNCR 方式不宜追求过高的脱硝效率。

工艺控制措施主要是应用低 NO_x 燃烧器、分解炉分级燃烧,以及保证水泥窑的均衡稳定运行。

低 NO_x 燃烧器具有多通道设计,一般为三、四通道,分为内风、煤风、外风,各有不同的风速和方向(轴向、径向),在出口处汇合成同轴旋转的复杂射流。操作时通过调整内、外风速和风量比例,可以灵活调节火焰形状和燃烧强度,使煤粉分级燃烧,减少在高温区的停留时间,相应减少 NO_x 产生量。

分解炉分级燃烧包括空气分级和燃料分级两种,都是通过对燃烧过程进行控制,在分解炉内产生局部还原性气氛,使生成的 NO_x 被部分还原,从而实现水泥窑系统 NO_x 减排。

工艺波动会造成水泥窑 NO_x 浓度的剧烈变化(NO_x 浓度可作为水泥窑工艺控制参数),须采取措施保证水泥窑系统的均衡稳定运行。通过保持适宜的火焰形状和温度,减少过剩空气量,确保喂料量和喂煤量均匀稳定,可有效降低 NO_x 排放。

综合使用上述工艺控制措施,大约可降低 30% 的 NO_x 排放量,相应 NO_x 排放浓度可控制在 500～800 mg/m^3。

5.3.2.3　末端治理措施

SNCR 是以分解炉膛为反应器,通过向高温烟气(850～1100 ℃)中喷入还原剂(常用液氨、氨水和尿素),将烟气中的 NO_x 还原成氮气和水。该技术系统简单,NO_x 排放浓度可控制在 $300\sim500$ mg/m³。

SCR 是在水泥窑预热器出口处安装催化反应器,在反应器前喷入还原剂(如氨水或尿素),在适当的温度($300\sim400$ ℃)和催化剂作用下,将烟气中的 NO_x 还原成氮气和水。该技术一次投资较大,运行成本主要取决于催化剂的寿命,NO_x 排放浓度可控制在 100 mg/m³ 以下。由于水泥窑尾废气粉尘浓度高,且含有碱金属,易使催化剂磨损、堵塞和中毒,需要采用可靠的清灰技术或预除尘器和合适的催化剂。目前应用较多、相对成熟的末端治理措施是选择性非催化还原技术(SNCR),但由于水泥行业 NO_x 的排放总量仍然比较大,进一步降低 NO_x 排放的要求越来越紧迫,有些省市如河南、江苏等已经制定了远严于国家排放标准的限值,河北省已经发布水泥行业超低排放标准,现有 SNCR 脱硝已不能满足更严排放限值的要求。在新形势下,水泥行业的 SCR 脱硝技术在快速发展,主要技术路线见表 5-17。

表 5-17 水泥窑 SCR 脱硝技术路线

项目	高温高尘	高温中尘	中低温中尘	低温低尘
布置位置	C1 与余热锅炉之间	C1 与余热锅炉之间	高温风机前/后	尾部除尘器之后
配置形式	SCR	高温电除尘器＋SCR	SCR	SCR
温度/℃	$280\sim350$	$280\sim350$	$180\sim220$	$80\sim130$
O_2 含量/(%)	3	3	5	10
粉尘浓度/(g/m³)	100	$20\sim40$	$30\sim50$	0.02
SO_2 浓度/(mg/m³)	＞500	＞500	＜50	约为 0

我国水泥行业首台套 SCR 脱硝示范工程选择了高温中尘 SCR 脱硝路线,是由西矿环保公司自主研发的"高温电除尘器＋SCR 脱硝一体化技术",应用在郑州宏昌水泥公司 4500 t/d 水泥窑上,其工艺流程见图 5.1。

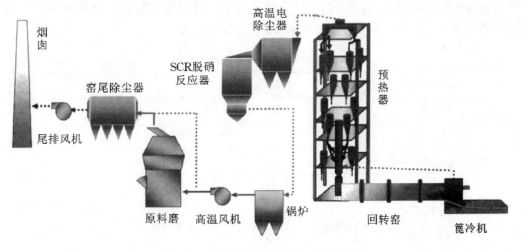

图 5.1 宏昌水泥 SCR 脱硝工艺流程图

该工程 SCR 脱硝位置在 C1 出口与余热锅炉之间,增加了二电场高温电除尘器,之后选择大孔径蜂窝催化剂,以氨水做还原剂。2018 年 10 月,环保验收显示,NO_x 排放浓度可稳定在 50 mg/m³ 以下,脱硝率可达 90% 以上,氨逃逸小于 3 ppm。项目投运后,大幅降低了原 SNCR 还原剂消耗量,降低了余热锅炉进口粉尘浓度。

该水泥窑自 2018 年 9 月 20 日改造完成后已稳定运行超过一年。我们对 2018 年 3 月至 2019 年 8 月改造前后的在线监控日均值数据进行分析比较,详细情况见表 5-18。

表 5-18　宏昌水泥窑 SCR 改造前后污染物排放状况比较

时间		颗粒物		二氧化硫		氮氧化物		含氧量/(%)	生产天数
		浓度/(mg/m³)	排放量/(kg/d)	浓度/(mg/m³)	排放量/(kg/d)	浓度/(mg/m³)	排放量/(kg/d)		
改造前 2018 年 3 月— 2018 年 8 月	日平均	9.9	152.1	17.1	262.1	138.7	2167.6	7.4	
	最小值	8.1	137.4	11.5	203.9	119.6	1597.0	6.2	145
	最大值	11.1	199.9	23.6	423.2	155.1	2806.0	8.1	
改造后 2018 年 9 月— 2019 年 8 月	日平均	5.1	83.7	6.1	104.7	33.2	550.3	7.1	
	最小值	3.5	42.6	1.4	16.9	22.5	368.7	6.7	57
	最大值	5.5	98.7	10.7	197.6	45.7	760.4	7.8	
改造后削减率		48.9%	45.0%	64.4%	60.1%	76.1%	74.6%	4.0%	

从改造前后一年多的数据可以发现,NO_x 排放浓度平均值从改造前的 138.7 mg/m³ 降低到改造后的 33.2 mg/m³,改造后浓度下降了 76.1%,排放量下降了 74.6%。此外,在进行 NO_x 改造的同时,对颗粒物和 SO_2 也同时进行了治理设施提升改造,改造效果非常好。

课题组对我国 826 条水泥窑脱硝方式进行了梳理,其中单独采用 SNCR 技术的比例最高,占 29.8%,采用 SNCR+低氮燃烧技术的比例次之,占 28.9%,采用 SNCR+低氮+分级技术的比例较高,占 21.7%,采取其他技术或没有采用脱硝技术的水泥窑只占 2%,水泥窑脱硝已成为基本配置。具体调查统计情况见表 5-19。

表 5-19　我国水泥窑脱硝方式统计

脱硝方式	数量/条	比例
SNCR	246	29.8%
SNCR+低氮	239	28.9%
SNCR+低氮+分级	179	21.7%
SNCR+分级	146	17.7%
分级	4	0.5%
未采取措施	12	1.5%
合计	826	100.0%

水泥工业为治理氮氧化物的排放消耗了大量氨水,马现奇等对212条水泥熟料生产线2015—2017年氮氧化物排放数据进行分析,并对部分水泥企业氮氧化物控制浓度和氨水用量进行了统计,结果见表5-20。

表 5-20　氮氧化物控制浓度与氨水用量统计

脱硝技术类型	进口氮氧化物浓度/(mg/m³)	出口氮氧化物浓度/(mg/m³)	氨水用量/(t/h)(约20%浓度)
低氮燃烧+SNCR	800~1000	300~400	1.2~1.3
		200~300	1.3~1.5
		100~200	1.5~1.7
低氮燃烧+分级燃烧+SNCR	约500	>300	0.7~0.8
		200~300	约1.0
		<130	1.2~1.3
SNCR+SCR	<400(SCR进口)	<100	<0.5

注:数据来自调研的部分水泥企业。

在此需特别提出氨逃逸的问题。在排放标准不断收严后,大部分水泥企业没有从工艺或治理方法上改进,而是靠增加氨水的耗用量降低 NO_x 的排放。氨水作为还原剂,与 NO_x 反应是需要一定条件的,过量喷入氨水并不能完全反应。氨水过量,在水泥熟料生产系统中会对生产设施、设备产生腐蚀,产生安全隐患;大量喷入氨水,对熟料生产能耗(包括煤耗、电耗)、回转窑系统操作都有影响;过量氨水不能与氮氧化物完全反应,导致氨排放,尤其生料粉磨系统不运转时,氨逃逸情况将更加凸显。因此各水泥企业自身不宜靠增加氨水用量降低氮氧化物排放浓度,应积极研发、应用新型清洁氮氧化物减排技术以逐步实现技术升级。

随着国务院公开发布《打赢蓝天保卫战三年行动计划》,有的地方政府要求2020年底前,在产水泥熟料生产线通过采用抑制氮氧化物产生的工艺和原燃料等技术升级改造措施,降低氮氧化物排放浓度,严格控制在 160 mg/m³ 以下,达到水泥行业超低排放。不增加能耗及其他污染物的超低排放肯定会对大气环境质量有所改善的,但在目前较为成熟的脱硝技术条件下,为达到超低排放势必要增加还原剂(NH_3)的使用量,这会造成氨逃逸的增加、熟料能耗的增加和污染物的转移排放。对此吴东业曾做了相当全面的论述,具体如下:

在现有水泥烧成技术条件下,前端采取工艺控制后氮氧化物排放浓度普遍高于400 mg/m³,大多数水泥企业要靠末端治理满足排放要求。烧成控制较好的水泥窑吨熟料用氨量(按25%氨水计算)在 1.5 kg/t 熟料,较高的用氨量甚至高达 5 kg/t 熟料,一般用氨量为 3.5 kg/t 熟料,窑尾废气氨逃逸一般在 5~8 mg/m³。如果在现有工艺技术条件下进行氮氧化物超低排放,势必要增加氨使用量和造成更多的氨逃逸。

根据国家发展和改革委员会公布的2017年建材行业运行情况,2017年全国水泥产量 231625 万 t,按熟料产量为水泥产量的 70% 计,达标排放的一般水平估算,在氨逃逸 5 mg/m³、熟料排气量为 2.6 m³/kg 的情况下,我国水泥企业每年的氨逃逸量为:

$$2316250000 \times 0.7 \times 2600 \times 0.000000005 = 21078(t/a)$$

由此形成的以硝酸铵为主的 $PM_{2.5}$ 排放量则可能高达 99067 t/a。

在采用选择性非催化还原技术脱硝时,还原剂会存在职业健康的危害,且在还原剂的生产过程会转移排放相应的有害废气,以目前国内常用的 5000 t/d 水泥熟料生产线为例,用液氨(或氨水)脱硝,吨熟料能耗增加 1.90 kgce/t,增加 SO_2 排放量 45.6 g/t,增加 NO_x 排放量 19.19 g/t;用尿素脱硝,吨熟料能耗增加 2.40 kgce/t,增加 SO_2 排放量 57.6 g/t,增加 NO_x 排放量 24.24 g/t。

若每年我国水泥工业为满足目前的排放标准采用的选择性非催化还原技术脱硝消耗的标准煤为 4288537 t,按燃烧 1 t 标准煤二氧化硫排放量为 24 kg/t 计算,每年的脱硝转移排放的 SO_2 排放量达 10 万 t;按燃烧 1 t 标准煤氮氧化物排放量为 10.70 kg/t 计算,每年的脱硝转移排放的 NO_x 排放量达 5 万 t。

水泥生产线脱硝是一项复杂的系统工程,首先受各种原燃材料成分的影响,各生产线设备配置和技术装备水平也不尽相同,生产操作技术参数和控制指标千差万别,为满足对氮氧化物排放标准的要求,就需要对烧成工艺进行深入细致的分析,对各种原燃材料成分进行透彻的研究,从解决氮氧化物的产生入手,建立高效低耗的脱硝系统,不能把重点放在后端治理上。水泥排放标准是针对目前的技术水平和治理手段制定的,随着技术的进步和发展,氮氧化物排放标准也会越来越严格,但在氮氧化物超低排放的同时,要兼顾氨逃逸和污染物排放转移问题。

5.3.3 二氧化硫主要控制技术

水泥工业二氧化硫的排放主要来自于燃煤,由于水泥行业是煤炭消耗大户,因此提高热效率、降低煤炭消耗量、控制燃用高硫煤是水泥工业二氧化硫减排的重要手段。水泥窑的高温、长停留时间、氧化气氛、碱性条件,有利于酸性气体(HCl、SO_2 等)、有机物的去除。由于水泥煅烧石灰质原料过程有很强的吸硫率,水泥工业 SO_2 排放浓度普遍不高,目前单独采用烟气脱硫装置的水泥企业数量较少。在南方部分地区,个别水泥生产的大宗原料石灰石中的硫含量存在过高现象,造成水泥窑尾烟气二氧化硫时有超标现象。

SO_2 排放主要取决于原燃料中挥发性硫含量。如硫碱比合适,水泥窑排放的 SO_2 很少,有些水泥窑在不采取任何净化措施的情况下,SO_2 排放浓度可以低于 10 mg/m³。随着原燃料挥发性硫含量(FeS_2、有机硫等)的增加,SO_2 排放浓度也会增加。水泥窑本身就是性能优良的固硫装置,水泥窑中大部分的硫都以硫酸盐的形式保留在水泥熟料中,SO_2 排放不多,特别是预分解窑,因分解炉内有高活性 CaO 存在,它们与 SO_2 气固接触好,可大量吸收 SO_2,排放浓度相应可控制在 50 mg/m³ 以下。

如果将窑尾废气送入正在运行中的生料磨(窑磨一体化运行),会获得额外的 SO_2 吸收能力(可能高达 80%),因此可将生料磨作为 SO_2 的污染削减装置。表 5-21 为生料磨开启、停运时的 SO_2 排放浓度对比。

表 5-21　生料磨的 SO_2 控制效果

	生料磨未运行时 SO_2 排放浓度/(mg/m³)	生料磨同步运行时 SO_2 排放浓度/(mg/m³)	SO_2 去除率
水泥窑 1	247.5	47.9	80%
水泥窑 2	181.9	96.4	47%

只要硫碱比控制合适(这是工艺控制指标,防止预热器结皮堵塞或窑内结圈)、原料中挥发性硫(如有机硫、FeS_2)含量不是特别高,一般不需要采取附加措施,或通过窑磨一体化运行即可解决。如原料中挥发性硫含量很高,它们在预热阶段会逃逸出悬浮预热器,此时没有活性 CaO 与之反应,或生料磨不足以将之完全去除,可能有较高的 SO_2 排放,这时需要采取干湿法洗涤、活性炭吸附等附加措施。

水泥行业烟气 SO_2 控制技术主要包括选择低硫原辅材料、燃料和烟气末端脱硫技术两大类。其中末端脱硫技术包括干法、湿法和半干法。

干法采用粉状或粒状吸收剂,催化剂来脱除烟气中的 SO_2,特点是处理后的烟气温度降低很少,烟气湿度没有增加,有利于烟囱的排气,同时在烟囱附近不会出现雨雾现象,但吸附或吸收速度较慢,因而脱硫效率低,且设备庞大,投资费用高。干法脱硫常用的方法有活性炭法、氧化铜法、接触氧化法等。

湿法烟气脱硫(湿式吸收法)是采用液体吸收剂洗涤烟气去除 SO_2,脱硫反应速度快,所以湿法脱硫效率高,且设备不大,投资也相对较少。但处理后的烟气温度降低,含水量增加。为了加速扩散,防止烟囱附近形成雨雾,还需对烟气进行再加热,但由于近年节能意识不断提高,且水蒸气并不污染空气,所以也有不再加热烟气的例子。湿法脱硫以石灰/石灰石-石膏法应用最为普遍,其次是氢氧化镁、苛性(活性)碱、氨法等。

此外,还有半干法,脱硫包括喷雾干燥法、烟气循环流化床、增湿灰循环脱硫技术等。

课题组对我国 881 条水泥窑脱硫方式进行了梳理,其中未采取措施协同脱硫的比例最高,占 81.4%,采用末端脱硫技术的比例次之,占 14.3%,采取低硫煤或其他脱硫技术的水泥窑不到 5%,水泥窑脱硫应用比例较低,但随着排放要求的加严,会有越来越多的水泥企业引进脱硫设施。具体调查统计情况见表 5-22。

表 5-22　我国水泥窑脱硫方式统计

脱硫方式	水泥窑数量	比例
协同(未采取措施)	717	81.4%
末端脱硫	126	14.3%
低硫煤	13	1.5%
窑磨一体运行	20	2.3%
系统	5	0.6%
合计	881	100.0%

5.3.4　常规污染物协同控制技术

（1）干法脱硫＋复合陶瓷滤筒除尘脱硝一体化技术

先采用干法进行脱硫，烟气首先进入吸收塔内与脱硫剂（消石灰颗粒）充分混合，去除烟气中的 SO_2。脱硫后的烟气与喷入的氨混合后一同进入复合陶瓷滤筒反应器进行除尘和脱硝。复合陶瓷滤筒为中空管式结构，筒壁是由陶瓷纤维复合脱硝催化剂制成的微孔陶瓷，在实现除尘的过程的同时去除 NO_x。

（2）湿法多污染物协同控制技术

在一套设备中同时实现多种污染物的高效去除，具有经济、高效等优点，是目前国内外的研究热点。技术种类主要包括干式吸附法、等离子体法、湿式吸收法等。其中湿法多污染物协同控制技术以现有湿法脱硫技术为基础，通过向吸收液中添加合适的添加剂或向气体中通入气相氧化剂以达到在同一吸收设备中同时高效去除烟气中 SO_2、NO_x 等多污染物的目的。

（3）典型深度治理工艺路线

随着我国水泥行业生产技术、装备水平的提高，颗粒物、SO_2 等污染物在源头和生产过程中得到较大程度减排。同时，随着近年来我国环保技术的发展，水泥行业已经有可以成熟运用的除尘、脱硫、脱硝技术。通过不同技术的优化组合，可实现烟气污染物的达标排放，甚至是超低排放。复合技术种类包括：SNCR 脱硝＋袋式除尘＋低温 SCR；SNCR 脱硝＋中高温 SCR＋袋式除尘＋半干法脱硫。

5.4　常规及非常规污染物现场调研及测试

一般水泥生产企业，配套建设有大大小小的除尘器几十台，废气排放量较大的主要有窑尾烟气、窑头废气、水泥磨以及煤磨外排废气，约占水泥企业废气排放量的 80% 以上，是水泥企业常规污染物重点调查的排放点位。

对常规污染物主要是收集数据并部分进行现场校核。年度重点是对京津冀及周边水泥企业进行调研和现场测试验证。对水泥生产企业进行实地调查，对工艺过程和燃烧过程的常规污染物排放状况进行深度调查分析，并对从样本中筛选出的部分典型企业排放数据进行现场测试和校核，具体工作内容如下：

重点调查燃烧过程水泥窑及窑磨一体机废气排放的颗粒物、NO_x、SO_2、HF，窑头废气排放的颗粒物，工艺过程煤磨、生料粉磨、水泥磨及其他工艺过程的颗粒物排放情况。对从样本中筛选出的部分典型企业排放数据进行现场测试和校核。

5.4.1　常规污染物现场测试和校核

常规污染物现场测试分为颗粒物和气态污染物测试，其中颗粒物用烟尘测试仪现场采样，采用滤筒重量法进行分析，重点采集窑头或窑尾颗粒物。

气态污染物主要集中在水泥窑窑尾部分，主要包括 NO_x、SO_2、HF 等。使用的测试仪器主要有傅里叶红外烟气分析仪和便携式红外烟气分析仪。在现场直接对水泥窑窑尾在线监测装置监测孔周围的比对采样孔进行测试,其中傅里叶红外烟气分析仪能够测试的项目有 H_2O、CO_2、CO、N_2O、NO、NO_2、SO_2、NH_3、HCl、HF、HC,测试仪器见图 5-2。便携式红外烟气分析仪主要测试参数包括 NO_x、SO_2、含氧量、烟气流速、烟气温度等烟气参数,并且能每隔 1 min 实时记录相关测试参数,便于后续系统分析,测试仪器见图 5-3。便携式烟气分析仪能够测试的项目有 O_2、CO、SO_2、NO、NO_2,测试仪器见图 5-4。同一采样时段,收集企业在线监测数据进行对比,如果监测数据差异较大,进行二次数据监测对比,如果数据差异依然较大,更换其他烟气分析仪进行测试。

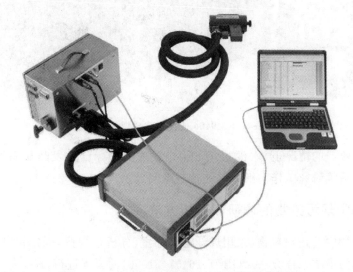

图 5-2　Gasmet Dx4000 傅里叶红外烟气分析仪

图 5-3　SDL3080 便携式红外烟气分析仪

随着常规污染物排放样本数量的不断增加和研究的深度拓展,发现有个别水泥企业存在水泥窑窑尾 SO_2 超标排放的情况,虽然 SO_2 超标并不是常态,但在其他行业污染物

图 5-4　KM9106 便携式综合烟气分析仪

排放标准不断收严的情况下，水泥窑尾 SO_2 排放浓度超标已愈发凸显而引起人们注意，课题组也会在后续研究工作中继续关注这一新问题。

5.4.2　常规污染物的调研和分析方法

常规污染物主要是颗粒物，采用玻纤滤筒称重，分析过程按《固定污染源排气中颗粒物测定与气态污染物采样方法》(GB/T 16157—1996)的要求进行。

其他气态污染物主要通过现场直接测量和分析，分析仪器需定期更换电化学传感器和进行必要的维护维修，保证仪器的数据稳定有效。

5.5　水泥企业污染物排放数据管理系统

收集的大量数据如何录入、保存和使用是课题组面临的急需解决的问题，因此在 2015 年，课题组开发了水泥行业污染物数据查询系统。整理了全国各省份重点水泥企业常规大气污染物排放数据，并将非常规大气污染物排放数据纳入其中。不断完善和更新该数据库，使数据库可以根据需求展现同一水泥企业各个排气筒在不同时间的污染物排放趋势，以及不同水泥企业在同一时段的污染物排放状况对比。

2017 年又对数据系统进行了调整和更新，并且申请了软件著作权"水泥工业污染物排放数据管理系统"。之后又对软件进行了进一步修改完善，使数据更便于录入、查询和进行数据图表展示，形成 2019 年最终版。

数据管理系统中水泥企业信息分为四部分，分别是企业基本信息、水泥窑信息、污染物数据和统计与检索部分，具体内容见图 5-5 至图 5-8。目前全国水泥企业已全部完成排污许可申报工作，共有三千多家，该系统主要收集的是有水泥窑的企业的数据。

图 5-5 数据系统水泥企业基本信息

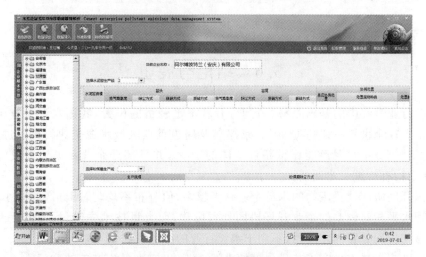

图 5-6 数据系统水泥窑信息

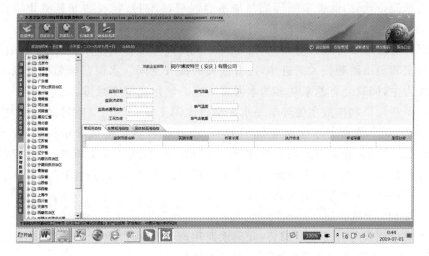

图 5-7 数据系统污染物数据

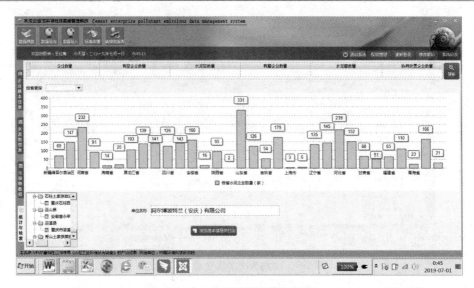

图 5-8　数据系统统计与检索

5.6　结论与展望

水泥行业是我国的基础原材料行业,有着举足轻重的位置,我国水泥工业企业在产量和数量上在全世界占比超过 50%,京津冀及周边重点区域水泥企业的比重过大,超过 20%,"2+26"城市水泥产能比重超过全国的 10%,并且部分企业污染治理设施水平不高,产业结构有待进一步调整。

我国开展协同处置废物的水泥企业越来越多,但分布不均匀,部分产能较小、生产工艺和管理水平相对较差的企业开展协同处置废物,而大量技术先进、污染治理设施好的企业未参与协同处置固体废物,不利于水泥行业的绿色发展。

我国既有世界上生产工艺最先进的水泥企业,也有大量生产工艺和污染治理设施相对落后的水泥企业,由此带来的环境污染不容忽视,特别是颗粒物和氮氧化物排放问题突出、排放量较大,需要进一步深度减排。

水泥行业污染物排放总量大,仍需要进一步提高标准排放要求,特别是氮氧化物,随着减排要求和污染治理技术的进步,还有很大的提升空间。水泥窑颗粒物去除将以覆膜袋式除尘为主,同时会有越来越多的水泥窑实施二氧化硫深度减排。

水泥企业污染物排放主要环节是水泥窑,《水泥工业大气污染物排放标准》中规定基准氧含量是 10%,大部分水泥窑能低于 10%,也有少数水泥窑氧含量较高,说明漏风处较多,可以通过工艺补漏方式减少氧含量。多措并举,实现从源头减排、过程控制到末端治理技术相结合,争取以最少的投入成本最大程度减少各项污染物的排放。从未来发展趋势来看,对水泥行业有以下几点建议:

(1) 淘汰与压减产能

根据城市建设与经济发展趋势,我国水泥年产量在 2014 年为最高峰,之后有小规模回落,全国层面上产能和产量的压减已是必然趋势。

重点地区重点城市应根据具体行业特点进行产能控制,根据地区经济发展和行业保有量,出台经济政策,鼓励行业转移,实现区域内水泥熟料压减产能。

我国水泥新型干法水泥工艺比重已经接近100%,全国平均规模3424 t/d,日产5000 t及以上的水泥窑已经占全国的56.5%,日产2000 t以下的仅占4.6%。"2+26"城市整体情况与全国持平。今后重点区域应淘汰2000 t/d及以下新型干法熟料生产线,此外,2000 t以上熟料生产线实施压产一部分,转型一部分,转型服务于城市基础功能的危险废物、生活垃圾、污泥等的固废处置设施,预计减少区域熟料产能10%(其中涉及直接淘汰熟料产能约1000万吨)。

(2)提升清洁生产和污染治理设施水平

水泥行业能源结构以燃煤为主,每年消耗约2亿t标煤,近年来随着先进生产工艺的比例越来越高,单位熟料和单位水泥的生产综合能耗一直呈下降趋势。水泥窑普遍安装了除尘和脱硝设施。部分水泥窑采用静电或普通袋式除尘器,可以更换为效率更高的覆膜袋式除尘器,颗粒物排放浓度不大于20 mg/m³甚至更低;大部分水泥窑没有采用脱硫设施,如果因原料问题SO_2排放浓度较高,可以采用湿法脱硫或复合法脱硫,能实现排放浓度50 mg/m³以下;30%的水泥企业只采用SNCR技术,可进行综合脱硝改造,通过燃料分级、空气分级等多项低氮燃烧技术,实现NO_x排放浓度不大于200 mg/m³,如果在末端同时配备了SCR脱硝技术,可以实现对水泥窑NO_x深度减排,稳定达到NO_x排放浓度不大于100 mg/m³或者更低水平。

水泥窑在NO_x排放要求日益严格的情况下,氨逃逸问题越来越突出,应对吨熟料氨使用量进行管控,在重点地区水泥窑加装氨逃逸在线监测设备。鼓励企业从工艺或治理技术方面改进、减少氨排放。不宜仅靠增加氨水用量来降低氮氧化物排放浓度,应积极研发、应用新型清洁氮氧化物减排技术以逐步实现技术升级。

部分独立水泥粉磨站因使用湿的矿渣等原料,有烘干设备,普遍采用燃煤热风炉做热源,排放颗粒物、二氧化硫和氮氧化物,四部委联合印发的《工业炉窑大气污染综合治理方案》(环大气〔2019〕56号)提出的重点任务之一是加快燃料清洁低碳化替代,重点区域取缔燃煤热风炉,因此建议有条件的企业应直接购买矿渣粉,或者使用天然气等清洁能源进行烘干。如果在非重点区域使用燃煤热风炉进行物料烘干,应引进高效脱硫除尘设施,加强对废气排放的监管。

(3)实施重点行业超低排放建议

标准排放限值仍有加严空间。水泥行业国标中氮氧化物排放限值较为宽松,现有污染治理技术可进一步满足更高排放限值的要求,其中水泥企业脱硝普遍采用低氮燃烧、分级燃烧和SNCR技术,可实现NO_x排放浓度不大于200 mg/m³,个别企业在现有基础上又采取了SCR脱硝技术,稳定实现NO_x排放浓度不大于50 mg/m³。

对水泥窑进行有序推进特别要进行排放限值和超低排放技术改造。相关要求和时间进度建议如下:重点区域2020年底主要污染物排放达到颗粒物排放浓度不大于10 mg/m³,NO_x排放浓度不大于100 mg/m³,SO_2排放浓度不大于50 mg/m³;其他地区在2020年底实现国标的特别排放限值,2025年底实现颗粒物排放浓度不大于10 mg/m³,NO_x排放浓度不大于100 mg/m³,SO_2排放浓度不大于50 mg/m³。

　　总之，在重点区域内应大力推进压减过剩和淘汰落后产能，优化行业整体布局，提升清洁能源比例和清洁生产水平，提高有组织排放污染治理设施水平和无组织排放控制措施的有效性，加强在线监测能力建设、运行维护监管力度。

　　"2+26"城市除 2000 t/d 以下水泥窑（特种水泥除外）和无自有矿山水泥企业应限期淘汰外，还应进一步加严现有企业水泥窑氮氧化物排放限值为 100 mg/m³。2025 年底前，建议"2+26"城市水泥熟料产能在 2016 年基础上压减 10%～20%，水泥行业氮氧化物减排量将超过 50%。此外，2000 t/d 及以上水泥窑应根据城市发展规划及要求，压产一部分，转型一部分，特别是应鼓励位于城市建成区周边的 3000 t/d 及以上水泥窑转型服务于城市生活垃圾、污水处理厂污泥等固废处置，4000 t/d 及以上水泥窑考虑开展协同处置危险废物。

本章参考文献

[1] 丁平华,田学勤,郎营.基于减排形势和技术应用分析的水泥工业污染减排研究[J].环境保护,2014(21):46-50.

[2] 王燕谋.中国水泥业的伟大复兴三[J].中国水泥,2019(3):56-57.

[3] 2018 年全球水泥产量约为 39.5 亿吨.[EB/OL].水泥网.http://www.ccement.com/news/content/560725134834541022.html[4] 高旭东,范永斌,曾学敏.水泥工业"十三五"煤控形势分析及后期展望[J].中国水泥,2019(9):36-42.

[5] 陈雪,曹宗平.水泥工业大气污染物减排潜力测算研究[J].中国水泥,2019(9):83-84.

[6] 江梅,李晓倩,纪亮,等.国内外水泥工业大气污染物排放标准比较研究[J].环境科学,2014,35(12):4752-4758.

[7] European Commission. Best available techniques (BAT) reference document for the production of cement,lime and magnesium oxide[R]. Seville:European IPPC Bureau(EIPPCB),2013:341-354.

[8] 张国宁,郝郑平,江梅,等.国外固定源 VOCs 排放控制法规与标准研究[J].环境科学,2011,32(12):3501-3508.

[9] 宗合.今年全国煤炭消费量或降 300 万吨[N].中国矿业报,2018-6-9(2).

[10] 李海波,雷华,李凌霄.水泥窑 SCR 脱硝技术应用[J].中国水泥,2019(2):84-86.

[11] 马现奇,高旭东,范永斌,等.国内水泥行业氮氧化物治理及氨排放浅议[J].中国水泥,2019(5):78-80.

[12] 吴东业.水泥工厂氮氧化物超低排放的得失[J].新世纪水泥导报,2019(3):3-5.

[13] 吴东业.水泥厂选择性非催化还原技术脱硝的利与弊[J].新世纪水泥导报,2014(1):4-7.

6 非常规污染物篇

6.1 概　述

水泥工业消耗大量的资源和能源,并排放大量的废气和颗粒物,从而严重影响我国的生态环境。水泥工业排放的常规大气污染物包括颗粒物、氮氧化物(NO_x)和二氧化硫(SO_2)。据统计,水泥工业颗粒物排放量位列我国各行业之首,占总排放量的 15%～20%,NO_x 排放量位列各行业第三位,约占 8%～10%,SO_2 排放量也占全国总排量的 3%～4%。水泥熟料生产过程除了排放常规大气污染物外,还产生汞等重金属污染物、多环芳烃等持久性有机污染物(POPs)等非常规污染物排放,《关于汞的水俣公约》明确将水泥熟料生产设施纳入五大汞及其化合物的大气排放点源名目。进入 21 世纪以来,我国水泥工业通过对技术和设备的不断升级,在节能和减排方面取得较大进步,整体生产水平已接近国际先进水平,但在资源能源利用率、原燃料替代率和环境负荷等方面依然有较大的提升和改进空间。

随着我国城市化、城镇化建设进程的加快,土地资源日趋紧张,如何处理越来越多的城市废物(生活垃圾、生活污泥等)成为众多城市面临的共同难题。据统计,我国历年垃圾存量达 60 亿 t,占用耕地 5 亿 m^2,每年还要新产生 2 亿 t 城市生活垃圾。全国 660 个城市有 200 多个陷入垃圾包围之中。截至 2017 年,我国城市生活垃圾无害化率虽然达到 97.74%,但卫生填埋仍占据大头。伴随着我国城镇化率的不断提升,卫生填埋方式需占用大量宝贵的土地资源、易造成二次污染的缺点也较为突出,而垃圾焚烧在垃圾"减量化、资源化、无害化"方面具备优势,将是我国大中城市未来生活垃圾处理的首选方式。

此外,随着城镇污水处理厂的建设加快,水处理产生的污泥量越来越大。垃圾和污泥的大量堆存,严重污染了水体、大气、土壤,尽快实现城市垃圾和污泥的"减量化、资源化、无害化"处理,是城市环保面临的一项紧迫任务。"十三五"期间,我国污水处理厂需要新增或改造污泥(按含水率 80% 的湿污泥计)无害化处理处置设施能力 6.01 万 t/d,其中,设市城市 4.56 万 t/d,县城 0.92 万 t/d,建制镇 0.53 万 t/d。政策鼓励采用能源化、资源化技术手段,尽可能回收利用污泥中的能源和资源。

根据生态环境部 2018 年 12 月公布的全国 202 个大、中城市《2018 年全国大、中城市固体废物污染环境防治年报》统计:一般工业固体废物产生量为 13.1 亿 t;工业危险废物产生量为 4010.1 万 t,综合利用量 2078.9 万 t,处置量 1740.9 万 t,储存量 457.3 万 t。工业危险废物综合利用量占利用处置总量的 48.6%,处置、储存分别占比 40.7% 和 10.7%,有效地利用和处置是处理工业危险废物的主要途径;医疗废物产生量为 78.1 万 t;生活垃圾产量为 20194.4 万 t。

目前比较常用的垃圾处理方式有卫生填埋、焚烧和堆肥。填埋对于场地有一定要求,堆肥对垃圾的种类具有一定局限性,焚烧技术的优势越来越明显。但由于垃圾焚烧发电投资和运行费用都非常昂贵,并且还存在二次污染问题,在发达国家已经越来越多地被水泥窑协同处置所替代。

水泥回转窑内的物料温度在 1450～1500 ℃,气体温度高达 1700～1800 ℃。气体在高于 950 ℃以上的区域停留时间在 8 s 以上,这种工况远高于垃圾焚烧标准的要求。水泥回转窑系统具有高温、燃烧环境稳定、停留时间长的特点,为水泥窑协同处置生活垃圾和危险废物提供了较好的基本条件,垃圾中有毒有害成分能被彻底分解,即使难降解的有机废物(包括 POPs 废物)在水泥窑内的焚毁去除率也可达到 99.99%～99.9999%,不会产生"二次污染",因此这一技术逐渐成为欧美国家处理城市生活垃圾和危险废物的主要方式。

在《巴塞尔公约》中,水泥生产过程中危险废物的协同处理方法已被认为是对环境无害的处理方法,这说明了水泥生产过程中对危险废物进行协同处理的适用性。中材国际的研究人员通过对水泥窑处置废弃物中重金属的迁移行为所进行的研究表明,只要控制得当,重金属的迁移、浸出行为均不会对周边环境造成影响。

水泥窑炉不仅产生重金属污染物,也形成持久性有机污染物(POPs),如多环芳烃、邻苯二甲酸酯、六氯苯、PCBs 和二噁英类物质。中国建筑材料科学研究总院等单位研究了水泥窑持久性有机污染物排放特点,表明水泥窑燃烧过程会非故意排放 POPs。通过测定多个水泥窑烟气中 POPs 浓度,发现水泥窑烟气中 POPs 平均浓度为 0.106 ngTEQ/m³,有的水泥窑的烟气中 POPs 浓度高达 0.676 ngTEQ/m³。在水泥窑中,存在一部分氯源和二噁英前体化合物,它们的存在可能会导致二噁英及其类似物的产生,因此,水泥工业也是二噁英及其类似物一个重要的排放源。清华大学 POPs 研究中心参考日本环境省基于实测数据编制的排放因子,计算了以 2008 年为基准年的中国主要排放源的非故意产生六氯苯和多氯联苯大气排放清单。结果表明,水泥工业是六氯苯重要的排放源,其排放量约占全国主要行业总排放量的 42.4%。此外水泥行业还是多氯联苯最为重要的排放源,其排放量约占全国主要行业总排放量的 90% 以上。北京大学韦琳等对水泥窑 $PM_{2.5}$ 中 PAHs 排放特性进行了研究,分析水泥窑排放 $PM_{2.5}$ 的质量浓度和 PAHs 浓度。结果表明,从粒数浓度看,$PM_{2.5}$ 中 70% 以上为 $PM_{0.33}$,这部分颗粒物主要是气化凝结形成的,各采样点排放的 PAHs 主要以二环和三环的低环 PAHs 为主。近年来,随着水泥窑协同处置废弃物技术的应用,水泥窑协同处置固体废物对污染物浓度排放的影响也越来越大。Yan 等对水泥窑协同处置 DDT 污染土壤进行了研究,结果表明水泥窑协同处置 DDT 污染土壤对 DDT 的去除率可以达到 99.3% 以上,且烟气中 PCDD/PCDFs 和 HCB 的浓度基本保持稳定,没有明显上升。Conesa 等通过对协同处置废轮胎的水泥窑进行了现场实测,发现 PAHs 和 PCDD/PCDFs 的排放量都在安全排放范围内,但其排放量会随投加废轮胎的数量的增加而略有增加,而且跟投加废轮胎的方式有关。肖海平等研究了水泥窑协同处置生活垃圾焚烧飞灰过程中 PCDD/PCDFs 的迁移和降解特性,结果表明,仅有 0.002% 的 PCDD/PCDFs 随烟气排出,飞灰中的 PCDD/PCDFs 在水泥窑内的消减率达到了 99% 以上,实现了较为彻底的降解。张晓岭等采用现场监测方式调查了西南地区 6 家干法水泥窑废气中 PCDD/PCDFs 排放情况。结果表明,所有水泥窑的

PCDD/PCDFs 浓度都明显低于我国水泥工业大气污染物排放标准,6 家水泥企业 PCDD/PCDFs 排放因子为 0.0089～0.084 $\mu g/t$,接近或低于 UNEP 发布的水泥行业最低排放因子(0.05 $\mu g/t$),其中协同处置污泥水泥窑的最高,约为其他 5 家平均排放因子(0.011 $\mu g/m^3$)的 7.6 倍。Yuyang Zhao 等研究了水泥窑协同处置城市生活垃圾和污泥的二噁英形成及其潜在机理。结果表明,预热器、窑尾余热锅炉、增湿塔和窑尾烟气布袋除尘器是二噁英的主要形成环节。Guorui Liu 等研究了多氯化萘在水泥窑协同处理城市垃圾焚烧飞灰中的分布。结果表明,预加热锅炉、增湿塔和窑尾烟气布袋除尘器是形成 PCNs 的主要部位。

　　针对水泥工业排放重金属的研究表明,Hg、Pb、Cd 和 Cr 等尤其应引起注意。中美合作研究表明,水泥生产排放的重金属汞、砷、硒大多来源于原料和燃料。在水泥窑炉高温煅烧工况条件下,原、燃料中大部分汞随烟气排出,而原、燃料中的砷和硒仅少部分随烟气排放,大部分进入水泥熟料中。王相凤对新型干法水泥窑尾、窑头烟气进行的采样分析表明,窑尾 Hg 排放浓度范围为 6.40～17.8 $\mu g/m^3$,是窑头的 5.1～10.8 倍,以 Hg^{2+} 为主,排放因子平均值为 6.48 mg/t。协同处置固体废物水泥窑尾 Hg 的浓度为 8.22 $\mu g/m^3$,其中 Hg^0 占总 Hg 的 79%,是 Hg 的主要分布形态。闫大海等分析了水泥窑协同处置危险废物时,13 种重金属存在不同相的分配情况。结果表明,重金属的分配不受危险废物投加的影响,不挥发和半挥发重金属在烟气中的分配率远低于在熟料中的分配率。汪澜等认为采用传统的原、燃料会将微量重金属带入水泥窑中,替代原、燃料应用和协同处置废物也会引入一定量的重金属元素,绝大部分重金属元素会固化在水泥熟料中,水泥水化产物及其形成的水泥浆体对这些重金属元素也有很好的固化和固封作用,但汞、砷、硒等重金属则易于挥发,铬则易于溶出,因此必须对其加以控制。水泥窑所排放的汞主要来自燃料及生料。另外,水泥窑协同处置固体废弃物也是一个重要来源。新型干法水泥窑及预热器内烟气温度远高于汞的沸点 356.5 ℃,几乎所有物料带入的汞都在预热器中挥发,并以汞蒸气的形式停留在废气中,极少进入窑内或随熟料离开系统。在烟气流经增湿塔或余热锅炉冷却过程中,部分汞与烟气中的氧气、HCl、氯气发生反应生成氧化汞和氯化汞。当生料磨开启时,烟气中的氧化态汞会被生料中石灰石以及 CaO 所吸附。生料中掺杂的工业废渣等颗粒物对氧化态汞也具有良好的吸附作用,生料磨的烟气排放温度低,利于汞的冷凝和被粉尘颗粒吸附,因此汞主要在除尘器中被粉尘吸附。但由于新型干法水泥窑的工艺特点,除尘器收集的粉尘又作为原料返回窑系统。此时系统中汞的循环量很高,汞在水泥企业窑灰中的含量远高于电厂灰中的含量。停磨机工况与开磨运行工况的差别在于窑尾烟气最后不再送入生料磨系统而是直接经过除尘器从烟囱排出,所以停磨机工况下烟气中的汞与细粉颗粒接触的时间不够充分,除尘器收下的窑灰中汞含量降低,而烟气汞排放增加。

　　由于各个水泥企业燃烧煤种和原料配料不同,各水泥企业的汞排放因子差别也很大。另外,当水泥企业协同处置污泥及废弃物时,存在额外汞排放,必须对废弃物处置量进行一定的限制。进行水泥生产时,汞在窑灰中大量富集,如果窑灰部分或全部排放,则烟气中汞排放量可以控制在国家标准内,当前我国火电等行业烟气汞的排放控制主要以污染治理设施的协同处置为主。

　　水泥工业产生的有机污染物和重金属，随烟尘扩散到大气，进而沉降到土壤。土壤是环境中有机污染物和重金属的储库和中转站。目前国内外关于水泥生产排放的非常规大气污染物对周围环境影响的研究较少。Schuhmacher、Rovira 等人针对常规水泥窑、协同处置废物水泥窑的周围土壤、植物和环境空气进行了采样分析（表 6-1），结果表明，常规水泥窑周围土壤和环境空气中的重金属和 PCDD/PCDFs 浓度与距水泥企业的距离并没有明显的关系，重金属和 PCDD/PCDFs 浓度随时间变化不明显，水泥生产对周围土壤、空气的影响并不明显，而水泥周围植物中 PCDD/PCDFs 浓度随时间有所积累。水泥窑协同处置污泥和其他固体废物，周围环境介质中的重金属和 PCDD/PCDFs 浓度较低，对人体健康危害较小，且在两种环境介质中的变化不明显，但由其所引起的致癌风险会增大。

表 6-1　水泥窑对周围环境影响研究概况

地点	采样时间	生产条件	采样样本类型	采样点数	监测污染物
Monjos	2000 年 5 月	普通	土、植物	16 个	PCDD/Fs、重金属
	2001 年 5 月	普通	土、植物	16 个	PCDD/Fs、重金属
	2011 年 5 月、2012 年 5 月	2011 年替代燃料（混合）	土、植物、空气	3 个	PCDD/Fs、重金属
Vallcarca	2003 年 3 月、2006 年 3 月、2009 年 3 月	2005 年协同处置污泥	土、植物、空气	16 个	PCDD/Fs、重金属
Lloberagat	2008 年 9 月、2009 年 3 月、2009 年 9 月	2009 年 4 月停产	土、植物、空气	7 个	PCDD/Fs、重金属
Reixac	2008 年 11 月、2009 年 5 月、2009 年 11 月	普通	土、植物、空气	7 个	PCDD/Fs、重金属
Alcanar	2008 年 10 月、2009 年 10 月	2009 年 7 月协同处置废弃物	土、植物、空气	7 个	PCDD/Fs、重金属
Viencece	2011 年 1 月、2011 年 7 月、2012 年 1 月、2013 年 6 月	2010 年新生产线、2011 年底协同处置污泥	土、植物、空气	7 个	PCDD/Fs、重金属

林少敏对两家水泥企业附近的土壤进行了采样分析发现,水泥企业周围土壤中 Hg、Pb、Cd 的浓度有一定的分布规律,最大值出现在下风向 500 m 处土壤,其 Hg、Pb、Cd 的含量约为下风向 2000 m 处和上方向 1000 m 处土壤中的含量的 2～3 倍,可见,周围的土壤在不同程度上受到了水泥生产排放 Hg、Pb 和 Cd 的影响。王爱国等针对不同地区水泥企业周围土壤样品中重金属含量进行了研究,发现水泥企业对周围土壤重金属含量影响较小,对平原季风气候地区环境影响范围较大,而对山区环境影响相对较小。童爱花等人对三家使用重金属含量较高废弃物的水泥企业周围的土壤中 Hg、Pb 和 Cd 的测定表明:其近距离土壤中 Hg、Pb 和 Cd 的含量远高于较远距离的土壤,已超过标准值,其土壤已受到了污染。

通过上述水泥工业大气污染物排放及其对周围环境影响的综述发现,尽管国内外对水泥工业常规和非常规污染物的污染情况非常关注,也对水泥行业的污染水平及对环境的影响有一定的认识,但尚不系统,有关非常规污染物的排放及其对周围环境空气和土壤的影响,以及水泥窑主体设备对不同相态非常规污染物的去除效果等还不明确。为了支撑国家水泥工业相关政策的制定、促进水泥窑协同处置废物和水泥工业大气污染控制技术的发展,需要开展水泥工业非常规污染物排放水平,以及水泥工业产生的非常规污染物对周围环境影响的调查研究。

本课题主要针对水泥工业生产全过程环节多、原燃料来源复杂、污染物产生种类多、污染物减排需求紧迫、对水泥企业周边的环境污染状况不清等问题,通过深入调查研究,引导水泥行业合理减排,促进环境应急措施在水泥生产过程的实施。

6.2 数据调查与测试方法

6.2.1 数据调查方法

现有水泥窑处置废物的种类繁多,有危险废物、工业废物、生活垃圾、各种污泥等。主要采用文献资料调研、实地调研及测试数据收集、现场测试、委托测试等多种形式相结合,对相关数据进行对比核实,并进行详细分析,获得水泥企业非常规污染物排放数据。

6.2.1.1 资料调查和现场调查

通过行业协会、文献资料、政府网站、专家咨询等,收集产业和协同处置废物工艺及污染治理方面的相关资料。对重点企业进行实地调查,了解生产工艺现状及污染治理设施情况等。

6.2.1.2 调查主要内容

① 行业背景情况:调查水泥行业生产规模与布局;行业污染排放状况及对环境的影响;国家相关政策(产业、环保)要求;产业发展趋势,可以协同处置的废物类型与需求;行业发展规划、产业政策;等等。

② 生产工艺与污染源分析:对国内外水泥窑协同处置不同种类废物的不同生产工艺进行分析和比选。分析水泥窑废物处置工艺及现状、国外水泥窑废物处置现状、污染防治现状及发展趋势。

③ 典型源与监测数据调查:通过重点源调查与监测数据收集,对企业协同处置中主

要污染物排放状况、污染控制技术应用情况、投资和运行费用等进行比较。

④ 实地调研：筛选出已开展水泥窑废物处置的企业进行实地考察，结合企业生产、排污状况进行分析。

6.2.2　样品采集方法

6.2.2.1　环境空气样品采集

为了同时采集环境空气样品中颗粒态和气态的污染物组分，选用美国 Airmetrics 公司生产的 Minivol 采样器，并对 Minivol 采样器进行了改装，即在颗粒物采集单元加装石英玻璃吸附管，该吸附管内沿气流方向由上向下依次装填 XAD-2 和 PUF 树脂，如图 6-1 所示。

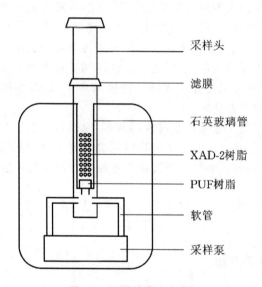

采样头

滤膜

石英玻璃管

XAD-2树脂

PUF树脂

软管

采样泵

图 6-1　环境空气采样器

其采样原理与固定污染源采样相似，即通过空气采样器将环境空气中颗粒态和气态污染物在一定采样流速下分别采集到石英纤维滤膜和吸附树脂中。为了区分水泥企业和其他污染源对环境空气的影响，在水泥窑的下风向理论最大浓度落地点和背景点（远离水泥企业的非主导风向）采样。现场采样前要对采样器的流量进行校正，依次安装滤膜夹、吸附剂套筒，连接于采样器，调节采样流量，开始采样。采样结束后打开采样头上的滤膜夹，用镊子轻轻取下滤膜，采样面向里对折，放入原来的滤膜盒中，从吸附剂套筒中取出采样筒用铝箔纸包好，放入原来的盒中密封。记录采样开始和结束的流量、采样器编号、采样时间、采样点位，滤膜和吸附剂筒编号及气象条件。如果采样前后流量校正值相差 10%，将该样品标记为无效，对采样器进行检查。

6.2.2.2　周围土壤样品采集

为了采集不同深度的土壤样品，制作了如图 6-2 所示的土壤采样器。采样时，借助 T 形手柄将采样筒插入不同深度土壤层。采样后，用力按下推拉杆，挤出采样筒中的土壤样品。

为了研究水泥生成排放的非常规大气污染物对周围土壤环境的影响，制定了如表 6-2

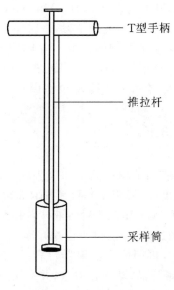

图 6-2 土壤采样器

所示的土壤样品采集布点方案。

表 6-2 土壤样品采集布点方案

方位	采样点数	采样点布置
水平方向	主导风向下风向 3 点	下风向区:最大污染物浓度落地点为 1 点,在该点两侧等距离位置各布 1 点
	厂界周围下风向 1 点	大约在水泥企业周围 500 m 处
	背景值 1 点	背景点:远离水泥企业、非主导风向
垂直方向	3 点	下风向最大颗粒物浓度落地点的 0～20 cm、20～40 cm、40～60 cm 处

　　对于表层(0～20 cm)土样,选择表面裸露且没有翻动过的表层土壤,用铁铲铲取土样并去除其中的石块和杂质。各采样点均采用梅花形布点法等量采集 5 个子样进行混合,四分法缩分成一个约 1000 g 的样品。

　　对于深层土样,将不锈钢采样管接在 T 形手柄上,组装好土壤采样器。将表层覆盖物去除,用吸能锤将土壤采样器敲击至相应土壤深度,提出采样器,挤出土壤样品并取下采样筒,将土壤样品装入棕色的广口瓶密封保存,贴好标签。

6.2.3　样品分析方法

　　本项目氯化氢、氟化氢通过便携式傅里叶红外烟气分析仪直接现场采样并读数,不直接测试二噁英,现场调研时会收集部分协同处置废物水泥企业已有测试数据。

6.2.3.1　重金属分析

重金属 Hg 采用冷原子吸收测汞仪测量,其他重金属采用电感耦合等离子体质谱

(ICP-MS)进行分析,包括 As、Cd、Co、Cr、Cu、Hg、Mn、Ni、Pb、Sn、V 和 Zn。

取 1/2 滤筒(滤膜)剪碎后加入特氟龙消解罐,一次加入 6 mL HNO_3 和 2 mL HF,使酸溶液浸没样品碎片,摇匀后盖上消解罐的盖子。将土壤样品直接加入消解罐中,以 4:1 的体积比例加入 HNO_3 和 HF,直至浸没土壤样品;之后将消解罐放入 Mars6 微波消解仪,设置两段加热消解程序,消解完毕待冷却至室温后,打开消解罐。消解液定容至 10 mL 容量瓶中,上机分析。

6.2.3.2 有机污染物分析

(1)样品预处理

在滤筒(滤膜)、XAD-2 树脂和土壤样品中加入适量二氯甲烷,在超声波清洗器中振荡萃取 20 min(功率 60 W,温度 35 ℃以下),重复提取 3 次,合并提取液。在所获提取液中加入少许 Na_2SO_4 颗粒,放置 30 min。然后将液体转移至圆底烧瓶,用旋转蒸发仪(≤35 ℃)浓缩至 1 mL 左右,再经过溶剂置换(正己烷)、净化,浓缩液用 0.22 μm 有机相滤膜过滤后,氮吹至 100 μL 以下,再用微量注射器定容至 100 μL,加入样品瓶中待分析。同样地,用二氯甲烷萃取冷凝液样品,获得提取液,并采用与颗粒和土壤样品相同过程处理提取液,得到待测样品。

(2)分析方法

分析检测所用的仪器为 Trace GC Ultra Polaris Q 气相色谱-质谱仪(GC-MS)。设置仪器条件进行分析,得到多环芳烃的总离子流图,根据定量离子的峰面积,采用外标法定量。先取 2 μL 标准样品做全扫,根据保留时间和离子峰进行定性,确定每种物质的特征离子峰,再根据保留时间和特征离子峰进行选扫,做定量分析。

6.3 非常规大气污染物排放对周边环境的影响

非常规大气污染物由于蒸汽压的不同而以气态或颗粒态形式存在,如 2~3 环 PAHs 主要分布在气相中,4 环 PAHs 在气相和颗粒相中均有分布,而更高环的 PAHs 则主要分布在颗粒相中;又如 PCDD/Fs 类,低氯代 PCDD/Fs 主要分布在气相中,高氯代 PCDD/Fs 主要分布在颗粒相中。进入大气环境中的重金属通常附着在大气颗粒物中,如地壳元素 Si、Fe、Ca 和 Mg 等一般以氧化物形式存在于粗颗粒中,Zn、Cd、Ni、Pb 等元素则主要存在于细粒子中,总体上表现为颗粒越小,环境活性越大。大气污染物通过两种途径对生态环境和人体健康构成危害:一是通过干湿沉降转移累积到地表土壤和水体或附着于植物叶面,再经一定的生物化学作用,最终转移到动植物进而进入人体;二是通过人的呼吸作用直接进入人体。因此,环境空气是水泥工业排放非常规污染物的中转站,土壤是其最终受体之一。目前国内外关于水泥工业排放的非常规大气污染物对周围环境空气和土壤环境的影响的研究还非常少,本研究选择具有代表性的水泥生产企业,研究其排放的非常大气污染物对周围环境空气和土壤的影响。

6.3.1 水泥工业对周边环境空气的影响

6.3.1.1 普通水泥窑周围环境空气非常规污染物研究

为了研究水泥生产对周围环境空气中非常规大气污染物的影响,同步采集了一条产能 3200 t/d 熟料的水泥企业下风向一点（1500 m）和非主导风向上远离水泥企业一点（背景点）的气态和颗粒态环境空气样品,每次采样时间为 48 h,连续采样一个月（2015 年 4 月）,获得有效样品数量 12 组,分析了样品中的 PAHs 和重金属含量。

（1）PAHs 分析

水泥窑下风向和背景采样点颗粒物浓度分别为 114.2 $\mu g/m^3$ 和 92.3 $\mu g/m^3$,其 $\sum$ PAHs 平均浓度以及下风向点较背景点浓度如表 6-3 所示。

表 6-3　普通水泥窑周围环境空气 PAHs 浓度　　　　　　单位:ng/m^3

物质名称	背景点	下风向	增加量 /（%）
Nap	1.05×10^3	1.23×10^3	17.1
AcPy	12.7	15.4	21.3
Acp	16.3	19.7	20.9
Flu	20.0	23.0	15.0
PA	21.0	28.3	34.8
Ant	6.62	9.11	37.6
FL	3.64	4.72	29.7
Pyr	5.51	6.30	14.3
BaA	7.01	10.3	46.9
CHR	2.63	4.32	64.2
BbF	0.798	1.31	64.2
BkF	1.33	1.81	36.1
BaP	1.20	1.92	60.0
IND	1.31	1.84	40.4
DBA	1.42	2.23	57.0
BghiP	2.02	3.21	58.9
$\sum$ PAHs	1.16×10^3	1.37×10^3	18.1

从 PAHs 总浓度上来看,下风向环境空气中 PAHs 浓度为 1.37×10^3 ng/m³ 高于背景点的浓度（1.16×10^3 ng/m³）,下风向采样点环境空气中 $\sum$ PAHs 浓度约为背景采样点 $\sum$ PAHs 浓度的 1.18 倍,可以推测水泥窑周围的环境空气在一定程度上会受水泥生产排放的烟气影响。从多环芳烃单体的增加比例上来看,三环的 PA、Ant,四环的 BaA、CHR 以及全部的高环 PAHs 的增加比例都超过了 $\sum$ PAHs 的增加比例。

（2）重金属分析

普通水泥窑下风向和背景采样点的环境空气重金属浓度以及下风向点较背景点浓

度的增量如表 6-4 所示。

表 6-4　普通水泥窑周围环境空气重金属浓度　　　　　　单位：ng/m³

物质名称	背景点	下风向	增加量 /（%）
As	9.81	11.7	19.3
Co	1.74	1.91	9.8
Cr	42.6	50.3	18.1
Cu	16.5	17.7	7.3
Mn	103	123	19.4
Ni	13.9	14.7	5.8
Sb	3.93	4.43	12.7
Sn	8.62	9.22	7.0
V	8.72	9.67	10.9
Zn	101	114	12.9
NV-HMs	311	356	14.5
Pb	32.9	45.3	37.7
Cd	0.710	1.01	42.3
LV-HMs	33.6	46.3	37.8
$\sum$HMs	345	403	16.8

从重金属总浓度上来看，下风向环境空气中重金属总浓度为 403 ng/m³，高于背景点的浓度（345 ng/m³），下风向采样点环境空气中重金属总浓度约为背景采样点重金属总浓度的 1.17 倍，可以推测水泥窑周围的环境空气中重金属浓度在一定程度上会受水泥生产排放的烟气的影响。从组成上来看，两个采样点环境空气中 Mn 和 Zn 是含量最多的两种元素，其次是 Cr 和 Pb，地壳中本身含量较高的元素含量所占的比重较大。从各种重金属元素的增加比例上来看，低挥发性的 Cd 和 Pb 的增加比例分别为 42.3% 和 37.7%，都超过了重金属总量的增加比例。因此，Cd 和 Pb 为该水泥生产企业的特征污染物。

6.3.1.2　协同处置污泥水泥窑周围环境空气非常规污染物研究

水泥窑在协同处置污泥后，其窑尾烟气中 PAHs 和低挥发性的重金属浓度有上升的趋势，为了研究水泥窑协同处置污泥对周围环境空气的影响，对一条协同处置污泥水泥窑（产能 3200 t/d 熟料）周围环境空气也进行了采样，每次采样时间为 48 h，连续采样一个月（2016 年 4 月），获得 12 组有效样品，分析其中的 PAHs 和重金属含量。

（1）PAHs 分析

协同处置污泥水泥窑下风向和背景采样点颗粒物浓度分别为 101.3 μg/m³ 和

$87.6~\mu g/m^3$，比未协同处置污泥的颗粒物浓度低，其 PAHs 浓度如表 6-5 所示。

表 6-5　协同处置污泥水泥窑周围环境空气 PAHs 浓度　　　　单位：ng/m^3

物质名称	背景点	下风向	增加量/（%）
Nap	1.09×10^3	1.31×10^3	20.2
AcPy	14.5	18.7	29.0
Acp	17.5	23.8	36.0
Flu	24.3	30.8	26.7
PA	26.9	37.5	39.4
Ant	10.1	16.0	58.4
FL	4.31	6.27	45.5
Pyr	5.52	7.78	40.9
BaA	7.43	12.1	62.9
CHR	2.81	5.03	79.0
BbF	0.710	1.72	142.3
BkF	1.56	2.41	54.5
BaP	1.40	2.71	93.6
IND	1.40	2.52	80.0
DBA	1.81	3.19	76.2
BghiP	2.62	5.14	96.2
$\sum$PAHs	1.21×10^3	1.49×10^3	23.1

从表 6-5 可以看出，下风向环境空气中 PAHs 浓度为 $1.49 \times 10^3~ng/m^3$，高于背景点的浓度（$1.21 \times 10^3~ng/m^3$），下风向采样点环境空气中 $\sum$PAHs 浓度约为背景采样点 $\sum$PAHs 浓度的 1.23 倍，可以推测协同处置污泥水泥窑周围的环境空气在也在一定程度上会受水泥生产排放的烟气的影响，且这种影响较普通水泥窑的更大。从组成上来看，两个采样点的多环芳烃均以低环多环芳烃为主，说明水泥窑协同处置污泥排放的 PAHs 并没有改变环境空气中 PAHs 的组成。从多环芳烃单体的增加比例上来看，除了二环和沸点较低的三环 PAHs 以外，其他多环芳烃单体的增加比例都超过了 $\sum$PAHs 的增加比例，且增加比例较普通水泥窑的增加比例大，因此可以推断水泥窑协同处置污泥可能在一定程度上加重了对周围环境空气的影响。

为了能够更清楚地展示出协同处置污泥对周围环境空气的影响，假设背景采样点环境空气没有受到水泥生产的影响，而且下风向点和背景点受其他方面的影响是相同的，那么下风向采样点的 PAHs 浓度与背景点的 PAHs 浓度的差值，就可以在理论上认为是单纯由于水泥生产造成的，如图 6-3 所示为下风向空气中 PAHs 增加量气相和颗粒相中的分布。

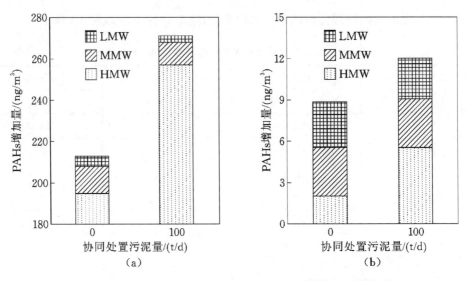

图 6-3　下风向空气中 PAHs 增加量在气相和颗粒相中的分布
(a) 气相；(b) 颗粒相

由图 6-3 可知，不管水泥窑协同处置污泥与否，水泥窑周围环境空气中 PAHs 的增加量主要增加了气相中 PAHs。具体来说，普通水泥和协同处置污泥水泥窑周围环境空气气相 PAHs 增加量分别为 213 ng/m³ 和 270 ng/m³，以低环 PAHs 为主，而颗粒相中 PAHs 增加则分别为 8.8 ng/m³ 和 12.0 ng/m³，以中、高环 PAH 是为主。环境空气颗粒相 PAHs 增加量的组成与烟气中颗粒 PAHs 的组成类似，且水泥窑协同处置污泥后环境空气颗粒相 PAHs 增加量中高环的 PAHs 的占比有所提升，这与水泥窑协同处置窑尾烟气中 PAHs 的增加规律相似。可以推测水泥窑生产排放的 PAHs 在一定程度上影响了周围环境空气，在水泥窑协同处置污泥后，这种影响还会进一步加大。

（2）重金属分析

协同处置水泥窑下风向和背景采样点的环境空气重金属的平均浓度以及下风向点较背景点浓度的增量，如表 6-6 所示。

表 6-6　协同处置污泥水泥窑周围环境空气重金属浓度　　　　　单位：ng/m³

物质名称	背景点	下风向	增加量 /%
As	11.2	13.6	21.4
Co	1.81	2.12	17.1
Cu	20.1	21.7	7.96
Mn	108	130	20.4
Ni	13.7	15.0	9.5
Sb	4.01	4.92	22.7
Sn	9.04	9.51	5.2
V	8.96	10.5	17.2

物质名称	背景点	下风向	增加量 /%
Zn	103	118	14.6
Pb	39.5	61.2	57.2
Cd	0.912	1.78	95.2
$\sum$HMs	366	441	20.5

从重金属总浓度上来看,下风向环境空气中重金属总浓度为 441 ng/m³,高于背景点的浓度(366 ng/m³),下风向采样点环境空气中重金属总浓度约为背景采样点重金属总浓度的 1.21 倍,可以推测水泥窑周围的环境空气在一定程度上会受水泥生产排放的烟气的影响。从组成上来看,两个采样点环境空气中 Mn 和 Zn 依然是含量最多的两种元素,其次是 Cr 和 Pb,这与普通水泥窑周围的环境样品重金属元素组成相似,说明水泥窑协同处置污泥排放的重金属并没有改变环境空气中重金属的组成。从各种重金属元素的增加比例上来看,绝大多数不挥发性重金属的增加比例依然低于重金属总量的增加比例,低挥发性的 Cd 和 Pb 的增加比例分别为 95.2% 和 57.2%,其增加比例都超过了重金属总量的增加比例,且增加的幅度大于普通水泥窑。

6.3.2　水泥工业对周边环境土壤的影响

本研究选择具有代表性的水泥生产企业,采样、分析其周围土壤环境中 PAHs 和重金属的含量,以了解水泥生产对其周围土壤环境的影响。

6.3.2.1　普通水泥窑周围土壤环境非常规污染物研究

为了尽可能排除其他工业生产和不同区域内土壤本底值差异对研究结果的影响,本研究选择的几条普通水泥生产线位于同一区域、相距约 48 km,其周围均无其他工业企业,熟料产量分别为 2500 t/d(BS 水泥企业)和 3200 t/d(TH 水泥企业)。

(1) PAHs 分析

为了识别水泥生产的影响,本研究分别在水泥窑烟囱下风向区 500 m、1000 m、1500 m 和 2000 m 处设置采样点,其土壤长期未经过翻动,且由于采样点相对集中,其土壤组成也相对固定。同时,选择非主导风向上且远离水泥企业的一点作为背景采样点。获得的土壤样品 PAHs 浓度如图 6-4、图 6-5 所示。

由图 6-4、图 6-5 可知,BS 水泥企业周围土壤环境中 $\sum$PAHs 浓度范围为 76.8 μg/kg ~ 473 μg/kg,TH 水泥企业周围土壤环境中 $\sum$PAHs 浓度范围为 64.8 ~ 382 μg/kg,BS 水泥企业周围土壤环境中 PAHs 浓度较 TH 水泥企业周围土壤环境中 PAHs 浓度高,而且两个水泥企业周围土壤中 PAHs 浓度均高于背景点中的浓度,两个背景采样点的土壤中 PAHs 浓度水平却基本相当,结合两个水泥企业的生产历史,BS 水泥企业投产时间早于 TH 水泥企业,初步判断水泥企业周围土壤会受到水泥生产排放 PAHs 的影响。进一步分析不同距离处土壤中 PAHs 浓度分布,注意到最大浓度均出现在下风向点 1500 m 附近,该点与其理论计算确定的水泥窑烟囱排放污染物最大落地浓度点基本吻合,进一步说明

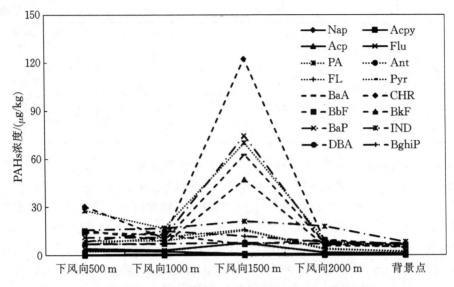

图 6-4　BS 水泥企业周围不同距离土壤中 PAHs 含量变化

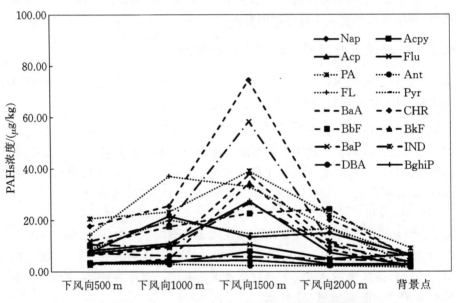

图 6-5　TH 水泥企业周围不同位置土壤中 PAHs 含量变化

水泥生产会对周围土壤环境产生影响。

　　为了研究 PAHs 在土壤中的累积富集作用,本研究在距离水泥企业 1500 m 处采集了深层(0～20 cm、20～40 cm 和 40～60 cm)土壤样品,以了解 PAHs 在土壤环境中垂直分布的特点。水泥企业周围不同深度土壤中 PAHs 含量变化如图 6-6、图 6-7 所示。

　　由图 6-6、图 6-7 可知,在土壤垂直方向上,表层土壤中的污染物含量明显高于深层土壤,20～40 cm 处土壤中 PAHs 浓度较表层土壤 PAHs 浓度有明显下降,说明 PAHs 在土壤中的积累现象不明显,未对深层土壤造成严重影响。

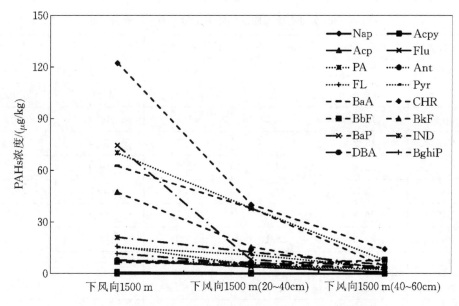

图 6-6 BS 水泥企业周围不同深度土壤中 PAHs 含量变化

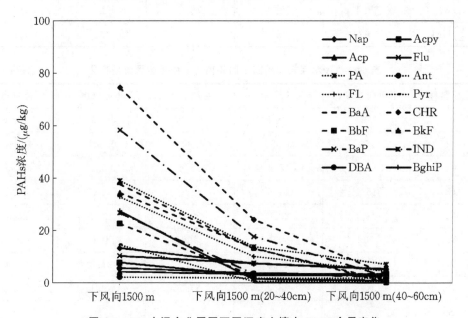

图 6-7 TH 水泥企业周围不同深度土壤中 PAHs 含量变化

（2）重金属分析

为了了解普通水泥窑周围土壤环境重金属类非常规污染物污染水平，在水泥企业下风向区 500 m、1000 m、1500 m 和 2000 m 处设置采样点，同时，选择非主导风向上且远离水泥企业的一点作为背景采样点，其不同位置土壤中重金属含量变化，如表 6-7、表 6-8 所示。

表 6-7　BS 水泥企业周围不同距离土壤中重金属含量变化　　　　单位:mg/kg

物质名称	下风向 500 m	下风向 1000 m	下风向 1500 m	下风向 2000 m	背景点
As	8.31	10.0	8.50	10.4	10.7
Cd	0.306	0.303	0.301	0.215	0.109
Co	15.0	15.2	14.6	14.3	16.8
Cr	43.2	44.2	39.5	43.4	47.9
Cu	22.6	20.8	22.5	19.9	22.2
Mn	497	466	488	486	3622
Ni	20.2	21.2	22.7	20.4	25.3
Pb	28.2	25.1	27.8	24.3	17.2
Sb	—	—	—	—	—
Sn	1.51	1.53	1.62	1.80	1.50
V	67.0	68.3	67.8	64.6	71.0
Zn	71.4	70.2	78.2	62.1	50.3
$\sum$HM	798	755	785	761	642

表 6-8　TH 水泥企业周围不同距离土壤中重金属含量变化　　　　单位:mg/kg

物质名称	下风向 500 m	下风向 1000 m	下风向 1500 m	下风向 2000 m	背景点
As	8.93	10.1	7.72	9.53	13.0
Cd	0.502	0.306	0.304	0.301	0.215
Co	15.3	15.4	15.4	15.1	17.5
Cr	46.1	44.5	41.0	38.3	47.2
Cu	23.1	20.2	23.5	19.2	25.7
Mn	507	469	497	492	366
Ni	21.4	19.2	20.3	21.2	27.1
Pb	31.3	28.3	31.7	29.1	18.9
Sb	—	—	—	—	—
Sn	1.64	2.21	1.63	1.52	1.31
V	68.0	68.9	65.6	70.1	70.2
Zn	75.7	76.2	80.9	65.6	54.8
$\sum$HM	774	743	771	748	625

　　由表 6-7、图 6-8 可知,BS 和 TH 两条水泥生产线下方向土壤重金属总浓度范围分别为 755～798 mg/kg 和 743～774 mg/kg,均高于其背景点浓度,下风向各采样点的重金

属浓度变化并不明显,下风向 500 m 和 1500 m 处重金属浓度比其他点稍高,推测下风向 500 m 处土壤中重金属浓度偏高可能与水泥生产的无组织排放有关,下风向 1500 m 土壤中重金属浓度偏高可能与水泥生产的有组织排放有关。从重金属组分来看,土壤样品中含量最高的是 Mn,其次是 Zn、V、Cr 和 Pb,在各样品中均未检出 Sb。总体来说,各重金属浓度随下风向距离变化并不明显。

6.3.2.2 协同处置污泥水泥窑周围土壤环境非常规污染物研究

为了了解协同处置污泥水泥窑排放的非常规大气污染物对周围土壤环境的影响,本研究针对 1 条协同处置污泥水泥生产线周围土壤环境开展了长期的监测。该生产线于 2015 年 5 月具备了协同处置污泥的能力,协同处置湿污泥能力为 100 t/d,在 2015 年 5 月和 2016 年 5 月分两次对该水泥企业周围土壤环境进行了采样分析,以了解协同处置污泥后窑尾烟气排放的非常规污染物对周围土壤环境的影响。

(1) PAHs 分析

图 6-8 给出了该水泥生产线周围 5 个采样点在协同处置污泥前和协同处置污泥后土壤环境 PAHs 浓度的变化情况。

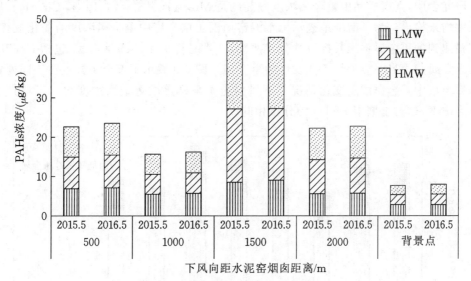

图 6-8　不同时期土壤中 PAHs 浓度

可以明显看出,在协同处置前后,下风向采样点土壤中 PAHs 浓度明显高于背景点土壤中 PAHs 的浓度,尤其是中环的 PAHs 和高环的 PAHs 的含量。与烟气中不同相态的 PAHs 相比较发现,土壤中 PAHs 的组成与烟气中颗粒相的 PAHs 组成更为相近。进一步分析表明,PAHs 最大浓度点出现在下风向 1500 m 处,这也与理论最大浓度落地点相吻合。因此,在水泥窑协同处置污泥前后都可能会对周围土壤环境产生影响。

为了更清楚地了解协同处置污泥后是否会加重对周围土壤环境的影响,本研究用下风向点土壤中污染物的年均累积速度来衡量污染物对土壤环境的影响,具体计算公式如下:

$$M_{\mathrm{ave}} = (C_{\mathrm{d}(2015)} - C_{\mathrm{b}(2015)})/12 \tag{6-1}$$

$$M = \left[(C_{d(2016)} - C_{b(2016)}) - (C_{d(2015)} - C_{b(2015)}) \right]/1 \tag{6-2}$$

式中　　$C_{d(2015)}$——下风向点 2015 年污染物的平均浓度，$\mu g/kg$；

　　　　$C_{d(2016)}$——下风向点 2016 年污染物的平均浓度，$\mu g/kg$；

　　　　$C_{b(2015)}$——背景点 2015 年污染物的平均浓度，$\mu g/kg$；

　　　　$C_{b(2016)}$——背景点 2016 年污染物的平均浓度，$\mu g/kg$；

　　　　12— 截至 2015 年该水泥生产线投产运行时间；

　　　　1— 协同处置污泥投产运行时间。

　　根据上式计算得，在水泥窑协同处置污泥后的 1 年内，该水泥窑周围下风向采样点土壤环境中低环 PAHs、中环 PAHs 和高环 PAHs 的年均累积速度分别是 5.5 $\mu g \cdot kg^{-1}$，14.9 $\mu g \cdot kg^{-1}$ 和 18.1 $\mu g \cdot kg^{-1}$，远高于水泥窑采取协同处置污泥前的周围土壤环境中 PAHs 的年均累积速度（低环 PAHs、中环 PAHs 和高环 PAHs 的年均累积速度分别是 2.5 $\mu g \cdot kg^{-1}$，5.8 $\mu g \cdot kg^{-1}$ 和 5.3 $\mu g \cdot kg^{-1}$），这在一定程度上说明水泥窑协同处置污泥后其排放的 PAHs 会加重对周围土壤环境的影响。

　　（2）重金属分析

　　研究表明，土壤样品中重金属浓度最高的是 Mn，其次是 Zn、Cr、Pb 和 Cu，Sb 在所有样品中均未检出。为了清晰地表示出水泥窑周围土壤环境中重金属浓度的变化规律，将所有检测到的重金属根据其挥发性分成两类，一类是低挥发性的重金属，包括 Cr，Pb；其余的重金属归为另一类——不挥发性的重金属。图 6-9 展示了五个采样点在协同处置污泥前后土壤中重金属浓度变化情况。下风向土壤采样点中重金属浓度均大于背景土壤采样点浓度，这与土壤中 PAHs 的分布相同。

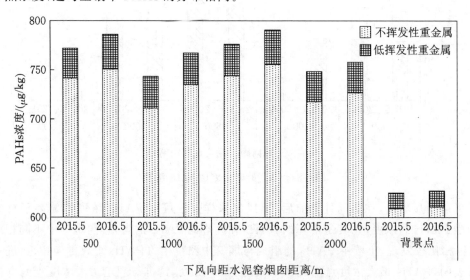

图 6-9　不同时期土壤中 PAHs 浓度

　　不管是协同处置污泥前还是协同处置后，重金属最大浓度落地点的位置与 PAHs 的相同。根据式（6-1）和式（6-2）计算重金属在土壤中的年累积速度可知，在协同处置污泥后，下风向土壤中低挥发性重金属年均累积速度为 2.6 $mg \cdot kg^{-1}$，是协同处置污泥前下风向土壤中低挥发性重金属年均累积速度的 5.3 倍,这说明协同处置污泥后由于烟气中低挥发性重金属的排放强度增大,通过沉降和积累作用加快了低挥发性重金属年均累积速度。另外,不挥发性重金属的在土壤中的积累速度变化不明显,在协同处置污泥前后年均累积速度基本相同(协同处置污泥后和协同处置污泥前年均累积速度分别为 10.8 mg • kg^{-1} 和 10.2 mg • kg^{-1}),这主要与水泥窑烟气中不挥发性重金属排放保持稳定有关。

6.4 现场测试汇总及测试方案

6.4.1 测试汇总情况

课题组分别对北京、天津、山西、河北、湖北、青海、浙江等省的 29 家水泥企业非常规污染物排放状况进行了现场采样测试工作,其中 8 家企业开展了协同处置固体废物,21 家未开展协同处置固体废物,测试的企业汇总见表 6-9。

表 6-9 现场测试水泥企业汇总表

序号	企业名称	所属省市	备注
1	北京金隅琉水环保科技有限公司	北京	协同处置
2	北京金隅北水环保科技有限公司	北京	协同处置
3	葛洲坝老河口水泥有限公司	湖北	葛洲坝中材洁新(武汉)科技有限公司老河口分公司
4	华新水泥(武穴)有限公司	湖北	华新环境工程(武穴)有限公司
5	登封中联登电水泥有限公司	河南	无协同处置
6	登封市嵩基水泥有限公司	河南	无协同处置
7	天津金隅振兴环保科技有限公司	天津	协同处置
8	河北金隅鼎鑫水泥有限公司第三分公司	河北	无协同处置
9	中材湘潭水泥有限责任公司	湖南	无协同处置
10	唐山泓泰水泥有限公司	河北	无协同处置
11	内蒙古冀东水泥有限责任公司	内蒙古	无协同处置
12	山西龙门五色石建材有限公司	山西	无协同处置
13	北京太行前景水泥有限公司	北京	协同处置
14	青海祁连山水泥有限公司	青海	无协同处置
15	浙江衢州巨泰建材有限公司	浙江	无协同处置
16	桐庐南方水泥有限公司	浙江	无协同处置

续表 6-9

序号	企业名称	所属省市	备注
17	兆山集团诸暨水泥有限公司	浙江	无协同处置
18	江山南方水泥有限公司	浙江	无协同处置
19	安吉南方水泥有限公司	浙江	无协同处置
20	杭州山亚南方水泥有限公司	浙江	无协同处置
21	威顿水泥集团有限责任公司	山西	协同处置
22	山西双良鼎新水泥有限公司	山西	无协同处置
23	石家庄市曲寨水泥有限公司	河北	无协同处置
24	惠州塔牌水泥有限公司	广东	无协同处置
25	赞皇金隅水泥有限公司	河北	协同处置
26	河北金隅鼎鑫水泥有限公司第一分公司	河北	无协同处置
27	河北金隅鼎鑫水泥有限公司	河北	无协同处置
28	宜兴天山水泥有限责任公司	江苏	无协同处置
29	溧水天山水泥有限公司	江苏	无协同处置

6.4.2　水泥企业大气污染物测试方案

6.4.2.1　测试目的

本测试是根据武汉理工大学和中国环境科学研究院共同承担的科技部 2014 年基础性工作专项要求,对协同处置固体废物的水泥窑进行常规和非常规污染物现场采样测试,掌握协同处置固体废物的新型干法水泥窑以汞为主的重金属排放、氮氧化物、颗粒物、二氧化硫等常规污染物以及可能设置的旁路放风大气污染物排放情况,深入掌握水泥工业对环境质量的影响。

6.4.2.2　测试依据

① GB/T 16157《固定污染源排气中颗粒物和气态污染物采样方法》。

② HJ/T 397《固定源废气监测技术规范》。

③ HJ/T 373《固定污染源监测质量控制和质量保证技术规范》。

④ DL/T 567.2《火力发电厂燃料试验方法-入炉煤粉样品的采取和制备方法》。

⑤ HJ/T 20《工业固体废物采样制样技术规范》。

⑥ GB/T 16659《煤中汞的测定方法》。

⑦ 美国 EPA 40 CFR 60 M4 烟道气中水分含量的测定。

⑧ 美国 EPA 40 CFR 60 M1 (40 CFR Part 60)固定源选择样品和采样速度。

⑨ 美国 EPA Method 324 固体样品汞成分分析法。

⑩ 美国 ASTM D6414 用酸萃取或湿氧化/冷蒸气原子吸收法对煤和煤燃烧残留物中总汞的试验方法。

⑪ 美国 ASTM D6784 安大略法对固定源烟气中不同形态的汞污染物采样方法。

⑫ 相关测试水泥企业运行记录、规程等技术资料。

6.4.2.3　工作程序

水泥企业采样测试工作程序见表 6-10。

表 6-10　水泥企业非常规污染物测试工作程序

测试步骤	具体工作内容	备注
1. 重金属等非常规污染物采样	以新型干法水泥窑窑尾烟气为主开展重金属排放采样测试,兼顾窑尾旁路放风排放。采样方法为美国环保署推荐的 OHM 法和 M29 方法	根据企业现场情况,采样孔要求不小于 $DN80$,OHM 法一次采样时长约 2 h,M29 法一次采样时长约 1 h
2. 常规污染物(烟尘、SO_2、NO_x 等)	测试窑尾、窑头及煤磨/水泥磨等大气污染物排放、烟气参数等状况	使用雪地龙公司便携式红外烟气分析仪、电化学烟气分析仪
3. 固体样品收集	烟气采样期间同步完成煤样、窑尾与窑头除尘器灰样、出磨混匀生料、旁路放风灰样、四组分原料、熟料、水泥等固体样品采集	需企业人员配合,每种固体样品采集量约 1 kg
4. 在线监测等现场数据和资料收集	中控室水泥窑运行参数、企业在线监测数据及环保设施设备台账	需企业提供在线监测数据、监督性监测报告、生产情况资料、环保设施参数情况等

6.4.2.4　测试内容及方法

根据水泥企业状况、测试条件和项目相关要求,具体确定测试内容。

主要测试和分析研究内容包括:对水泥窑尾、旁路放风废气进行重金属排放采样测试,同时完成烟气流量测试;对 NO_x、SO_2 等常规污染物和烟气参数进行测试;采集水泥生产各种原料、熟料、水泥、出磨混匀生料、窑尾及窑头、旁路放风除尘灰样等固体样品,分析其与大气污染物排放间的相关性。

重金属等非常规污染物采样测试主要针对窑尾废气、旁路放风排放点位进行。采用美国 EPA 推荐的 OHM 法和 M29 两种采样方法。OHM 法可以对汞进行分价态排放情况采样分析,M29 主要针对铅、铬、镉等其他重金属进行采样测试,以全面掌握水泥工业重金属排放状况。

了解常规污染物排放情况及烟气温度、流量、CO、含氧量等相关烟气参数。在采样测试期间,利用红外烟气分析仪对各排放测试点位烟气中的 NO_x、SO_2、烟气流量、温度、含氧量等参数进行测试。烟气参数测试与重金属采样等同时进行。

烟气采样测试内容见表 6-11。

表 6-11　烟气采样测试内容

时间	工况阶段	操作程序	采样内容及仪器
半天	水泥窑空白测试	烟气采样	窑尾烟气 M29 法样品 1 个(1.5 h) 窑尾烟气 OHM 法样品 1 个(2 h) 窑尾、旁路放风便携式红外烟气分析仪
半天	水泥窑协同处置测试	烟气采样	窑尾烟气 M29 法样品 1 个(1.5 h) 窑尾烟气 OHM 法样品 1 个(2 h) 窑尾、旁路放风便携式红外烟气分析仪

6.4.2.5　测试条件要求

由于煤质大幅波动和生产设施故障等对测试结果将产生很大影响,因此水泥企业应尽可能保持测试期间燃煤煤质的一致和稳定,保证各主体工艺生产设备正常运转。

测试采样在水泥生产设施工况稳定,生产负荷达到设计生产能力80%负荷以上情况下进行。

新型干法回转窑窑尾、旁路放风、窑头、水泥磨或煤磨用除尘器、脱硝等污染物治理设施运行正常。

试验期间安全措施遵照相关企业安全操作规程等要求。

企业在测试点位须配备220 V交流电源,同时安排专人负责协调工作,协助完成各种固体样品、烟气相关运行参数及测试仪器的运转等工作。

6.5　结论与展望

本章以掌握水泥生产非常规大气污染物排放特征及其对周围环境的影响为研究目的,设计了符合水泥工业窑尾烟气工况条件的烟气采样器,同步采集了常规新型干法水泥生产线、协同处置污泥和飞灰水泥生产线窑尾烟气中气态、可凝结态和颗粒态样品;分析了水泥窑窑尾烟气中的 PAHs、重金属等非常规大气污染物浓度以及具有代表性水泥生产线周围环境空气、土壤样品中 PAHs、重金属的含量,阐明了水泥工业生产对周围环境的影响。研究成果可以为水泥生产过程非常规大气污染物的控制提供数据支持,并为协同处置固体废弃物非常规大气污染物排放提供技术支持。本研究主要获得以下结论:

(1)我国开展协同处置废物的水泥企业不多但发展迅速,截至2018年底约占水泥窑企业的10%,随着国家政策和环保规划要求的实施,之后将会有更多的城市利用水泥窑协同处置固体废物,随之而来的非常规污染物的影响会越来越显著。

(2)利用水泥窑协同处置固体废物的种类和数量在不断增加和变化,这会明显增加末端的污染防治压力,对环境管理提出更高的要求。

(3)现阶段对协同处置固体废物的水泥企业非常规污染物的监测主要针对汞等重金属,国标测试方法要求相对简单,但对挥发性强的重金属如汞测量结果明显偏低,而利用国外现有测试方法和仪器操作难度大,测试成本高,主要是研究性监测,难以大范围推广应用。

（4）以 PAHs 为主的有机物排放还没有引起水泥行业的关注。课题自行设计的烟气采样系统，由采样管、滤筒、气相吸附单元、冷凝单元和控制单元等构成，可以同时捕集烟气中颗粒态和气态的 PAHs 以及重金属。利用该系统采集并研究了普通新型干法水泥窑、协同处置污泥或飞灰水泥窑窑尾烟气中的颗粒态和气态的 PAHs 以及重金属排放情况。

（5）普通水泥窑排放的 PAHs 以低环 PAHs 为主，且主要以气态形式存在。不同生产规模水泥窑窑尾烟气中 $\sum$PAHs 浓度与水泥生产线的产能并没有直接关系，而窑尾烟气的 BaPeq 浓度与水泥窑的产能存在一定关系，产能越大其 BaPeq 浓度越大。不同生产规模水泥窑窑尾烟气重金属浓度相关性较弱，各个元素间没有很明显的相关性，普通水泥窑窑尾烟气中重金属排放浓度可能更多地受到原料和燃料中重金属含量的影响。水泥窑协同处置污泥或飞灰均会增大 PAHs 的排放量，且颗粒相的中、高环 PAHs 含量明显增加，但对窑尾烟气 PAHs 组成影响不大；水泥窑协同处置污泥或飞灰对窑尾烟气重金属总浓度影响不大，但 Pb 和 Cd 含量呈现增长趋势，这主要与重金属的挥发性和污泥或飞灰中重金属的含量有关。

（6）水泥企业内及其周围环境空气中颗粒物浓度一般高于背景点的浓度，颗粒物日均浓度最大值的所在监测点出现频次依次为水泥企业内＞下风向 1500 m＞下风向 2000 m＞下风向 500 m＝下风向 1000 m＞背景点，在 17 时至次日 6 时，水泥企业及其下风向各监测点颗粒物浓度增大的幅度明显高于背景监测点，其中水泥企业内监测点的增大幅度最大，水泥企业内受生产过程无组织排放影响明显，而下风向各个监测点均在不同程度上受到水泥工业有组织排放的影响。

（7）水泥窑尾主体设备对非常规有机污染物有一定的去除效果：生料磨会因为废气对生料的加热烘干作用而产生一部分轻质多环芳烃，布袋除尘器可以拦截颗粒态的多环芳烃，这部分多环芳烃多为重质多环芳烃，同时布袋除尘器也可以吸附部分气态多环芳烃；协同处置污泥过程会造成的 NH_3 排放，这可以作为还原性气体降低 NO_x 的排放。

（8）水泥窑周围下风向环境空气中 $\sum$PAHs 浓度和重金属总浓度均较背景点环境空气的浓度高。环境空气中 PAHs 均以低环 PAHs 为主，且主要存在于气相中，三环的 PA、Ant，四环的 BaA、CHR 以及全部的高环 PAHs 浓度的增加比例较大。Mn 和 Zn 是环境空气中的重金属含量最多的两种元素，环境空气中 Cd 和 Pb 的增加比例较大。协同处置污泥水泥窑下风向环境空气颗粒相中的中、高环 PAHs 以及重金属中 Cd 和 Pb 较环境空气背景点的增加比例进一步增大，水泥窑协同处置污泥会加重对周围环境空气的影响。

（9）水泥窑周围下风向土壤环境中 $\sum$PAHs 浓度和重金属总浓度均高于背景点土壤环境的浓度，最大浓度出现在主导下风向约 1500 m 处，表层土壤的 PAHs 和重金属浓度明显高于深层土壤的浓度，PAHs 和重金属在深层土壤中的积累作用并不明显。水泥窑协同处置污泥会导致 PAHs 和低挥发性重金属在土壤中的累积速度加快，且协同处置污泥会进一步提高窑尾烟气颗粒相和液相与土壤环境 PAHs 的相关性，水泥窑协同处置污泥会加重对周围土壤环境的影响。

　　通过本次调查研究,我们掌握了部分开展协同处置废物的水泥窑非常规污染物排放(以重金属汞和 PAHs 为主的有机污染物)方面的数据,发现了水泥行业在开展协同处置固体废物方面的不足及问题,提出以下几点建议:

　　(1)合理规划和利用水泥窑协同处置废物

　　协同处置固体废物的水泥企业分布不均,有的城市有几家如杭州、保定,有很多城市一家都没有,而合理规划和利用水泥窑开展协同处置废物,特别是在城市周边的水泥窑开展生活垃圾和污泥协同处置是一个很好的选择。

　　(2)提高协同处置固体废物的水泥窑的门槛

　　应鼓励利用规模大、污染治理设施好和管理水平高的水泥窑开展协同处置固体废物,减少污染物排放。课题组调查了我国大部分已开展协同处置固体废物的水泥窑,发现其中一些企业利用 2000 t/d 的水泥窑开展协同处置废物,部分窑头和窑尾仍然采样电除尘器,极少数窑还没有采用 SNCR 脱硝设施,这些都不利于协同处置废物的水泥窑污染防治,特别是无组织排放问题会比较突出,同时也和《水泥窑协同处置固体废物污染防治技术政策》要求不相符。

　　(3)加强监管能力建设和对企业的管理要求

　　水泥窑常规污染物排放数据主要依靠在线监测系统,只要数据超标会随时反馈到环保部门,水泥企业会想尽办法减少常规污染物的排放,除此之外每家企业常规污染物都有季度性人工监测和在线监测系统的比对工作要求,保证数据的真实有效。而非常规污染物虽然有标准限值要求,但难以实现在线监测,人工监测数据质量较差,难以比较,并且多家企业非常规污染物的检测数据未公开,不利于监管。

　　(4)加强科研和管控对策研究

　　针对现有非常规污染物的排放及管理要求,应鼓励研发检测方法、测试规程,开展更多的污染防治技术研究和示范。结合源头控制和生产工艺过程控制,加强管控技术和对策研究。

本章参考文献

[1] 韦琳,刘阳生.水泥行业 PM$_{2.5}$研究进展[J].环境工程,2013,31(3):98-102.

[2] 雷宇,贺克斌,张强,等.基于技术的水泥工业大气颗粒物排放清单[J].环境科学,2008,29(8):2366-2371.

[3] 丁平华,田学勤,郎营.基于减排形势和技术应用分析的水泥工业污染减排研究[J].环境保护,2014(21):46-50

[4] 韩仲琦.水泥相关技术与产品的市场需求分析[J].中国水泥,2015,3:43-49.

[5] 蔡博峰,曹东,周颖.中国水泥企业能源消耗特征分析[J].环境工程,2011,29(2):123-126.

[6] 汪澜,徐讯,刘姚君,等.我国利用水泥窑协同处置险废物和城市生活垃圾现状[C].2011 年中国水泥环资论坛,2011.

[7] 佚名.2019 年全球及中国垃圾分类行业发展概况及未来投资前景分析[J].江西建材,2019(7):247-248.

[8] 李波,蔡玉良,杨学权,等.水泥窑处置城市生活垃圾后续产品中重金属的浸出迁移性研究[C].中国

水泥协会 2011 年中国水泥环资论坛,2011.

[9] 汪澜,刘姚君.水泥窑炉污染物的排放和控制[J].中国水泥,2012(6):57-59.

[10] ESTERBAN A, KARELL M, JOSEP C. Polychlorinated dibenzo-pdioxin polychlorinated dibenzofuran releases into the atmosphere from the use of secondary fuels in cement kilns during clinker formation[J]. Environmental Science & Technology,2004(38):4734-4738.

[11] 杨淑伟,黄俊,余刚.中国主要排放源的非故意产生六氯苯和多氯联苯大气排放清单探讨[J].环境污染与防治,2010,32(7):82-85,91.

[12] 韦琳,唐海龙,郭盈盈,等.水泥窑 $PM_{2.5}$ 排放特性及其 PAHs 风险分析[J].中国环境科学,2014 34(5):1113-1118.

[13] YAN D, PENG Z, KARSTENSEN K H,et al. Destruction of DDT wastes in two preheater/precalciner cement kilns in China[J]. Science of the Total Environment,2014,476-477:250-257.

[14] CONESA J A, REY L, EGEA S,et al. Pollutant formation and emissions from cement kiln stack using a solid recovered fuel from municipal solid waste[J]. Environmental Science & Technology,2011,45(13):5878-5884.

[15] 肖海平,茹宇,李丽,等.水泥窑协同处置生活垃圾焚烧飞灰过程中二噁英的迁移和降解特性[J].环境科学研究,2017,30(2):291-297.

[16] 张晓岭,卢益,蹇川,等.西南地区新型干法水泥生产中的二噁英大气排放[J].环境科学,2014,35(1):35-40.

[17] ZHAO Y Y,ZHAN J Y,LIU G R,et al. Field study and theoretical evidence for the profiles and underlying mechanisms of PCDD/F formation in cement kilns co-incinerating municipal solid waste and sewage sludge[J]. Waste Management,2017,61:337-344.

[18] LIU G R, ZHAN J Y, ZHENG M H,et al. Field pilot study on emissions, formations and distributions of PCDD/Fs from cement kiln co-processing fly ash from municipal solid waste incinerations[J]. Journal of Hazardous Materials,2015,299:471-478.

[19] 王相凤.新型干法水泥窑汞等非常规污染物排放特征研究[D].北京:北京化工大学,2017.

[20] 闫大海,李璐,黄启飞,等.水泥窑共处置危险废物过程中重金属的分配[J].中国环境科学,2009,29(9):977-984.

[21] SCHUHMACHER M,BOCIO A,AGRAMUNT M C,et al. PCDD/F and metal concentrations in soil and herbage samples collected in the vicinity of a cement plant[J]. Chemosphere 2002,48(2):209-217.

[22] SCHUHMACHER M. Annual variation in the levels of metals and PCDD/PCDFs in soil and herbage samples collected near a cement plant[J]. Environment International,2003,29(4):415-421.

[23] SCHUHMACHER M,DOMINGO J L,GARRETA J. Pollutants emitted by a cement plant:health risks for the population living in the neighborhood[J]. Environmental Research,2004,95(2):198-206.

[24] ROSSINI P,GUERZONI S,MATTEUCCI G,et al. Atmospheric fall-out of POPs (PCDD-Fs, PCBs,HCB,PAHs) around the industrial district of Porto Marghera,Italy[J]. Science of the Total Environment,2005,349(1-3):190-200.

[25] ROVIRA J,MARI M,NADAL M,et al. Use of sewage sludge as secondary fuel in a cement plant:human health risks[J]. Environment International,2011,37(1):105-111.

[26] ROVIRA J,MARI M,NADAL M,et al. Levels of metals and PCDD/Fs in the vicinity of a cement plant:assessment of human health risks[J]. Journal of Environmental Science Health Part A Toxic/

Hazardous Substances Environmental Engineering,2011,46(10):1075-1084.

[27] ROVIRA J,MARI M,NADAL M,et al. Monitoring environmental pollutants in the vicinity of a cement plant:a temporal study[J]. Archives of Environmental Contamination and Toxicology,2011, 60(2):372-384.

[28] ROVIRA J,MARI M,NADAL M,et al. Partial replacement of fossil fuel in a cement plant:risk assessment for the population living in the neighborhood[J]. Science of the Total Environment, 2010,408(22):5372-5380.

[29] ROVIRA J,MARI M,NADAL M,et al. Environmental levels of PCDD/Fs and metals around a cement plant in Catalonia,Spain,before and after alternative fuel implementation. Assessment of human health risks[J]. Science of the Total Environment,2014,485-486:121-129.

[30] 林少敏,黄利榆.利用废弃物煅烧水泥时重金属 Pb、Cd 的逸放污染[J].生态环境学报,2010,19 (1):77-80.

[31] 王爱国,张仕祥,戴华鑫,等.水泥企业对周边环境及烟叶重金属积累的影响[J].烟草科技,2018, 51(3):13-20.

[32] 童爱花.煅烧水泥熟料过程中重金属的逸放特性及污染防治研究[D].广州:华南理工大学,2007.

7 潜力技术篇

随着国民经济发展的稳定化,水泥的市场消费逐步进入平台期,国内水泥产业的发展又面临着新的问题:水泥生产产能过剩、水泥工业生产环境影响负荷剧增等已成为困扰当前水泥生产可持续发展的制约因素。就产能过剩问题,当前国家已出具了一系列的政策:提出供给侧改革的战略布局,要求各水泥企业积极响应,淘汰一批生产技术落后的生产线,优化水泥企业布局,积极推进组织结构重整,开发新产品,延伸水泥生产的产业链等。在环境影响负荷方面,积极鼓励各大水泥企业进行生产技术创新、管理方式创新、产品标准创新等,形成了以创新谋发展、以创新降排放、以创新降成本为基准思路的企业生存理念,鼓励企业积极探索水泥工业生产的先进理念及技术,形成一套具有中国特色的水泥绿色发展的产业化道路。

我国水泥生产关注的首要层面仍然是熟料烧成相关方面。利益驱动仍然是决定企业发展的首要因素,企业在综合考量其他各方面因素的前提下,追求自身利益的最大化仍然是其核心目标;受国家环保政策影响,水泥行业生产对污染物防控层面的倾向加大。作为工业生产中常规污染排放比较严重的企业,国家施加于水泥企业的环保压力也日益增大,水泥企业为了能够确保正常生产的运行,不得不拿出很大一部分精力对自身的环境污染项进行整治,并在达标排放的基础上力争成本最低化,而且随着国家环保优惠政策福利的增多,许多企业都在积极响应水泥行业协同处置其他行业废弃物的号召。

随着社会进步,信息化、智能化技术逐步应用于水泥行业生产中,并将成为主要热点之一。当前大数据、大互联网+的时代背景下,各行各业都逐步由机械化向信息化、智能化转变,作为传统行业的水泥,也得紧随时代步伐,改变固有思维及劳动模式,形成以电脑操控为主、人为干预为辅的生产模式,大大节约人力,提高工作效率。

在此背景下,我们精心提炼了与水泥行业"节能减排"相关的五个大类的潜力技术:废气污染物排放治理技术、生料粉磨节能降耗技术、熟料煅烧节能降耗技术、水泥粉磨节能降耗技术以及智能制造相关的新型技术,并围绕具体应用案例予以介绍,以期为整个水泥行业的发展提供借鉴。

7.1 废气污染物排放类

7.1.1 PM$_{2.5}$细颗粒物团聚强化除尘技术

7.1.1.1 技术背景

随着国家大气污染防治工作的日趋严峻,工业窑炉系统生产中产生的烟气排放是目前国家环境控制的重点。我国以化石燃料为主要能源,PM$_{2.5}$将持续作为我国城市和区域大气的首要污染物。我国大气 PM$_{2.5}$浓度比发达国家高数倍,对人体健康和经济社会发展造成严重的威胁。细颗粒物通常富集各种重金属元素,对环境的危害很大。颗粒物已成为大气环境污染的突出问题,引起世界各国的高度重视。水泥行业作为传统污染排放重点企业,其污染物的排放及整治工作愈发成为影响当前各大水泥企业正常生产的重要因素。

目前国内采用的除尘设备主要是电/布袋除尘器以及电-袋除尘器的组合,新形势下传统除尘技术路线,如需满足日益严格的排放要求,需要增加昂贵的建设改造费用及后期的运行维护费用;$PM_{2.5}$细颗粒物团聚强化除尘技术作为一种新型高效节能环保技术,可以高效解决水泥行业中粉尘排放问题。

7.1.1.2　技术概述

1. 技术原理

$PM_{2.5}$细颗粒物团聚强化除尘技术的原理是在除尘装置前一定距离的烟道处雾化喷入团聚促进剂,基于斯蒂芬流胶体溶液 $PM_{2.5}$ 絮凝团聚原理,带有极性基因的高分子长链以"架桥"方式将多个细颗粒物连接起来,促使细颗粒物团聚、长大,同时雾化喷入的团聚剂能够改变烟气中颗粒物的润湿性和比电阻,进而提高粉尘的荷电能力,提高原电除尘器的除尘效率。

$PM_{2.5}$细颗粒物团聚强化除尘技术可以在不改变现有除尘设备和参数、不增加大型设备、无须大量投资的前提下,提供一种最佳效率/成本比的颗粒物排放控制方法,以达到国家颁布的最新的颗粒物超低排放环保标准,$PM_{2.5}$浓度在原有除尘效果的基础上下降 50% 以上。

2. 技术组成

该项技术由武汉天空蓝环保科技有限公司研究开发。主要由团聚液制备系统、团聚液雾化喷射系统、自动控制系统等三部分构成,简略的工艺流程图如图 7-1 所示。

(1) 团聚液制备系统

团聚液制备系统由团聚剂存放设备、乳化设备、搅拌设备、混合储备设备组成。

① 团聚剂存放设备

团聚剂存放设备由上料装置和给料装置组成。

上料装置:团聚剂到现场后,通过上料装置把团聚剂输送给给料装置。

给料装置:给料装置与乳化罐相连,团聚剂由给料装置自身料仓通过螺杆给料进入乳化罐内。通过调整给料机,确定团聚剂的准确用量。

② 乳化设备

乳化设备由乳化输送泵、乳化罐(含乳化剪切装置)组成。乳化罐通过计量给水,待补水完成后,开始乳化制备过程:螺杆下料机缓慢定量添加粉料团聚剂,通过乳化剪切装置进行粉液混合,再通过乳化输送泵进行循环、混合后进入乳化罐内,配成 0.5% 浓度的乳化液。

③ 团聚液搅拌设备

配置好的 0.5% 浓度的乳化液,通过阀门切换,由乳化输送泵输送进入混合罐。搅拌设备装设在混合罐内,通过搅拌器,保证团聚剂的均匀。

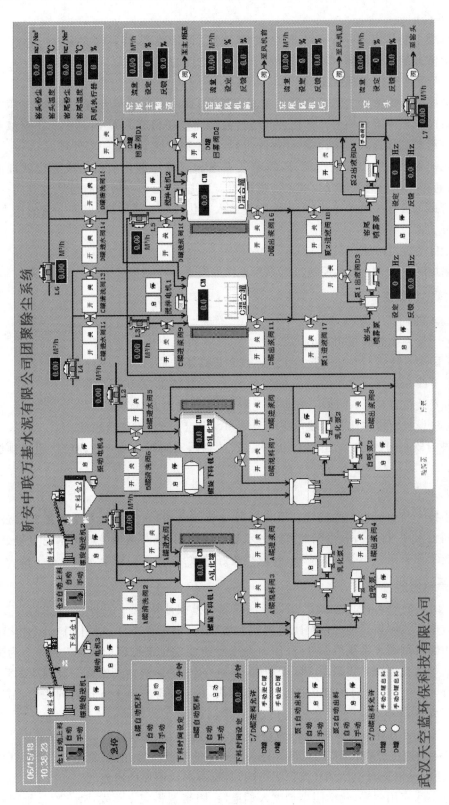

图 7-1 团聚除尘系统

④ 混合罐

混合罐主要是用来进行稀释、储备浆液。通过计量给水,待补水完成,注入 0.5% 浓度的乳化液开始混合稀释过程,配置成 0.3~1‰ 浓度的团聚液。

(2) 团聚液雾化喷射系统

配制好的一定浓度的团聚液经由喷雾泵输送,通过专用喷枪及雾化喷嘴,与压缩空气混合后向烟道中雾化喷射。雾化后的团聚液滴即刻在烟道内蒸发,其中的团聚液蒸发结晶后一起随烟气进入除尘设备,经过除尘器,颗粒物被捕集随灰一起外排。

雾化喷射系统中团聚剂管道、压缩空气管道和双流体雾化喷枪构成雾化处理的主体,喷出的雾化颗粒与飞灰发生润湿。喷枪插入烟道内,枪头喷射方向与烟气方向一致,团聚液管接入雾化喷枪的进水口,压缩空气接入雾化喷枪的进气口,保证一定的压力比,产生喷雾。

(3) 自动控制系统

监测控制系统采用 PLC 控制,上位机可放在中控操作间,对整套系统进行监控及控制。

3. 技术创新点

该技术的创新点为:

(1) 团聚系统总装机功率小。

(2) 团聚系统运行对原有除尘工艺系统和设备不造成影响。

(3) 不改变现有除尘器的运行参数,不停产,在线施工,施工周期短。

(4) 安装位置灵活,占地小,选址不受限制,无须增加大型设备

(5) 建设投资成本比其他技术路线节约 50% 以上,运行维护费用低。

解决的核心问题为:采用高效低成本方式达到国家颁布的最新的颗粒物超低排放环保标准。

7.1.1.3　应用情况

该项技术目前已在安徽皖维高新材料股份有限公司、新安中联万基水泥有限公司、河南省同力水泥有限公司、洛阳黄河同力水泥有限公司、驻马店豫龙同力水泥有限公司、瑞平石龙水泥有限公司等得到应用,并取得较好的效果,烟气中粉尘含量显著下降。

1. 系统变化

(1) 团聚剂喷入对烟道温度、压力及流速影响模拟计算

结合电厂实际运行情况以及团聚剂喷入参数,设定边界条件,利用 Fluent 对化学团聚系统中团聚剂喷入系统后温度降、压力降以及速度变化进行模拟研究。图 7-2 为喷入团聚剂后烟道温度分布模拟图。团聚剂喷入后在较短的距离内烟温有一定程度的降低,最大温降为 5 ℃,团聚剂在烟道中蒸发速率较快,在沿喷雾方向 1 m 以内的距离,温度扰动基本消失。

图 7-3 为压力分布模拟图,团聚剂喷液对烟道内压力无影响。

图 7-4 为速度分布云图,随着烟气进入团聚室的喷液段后,由于烟道尺寸及烟气体积较大,高速的喷液流对主体烟气流速无影响,且没有形成明显的回流区。

根据实际应用效果,化学团聚喷入烟道后,团聚剂将完全蒸发成水蒸气,烟道烟气

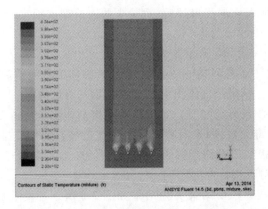

图 7-2　喷入团聚剂后烟道温度分布模拟

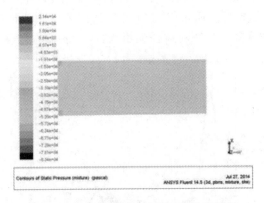

图 7-3　喷入团聚剂后烟道压力分布模拟

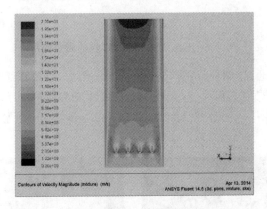

图 7-4　喷入团聚剂后烟道速度分布模拟

体积增加 1.5%～3%,烟气质量增加 1.5%。现有资料数据表明除尘设备烟气处理量可增加约 10%,大于团聚系统对烟气参数的改变量,团聚剂喷入后增加的烟气量也在除尘设备正常处理烟气范围。烟气湿度升高 1%,烟温大于 110 ℃,不产生结露现象,对除尘器正常运行无影响。新增压缩空气量约为烟道原有烟气量的 0.02%,对水泥厂原有风机的正常运行不造成额外负担。

（2）在除尘器前加入化学团聚剂后，对除尘器入口烟道积灰和除尘器极板、烟道壁板的腐蚀性影响

在除尘前加入团聚剂后，对除尘器入口烟道积灰和除尘器壳体、烟道壁板的腐蚀性影响：除尘器入口烟道烟气流速为 16 m/s 左右，根据计算所需的团聚剂喷量喷入烟道后，团聚液将完全蒸发成水蒸气，烟道烟气体积增加 1.5%，烟气质量增加 1%。因此，不影响烟气流速流量，不会形成烟道积灰凝结加厚。团聚液中团聚剂使用量仅占 0.05%，团聚剂组成仅含 C、H、O 等元素，无毒无害，团聚液喷入后水分完全蒸发随烟气排放，不产生结露现象，对除尘器烟道、极板、极线以及滤袋等无腐蚀性，对除尘器正常运行无影响。

（3）团聚剂喷入对飞灰特性的影响

不同团聚剂对飞灰颗粒物团聚实验结果如图 7-5 所示。实验结果表明，不同团聚剂对飞灰团聚作用略有差异。团聚液对细微颗粒（0.1～1 μm）团聚作用明显，团聚后 10 μm 颗粒浓度分布增加 20%，灰中细颗粒质量仅占总质量 0.1% 左右，当细颗粒团聚成粗颗粒或黏附于粗颗粒上时，粗颗粒质量仅增加 0.1%，团聚后颗粒物粒径分布不变，团聚后细颗粒（0.1～1 μm）浓度降低且颗粒粒径朝粗颗粒（10 μm）方向移动。

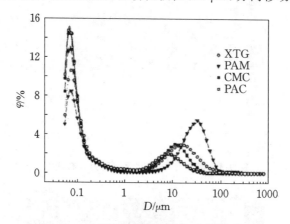

图 7-5　不同团聚剂对细颗粒的团聚作用

团聚后飞灰颗粒通过"架桥作用"以及分子间作用力，主要作用于 0.1～1 μm 的飞灰颗粒。飞灰的团聚方式主要有两种：大颗粒上富集小颗粒（图 7-6）；相同粒径的颗粒联结成串状（图 7-7）。水泥厂飞灰颗粒分布于 0.1～200 μm 之间，团聚对飞灰粒度分布范围没有任何影响。

图 7-6　大颗粒上富集小颗粒（放大 10 万倍）

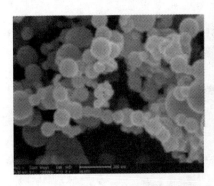

图 7-7　相同粒径的颗粒联结成串状（放大 10 万倍）

（4）团聚液喷入对粉尘浓度的影响（表 7-1）

表 7-1　团聚液喷入对粉尘浓度的影响

应用位置	喷入前粉尘浓度/(mg/m³)	喷入后粉尘浓度/(mg/m³)	效率/(%)
安徽皖维	14.4	2.22	84.6
山西炫昂	35	7.9	77.4
新安中联	15.6	3.9	75
河南省同力 2#	12.98	3.76	71.03
洛阳黄河同力 2#	11.6	3.44	70.3
驻马店豫龙同力 2#	12.88	3.23	74.9
瑞平石龙水泥	13.96	3.39	75.7

7.1.1.4　技术解析

该系统运行后,该线烟气排放中粉尘含量显著下降,满足国家颁布的最新的颗粒物超低排放环保标准,依据系统构成及运行过程中的相关现象,对该技术的机理进行了解析。

$PM_{2.5}$ 细颗粒物团聚强化除尘技术包含下列三种技术机理:

（1）细颗粒物润湿技术机理

针对部分疏水性颗粒难以湿润的现象,通过在团聚剂中添加表面活性剂和无机盐,可加速细颗粒物进入团聚剂液滴内部,增强润湿性能。见图 7-8。

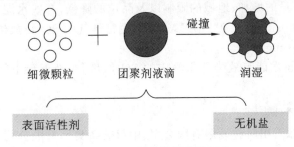

图 7-8　细颗粒物润湿技术示意

（2）絮凝团聚技术机理

通过在团聚剂中添加高分子化合物和 pH 调节剂，可使颗粒物之间以电性中和、吸附架桥的方式团聚在一起，增强团聚效果。见图 7-9。

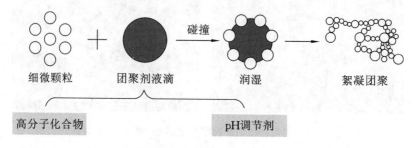

图 7-9　絮凝团聚技术示意

（3）比电阻调节技术机理

通过在团聚剂中添加无机盐和活性离子，增强颗粒物的导电性，降低烟气温度，可调节颗粒物比电阻，提高除尘效率。见图 7-10。

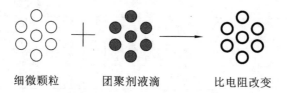

图 7-10　比电阻调节技术示意

7.1.1.5　结论及建议

$PM_{2.5}$ 细颗粒物团聚强化除尘技术可以在不改变正常生产条件、不改变现有除尘设备和操作参数、低成本改造的前提下，有效去除细颗粒物，还可实现多种污染物协同脱除，达到超低排放的目标，具有广阔的应用前景，值得在行业推广应用。

7.1.2　复合脱硫技术在新型干法水泥生产中的应用

7.1.2.1　技术背景

水泥行业为传统排放重点企业，有些地方标准（如广东、浙江省）规定水泥窑烟气中 SO_2 浓度不大于 $100\ mg/m^3$，有些省份甚至要求水泥窑烟气中 SO_2 浓度不大于 $50\ mg/m^3$，远远低于《水泥工业大气污染物排放标准》（GB 4915—2013）$200\ mg/m^3$ 的要求。近几年来，随着石灰石开采量的增加、地域的限制以及品位的降低，有些水泥厂不得不使用高硫石灰石，其含硫量为 $0.2\%\sim2.0\%$ 不等，造成水泥窑烟气中 SO_2 排放浓度严重超标（排放浓度达到 $200\sim1800\ mg/m^3$）。

催化复合脱硫技术能有效降低烟气中的 SO_2 浓度，是新形势下衍生出的"环境友好型"新型脱硫技术。

7.1.2.2　技术概述

该项技术由广东万引科技发展有限公司、中材装备集团有限公司和华南理工大学联合开发。主要由脱硫粉剂系统＋脱硫水剂系统构成。其中脱硫粉投加装置见图 7-11。

根据新型干法水泥生产工艺特点和高硫原料 SO_2 释放过程,将催化剂、矿化剂和钙基吸附剂随生料加入,通过 SO_2 催化氧化、雾化吸收 SO_3,形成的 H_2SO_4 液滴与生料反应快速,促进 $CaSO_4$ 参与固相反应生成热稳定性更高的硫铝酸钙,显著提高了熟料固硫量,实现生产过程协同烟气脱硫。

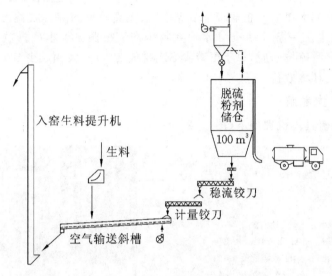

图 7-11 脱硫粉剂投加装置示意图

该技术的创新点如下:

(1) 首次提出催化复合脱硫技术,大幅度提高了烟气脱硫速率和效率,实现烟气 SO_2 低排放,显著降低了脱硫成本

通过高、中、低温区催化脱硫、固硫协同搭配,辅以雾化增湿,最大限度地利用石灰石脱硫,不仅实现了快速、高效烟气脱硫,还大幅度降低了脱硫剂用量,缓解了窑内结皮、设备腐蚀及对熟料性能、收尘等方面的不利影响,同时具有设备投资小、使用简单方便、无任何废弃物排放等特点,成本远低于现有干法、半干法和湿法脱硫技术。

(2) 开发催化脱硫外加剂的应用工艺及优化工艺参数

针对新型干法水泥生产过程中不同的反应过程,将催化脱硫剂分为脱硫粉剂和脱硫水剂,脱硫粉剂随生料加入,脱硫水剂通过特殊高效喷枪在 C2、C1 风管处喷加,根据不同水泥生产线中硫的排放量和排放类型,对脱硫粉剂和脱硫水剂进行优化调控和组合,实现新型干法水泥窑烧成过程的高效脱硫和固硫。

(3) 脱硫粉剂投放装备:针对水泥厂生料磨开/停、原燃料波动等因素导致 SO_2 排放波动大的特点,专门设计了一种具双锥结构的脱硫粉剂储仓,仓内设计了均化装置,储仓下方设有大、小量程螺旋铰刀计量装置各一套,精确计量后的脱硫粉剂经生料输送斜槽喂入生料入窑提升机。可根据烟气中硫的浓度,自动控制脱硫剂投加量,实现低成本、高效烟气脱硫。

该技术解决的核心问题为水泥窑烟气高效脱硫的难题。SO_2 催化氧化和快速捕获可显著提高干法、半干法及湿法烟气脱硫速率和效率;通过预热器快速脱硫、回转窑高效固硫和提高熟料固硫量,实现水泥熟料生产过程中不同阶段、不同层次的协同烟气脱硫,可改善窑内氯碱硫循环,避免结皮堵塞,促进水泥窑的正常运转,提高熟料品质。

7.1.2.3　应用情况

催化复合脱硫技术已经在海螺水泥、华润水泥、南方水泥、中联水泥、红狮水泥、中材水泥、华新水泥、台泥水泥、冀东水泥等大型水泥集团的 100 多条水泥生产线得到成功应用，均能将烟气中 SO_2 排放降低至 $100\ mg/m^3$ 以下，且可稳定达到国家与地方相关环保标准要求，同时能为水泥生产企业带来节煤增产、提高质量的综合收益，技术经济指标达到了国际领先水平。一条 $5000\ t/d$ 水泥熟料生产线按照 SO_2 本底排放 $1000\ mg/m^3$ 计算，采用催化复合脱硫技术后，每年可减少 SO_2 排放 $2850\ t$，大幅减少 SO_2 排污费，具有显著的经济、社会与环境效益。

7.1.2.4　技术解析

催化复合脱硫具体机理如下（图 7-12）：

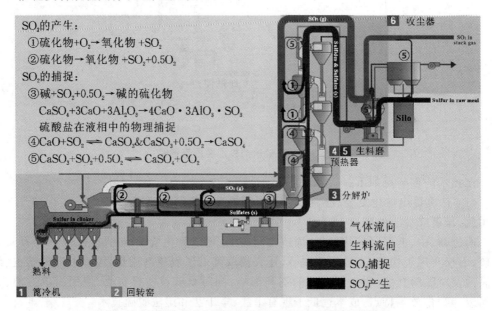

图 7-12　新型干法水泥窑烟气催化复合脱硫技术路线图

（1）SO_2 与 H_2O、CaO、$Ca(OH)_2$、$CaCO_3$ 等的反应，不仅是可逆反应且速率很慢。采用特定催化剂，在 SO_2 在释放的同时快速被氧化为 SO_3，显著提高反应活性，且此时脱硫反应均为不可逆反应，为快速（$2\sim3\ s$）捕获 SO_2 奠定基础。

（2）在风管处雾化增湿吸收烟气中 SO_3，形成的 H_2SO_4 液滴吸附于生料颗粒并与 $CaCO_3$ 反应，将烟气脱硫反应由气固反应（SO_2 与 $CaCO_3$）转化为液固反应（H_2SO_4 液滴与 $CaCO_3$），大大提高脱硫反应速率，同时减少了吸附剂消耗量。残余 SO_2、SO_3 与超细吸附剂（$Ca(OH)_2$ 等）反应，提高烟气脱硫效率。

（3）分解炉生成的 CaO 具有很强的脱硫能力，但 SO_2 与 CaO 反应为可逆反应且 $600\ ℃$ 以上 $CaSO_3$ 会分解，因此分解炉脱硫效率取决于 $CaSO_3$ 向 $CaSO_4$ 转化的速率。拟采用 Co、Mn 等催化剂，加速 $CaSO_3$ 氧化反应速率，提高分解炉脱硫速率和效率。

（4）利用矿化剂及催化剂促进 $CaSO_4$ 反应生成硫铝酸钙，通过 Ba、Sr 等微量元素提高烧成过程中硫铝酸钙热稳定性，减少窑内硫循环，最终将硫以硫酸碱、硫铝酸钙及少量

$CaSO_4$ 形式固化于熟料中。

7.1.2.5 结论及建议

催化复合脱硫技术已经在中国建材、华润水泥、中联水泥、南方水泥、塔牌水泥、海螺水泥、金隅水泥、华新水泥、台泥水泥、红狮水泥等国内大型水泥集团 100 余条水泥生产线成功推广应用,生产及销售遍布广东、广西、海南、浙江、安徽、山东等 18 个省份。长期运行数据表明:在 $200\sim2000\ mg/m^3$ 的初始排放浓度下,采用脱硫粉剂与水剂结合使用的催化复合脱硫技术,均可实现 SO_2 达标排放($\leqslant100\ mg/m^3$),且可保持稳定达标排放,完全满足国家与地方相关环保标准。

(1) 环境影响方面

通过预热器快速脱硫、回转窑高效固硫,显著提高生产过程协同烟气脱硫效率,无须额外设备、能耗,不产生二次废液和固废。2015 年我国水泥行业为第三大 SO_2 排放源,且新型干法比例占我国水泥产能的 95%,均具有实施本技术的可行性和需求,是大规模推广应用的重要基础。按照 2015 年水泥熟料产量 16 亿 t 估算,如本成果在全国 70% 水泥企业推广应用,每年可减少 SO_2 排放 100 万 t,能有效缓解我国雾霾及酸雨等灾害。

(2) 水泥工业经济效益方面

催化复合脱硫技术通过最大限度发挥新型干法水泥工艺自身脱硫和固硫能力,将硫固化于熟料但不影响熟料品质,可显著降低窑内硫循环、减少结皮堵塞等问题,提高水泥窑运转效率。该技术设备简单、可靠,其建设成本仅为湿法脱硫系统的 5%,后期运行成本仅为其他脱硫技术的一半,大幅度降低了水泥生产企业 SO_2 环保达标成本。催化复合脱硫技术已经成为水泥工业烟气脱硫的趋势,对整个水泥行业节能、减排产生积极的推动作用。

(3) 资源综合利用方面

我国是水泥产量和消耗均居世界首位,但优质石灰石等原燃料资源短缺。由于含硫废弃物协同处置、高品位资源减少以及受地域限制,水泥厂不得不使用高硫原料,导致水泥窑烟气硫排放必然增加。催化复合脱硫技术恰好弥补了这一技术空白,可促进水泥窑协同处置含硫废弃物、高硫原料利用等技术的推广,对水泥工业节能减排、可持续发展和实现资源高效综合利用具有重要的经济、社会和环境意义。

7.1.3 电化学循环冷却水系统处理技术

7.1.3.1 技术背景

循环冷却水是工业用水中的用水大项,在石油化工、电力、钢铁、冶金、水泥等行业,循环冷却水的用量占企业用水总量的 50%~90%。目前敞开式循环冷却水系统在循环使用过程中,由于水温升高,流速变化,各种无机离子和有机物质浓缩,冷却塔和冷水池在室外受到阳光照射,风吹雨淋,灰尘杂物飘落,以及设备结构和材料等多种因素的综合作用,会产生设备结垢(图 7-13)、腐蚀穿孔、菌藻微生物滋生等情况,以及由此形成的黏泥堵塞管道等危害,严重危害工厂运行的安全性和产生的经济效益。

主要问题如下:

① 使用化学药剂,费用高,有污染;

② 设备及管道结垢、腐蚀、穿孔,引起设备非计划性停机,影响生产;

③ 设备及管道工作效率随着运行时间延长降低明显；

④ 须定期清洗设备及管道,耽误生产、耗费人工；

⑤ 浓缩倍数低,排污量大,处理困难,环保压力大；

⑥ 排污量大,补水量大,耗费大量水资源。

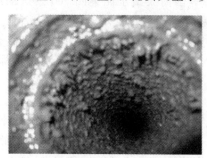

图 7-13　传统循环水系统设备管道结垢情况

7.1.3.2　技术概述

　　该项技术由山西和风佳会电化学工程技术有限公司开发。其电化学水处理系统安装在循环水回水管道旁路上或直接从冷却塔集水池取水,按循环水补水水质参数、循环水量、浓缩倍率要求设定循环水电化学系统的处理规模。电化学水处理系统工作示意图见图 7-14。

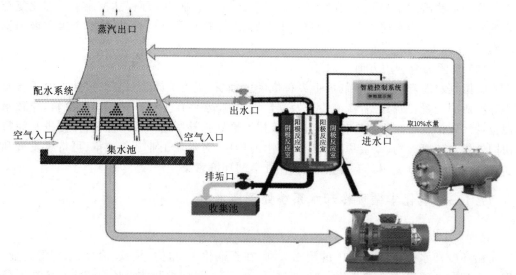

图 7-14　电化学水处理系统工作示意图

　　电化学系统工作时,在电化学和阴极专利涂层(催化剂)的共同作用下,阴极反应室的 pH 达到设定值;这时循环水中的重碳酸盐以固体的形式析出,和生物黏泥一起附着在电化学设备的内壁并且快速生长;生长达到一定厚度时控制系统启动刮垢装置,把结垢物质和生物黏泥一起排出循环水系统。见图 7-15。

　　在电化学和阳极专利涂层(催化剂)的共同作用下,阳极反应室的 pH 值约在 3 左右;在阳极区生成羟基自由基、氧自由基、臭氧和双氧水,将细菌、藻类杀灭,并且不允许包括

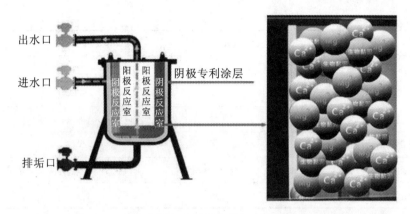

图 7-15　阴极涂层去除结构物质及生物粘泥的示意图

军团菌等菌类及微生物存活。见图 7-16。

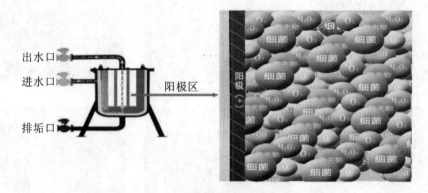

图 7-16　阳极区杀菌灭藻工作示意图

在阳极反应室,高达 70％的氯离子转化成游离氯或次氯酸,这就是目前广泛使用的药剂(拟制)的有效成分。

整个系统增设全自动操作排出结垢物质和生物黏泥控制软件(LSI 指数控制),可以确保换热器不结垢、减少腐蚀、确保热交换器热交换效率在 5 年内保持在设计值的 90％以上,达到提高生产效率的目的。整个电化学过程都利用水体本源物质,不产生污染,属于绿色环保型的水处理方法。

7.1.3.3　应用情况

该项技术目前已在水泥、化工、玻璃、半导体、钢铁等行业得到应用,同传统化学药剂处理效果对比见表 7-2。

表 7-2　电化学循环水处理同传统化学药剂处理效果比对

项目	电化学处理	化学药剂处理
化学药剂	不需要,健康环保	需要
结垢物质去除	预先去除,不需要药剂	无法去除
杀菌灭藻效果	杀灭,不需要药剂	仅抑制

续表 7-2

项目	电化学处理	化学药剂处理
排水后续处理	无	复杂
浓缩倍数	高	低
补水量	少	多
关键部件结垢腐蚀	无	多
关键部件清洗	无须清洗	定期清洗,费用高
COD(化学需氧)排放量	降低	—

常规化学药剂处理关键部位结垢及腐蚀情况见图 7-17。

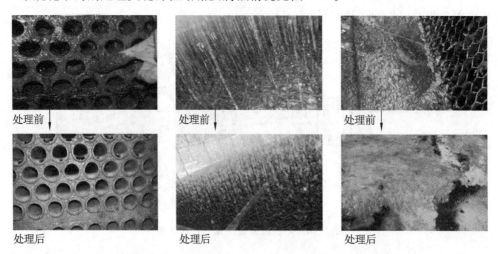

图 7-17　常规化学药剂处理关键部位结垢及腐蚀情况(处理前后)

应用电化学处理系统后,对于结垢的物质可以应用自带的刮垢系统预先排除,有效避免了关键部位的结垢堵塞及管道腐蚀。电化学设备自动刮垢系统排出的结垢物质见图 7-18。

图 7-18　电化学设备自动刮垢系统排出的结垢物质

7.1.3.4　技术解析

该系统投入运行后,在结垢控制、腐蚀控制及微生物控制等层面都展现了比较优异的效果,依据系统构成及运行过程中的相关现象,对该技术的机理进行了解析。

(1)基础工作原理

通过电化学水处理,利用水及水中矿物质的电化学特性,通过电解来调节水中矿物质的平衡。

(2)结垢控制原理

水垢在阴极预先沉淀去除,减小系统硬度,维系冷却水中的碳酸钙处于溶解状态。二氧化硅结垢出现在热交换器表面温度较高的地方,通过电解系统释放痕量的金属离子,防止二氧化硅沉淀和碳酸钙高温析出。悬浮物在电场作用下失稳,絮凝沉淀到反应室底部,冲洗刮垢时随水垢一起排出循环系统。

(3)腐蚀控制原理

提高冷却水 pH 值,最大限度降低水的腐蚀性。浓缩镁在冷却水中以氢氧化镁的形式沉积在管道内壁,起到缓蚀和抑制生物膜的作用。溶解的金属离子(Fe^{2+}、Cu^{2+}等)沉积到阴极,和水垢一起排出。

(4)微生物控制原理

氯离子被氧化生成游离酸或者次氯酸,生成氢氧根自由基、氧自由基、臭氧以及双氧水,微生物在反应室中通过强电流及交替的强碱和强酸环境而被杀死。

7.1.4　污泥深度脱水技术

7.1.4.1　技术背景

随着污水处理率的提高和处理程度的深化,在污水处理过程产生的污泥将大量增加。污泥中含有大量病原菌,重金属含量高,且易腐败产生恶臭,如处置不当,将引起严重的二次污染。2010 年我国城市污水污泥按照 80% 水分核算年产生量达到 3000 万 t。调研结果显示,我国污水处理厂所产生的污泥,有 80% 没有得到妥善处理,污泥随意堆放及所造成的污染与再污染问题已经凸显出来,引起了社会的关注。

目前,国内污水处理厂采用的机械脱水方式可将污泥含水率降低到 75%～85%。污泥含水率较高,难以满足堆肥、填埋、热解、焚烧等后续处置要求,通常需要采用技术手段来降低含水率。

环境保护部办公厅 2010 年 11 月 26 日发布的"关于加强城镇污水处理厂污泥污染防治工作的通知"(环办〔2010〕157 号)中规定的"污水处理厂以贮存(即不处理处置)为目的将污泥运出厂界的,必须将污泥脱水至含水率 50% 以下"。住建部印发的《城镇污水处理厂污泥处置混合填埋用泥质》(GB/T 23485—2009)要求,污泥用于混合填埋时,含水率不得高于 60%,用作垃圾填埋场覆盖土添加料时,污泥含水率不得高于 45%。目前,污水处理厂大多采用聚丙烯酰胺调质＋带式或离心式脱水机脱水的污泥脱水工艺,污泥含水率为 80%～85%。随着国家对污泥处理处置的重视,其对污泥的含水率会有更高的要求。污泥问题已成为制约污水行业发展的瓶颈,成为各级政府非解决不可、刻不容缓的重大问题。

　　无论从降低污泥处理处置成本,还是从国家的环保政策法规来讲,降低污水厂出厂污泥含水率都是未来所必须面对和需要解决的问题。从能源角度看,以机械方式脱除污泥中的水分,其成本远低于其他处理方式。应尽可能发挥机械脱水的潜力,使污泥获得尽可能高的含固率。因此,必须开发污泥深度脱水技术,来降低出厂污泥的含水率,以满足未来更严格的环保政策的要求。

7.1.4.2　技术概述

　　污泥深度脱水是指对污泥进行物理或化学调理,破除细胞壁,释放结合水、吸附水和细胞内水,改善污泥的脱水性能,使处理后的污泥含水率达到 60% 以下的脱水方式。目前来说,比较现实可行的污泥深度脱水方式是"化学调质＋机械脱水"。污泥先经化学调质,使污泥中的间隙水和部分结合水释放出来,然后通过机械压榨将水分离出来。污泥深度脱水技术的关键是污泥调理药剂的开发,通过化学药剂与污泥的作用,改变水分子在污泥中的赋存形式,将结合水和细胞水转化为自由水,提高污泥的脱水性能。见图 7-19。

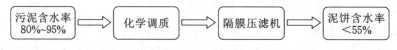

图 7-19　技术流程

　　污泥深度脱水技术依托单位为天津中材工程研究中心有限公司。该技术与以往的热干化和直接焚烧不同,该技术不依赖任何外界热能等条件,仅通过添加少量药剂结合机械压滤将污水厂含水率 80% 的脱水污泥或含水率 95% 左右的浓缩污泥的含水率一次性降低至 55% 以下,脱水过程对污泥热值的降低少于 10%。脱水泥饼再经 24～72 h 自然风干后含水率可降低至 30% 左右。泥饼有较高的能源利用价值,可送至水泥厂、燃煤电厂或垃圾电厂进行协同焚烧,也可用于堆肥及土地、园林利用或制砖等其他资源化利用。

　　污泥深度脱水技术具备不依赖热源、基本无二次污染、衔接性强、占地面积小、适用范围广、成本低、清洁卫生等特点。污泥深度脱水技术及设备,在投资和运行成本上更具竞争优势,市场前景广阔,并具有脱水效率高、设备节能、国产化率高等优势,将广泛应用于污水厂现有污泥脱水设施的改建、扩建及新建污水厂的污泥脱水。

7.1.4.3　技术特点

　　(1)污泥深度脱水处理效果

　　① 显著减容:含水率由 80%～95% 降至 55% 以下,体积减至原来的 1/2。

　　② 消除恶臭:处理后污泥无恶臭气味。

　　③ 稳定化:有杀菌作用,处理后污泥不易腐败变质,遇水不溶胀。

　　④ 固化成型:污泥处理后由半流动态变为块状,方便装卸、储存与运输。

　　(2)技术优势

　　① 泥饼含水率低:泥饼含水率可降至 42%～55%。

　　② 固体增加少:固体添加量少于 7%。

③ 占地面积小:占地面积仅为其他技术的 1/5～1/3。

④ 节能高效:单机处理能力可达 8 t/h,吨污泥电耗小于 25 kW•h。

⑤ 操作简便:实现计算机智能控制,自动化程度高。

⑥ 环境安全:处理过程中的废气、废水简单处理即可达标排放,无二次污染。

（3）泥饼的用途

① 替代燃料:脱水泥饼有较高热值,可作为替代燃料,用于水泥厂、热电厂和垃圾焚烧厂等。

② 建材利用:脱水泥饼可用于制砖或作为混合材建材利用。

③ 土地利用:稳定化的脱水泥饼含有大量有机质,呈微碱性,可作为肥料和土壤改良剂。

7.1.4.4　应用情况

近几年天津中材工程研究中心有限公司致力于污泥深度脱水剂及脱水技术的研究,已在实验室研发出性能优良的污泥脱水剂的配方,并成功进行了项目推广。

该技术在桐乡申和水务 100 t/d 污泥深度脱水项目中得到应用,全国类似深度脱水项目数以百计。

7.1.4.5　技术解析

该系统运行后,依据系统构成及运行过程中的相关现象,对该技术机理解析如下:

（1）在污泥脱水前进行的预处理,称为污泥调质。其作用是改变污泥粒子的物化性质,破坏污泥的胶体结构,减少其与水的亲和力,从而改善其脱水性能。化学调质流程简单,操作简单,且调质效果很稳定。

（2）污泥的化学调质就是要克服水合作用和电排斥作用,通过改变污泥的结构,提高其可脱水性。化学调质有两种途径:一是脱稳、凝聚,脱稳依靠在污泥中加入无机盐、离子型有机聚合物等混凝剂,使颗粒表面性质改变并凝聚起来,即混凝;二是改善污泥颗粒间的结构,降低污泥的可压缩性,减小过滤阻力,减少过滤介质(滤布)堵塞,这类药剂属助凝剂或助滤剂。

7.1.4.6　结论及建议

我国污泥产生量已达到 3000 万 t/年(以含水率 80％计),如果污泥通过干化使含水率降至 30％,则需要大量的能耗和电耗。采用化学调质＋机械压滤的方式先将污泥含水率降到 55％以下,避开污泥的黏滞区,再采用废烟气余热进行干化,则可以显著降低污泥脱水成本。但是采用化学调质对污泥进行深度脱水是一个新课题,需要进行大量的实验研究和工程实践,才能实现污泥的最优处置。

本项目的技术特点投资相对较省,运行成本较低,在整个运转过程无烟、无臭气、无噪声,不依靠任何外界热源,无二次污染,并能做到清洁运行,更为重要的是给废弃污泥资源化提供了一条具有可操作性的途径。

该技术突出了污泥处理首先要实现"减量化、稳定化和无害化"的目标,同时,又充分体现了资源化利用的原则,符合国家提倡的发展循环经济要求,这对我国所面临的面广、量大的污泥处理处置形势,无论在自身经济效益还是社会效益方面,均具有十分重要的意义。

7.1.5 水泥行业首条烟气 CO_2 捕集纯化(CCS)技术的研究与应用

7.1.5.1 技术背景

水泥是国民经济的重要支柱产业,城市化进程与经济的快速发展离不开水泥工业的贡献,但同时也带来了不可忽视的环境问题,水泥行业因其产量巨大而成为能耗和大气污染的重点控制对象。

根据国际能源署最新发布的数据,2017 年全球碳排放总量已达 325 亿 t,其中火电 CO_2 排放量占总排放量的 40%,水泥 CO_2 排放量占总排放量的 7.5%。因此研究水泥厂 CO_2 捕集纯化技术,对水泥行业 CO_2 减排具有重要意义。

7.1.5.2 技术概述

白马山水泥厂 CCS 示范项目主要由海螺集团与大连理工大学进行产学研合作,联合开展技术开发工作,对捕集纯化方法进行了研究。

(1)保碳脱硫脱硝除尘技术

水泥生产线窑尾烟气成分较为复杂,为了进一步提高 CO_2 的捕集和纯化,首先对废气中的其他杂质成分进行脱除,烟气中杂质成分见表 7-3。

表 7-3　窑尾烟气杂质成分

名称	指标	备注
$NO_x/(mg \cdot m^{-3})$	90	含 10%O_2
$SO_2/(mg \cdot m^{-3})$	3	含 10%O_2
粉尘浓度/$(mg \cdot m^{-3})$	15	含 10%O_2

通过对废气成分进行分析,采用保碳脱硫脱硝除尘技术进行杂质的脱除,主要流程见图 7-20。

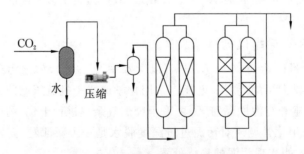

图 7-20　窑尾烟气杂质处理流程

废气经过初步脱水、压缩、除尘、脱硫、脱硝后进入吸收塔,采用水洗和固体脱硫吸收的方法,可以将 SO_2 和氮氧化物去除,在此过程中,粉尘会一同被吸收。

(2)吸收纯化技术

目前,CO_2 捕集回收技术主要有化学吸收、物理吸收、变压吸附等方法,但本项目由于烟道气的压力低、CO_2 含量相对较低,物理吸收和变压吸附不适合本项目低分压尾气吸收,白马山水泥厂窑尾烟气相关指标见表 7-4。

表 7-4 窑尾烟气气体情况

名称	指标
废气温度/℃	90
压力/Pa	−100
CO_2 浓度/%	22.2

从表 7-4 可以看出,废气成分中 CO_2 浓度为 22.0% 左右,含量较低,烟气的压力仅为 −100 Pa,成分较为复杂,不利于 CO_2 的捕集和纯化,须通过较为先进和成熟的吸附方法,将 CO_2 捕集、提取出来。

有机胺吸收工艺实现工业化后成为工业净化的主要方法之一,是以胺类化合物吸收 CO_2。与其他方法相比该方法具有吸收量大、吸收效果好、成本低、可循环使用并能回收到高纯度产品的特点而得到广泛应用。

（3）主要工艺流程

从水泥窑尾收尘器排风机出口与烟囱之间的管道引出窑尾烟气部分气体,进口温度为 90 ℃ 左右,经冷却、稳压后进入脱硫床,用固体脱硫剂净化气态硫化物,再进入干燥床,用固体干燥剂彻底脱水。脱出硫化物和水的气流再分成两股,其中一股进入吸附床,进一步用固体吸附剂脱除磷、砷、汞、NO 等杂质,再被冷冻机降温液化,进入精馏塔,塔底得到纯度为 99.99% 以上的食品级 CO_2,经储存后装车出厂。CO_2 捕集纯化工艺系统流程见图 7-21。

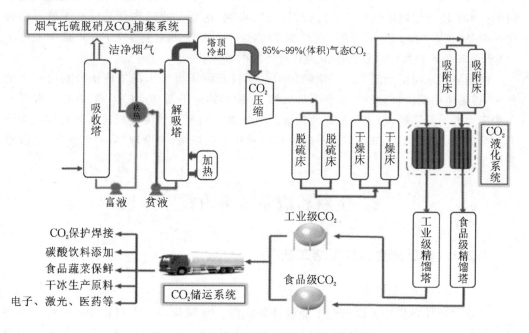

图 7-21 CO_2 捕集纯化工艺系统流程示意图

7.1.5.3　应用情况

利用白马山水泥厂 5000 t/d 预分解窑熟料生产线捕集纯化 CO_2，建设年产 5 万 t CO_2 捕集装置，目前该项目已经建成并连续运转投产（图 7-22），从目前系统运行情况来看，生产工业级 CO_2，每小时产量为 6.5 t，纯度达到 99.95％，已实现产销平衡，真正做到了 CO_2 的减量化和资源化利用。

图 7-22　白马山水泥厂二氧化碳捕集及纯化利用项目

7.1.5.4　结论及建议

水泥窑烟气 CO_2 捕集纯化示范项目将 CCS 技术同水泥传统产业相结合，通过利用一定的技术手段把窑尾废气中 CO_2 进行"捕捉"、提纯，达到工业级和食品级 CO_2 要求后转化为产品，满足生产、生活需要，既减少了 CO_2 排入大气产生温室效应，又减少了传统 CO_2 开采和生产过程中对资源的浪费和对环境的破坏。

海螺集团水泥窑烟气 CO_2 捕集纯化示范项目开创了世界水泥工业回收利用 CO_2 的先河，捕集纯化的二氧化碳可以作为灭火剂、保护焊接等下游产业的原料，真正开辟了一条变废为宝的新途径，形成新的绿色低碳产业体系。示范项目的建成对控制和减缓全国乃至全球水泥行业 CO_2 减排都具有较大的引领和示范作用，为全球"应对气候变化"战略贡献了力量。

7.2　生料粉磨系统潜力技术分析

7.2.1　辊压机生料终粉磨工艺

7.2.1.1　技术背景

该技术依托单位为天津水泥工业设计研究院。水泥行业中生料粉磨作业能耗的降低，是近 20 年粉磨技术研究的重点之一。新形势下，生料粉磨主要以单位能耗最低的辊压机终粉磨系统为主。

生料辊压机终粉磨系统最早由德国 KHD 公司于 20 世纪 80 年代提出,并于 20 世纪 90 年代在国内应用,但直到 2005 年以后,国产生料辊压机终粉磨系统才得到大量应用。截至目前,国内新建的熟料生产线和生料粉磨系统和节能改造系统,100% 采用辊压机终粉磨系统。生料辊压机终粉磨系统与生料管磨、立磨终粉磨系统对比的优势在于其良好的节能效果。辊压机终粉磨系统比辊磨系统节电的主要原因在于:辊压机系统中的"选粉-烘干-风扫"风量和阻力比辊磨低,通风电耗降低。辊压机系统阻力约为辊磨系统阻力的 60%,风量约为辊磨系统风量的 95%,通风电耗约为辊磨的 57%,一般辊磨系统风机电耗为 7.0 (kW·h)/t 左右,辊压机系统风机电耗仅为 4.0 (kW·h)/t 左右。辊磨系统仍属风扫粉磨系统,粉磨过程必须通入大量的热风进行烘干、提升物料和选粉,辊压机系统的通风仅满足烘干和选粉需要即可,物料提升依靠机械斗提,节省电耗。在国内,由 KHD 提供设备及技术的龙岩三德水泥建材有限公司生料辊压机终粉磨系统于 1997 年投入生产。尽管系统电耗大幅度降低,但由于辊面磨损、液压系统故障、提升机和打散机故障等原因,系统的运转率很低,后经多次改造,但效果一直不太理想。其后,KHD 又与台湾亚州水泥合作,在江西瑞昌等地陆续投产了几套改进后的生料辊压机终粉磨系统,尽管系统运行指标良好,稳定性也大大提高,但是因辊压机辊面的维护工作难度大于立磨的,因此,生料辊压机终粉磨系统一直未能大范围推广。

20 世纪 80 年代末,天津院开始辊压机技术的研发,之后,科研人员一直致力于辊压机终粉磨工艺的研究、大型设备的开发、新型选粉机研制等,解决和优化了过去辊压机生料终粉磨系统存在的一系列问题,为辊压机生料终粉磨技术的推广做出了很大贡献。自从 2011 年天津水泥工业设计研究院第一套生料辊压机终粉磨系统投产至今,已有 40 多套配套 2500～6000 t/d 熟料生产线的生料辊压机终粉磨系统投入运行,单套最大生料产量大于 550 t/h,单位生料电耗 10～13 (kW·h)/t。

7.2.1.2 技术概述

参考国际先进技术经验,国内开发了 TRP 型辊压机生料终粉磨系统,该系统主要由 TRP 辊压机、TASr 组合式选粉机、旋风收尘器、循环风机等设备构成。工艺流程如图 7-23 所示。

新喂物料由皮带直接喂入 V 型选粉机,出辊压机物料也由提升机送入 V 型选粉机内,物料在 V 型选粉机内风选和烘干后,粗物料经 V 型选粉机底部排出,并由另一台提升机送入辊压机上面的荷重小仓,继而被辊压机辊压粉磨;较细物料由风带入双分离高效选粉机再次被风选,经双分离高效选粉机风选后,合格的成品由风带入后面的旋风收尘器后入成品库,未达到成品要求的粗粉经溜子进入辊压机上面的荷重小仓。

该系统主要创新点及解决的核心问题:

(1) 大型辊压机的开发

天津水泥工业设计研究院自主开发的 TRP 系列大型辊压机,有辊压力高、运转平稳、振动小、操作简单、故障率低、运转率高等特点。其中 TRP220-160 作为国产已应用的最大规格辊压机,单套系统产量可达 500 t/h 以上,完全满足 5000 t/d 熟料生产线需要。TRP 系列辊压机喂料装置及机架见图 7-24。

设备在主体结构上将传统形式结构进行优化,比如机架结构、喂料装置、轴承形式等

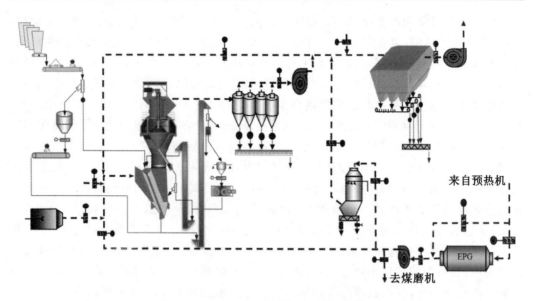

图 7-23　TRP 辊压机生料终粉磨系统流程

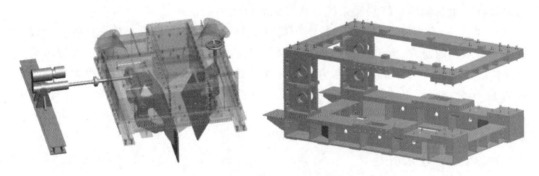

图 7-24　TRP 系列辊压机喂料装置及机架

方面的优化,使 TRP 系列辊压机运行时稳定性大幅提升,部件寿命延长数倍。四列圆柱辊子轴承及轴承座见图 7-25。

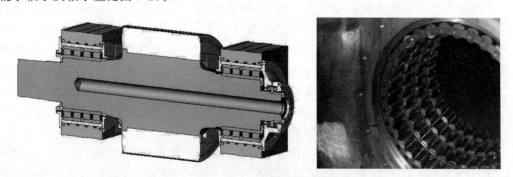

图 7-25　四列圆柱辊子轴承及轴承座

(2)柱钉耐磨辊面的研制

柱钉耐磨辊面是为了适应高硬度、高磨耗的物料而开发的最新辊面技术,柱钉辊面在母体上镶嵌柱钉,柱钉采用钨钴类硬质合金高温烧结而成,硬度高达 HRC67 以上,柱钉辊面最大的特点就是自生成衬板,辊子在转动的过程中,柱钉与柱钉之间的空隙由物料中的细颗粒填满,从而形成料衬以保护辊套基材。在实际使用中物料应保证有一定的水分,这样更有利于料衬的形成。柱钉辊面的优点在于其耐磨性能好,一次性使用寿命长达 20000 h 以上,辊面的日常修护工作量小,但钨钴类硬质合金的价格比较昂贵,一次性投资成本较高。

(3) 组合式高效选粉机的开发研制

专门开发的 TASr 型动静态组合式高效选粉机,其特点如下:

① 该选粉机从水泥半终粉磨系统移植,技术成熟;

② 该选粉机可以更加方便有效地控制成品细度,尤其是粗颗粒的含量不大于1.5%,从而改善生料的易烧性;

③ 选粉机的通风量和设备的烘干容积与同规格的生料辊磨相当,因此,系统的烘干能力与辊磨相当;

④ 采用先进的耐磨材料和技术,确保达到理想的使用寿命。

选粉机三维结构图及流体模拟分析见图 7-26。

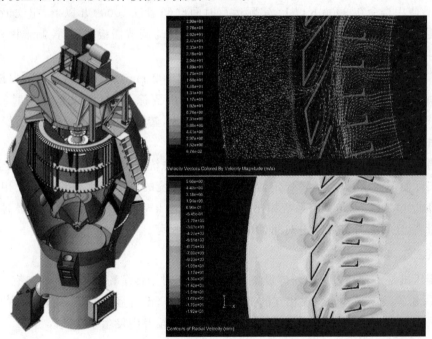

图 7-26   选粉机三维结构图及流体模拟分析

7.2.1.3   应用情况

TRP(R)220-160 生料辊压机终粉磨系统于 2013 年 4 月底在古浪祁连山水泥股份有限公司 5000 t/d 生产线上投入运行。项目位于甘肃省武威市古浪县,由中国中材国际工程股份有限公司总包,中材装备集团提供主机设备,运行指标见表 7-5。

表 7-5　古浪祁连山水泥有限公司项目 TRP(R)220-160 生料辊压机系统运行指标

	单位	合同保证值	系统考核值	实际运行值
成品细度 $R_{80\,\mu m}$	％	14	10.31	8～11
成品细度 $R_{200\,\mu m}$	％	≤2.0	0.4～0.8	0.4～0.8
系统喂料量	t/h	450	453.6	470～510(平均 490)
成品水分	％	≤0.5	0.29	0.2～0.4
电耗	辊压机	(kW·h)/t			4.98
	循环风机	(kW·h)/t			4.14
	其他	(kW·h)/t			1.37
	系统	(kW·h)/t	≤14.0	13.03	10.79

备注:此线该时期超低电耗的出现,除受粉磨工艺系统的影响之外,还受原材料易磨性的影响。

该系统自投产以来,运行稳定,辊压机辊面采用耐磨焊丝堆焊而成,硬层厚度约 20 mm,使用寿命在 8000 h 以上,实际运行时间已经超过 10000 h 以上,花纹仍然清晰,效果良好,辊压机喂料采用了电动执行器结构,能自动调节插板深度,控制辊压机喂料量大小,控制辊缝,保证通过量。

TVSu-520 动态选粉机运行平稳,震动值不大于 2 mm/s,选粉机本身阻力损失不超过 2500 Pa,关键部位采用复合耐磨钢板和耐磨陶瓷涂料,目前设备使用时间已超过 10000 h,不存在明显磨损。驱动电机采用变频调速,转速和细度控制方便,可操作性好,选粉机电耗不大于 0.3 (kW·h)/t。

通过以上数据可以看出,该生料辊压机终粉磨系统完全满足 5000 t/d 水泥生产线项目的实际使用需求,设备运转稳定,运转率高,与传统的球磨机生料粉磨系统相比,系统电耗降低 40％以上,与立磨系统相比,降低了 3～5 (kW·h)/t,节能效果明显,同时因系统产量高,还可避开高峰用电时间,综合经济效益显著。

7.2.1.4　技术解析

辊压机是一种高效料层粉碎设备,料层粉碎相对于传统粉磨形式的优势有:

① 粉碎效率高。物料在相互的挤压过程中粉碎,没有能量浪费,具有节能的特点。

② 粉碎比大。只要压力足够大,物料可以在颗粒群中发生多次破碎。

③ 产品的粒度小。由于是群体之间的相互挤压,压力并不随粒度的减小而消失,因此可以达到细碎甚至于超细碎的效果。

④ 工件的磨损小。由于只有少量的物料与粉碎设备接触而粉碎,大量的物料靠颗粒间的相互挤压而粉碎,同时,辊面与物料之间没有速度差,所以对工件的磨损小。

⑤ 颗粒的易磨性得到改善。由于料层粉碎的前提是高压,即使没有粉碎的物料也由于经过了高压的处理,会产生裂纹,这对后续的粉磨会有帮助。

采用球磨机粉磨系统、辊压机和立磨终粉磨系统综合比较见表 7-6。

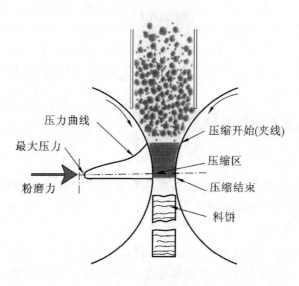

图 7-27　料层粉碎原理图

表 7-6　生料粉磨系统综合比较

系统		球磨机系统	立磨系统	辊压机系统	备注
系统电耗	(kW·h)/t	22～24	15～17	10～13	中等易磨性
	%	140	100	75	
总投资/(%)			95～100	100	
磨耗/(g/t)		50～70 (钢球＋衬板)	2～6 (磨辊＋磨盘)	0.5～3 (堆焊表面)	
可烘干的水分/(%)		5	7	7	仅利用五级窑尾废气
入磨粒度/(%)		$D_{90}=25$ mm	$D_{90}=80$ mm	$D_{90}=65$ mm (据辊径而定)	
工艺流程		复杂	相对简单	相对复杂	

综上所述,基于料层粉碎原理的辊压机终粉磨技术,是一种可以取代传统球磨机的新型高效粉磨手段。根据生料粉磨的实际运行情况可知,在生料粉磨工艺中,辊压机终粉磨系统因其能耗低,逐渐成为生料粉磨系统的首选。

7.2.1.5　结论及建议

生料辊压机终粉磨系统与传统的球磨系统相比,主机电耗为球磨的50%,系统电耗为球磨系统的60%,与立磨相比,系统电耗降低了3～5 (kW·h)/t。同时,通过节电,可以间接减少 CO_2 排放。每节约1 kW·h电量,可以减少0.35 kg标煤消耗,从而减少约0.86 kg CO_2 气体的排放,一套与日产5000 t熟料生产线配套的生料辊压机终粉磨系统,年产270万t生料,与辊式磨相比年节电800多万度(1度＝1 kW·h),水泥生产线每年可减排 CO_2 约7000 t。

由于生料辊压机终粉磨系统在节电方面的优异表现,符合建设资源节约型和环境友好型社会的要求,对相关领域的节能减排有着重要的意义。同时,该技术不仅适用于水泥行业,而且适用于矿山、冶金、化工等行业脆性物料的粉磨,在这些行业均可达到节能降耗的效果。因此,技术先进、性能可靠的大型生料辊压机终粉磨系统具有广阔的市场和巨大的社会经济效益。

7.2.2　生料立磨外循环技术

7.2.2.1　技术背景

随着国家节能减排形势的日益严峻,水泥行业节能降耗势在必行,新形势下传统生料立磨粉磨的节能潜力得到进一步挖掘。

7.2.2.2　技术概述

该项技术依托单位为天津水泥工业设计研究院有限公司。系统主要由外循环生料立磨、组合式选粉机、旋风筒、风机等设备构成,简略的工艺流程如图 7-28 所示。物料经过研磨后全部排到磨机外,即物料全部进行外循环,经研磨后的物料通过提升机进入组合式选粉机进行分选,分选后的成品进入收尘器、粗粉再回到立磨进行再次研磨,物料往复循环,直到成为成品。

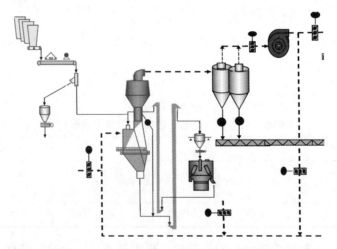

图 7-28　外循环生料立磨技术系统工艺流程

该技术的创新点是将传统立磨的研磨和分选功能分开,物料被研磨后全部进行外循环,经提升机进入选粉机,取消了气力提升,解决了传统立磨阻力高、电耗高的问题。

7.2.2.3　应用情况

该项技术目前已在湖北京兰、贵州豪龙得到应用,应用后系统电耗低至 13 (kW·h)/t 以下,降低幅度 20% 以上,风机电耗下降约 45%。对于传统立磨,改造为外循环立磨后投资成本仅为新建辊压机系统的 50%～60%。对于新建项目,外循环生料立磨具有维护便捷的优点。湖北京兰改造后生料粉磨系统工艺流程见图 7-29。

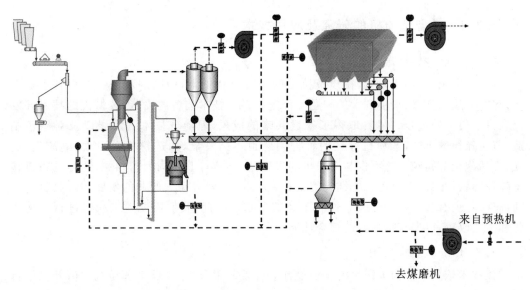

来自预热机

去煤磨机

图 7-29 湖北京兰改造后生料粉磨系统工艺流程

系统变化情况见表 7-7。

表 7-7 湖北京兰改造前后的运行情况

项目	产量/(t/h)	$R_{80\ \mu m}$/(%)	$R_{200\ \mu m}$/(%)	立磨主机电耗/(kW·h)/t	循环风机电耗/(kW·h)/t	其他辅机/(kW·h)/t	合计/(kW·h)/t
改造前	280	18.5	2.5	8.03	7.67	1.1	16.8
改造后	320	16.5	2.5	6.75	3.88	1.7	12.33

7.2.2.4 技术解析

该系统运行后,该线产量提高 10%~15%、生料粉磨节电约 4 (kW·h)/t,折合到熟料电耗约 6 (kW·h)/t,依据系统构成及运行过程中的相关现象,对该技术的机理进行了解析。

(1) 将传统立磨研磨和分选功能分开,磨内的气力提升改为机械提升,物料提升能耗降低;

(2) 具有研磨和分选功能,磨机运行稳定性提高、研磨效率提高。

7.2.2.5 结论及建议

以 4000 t/d 生产线为例,年需要生料约 180 万 t,按照每吨生料节电 4 (kW·h)/t 计,年节约电耗 720 万度,以 0.8 元/度电计算,每年节约电费 576 万元,技改项目投资回收期为 1.5~2 年。每生产 1 度电消耗 0.308 kg 标准煤,每年可以节约标准煤 2218 t,减少二氧化碳排放量 5805 t。相比新建辊压机终粉磨系统,传统生料立磨改为外循环生料立磨系统,成本仅有 50%~60%。从技术使用情况来看,社会和经济效益显著,市场前景广阔,建议加快推广该技术成果。

7.2.3 U型选粉机的研究及应用技术

7.2.3.1 技术背景

自20世纪90年代以来,在投资拉动的经济大背景下,中国的水泥工业得到迅猛发展,解决了从无到有、从小到大的问题。伴随着粉磨技术装备的发展,选粉机的技术开发也取得了很大的进步。尽管取得了有目共睹的成果,但随着技术的发展以及对绿色制造、节能降耗的重视,选粉机存在的种种问题也不断突显,如选粉机阻力大、电流高、震动、产品跑粗等问题。这不仅与选粉机的进风量、转速等非结构因素相关,还与选粉机转子叶片形状、布置、出口形式等结构因素相关。此外,随着新兴产业的发展和新材料的不断涌现,对现有选粉机的分级条件有了新的要求。因此,我们需要对选粉机进行结构优化和工艺改进,以期获得更好的综合性能。

7.2.3.2 技术概述

该技术依托单位为天津水泥工业设计研究院有限公司,主要由选粉机数值开发平台以及一种向心分选U型动叶片选粉机构成。

工作原理为向心分选选粉,主要利用了U型动叶片自身气动外形,在跟随转子转动的过程中对选粉区的颗粒提供附加向心力,相比于常见的"三力平衡分选原理"选粉机,在相同的工况条件下缩短了颗粒穿越选粉区的时间,同时利用U动叶片自身的"凹槽"结构,相比于常见动叶片选粉区气流的切向速度增大,实现了在提高选粉效率的同时确保分选清晰度,有效控制了成品颗粒级配及细度;U型动叶片的外风翅在跟随转子转动过程中会产生向心动压(所有非U型动叶片选粉机的动叶片在跟随转子转动过程中产生离心动压),大大降低了选粉阻力。

该技术的创新点:

① 开发了选粉机数值研究平台:采用滑移网格技术解决了选粉机三维流场研究中转子转动过程的数值处理难题,建立了选粉效率、循环负荷的数值研究方法;研究开发了选粉机出口的颗粒采集数值求解程序,建立了基于颗粒采集技术的选粉机 Trump 曲线 CFD 数值求解及数据处理方法。

② 研究开发了新型动叶片结构形式的高效选粉机——U型动叶片选粉机,提高了选粉效率和粉磨效率,降低了气体阻力,节约了系统电耗。

③ 建立了适应多种粉磨工艺、粉磨原料的一整套U型动叶片选粉机的选型、设计规则,提出了 N-U、L-U 两个系列的选粉机。

④ 工业应用统计数据,U型动叶片选粉机相对于传统 O-Sepa 选粉机在相同的工况条件下阻力降低30%,选粉效率提高8%～10%,旁路值 $\beta \leqslant 5\%$,系统电耗降低10%～12%,成品比表积增加15%～20%,成品颗粒分布 n 值降低7%～8%。

本项技术研究解决了选粉机理论研究中长期存在的"转子转动过程"的数值处理技术难题,建立了选粉机数值研究平台,提出并建立了全新U型动叶片选粉机技术,解决了选粉机阻力高、分选不清晰的问题。

7.2.3.3 应用情况

该项技术目前已在十多个工业现场得到应用,以首台套河北乾宝特种水泥有限公司

MLS4250生料磨为例,该厂设计产能为1500 t/d的白水泥生产线,实际窑产量1200~1300 t/d,限于f-CaO和白度等问题产量无法提高。技改前平均投料量为118 t/h,$R_{80\,\mu m}=7\%\sim9\%$。乾宝生料磨技改前生产数据见表7-8。

表7-8　乾宝生料磨技改前生产数据

序号	总投料量/t	运转时间/h	平均投料量/(t/h)	耗电量/(kW·h)			电耗/[(kW·h)/t]		
				主电机	风机	系统	主电机	风机	系统
1月	39369.3	325.97	120.8	607750	482435	1471060	15.44	12.25	37.4
2月	37089.4	309.62	120	646680	497430	1371510	17.44	13.41	37.0
3月	20102.1	177.05	113.5	334380	256140	791875	16.63	12.74	39.4
平均			118				16.5	12.8	37.9

乾宝MLS4250生料磨选粉机技改前后照片见图7-30,系统参数对比见表7-9。

图7-30　乾宝MLS4250生料磨选粉机技改前后照片

表7-9　乾宝MLS4250生料磨N-U选粉机技改前后系统参数对比

项目		改造前	改造后	
			初期	后期
喂料量/(t/h)		128	143	152
$R_{80\,\mu m}/(\%)$		7.9	6.8	6.6
主机	电流/A	110~115	128.4	123.9
	功率/kW	1834	2113	2039
	电耗/(kW·h)/t	16.1	14.98	13.60

续表 7-9

项目		改造前	改造后	
			初期	后期
选粉机	转速/Hz	44~45	42.8	42.5
	电流/A	45	99.6	95.9
	线速度/(m/s)	15.0	15.94	15.83
	功率/kW	22.5	48.3	46.1
	电耗/(kW·h)/t	0.20	0.34	0.31
风机	转速/Hz	81	87	88
	电流/A	82	84.6	81.8
	功率/kW	1310	1392	1345
	电耗/(kW·h)/t	11.5	9.87	8.97
系统	入磨压力/Pa	−1300	−739	−883
	出磨压力/Pa	−4850	−5639	−5636

2017 年 3 月 18 日开始调试工作,经过 4 天的调试,磨机喂料量达 140 t/h 以上,$R_{80\ \mu m}$ 不大于 8%,达到合同要求。

根据表 7-8,改造后,主机电耗从 16.1 (kW·h)/t 降至 13.6 (kW·h)/t,降低约 2.5 (kW·h)/t,选粉机电耗从 0.20 (kW·h)/t 升至 0.31 (kW·h)/t,循环风机电耗从 11.5 (kW·h)/t 降至 8.97 (kW·h)/t,生料粉磨系统电耗从 27.8 (kW·h)/t 降至 22.9 (kW·h)/t。窑熟料年产量按 35 万 t/a 计算,每年节约电费 140 万元。

该系统运行后,该线系统喂料量从 128 t/h 提升至最高台时 155 t/h,平均台时 152 t/h,提产约 19%。生料粉磨系统电耗从 27.8 (kW·h)/t 降至 22.9 (kW·h)/t,降幅约 5 (kW·h)/t。这是 U 型动叶片选粉机在原料磨上第一次成功应用。

该线原选粉机设计结构不理想,转子直径偏小,动静叶片结构、选粉区间宽度等参数设计不合理,从而导致风速分布不合理,影响选粉机效率,进而影响磨机研磨效率。

7.2.3.4 结论及建议

水泥生产中粉磨工序电耗占水泥综合电耗的 60%~70%,粉磨节能降耗是水泥行业节能降耗的重要环节。在国家大力推进供给侧结构性改革的大背景下,技改工作将成为国内水泥行业发展的主战场。U 型动叶片选粉机以其独有的结构特点、良好的技术性能指标无论在技改还是新设备开发上都具有巨大的市场空间和广阔的应用前景。

以配套 5000 t/d 生产线的生料立磨为例,电耗按中等易磨性,根据试验及已投产的数台选粉机工业应用数据,风机节电 0.37 (kW·h)/t、主机节电 0.7 (kW·h)/t。窑年运转率按 0.88 计,实际产量 5500 t/d,料耗取 1.5,电费取 0.55 元/(kW·h),则每年节约电费=365×0.88×5500×1.5×(0.37+0.7)×0.5= 156 万元。

U 型动叶片选粉机采用全新多力平衡分选原理,从理论上决定了其效率高于传统的三力平衡分选原理,其"凹槽"型的动叶片结构在相同的工况条件下更利于将转子的线速度转化为选粉区气流的切向速度,相同细度控制条件下转子转速低,提高选粉效率的同时保证了分选清晰度,无论相比水泥粉磨还是生料粉磨系统中现有的 O-Sepa 高效选粉机都具有相当大的优势,因而市场改造空间巨大。

7.3　熟料制备系统潜力技术分析

7.3.1　环境友好型高效低氮预热预分解技术

7.3.1.1　技术背景

水泥是涉及国计民生的大宗建材,也是高能耗高污染的产业,全国有 1600 多条生产线,中国水泥产能占全世界的一半,低能耗、低减排的需求非常大。《建材工业"十三五"发展指导意见》提出化解产能过剩,实现压减淘汰过剩熟料产能 4 亿 t,同时,加快水泥产品升级换代,淘汰落后产能,加速环保升级,全面推进水泥产业的技术装备创新与提升。天津水泥院从"六五"开始致力于水泥工业的可持续发展,紧跟国家高质量发展、可持续发展、创新驱动技术引领的步伐,用近十年的时间研发了"环境友好型高效低氮预热预分解技术",通过基础理论和实验研究,解决了无机非金属材料领域尤其是水泥建材的工程实际问题,创造出有利于工程技术发展的成果,实现了水泥工业的低能耗、绿色清洁、环境友好型生产,提升了中国水泥技术装备的核心竞争力,减少了工业制造对生态环境的负面影响。

7.3.1.2　技术概述

该技术依托单位为天津水泥工业设计研究院有限公司。主要围绕水泥烧成工艺系统节能减排技术、气固两相流换热、碳酸钙分解、煤粉燃烧与污染物控制方面提升了水泥生产技术的节能环保功能;所开发的低阻高效弱涡流旋风筒,使六级预热器达到五级预热器的阻力损耗,分离效率达 95% 以上,节电 10% 以上;所开发的多级组合重构预热器,预热器出口温度降至 260 ℃ 以下,换热后废气温度降低 30~50 ℃;所开发的高效低氮分解炉,煤粉燃尽率 100%,CO 浓度不大于 $5×10^{-4}$,通过风煤料的分配使分解炉内的温度场和气氛场可控,梯度燃烧自脱硝效率不小于 70%,减少了 SNCR 氨水用量 50% 以上;所开发的带中置辊破冷却机技术热回收效率不小于 75%,二次风温不小于 1200 ℃,三次风温不小于 950 ℃;水泥熟料标煤耗不大于 94 kgce/(t.cl),节煤 7% 以上,SO_2 排放降至 50 mg/m³ 以下,NO_x 排放降至 150 mg/m³ 以下,技术指标达到了国际领先水平。

7.3.1.3　应用情况

该项技术目前已在河南孟电、印尼 BOSWA、沙特 UCIC 等多条生产线得到应用,其中河南孟电项目堪称水泥行业尤其是二代水泥技术的应用典范。相关应用情况见表 7-10 和表 7-11。

表 7-10　孟电生产线关键指标与国内外 5000 t/d 生产线主要技术参数对比

项目	国内外先进值	燕赵	孟电一线	孟电二线
窑产量/(t/d)	5000~5500	6210	5944	5960
热耗/(kcal/kg 熟料)	720	695.5	644.5	646.1
冷却机热回收效率(%)	≥72	72.46	74.10	74.55
NO_x 排放/[mg/m³(10%O_2)]	≤320	≤600	≤200	≤200
SO_2 排放/[mg/m³(10%O_2)]	≤200	≤200	≤100	≤100
分级燃烧自脱硝效率	30	30	50	50
粉尘排放浓度/(mg/m³)	≤20	≤20	≤10	≤10
熟料烧成电耗/[(kW·h)/t 熟料]	56	55.58	52	52
水泥综合电耗/[(kW·h)/t 水泥]	75	80	68	68

表 7-11　关键指标与国内外 5000 t/d 生产线主要技术参数对比

序号	项目	指标名称	现有限定值	技改先进值	立项指标	实际完成指标
1	熟料	熟料综合煤耗/(kgce/t)	112	103	98	93
		熟料综合电耗/[(kW·h)/t]	64	56	48	45
		水泥综合电耗/[(kW·h)/t]	90	85	75	68
2	水泥粉磨	水泥综合电耗/[(kW·h)/t]	40	32	30	28
3	硫化物排放	二氧化硫排放浓度/(mg/m³)	200	100	100	50
4	氮化物排放	氮氧化物排放浓度/(mg/m³)	400	320	320	200

7.3.1.4　技术解析

仅以应用本技术的孟电两条生产线为例,自 2016 年、2017 分别投产以来,两条线每年节标煤 5.82 万 t,节电 7040 万度,CO_2 减排约 15.8 万 t、NO_x 减排约 1000 t,形成自主特色的节能减排技术,之后又拉动了公司芜湖、槐坎等大型总包项目,合同额均过亿元,2019 年 5 月获得了中国建筑材料联合会颁发的"两个二代"技术装备创新提升研发攻关-突出贡献奖,行业专家对环境友好型高效低氮预热预分解技术给予了高度评价。

7.3.1.5　结论及建议

经过对水泥窑系统能量利用、气固换热、燃料燃烧与污染控制的机理研究,开发了低能耗、低排放的环境友好型高效低氮预热预分解技术,形成了弱涡流低阻旋风筒、六级低阻高效预热器技术、梯度燃烧自脱硝分解炉、四代中置辊辊破篦冷机,能耗和环保指标均优于国内外先进水平,实际生产线应用效果良好,引领了水泥工业的预热预分解技术发展。

以上技术不仅适用于新建生产线和减量置换生产线,也适用于现有生产线的优化升级改造,可根据情况进行系统升级或者进行单项技术应用。

7.3.2 分解炉自脱硝技术

7.3.2.1 技术背景

随着国家对环境保护的高度重视,政府部门积极控制 NO_x 排放,制定了严格的排放标准。2017 年 5 月,工信部印发《工业节能与绿色标准化行动计划(2017 至 2019 年)》。2018 年 6 月,国务院印发《打赢蓝天保卫战三年行动计划》。我国各行业大气污染物排放标准愈加严格,其中水泥窑烟气排放要求也进一步提升。例如,河南省已经提出水泥窑烟气在基准氧气含量下,颗粒物、二氧化硫、氮氧化物排放浓度分别达到 10 mg/m³、50 mg/m³、100 mg/m³ 以内,唐山市进一步提出将氮氧化物控制到 50 mg/m³ 以内。新形势下水泥行业烟气脱硝技术研究刻不容缓。

7.3.2.2 技术概述

该技术依托单位为天津水泥工业设计研究院有限公司。系统主要由分解炉、煤粉燃烧系统、进风进料系统,脱硝风管等构成。

该技术的创新点为:(1)形成强贫氧区-贫氧燃烧区-燃尽区梯度燃烧环境;(2)炉内温度区域可控,形成组织燃烧。解决的核心问题为:利用水泥工业烧成系统的特有原料和煅烧工艺特点,进行分解炉梯度燃烧自脱硝技术开发,降低了烟气氮氧化物处置的本底浓度,从根本上减少了污染物排放,降低了水泥生产企业的烟气治理成本,实现水泥工业节能减排。

7.3.2.3 应用情况

该项技术目前已在湖北京兰水泥 2♯ 线得到应用,应用后的情况为:自脱硝分解炉技改前的氨水用量为 4.375 kg/(t. cl),氨水价格约 700 元/t,单位熟料对应的氨水成本约 3.06 元/(t. cl)。实现分解炉梯度燃烧自脱硝技术改造后,氨水平均用量约为 1.25 kg/(t. cl),生产线年熟料产量按 120 万 t 计,则每年可节约生产成本=[(4.375−1.25)kg/(t. cl)× 700 元/t÷1000]×120 万 t/a= 262.5 万元,一年即可收回改造成本。

7.3.2.4 技术解析

该系统运行后,出分解炉氮氧化物本底浓度下降60%以上,大幅度节省了后续 SNCR 系统氨水用量。依据系统构成及运行过程中的相关现象,对该技术的机理进行了解析:

(1) 在分解炉主燃烧区内形成了较强的还原区域,生成一定量的 CO 等还原气体,可以将回转窑内生成的热力型 NO_x 还原为 N_2。

(2) 分解炉内燃料氮分解生成的中间产物(如 NH_3 和 HCN 等)相互作用使 NO 还原分解,可以抑制一部分燃料型 NO_x 的生成。

7.3.2.5 结论及建议

分解炉梯度燃烧自脱硝技术基于水泥窑炉自身的特点创造脱硝环境,大大降低了氨水消耗且无二次污染治理费用,具有显著的社会经济效益。

7.3.3 HFC 高能效熟料烧成关键技术与装备

7.3.3.1 技术背景

随着国家产业政策结构的调整和日益严格的环保要求,水泥行业作为高能耗、重污染以及产能过剩的代表,面临着越来越大的生存压力,新形势下采用节能减排的新技术装备是水泥企业实现可持续发展的重要手段。

7.3.3.2　技术概述

该技术依托单位为合肥水泥研究设计院。该项技术主要由 HF 型高能效预热器、WHEC 型步进式高效冷却机和 HP20 大型强涡流多通道燃烧器的研究和开发以及系统的配合工艺构成。

HF 型高能效预热预分解系统的研究开发对预分解系统采用计算机模拟仿真研究,对示范线采用的石灰石、煤粉进行分解反应和燃烧的热重动力学特性分析、研究,采用流体动力学基本原理模拟旋风筒、分解炉内的气流速度场、温度场、颗粒浓度场及气相组分场等分布状况,研究煤粉在分解炉内燃烧和石灰石分解过程及其规律。

WHEC 型步进式高效冷却机的研究包括新型熟料运动方式的研究,整体结构模块化设计与单元分别传动的研究,机械空气调节阀的研究、设计,特殊结构冷却篦板的研究、设计,液压传动装置的研究、设计,冷却机系统的智能现场总线型专用控制柜的研究、设计。

针对 HP20 大型强涡流多通道燃烧器的研究主要是开发研制一种大型化、耐磨耐变形性能强、对煤种适应性强的新型多通道燃烧器,包含耐磨损的材质、耐变形的新型结构、适应不同煤种的个性化设计参数等方面的研究。

针对高能效烧成系统的研究,除了研究高能效烧成系统主要设备外,还研究烧成系统设备间的配合和工艺,做到逐个攻关,统筹兼顾,以充分发挥各设备的优点,使系统达到高效、节能、环保的设计要求。

主要技术指标如下:

① 熟料产量不大于 5816 t/d;

② 熟料热耗不大于 2939.77 kJ/kg。

③ 篦冷机:热回收效率不大于 76.18%,用风量不大于 1.8238 m^3/kg.cl;

④ 燃烧器:一次风量 7%。

该技术的创新点:

研究开发了新型结构的撒料装置和锁风阀,并优化配置旋风筒、分解炉、换热管道系统,改善了燃烧及换热状况,提高了换热效率。

研发的旋喷结合、二次喷腾的分解炉新型流场技术,使分解炉具有容积利用率高、阻力低、物料停留时间长、燃烧充分、分解完全、对燃料的适应能力强、抗波动性能好等特点。研究了三次风入口、进料点、进煤点之间的关系和三次风入口对分解炉内环境的影响,得到了适合不同燃料条件的相互位置关系。

采用先进的步进式熟料输送、无漏料篦床、模块化设计技术,开发出 WHEC 型步进式冷却机,篦板使用寿命长,维修方便,运行成本低,热回收效率高,冷却用风量小。

开发的 HP 强涡流高效燃烧器,内外风速调节范围大,热力强度高,对不同煤种的适应性强。

该技术经济指标达到国际先进水平,对新型干法水泥生产线的建设和技术改造具有示范作用,社会、经济效益显著,对我国水泥工业的技术进步、节能减排及结构调整意义重大。

7.3.3.3 应用情况

本项目所开发的技术和设备应用在宝鸡众喜金陵河水泥公司 5000 t/d 新型干法示范线上,经国家建筑材料工业水泥能效环保评价检验检测中心标定,主要指标如下:烧成系统熟料产量 5816 t/d,烧成热耗 2939.77 kJ/kg.cl,1♯筒出口温度 280 ℃;三次风温度 1080 ℃,出冷却机熟料温度 93 ℃,冷却机热回收效率 76.18%,单位熟料冷却风量 1.8238 m³/kg.cl;燃烧器一次风量 7%。

2010 年 5 月,国家建筑材料工业水泥能效环保评价检验检测中心对本项目示范线——宝鸡众喜金陵河水泥有限公司 5000 t/d 水泥熟料生产线进行了能效测试,《能效测试报告》中本项目与国际国内先进水平的比较如表 7-12 所示。

表 7-12 与先进水平比较

项目	单位	国际先进水平	国内先进水平	测量值
熟料产量	t/d	—	—	5815.95
可比熟料综合煤耗	kgce/t	104	108	84.77
可比熟料综合电耗	(kW·h)/t	58	65	62.86
可比熟料综合能耗	kgce/t	111	115	92.50

中国建材联合会组织的鉴定专家认为,该项目的主要技术指标达到国际先进水平。

7.3.3.4 技术解析

高能效熟料烧成技术与装备的研究开发及成功使用,进一步提高了预分解系统的换热效率和冷却机的冷却效率,使熟料烧成热耗、熟料温度、废气温度等有较大幅度下降,进一步优化了系统各项参数,在实际生产中取得了明显效果,各项技术指标又上了一个新台阶。

对预热器、冷却机、燃烧器等烧成技术与装备采用高科技研发手段——计算机模拟仿真研究和 SOLID WORKS 三维软件设计,通过对示范线的石灰石、煤粉进行分解反应和燃烧的热重动力学特性分析、研究,采用流体动力学基本原理模拟旋风筒、分解炉内的气流速度场、温度场、颗粒浓度场及气相组分场等分布状况,研究煤粉在分解炉内燃烧和石灰石分解过程及其规律,为预分解系统设备的设计、燃烧装置的正常运行和控制燃烧过程提供理论基础。通过对预热预分解系统等进行冷、热态仿真模拟实验研究,取得了最佳流场和热动力学几何模型,进一步优化了系统各项参数。

(1) HF 型高能效预热预分解系统的研发

通过研究和优化预热器、分解炉、换热管道、撒料装置的结构,改善燃烧及换热状况,提高换热效率。采用计算机模拟仿真系统对预热器流场分布、颗粒运动轨迹进行仿真模拟,对分解炉的燃烧状况及氧含量分布、二氧化碳分布、温度分布进行仿真模拟,从而优化预分解系统。

① 预热器结构设计及模拟仿真的应用

预热器由若干级换热单元所组成(一般为 5 级,个别为 6 级)。换热单元由旋风筒及其换热管道构成。生料粉经过下料管和撒料装置进入换热管道,随即分散在上升气流中。此时,由于悬浮态的气、固之间的接触面积极大,对流换热系数也较高,生料在极短的时间内完成本级的有效换热。生料的预热主要在换热管道中完成,旋风筒主要承担着气固分离的任务。

宝鸡众喜金陵河 HF5000 t/d 预热器的五级旋风筒计算机模拟结果见图 7-31 至图 7-38。

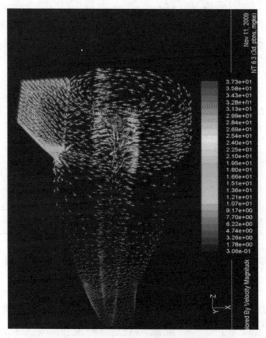

图 7-31　旋风筒流场矢量图

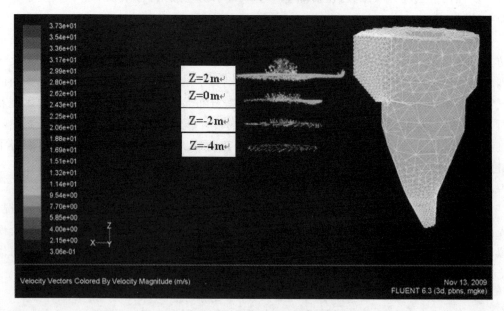

图 7-32　z 轴上不同截面的速度分布矢量图

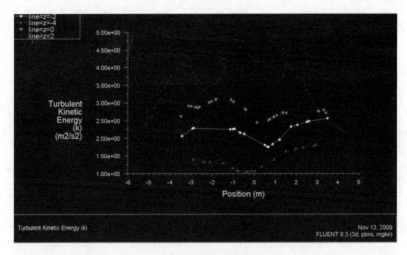

图 7-33   湍动能分布

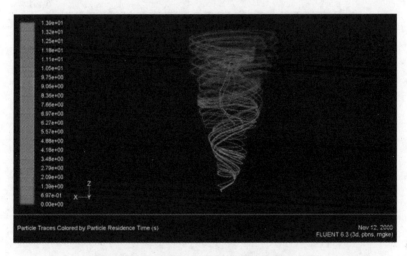

图 7-34   直径为 20 μm 的颗粒运动轨迹

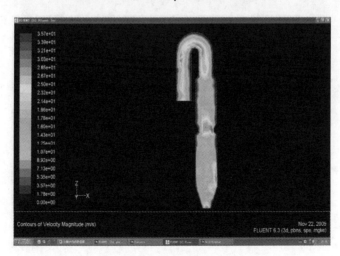

图 7-35   截面上速度分布填充图

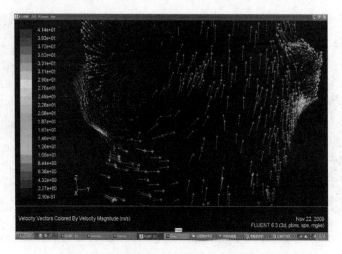

图 7-36　速度矢量放大图(分解炉锥体处)

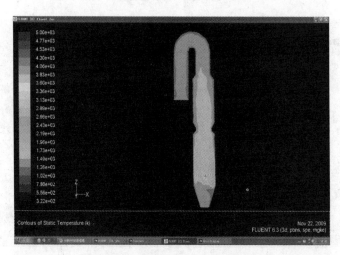

图 7-37　分解炉温度分布填充图

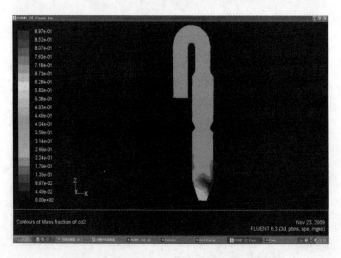

图 7-38　截面上 CO_2 质量分数分布填充图

② 分解炉结构设计及模拟仿真应用

分解炉是预分解技术的核心设备和关键技术,属高温气-固多相反应器。分解炉主要功能是完成燃烧与分解反应,所涉及的过程可归纳为固体流动、气固分散、换热、燃料燃烧、分解、传质和输送等。对分解炉来说,物料的分散是前提,燃料的燃烧是关键,碳酸盐的分解是目的。这些任务能否在高效的状态下顺利完成,主要取决于生料和燃料能否在炉内很好地分散、混合和均布;燃料能否在炉内迅速完全燃烧,并把燃烧热及时传递给物料;生料中的碳酸盐组分能否迅速吸热、分解,逸出的二氧化碳能否及时排出。以上这些要求能否满足,又在很大程度上取决于炉内气、固流动方式。目前采取的有效分散措施大多以流体力学方法为主,利用旋流效应、喷腾效应、流态化效应、湍流效应、粉体冲击效应等来达到分散的目的。而这些效应无一例外都与结构有关,因此合理的结构设计和工艺过程控制是实现上述目标的唯一途径。

③ 结构设计及解决的主要问题

a. 旋风筒内主流是双层旋流,外部是向下旋转的外旋流,中心是向上旋转的内旋流,它们的旋转方向是相同的。这种设计减轻了短路流效应,提高了分离效率,解决了内筒插入深度与压力损失的矛盾。

b. 旋风筒内,切向速度和轴向速度远大于径向速度,切向速度在预热器流场中起主导作用。

c. 旋风筒内湍动能和湍动能耗散率的分布趋势并不完全一致,湍动能边旋转边向下运动,其值越来越小,在内筒下部空间,湍动能变化较大,所消耗的能量也大。锥体部位,湍动能的变化值很小,而湍动能耗散率只有在排气管下部的分离空间内有变化,而其他部位趋向于零,此结构形式减小了阻力损失。

d. 除了少量 $2~\mu m$、$20~\mu m$ 的小颗粒随着向上的内旋流从内筒逃逸外,绝大部分的 $2~\mu m$、$20~\mu m$ 以及所有 $64~\mu m$ 的大颗粒从进入旋风筒后始终保持原来的运动轨迹通过偏锥体进入灰斗而被捕集。在旋风筒底部没有颗粒向上回流,全部沿壁面螺旋下滑至底部灰斗,旋风筒底部的运动轨迹与顶部的几乎保持一致。由此说明旋风筒的底部倾斜下料口结构的合理性,更适用于旋风筒的下料,防止堵料。此结构形式提高了分离效率,较好地解决了下料堵塞问题。

e. 从分解炉速度分布可看出,缩口具有明显的喷射流特征,三次风沿切向进入与喷射而入的窑气在锥体部形成叠加的强流场,并有强的旋流运动,且靠近三次风管的一面比另一面有更强的速度场,由于三次风的作用在靠近分解炉的柱体处出现负的速度分布,说明有下降气流出现,即有环状立涡,这些速度的变化有利于增加物料停留时间、提高换热效率和碳酸盐的分解率,增加了分解炉的容积利用率。

f. 分解炉内温度分布较均匀,炉膛温度分布符合喷旋分解炉燃烧的规律。运动轨迹符合旋流喷腾的设计要求。

g. 气体组分模拟结果表明:三次风、煤粉的进入点的布置合理,分解炉内的燃烧和碳酸盐分解非常完全。这说明一个三次风入口,只要布局合理,同样可以保证分解炉内的燃烧效果。

（2）WHEC 型第四代步进式高效冷却机的研发

WHEC 型第四代步进式高效冷却机由上壳体、下模块组、出料装置，熟料破碎机、液压系统，润滑系统、冷却风机及控制系统等组成。由 KID、驱动等十个模块组成的下模块组构成篦床，篦床由 6 道平行的可通风移动底板构成，称为"输送道"，熟料在篦床中按图 7-39 所示的输送方式工作。

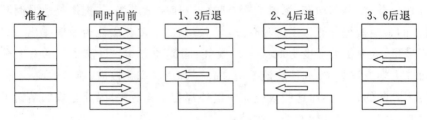

图 7-39　输送方式示意图

① WHEC 型第四代步进式高效冷却机技术参数

型号：W9651；

产量：5500 t/d；

进料温度：1400 ℃；

出料温度：65 ℃＋环境温度；

出料粒度：≤25 mm；

单位用风量：1.9 m³/kg. cl；

篦床有效面积：129.4m²；

单位面积产量：42.5 t/m². d；

设计冲程：100～420 mm；

冲程次数：1～4 次/min；

热回收效率：≥75%。

② 关键技术及部件的设计

a. WKID 系统的设计

WKID 熟料进料口分布系统冷却机的进料端前几排是固定篦床，国外新一代冷却机技术领先制造商与合肥院 WHEC 冷却机的 KIDS 特点比较如表 7-13 和图 7-40 所示。

表 7-13　熟料进料口分布系统特点比较

序号	制造商	名称	篦板形式	排列形式	分区	供风方式
1	FLS	ACROSS BAR	凹槽	阶梯	无	流量阀
2	KHD	PYROFLOOR	细缝	斜平面	无	流量阀
3	CP	ETA	细缝	斜平面	有	风管
4	HCRDI	WHEC	细缝	斜平面	有	流量阀＋风管

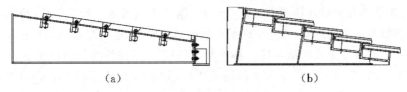

图 7-40　熟料进料口分布系统特点比较

(a)斜平面结构；(b)阶梯结构

WHEC 冷却机采用斜平面，中心区独立供风，环形区流量阀调节供风。

b. 流量控制阀的研究设计

流量控制阀是新一代冷却的重要部件，是提高冷却效率和热回收效率的重要手段。当篦床上熟料颗粒变化时，料层对风室内的气体的阻力就会发生变化，气体流量也会变化，严重时可能导致气体短路。为使篦板处的冷却空气流量保持恒定，可在篦板下方设置若干控制熟料流阻变化的流量调节阀，以使整个篦床的冷却空气的流量稳定。

国外公司先后研制出流量控制阀用于冷却机，如德国的 KHD 公司研制的圆筒式流量控制阀，丹麦 F. L. SMIDTH 公司研制摆动板式和富士摩根的多筒式流量控制阀。

在研究比较国外公司的流量控制阀后，我国设计出了满足 WHEC 冷却机特殊要求的控制阀，已获国家专利，如图 7-41 所示。

图 7-41　满足 WHEC 冷却机要求的控制阀

表 7-14　几种流量阀特点的比较

序号	制造商	名称	流量调节	主风量调节	使用地点
1	FLS	摆动板式	连续	不可调	固定篦床
2	KHD	圆筒式	连续	不可调	活动篦床＋固定篦床
3	F M	多筒式	不连续	可调	活动篦床＋固定篦床
4	HCRDI	圆筒式	连续	可调	活动篦床＋固定篦床

c. 液压传动系统

该系统采用跟踪式节能液压驱动，液压缸带有精确的位置反馈装置。采用多模式控制驱动系统，避免了因个别液压系统故障引起的事故停车，在生产中可以关停个别液压系统，其他组液压系统继续工作，可保证设备长期连续生产，液压系统可实现在线检修更换，使整机的运转率大幅提高。

d. 智能现场总线控制系统设计

　　步进式高效冷却机设备控制算法复杂,六个输送道之间运行转换频繁,要求控制系统具备高速、控制算法丰富的特点;基于现场控制便利的要求,还须配置现场彩色触摸操作监视屏,并具备标准现场总线通信功能。基于此,我们选用了高性能的西门子 S7-300 系列控制产品,主控 CPU 选用 S7-300 系列中的高端产品 CPU315-2DP,具备 PROFIBUS 标准总线通信功能。

　　六个输送道可以单独设定其运行范围,运行长度可任意组合,见图 7-42。

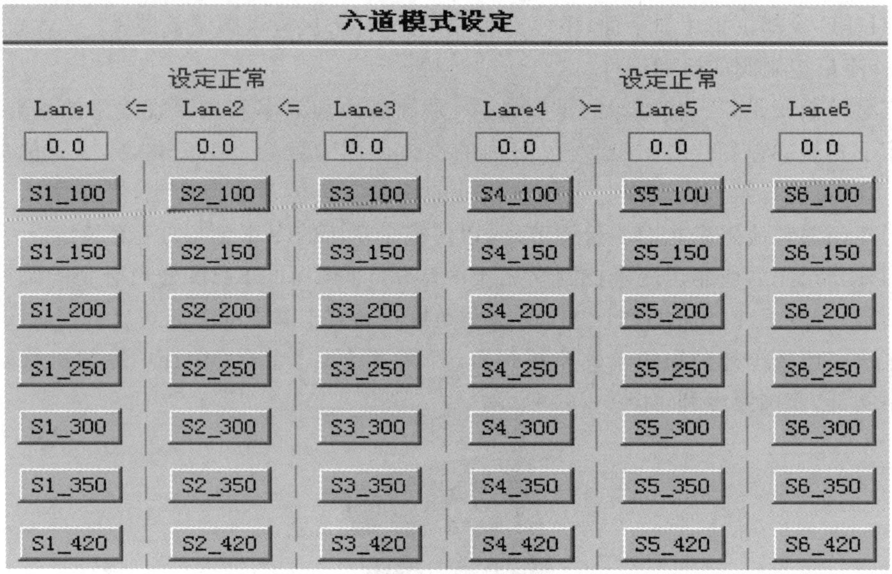

六道模式设定

设定正常			设定正常		
Lane1 <=	Lane2 <=	Lane3	Lane4 >=	Lane5 >=	Lane6
0.0	0.0	0.0	0.0	0.0	0.0
S1_100	S2_100	S3_100	S4_100	S5_100	S6_100
S1_150	S2_150	S3_150	S4_150	S5_150	S6_150
S1_200	S2_200	S3_200	S4_200	S5_200	S6_200
S1_250	S2_250	S3_250	S4_250	S5_250	S6_250
S1_300	S2_300	S3_300	S4_300	S5_300	S6_300
S1_350	S2_350	S3_350	S4_350	S5_350	S6_350
S1_420	S2_420	S3_420	S4_420	S5_420	S6_420

图 7-42　六道模式设定

（3）HP 型强涡流型高效节能燃烧器的研发

　　多通道燃烧器是由中心风风道、内部的旋流风道、中间的煤流风道、外部的轴流风道构成的燃烧器。煤粉从多通道燃烧器喷出燃烧,除输送煤粉的空气与煤粉进行预混合外,还要经过三次扰动、混合。首先是煤粉喷出时遇到来自内流风道径向旋转气流的扰动,接着又遇到轴向高速流动的外流风,最后,由于内外流风出口相对于二次空气具有相当高的速度,在火焰中心形成一个相对的低压区,使已与煤粉混合的内外流风与温度较高的二次风混合。这三次扰动与混合,都是由于气流的速度、方向和压力的不同造成的,从而使煤、风混合更均匀。二次空气的回流又及时补充煤粉燃烧所需的新鲜空气,使煤粉完全燃烧。改变内外流风的比例,可以调节火焰的形状。

　　燃烧器外流风出口为排成环形结构的各自分开的喷嘴口,煤粉入口处设有非金属的耐磨保护层。这种新型的结构及材质确保燃烧器有极好的耐磨性,其结构属国内首创。

　　燃烧器可以将不同的内风旋流器和不同的外流喷嘴口进行组合,使内外流风风速得到大幅度调节,从而使该燃烧器对煤种的适应性大大优于其他类型的燃烧器。它能燃烧烧水分大、热值低的褐煤,灰分高的劣质煤,低挥发分(小于 15%)的煤及无烟煤(挥发分小于 4%)。

　　燃烧器的一次风量仅占理论燃烧空气量的 7%。

7.3.3.5 结论及建议

该技术与装备在宝鸡众喜金陵河水泥有限公司 5000 t/d 新型干法生产线上运行,系统运转率达 94%,对煤质的适应能力强。主要技术经济指标达到国际先进水平。该技术成果的研发成功,对新型干法水泥生产线的建设和技术改造具有示范作用,社会、经济效益显著,对我国水泥工业的技术进步、节能减排及结构调整意义重大。

7.3.4 预热预分解系统应用纳米隔热材料技术

7.3.4.1 技术背景

在当前水泥行业节能环保升级大势下,耐火材料在水泥行业的应用需要更加科学合理,通过新技术、新产品的应用,降低水泥生产能耗,提升环保水平。

减量化、轻量化、功能拓展和智能化是耐火材料的发展方向。减量化是以提高耐火材料服役寿命、减少耐火材料消耗为宗旨的耐火材料组成、结构、性能一体化设计和全寿命调控技术。轻量化即发展多层面的耐火材料节能设计,实现耐火材料在高温装置作业过程中的节能效果最大化。功能化即耐火材料耐高温性能提升和耐火材料适应服役条件的定制设计。智能化是开发出智能化高温工程材料与仪器装置,实现高温装备的温度管理、侵蚀管理等,获得在线监测、数据收集、远程诊断等功能,提高耐火材料高温应用的安全性,同时减少耐火材料的使用与污染物排放。同时通过数据分析,优化耐火材料的设计与配置,提高高温装置的使用效率。

7.3.4.2 技术概述

该技术依托单位为天津水泥工业设计研究院有限公司。纳米隔热材料采用了纳米技术,添加了独特的反红外辐射材料,采取特殊的工艺生产出来的纳米级微孔隔热材料,相较于传统陶瓷纤维和微孔硅酸钙板类微米级气孔隔热材料,纳米隔热材料的气孔在 20 nm 左右,是迄今为止导热系数最低的隔热材料,同样温度下的隔热性能比传统材料好 4 倍。图 7-43 和图 7-44 分别为隔热毡和隔热板。

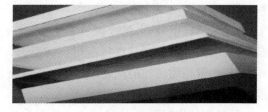

图 7-43 隔热毡   图 7-44 隔热板

纳米隔热材料的理论基础为:
① 采用自身导热率低的固体材料;
② 采用超细颗粒来延长固体热传导的路径;
③ 具有的微小空隙使气体分子在高温时无法形成对流循环;
④ 选用的遮光剂颗粒分散了红外辐射光从而使辐射量降至最低;
⑤ 以上措施使隔热材料实现传导传热低、对流传热低、辐射传热低。

纳米绝热板性能指标如表 7-15 所示,它具有极强的保温隔热能力,导热系数基本上不随温度的升高而增大,具有较高的使用温度,可长期用于 1000 ℃ 以下的环境。耐压强度随着温度的升高而升高,950 ℃ 时的耐压强度是常温下的 20 倍。

表 7-15　纳米绝热板性能指标

内容		三合样本	三合实测	南极星	优尼科	硅酸钙板
产品颜色				灰色		
耐火度/℃		1540				
最高使用温度/℃				950	950	1000
体积密度/(kg/m³)		550		约 230		约 230
常温耐压强度(压缩 10% MPa)		1.4	0.38	0.5		
线收缩率/(1000 ℃ 时,%)		1.1	1.9	≤2	≤2	≤2
导热系数/[W/(m.k)]	600 ℃	0.023				
	800 ℃	0.031		0.035	0.042	0.144
	1000 ℃	0.042	0.054			0.166

7.3.4.3　应用情况

水泥烧成系统一般配置方案:

① 旋风筒:25 mm 隔热板;

② 分解炉:25 mm 隔热板;

③ 下料管:10 mm 隔热板;

④ 回转窑:15 mm 隔热板+3 mm 隔热胶泥;

⑤ 篦冷机:25 mm 隔热板;

⑥ 三次风管:25 mm 隔热板;

⑦ 窑头罩:25 mm 隔热板。

在旋风筒、上升管、篦冷机和三次风管等部位,由于内部温度在 1000 ℃ 以内,基本上是将原高温 1000 ℃ 的硅酸钙板用于高温面,冷面采用 WDS 纳米隔热板,而在窑头罩的高温部位,采用耐高温的陶瓷纤维(1400 型)代替热面原硅酸钙板,冷面采用 950 型纳米隔热板。

回转窑的内部温度为 1400 ℃,直径 4.8 m,长度 72 m,热面采用传统镁铝尖晶石耐火砖,这些耐火砖的导热系数很大,导致回转窑烧成带的外壳温度在 320 ℃ 左右,通过表面散热的损失很大。

采用在回转窑的镁铝尖晶石砖的底部冷面开一个 15 mm 深的凹槽,在里面放置 15 mm 厚的纳米隔热板,凹槽的隔热面积占耐火砖的 60%,过渡带按 20 m 计算,这样的结构可以大幅度降低回转窑的外壳温度,预计可以取得的隔热效果见表 7-16。

表 7-16 回转窑过渡带耐火砖和纳米隔热材料复合应用的隔热效果

序号	窑耐火衬结构 /mm	炉内温度 /℃	冷面温度 /℃	散热损失 /(W/m²)	隔热面积 (60%)/m²	年节能/元
1	220 镁铝砖	1400	327	9090	0	0
2	220 镁铝砖 15 nm 隔热板	1400	238	4983	181	58.40
3	投资回收期	1.9 个月收回投资				

注：环境温度 20 ℃，风速 0.5 m/s，计算的煤粉价格为 850 元/t，工作时间 300 天，热值 6700 kcal/kg。

在过渡段 20 m 的范围内使用 15 mm 纳米隔热板和耐火砖。在保证耐火砖使用寿命的前提下，外壳温度降低 89 ℃，散热损失大幅度降低，年(300 天计)节能达到 58.4 万元，纳米隔热材料的投入成本在 1.9 个月内即可回收，节能效果非常明显。

为了进一步降低回转窑耐火砖的冷面温度，我们建议在砌筑耐火砖时，在钢壳上抹上一层 3 mm 左右的 NJS 纳米隔热胶泥，然后进行耐火砖施工，将 15 mm WDS 纳米隔热板插入耐火砖的凹槽中。

这种 NJS 纳米隔热胶泥导热系数很低，可以挤入纳米隔热板与凹槽砖的缝隙中，同时，也可挤入耐火砖之间的缝隙里，提高耐火衬的隔热性能，大幅度降低缝隙的传热效果，从而降低回转窑外壳的温度。

根据计算，当 3 mm 厚的 NJS 纳米隔热胶泥被耐火砖压在回转窑钢壳上，形成平均 1 mm 缝隙时，可以降低外表温度 20 ℃左右。

在凹槽耐火砖里面的 15 mm WDS 纳米隔热板和 3 mm NJS 纳米隔热胶泥的共同作用下，可以保证回转窑的外壳温度控制在 200 ℃左右。

综合隔热效果：

① 回转窑平均表面温度降低至 200 ℃以下；

② 其他部位如预热器、分解炉等，表面温度降低 20~40 ℃。

山水集团(葫芦岛)水泥生产线进行三次风管保温改造，改造前原施工方案为 114 mm 耐火砖＋115 mm 厚普通硅酸钙板，改造后(2016 年 1 月份实施)为 114 mm 耐火砖＋80 mm 厚低维纳米绝热板，三次风管采用硅酸钙板和低维纳米绝热板，各点的温度对比见表 7-17。

表 7-17 各点的温度对比

位置/m	温度(硅酸钙板)/℃	温度(低维纳米钙板)/℃	位置/m	温度(硅酸钙板)/℃	温度(低维纳米钙板)/℃
2	177	65	42	86	80
4	244	84	44	81	43
6	119	55	46	130	57
8	118	75	48	95	70

续表 7-17

位置/m	温度(硅酸钙板)/℃	温度(低维纳米钙板)/℃	位置/m	温度(硅酸钙板)/℃	温度(低维纳米钙板)/℃
10	137	73	50	83	66
12	111	74	52	81	70
14	111	70	54	85	58
16	145	74	56	84	60
18	104	75	58	87	57
20	108	70	60	80	55
22	97	75	62	55	58
24	101	69	64	99	60
26	95	67	66	100	55
28	102	60	68	82	57
30	92	54	70	121	60
40	85	57			

纳米绝热板三次风管施工见图 7-45。

图 7-45　纳米绝热板三次风管施工

7.3.4.4　技术解析

预热器、三次风管及窑门罩耐火材料配置见表 7-17,用纳米隔热板代替原来的硅酸钙板及陶瓷纤维板,如果预热器、三次风管及窑门罩全部采用纳米隔热板,理论计算可以降低散热损失约 10 kcal/kg.cl。预热器、三次风管及窑门罩耐火材料配置及散热损失分别见表 7-18 和表 7-19。

表 7-18 预热器、三次风管及窑门罩耐火材料配置

部件名称	耐火衬厚度 /mm	工作层厚度 /mm	原硅酸钙板厚度 /mm	纳米隔热板厚度 /mm
C1 旋风筒	250	150	100	100
	140	90	25	25
C2～C6 旋风筒	250(230)	150(130)	100	100
	230	118	112	112
各级风管	230	130	100	100
	230	118	112	112
各级下料管	115	90(75)	25	40
脱硝风管	218	118	100	100
分解炉-C6 风管	250	150	100	100
	250	138	112	112
分解炉	250	150	100	100
	250	138	112	112
	250	118(138)	132	112
烟室	300	200	100	100
	250	150	100	100
三次风管	218	118	100	100
窑门罩	350	250	100	100

注：表中括号内数据指采用纳米隔热板后耐火工作层砌筑的厚度。耐火工作层泛指耐火砖或耐火材料。

表 7-19 预热器、三次风管及窑门罩散热损失

部件名称	设备内表面积/m²	使用硅酸钙板、陶瓷纤维板散热损失/(kcal/kg.cl)	使用纳米隔热板散热损失/(kcal/kg.cl)	散热减少(kcal/kg.cl)
芜湖南方预热器三次风管窑门罩	9149	24.13	13.29	10.84

7.3.4.5 结论及建议

综上所述，针对可比单位熟料烧成热耗达到 2718 kJ/kg.cl 的指标，提出烧成系统表面散热降低 1.0～1.5 kgce/t.cl 的技术方案，总结起来主要有：

(1) 回转窑耐火材料配置上，原来采用的硅莫砖更换为带纳米隔热材料的多层复合莫来石砖，整体共降低散热损失 2～4 kcal/kg.cl。

(2) 预热器、三次风管及窑门罩全部采用纳米隔热板代替硅酸钙板和陶瓷纤维板，散热损失可降低 6～10 kcal/kg.cl。

7.3.5　均温均相低氮预分解系统

7.3.5.1　技术背景

随着国家大气污染防治工作的日趋严峻,水泥行业作为传统污染排放重点企业,其污染物的排放及整治工作愈发成为影响当前各大水泥企业正常生产的重要因素。新形势下预分解系统作为水泥熟料烧成的核心装置,其传统意义上的概念、功能、设计理念等已不适应我国水泥行业环保发展的新形势,以"环境友好"为技术核心的预分解系统的技术革新时代已来临。

"均温、均相、低氮预分解系统"是在新形势下衍生而出的"环境友好"型预分解系统。

7.3.5.2　企业应用

该项技术目前已在潞城市卓越水泥有限公司成功应用,并取得了较好的效果。对应用该系统后窑尾氮氧化物排放、炉体温度变化、熟料产质量变化等进行了实测和统计。

1. 系统构成

均温、均相、低氮预分解系统,在山西潞城市卓越水泥有限公司 $\phi 4.2 \text{ m} \times 64 \text{ m}$ 窑系统上成功实施。该系统在现有分解炉的结构基础上,增加了三个系统:分料系统、分风系统、分煤系统。

（1）分料系统

四级筒生料多点入炉,其中部分生料沿三次风气流旋动的路径点入炉,一方面保证生料在炉内分布均匀,另一方面控制煤粉的燃烧过程,使得高温区域的温度降低。

（2）分风系统

增加分风管道,调整炉底三次风入炉速度,增加炉底有效空间;实现分解炉中部补氧,保证炉中主还原区以上部位煤粉及时燃烧。

（3）分煤系统

将主燃区的一部分煤粉通过新增的煤粉秤单独计量,喷入炉体的中上部位,由于高温、缺氧产生不完全燃烧,形成相对可控的还原氛围(调整分煤的量)。同时未燃尽部分在分风区域再次燃烧,避免了热量的损失,降低了炉体底部与出口两端的温度差,实现均温效果。

2. 系统变化

系统稳定运行后,该厂水泥窑尾烟气中氮氧化物排放、熟料产质量、煤耗等均发生了显著的变化。

（1）氮氧化物排放

实际操控时为了防止窑尾烟气中氮氧化物排放过高,采用了在分解炉及 C5 预热器出口喷水的方法进行脱硝,在保证窑尾烟气排放不超标的前提下,保证窑尾烟气中 NO_x 排放控制在 245 mg/m³ 左右,该技术实施后系统氮氧化物排放的变化是通过氨水的用量体现的。

在保持系统投料 275 t/h 左右,中部分煤 3 t/h,分风阀开度在 95% 左右时,系统稳定运行后,氨水的用量基本在 0.7 t/h,较没有采用该系统时平均降低了 0.4 t/h。

分煤后系统氨水用量变化见图 7-46。

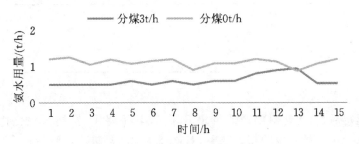

图 7-46　分煤后系统氨水用量变化

（2）熟料产质量

实施该技术后，该线熟料产质量得到大幅度提升，在生料配料及入窑生料分解炉基本不变的前提下，熟料的产量提高了约 200 t/d，出窑熟料的 3 d 抗压强度平均提高了 4～5 MPa。见表 7-20。

表 7-20　系统投入运行前后熟料产质量及入窑分解率

记录条件	窑产量/(t/d)	入窑生料分解率/%	熟料抗压强度/MPa	
			3 d	28 d
实施前	3900	96	32	57
实施后	4100	95	37	60

（3）系统用煤量

在技术实施的时间段内统计了系统的用煤量，发现在实施了分煤等措施后，在保持产量基本相同的情况下，系统总的用煤量平均每个小时约节约了 0.7 t（依据中控显示值计算）。见表 7-21。

表 7-21　技术实施前后系统用煤量的变化

记录条件	头煤量/(t/h)	用煤量/(t/h)		总用煤量/(t/h)	投料量/(t/h)
		底部	中部		
实施前	9.21	15.58	0	24.79	273
实施后	9.13	11.94	3	24.07	275

（4）炉体温度变化

系统运行稳定后，对炉体表面温度进行了测定，以反馈炉体场内部温度场的变化，结果显示，同没有使用前比较，该技术运行后分解炉高温区域的温度下降，低温区域的温度升高，分解炉内高温区和低温区的温差缩小，其中分解炉出口温度由原来的 880 ℃ 左右下降至 867 ℃ 左右。整个炉体朝着温度均匀化方向发展。

（5）C1 出口烟气成分变化

出口气体排放量的变化主要是 CO 和 O_2，O_2 含量稍有降低，CO 排放量约增加了 1 倍。见表 7-22。

表 7-22　技术实施前后系统出口气体排放量的变化

记录条件	NO_x/ppm	O_2/%	CO/%
实施前	233	2.2	0.014
实施后	225.4	1.9	0.024

7.3.5.3　技术解析

该系统运行后,水泥熟料的产质量提升了、煤耗下降了、窑尾氮氧化物排放降低了,依据系统构成及运行过程中的相关现象,对该技术的机理进行了解析。

(1) 料、煤、风多点混合均化,防漏补缺,提高炉体有效填充率。常规水泥厂分解炉本就是一个不均匀物相的共存体,来自预热器的生料、窑内的二次风、三次风、分解炉用煤粉及煤风在炉体内发生混合、燃烧、分解等一系列变化,受到空间流体场等限制,传统的单点布风、单点喂煤及单点进料使得物相完全均匀分布于炉体内的概率大大降低,这就必然使得分解炉内存在大量的"物相空洞",炉体功能不能最大化发挥。

该技术实施多点布风、多点喂煤、多点进料,打破传统分解炉构造的物相分布态,借助于三物相(风、煤、料)的合理混合均化,降低了物相分布的高浓度区,填充了物相分布的空洞区,使得整个分解炉体的有效做功区域增大,进而达到提产降耗之功效。

(2) 各物相量化控制入炉,灵活适应工况变化,确保自脱硝效率。本系统在技术原理上属于分级燃烧的范畴,但又非传统意义上的简单分级。常规分级燃烧的做法是在煤、风、料的主管道上增设分路管道,但并不实施量化控制,有些企业也仅做到生料及三次风的量化控制,但并没有实施煤粉控制的精准策略。此技术重视煤粉的量化作业,采用单独计量设备控制分煤管路,使得炉体适应窑工况变化的能力大为提高,进而确保了分解炉内特定的脱硝区域功能得以长久保持。

(3) 炉体温度均一化控制,确保入窑生料的高活性,降低了系统能耗。分解炉炉体温度均化后,分解炉出口温度降低了,在确保入窑生料分解率不变的前提下,保证了入窑生料的高活性,降低了物相反应的能耗,对节约生产用煤的意义重大。

7.3.5.4　结论及建议

"均温、均相、低氮预分解系统"是新形势下衍生的环境友好型预分解系统。该系统在传统分级燃烧的基础上,通过计量精准化实现对煤、料、风的量化优控,促使分解炉内各物相得到合理化分布,分解炉的有效空间得以最大化;同时系统兼备自脱硝功效,在提产降耗的前提下,实现低氮排放。

该技术布局简单、操控灵活,在水泥企业应用的可重复度高,是目前水泥企业高环保负荷下的优良选择,值得在行业推广应用。

7.3.6　带热盘炉的预分解系统

7.3.6.1　技术背景

随着国家对环保要求的日益严格及利用水泥窑系统在高温环境下进行垃圾处理的优势突显,越来越多的水泥企业都尝试用分解炉来处置固态垃圾。丹麦 FLS 公司的热盘炉处置固态生活垃圾具有一定的优越性,FLS 公司目前在欧美、印度等国家和地区有 40 多台套设备,主要是对现有熟料煅烧系统的分解炉、烟室、C4 下料及三次风管等部位进行局部改造并入热盘炉。

为了华润水泥的可持续发展,2016 年田阳公司在红水河等基地处置废弃物经验的基础上,采用"机械生物法预处理＋热盘炉焚烧"协同处置生活垃圾技术,设计处置能力 500 t/d,年处置生活垃圾 18 万 t。

带热盘炉的预分解系统能高效处置固态垃圾,是新形势下衍生出的"环境友好型"的新型水泥窑协同处置废弃物技术装备。

7.3.6.2 技术概述

该技术依托单位为华润水泥控股有限公司。该项技术主要由热盘炉＋预分解系统构成。该系统主要是讲热盘炉并入现有的预分解系统,进入热盘炉的垃圾在高温三次风的助燃下脱水、热解并大部分燃烧,之后进入分解炉系统。带热盘炉的预分解系统装置示意图见图 7-47。热盘炉装置示意图见图 7-48。

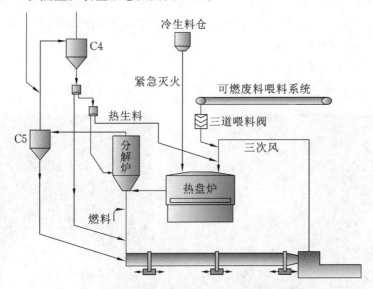

图 7-47　带热盘炉的预分解系统装置示意图

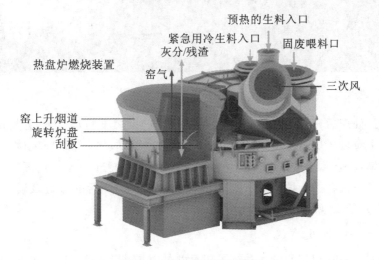

图 7-48　热盘炉装置示意图

该技术的创新点如下：

（1）热盘炉专门针对水泥窑处置废弃物设计，因此对各种形状、性能、水分的废弃物的适应性非常强；

（2）在线焚烧方式使废弃物中的热能利用率得到最大限度发挥，有利于烧成系统煤耗的降低；

（3）热盘炉系统操作简单，运转成本低；

（4）高温及废弃物停留时间长，能有效控制污染物的排放，达到系统无害化的要求。

该技术装备解决的核心问题为水泥窑高效无害化处置各种形状及高水分垃圾的难题。同时系统运行成本低，能大幅减少化石燃料的消耗，为企业创造很好的效益。

7.3.6.3 应用情况

该项技术目前已在欧美、印度等国家和地区有 40 多台套设备，目前在华润水泥的红水河、弥渡、凤庆及田阳公司均投入运行，消耗城市垃圾的同时还减少了系统煤耗，具有显著的经济、社会与环境效益。

7.3.6.4 技术解析

热盘炉工作示意如图 7-49 所示。

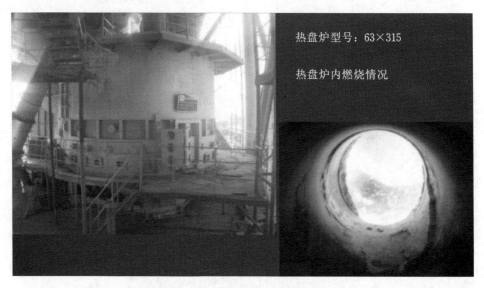

热盘炉型号：63×315

热盘炉内燃烧情况

图 7-49　热盘炉工作示意图

垃圾经预处理后又送入热盘炉，在高温三次风的助燃下脱水、热解并燃烧，为了有效控制热盘炉中垃圾燃烧的温度，防止局部高温烧损热盘炉，有一部分 C4 物料加入热盘炉控制垃圾的燃烧速度，极端情况下还可以直接加入冷生料进行灭火处理，垃圾水分过高难以燃烧时还可以在热盘炉中喷入燃料促进其燃烧。燃烧后的垃圾及废气并入分解炉系统，能够有效地实现垃圾的彻底无害化处置。

7.3.6.5 结论及建议

实践证明带热盘炉的预分解系统可以有效处置城乡生活垃圾，且可保持稳定达标排放,完全满足国家与地方相关环保标准。

（1）环境影响方面

通过热盘炉＋分解炉的高温长时间的有效处置,实现垃圾彻底无害化处置,对环境改善意义重大。

（2）水泥工业经济效益方面

垃圾中的热能能得到充分利用,系统煤耗大幅降低(华润水泥田阳公司处置 300 t/d 以上垃圾时系统标煤耗降低 6 kg/t.cl 以上)对整个水泥行业节能、减排产生积极的推动作用。

7.3.7 功能性预分解系统

7.3.7.1 技术背景

随着国家环保政策的日趋严格以及水泥产能过剩的影响,水泥企业生存压力日趋严峻。新形势下水泥企业不仅需要进一步节能减排,更需要承担起废弃物协同处置的社会责任,而预分解系统作为水泥煅烧的核心装置,除了基本的生料预热及分解作用外,还应具有过程减排及部分废弃物处置的功能,多功能预分解系统技术革新时代已经来临。

7.3.7.2 技术概述

该技术依托单位为合肥水泥研究设计院有限公司。该项技术主要由自适应低氮燃烧技术及预分解废弃物处理技术构成。

（1）自适应低氮燃烧技术:监测分解炉内实时气体成分及分级炉温度,自动调节分解炉内煤粉的用量及煤粉与生料的上下用量分布。

（2）预分解废弃物处理:监测废弃物中有害成分,自动调节废弃物在生料配料及分解炉中喂入量,控制硫氯离子及重金属离子在窑尾的富集率,降低废弃物对水泥窑正常煅烧的影响。功能性预分解系统工艺流程见图 7-50。

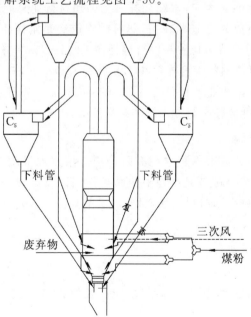

图 7-50 功能性预分解系统工艺流程图

7.3.7.3　应用情况

该项技术目前已在桐庐南方得到应用,系统运行后,该生产线在 NO_x 排放标准不变情况下,吨熟料氨水用量降低约 35％,每天可处理约 150 t 废弃物,预分解系统内无明显结皮积料现象,窑系统生产稳定性有所提高。

7.3.7.4　技术解析

该系统运行后,该线吨熟料氨水成本降低约 35％,每天可处理约 150 t 废弃物,窑系统稳定性有所提高,熟料强度无明显变化,依据系统构成及运行过程中的相关现象,对该技术的机理进行解析。

(1)自适应低氮燃烧技术:实时监测气体成分及炉内温度,可随时调节喂煤量及上下分配量,同时调节分级炉喂料上下分配量,既可通过过程减排分级燃烧产生的 CO 来达到还原 NO_x 的目的,又可以避免产生局部高温导致系统结皮堵塞,使生产稳定。

(2)预分解废弃物处理技术:在线监测废弃物的有害成分,实时调节废弃物的配比及喂料量,达到既能最大限度处理废弃物,又能减少有害成分对系统的影响的目的。

7.3.7.5　结论及建议

功能性预分解系统是新形势下水泥企业衍生的普遍适用性新技术。该系统不但降低了企业的脱硝成本,还能在稳定生产的情况下处置废弃物,在今后的市场环境下有着不可替代的经济和社会效益。

7.3.8　钢渣作为晶相调节材料低能耗制备高性能水泥熟料技术

7.3.8.1　技术背景

水泥企业是全国的能耗大户,水泥能耗占全国建材行业总能耗的 70％ 左右,其消耗的煤炭占全国煤炭总消费量的 15％ 左右,熟料的烧成更是水泥生产中能源消耗的重点。现国内 4000 t/d 以上生产线可比熟料综合煤耗在 120 kgce/t 左右,可比熟料综合电耗在 68 (kW·h)/t 左右,可比熟料综合能耗在 128 (kW·h)/t 左右。与国外综合能耗相比,目前国内普遍存在水泥企业能耗较高的情况,国内熟料能耗先进水平与国外先进水平相比仍有差距。因此,降低能耗是行业发展的必然趋势。

7.3.8.2　技术概述

该技术依托单位为潞城市卓越水泥有限公司。该技术采用钢渣替代水泥生产的铁质校正原料,利用钢渣在熟料烧成过程中的晶相作用以及微量金属元素的矿化作用,极大降低了熟料烧成的热耗,同时熟料快速烧成,硅酸盐矿物反应迅速,从而获得性能优质的熟料。

7.3.8.3　应用情况

(1)原材料

原材料化学成分分析结果如表 7-23 所示。长钢钢渣与黎城钢渣化学成分对比见表 7-24。

表 7-23　原材料化学成分 (%)

原材料	烧失量	SiO₂	Al₂O₃	Fe₂O₃	CaO	MgO	K₂O	Na₂O	SO₃
石灰石	43.07	0.80	0.83	0.23	53.28	0.82	0.07	0.05	0.17
粉煤灰	3.84	48.86	31.81	5.69	3.44	1.25	1.30	0.69	0.53
砂岩	7.12	75.11	2.91	1.51	8.55	1.02	1.84	0.26	0.16
黎城钢渣	1.87	16.26	4.02	23.69	37.25	6.7	0.15	0.13	0.50
长钢钢渣	2.33	21.20	6.46	15.88	40.27	5.93	0.22	0.23	0.41

表 7-24　长钢钢渣与黎城钢渣化学成分对比 (%)

成分	烧失量	SiO₂	Al₂O₃	Fe₂O₃	CaO	MgO	K₂O	Na₂O	TiO₂
LC	1.74	18.46	4.37	24.52	38.83	5.27	0.18	0.20	1.17
CG	2.33	21.20	6.46	15.88	40.27	5.93	0.22	0.23	1.52

成分	SO₃	P₂O₅	MnO	V₂O₅	Cr₂O₃	SrO	ZrO₂	BaO	Σ
LC	0.46	0.90	2.85	0.35	0.42	0.027	—	0.088	99.835
CG	0.41	1.50	3.02	0.40	0.21	0.024	0.061	0.10	99.765

注:LC 代表使用黎城钢渣,CG 代表使用长钢钢渣。

　　采用转靶 X 射线衍射仪分别对长钢钢渣与黎城钢渣进行了矿物成分分析,分析结果如图 7-51 所示。

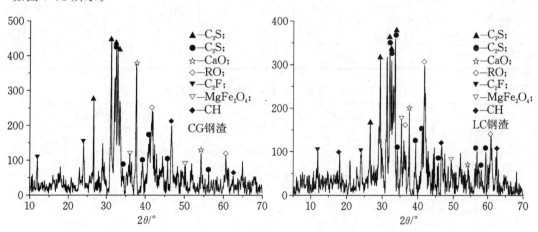

图 7-51　长钢钢渣及黎城钢渣矿物 XRD

(2) 实际生产数据

使用不同产地钢渣生产情况见表 7-25,本节中 LC 代表黎城钢渣,CG 代表长钢钢渣。

表 7-25　熟料的化学成分

名称	生料配比/(%)					KH	SM	IM	f-CaO/(%)	立升重/(g/L)
	石灰石	黏土	砂岩	粉煤灰	钢渣					
LC	81.0	—	12.1	4.5	2.4	0.91	2.52	1.60	1.93	1185
CG	81.4	3.7	11.0	2.5	2.4	0.93	2.71	1.59	2.09	1213

熟料的化学成分见表 7-26。熟料烧成后的矿物组成见表 7-27。不同种类钢渣生产的熟料物理性能见表 7-28。与其他水泥企业熟料质量对比见表 7-29。

表 7-26　熟料的化学成分(%)

化学组分	烧失量	SiO_2	Al_2O_3	Fe_2O_3	CaO	MgO	K_2O	Na_2O	总和
LC	1.09	21.77	5.31	3.32	65.56	1.66	0.43	0.14	99.28
CG	0.69	21.93	4.96	3.12	66.52	1.57	0.49	0.13	99.42

表 7-27　熟料烧成后的矿物组成(%)

名称	C_3S	C_2S	C_3A	C_4AF
LC	53.21	22.29	8.44	10.09
CG	57.94	19.16	7.84	9.51

表 7-28　不同种类钢渣生产的熟料物理性能

名称	标准稠度(%)	凝结时间/min		抗折强度/MPa			抗压强度/MPa		
		初凝	终凝	1 d	3 d	28 d	1 d	3 d	28 d
LC	23.9	118	153	3.1	6.0	8.7	11.8	29.2	61.1
CG	22.9	92	130	3.4	6.2	9.1	13.4	31.5	65.6

表 7-29　与其他水泥企业的熟料质量对比

名称	抗折强度/MPa		抗压强度/MPa	
	3 d	28 d	3 d	28 d
HBHX	6.1	9.5	27.6	56.9
SDSN	6.1	9.8	35.2	56.8
ZJSN	6.1	9.5	30.6	56.9
SXWD	6.1	9.5	26.3	56.2
卓越水泥	6.2	9.1	31.5	65.6

从表 7-29 可以看出,卓越水泥生产的熟料在强度上与国内其他大型水泥企业相比,前期处于较为领先的水平,在后期,强度上优越性更高,最高高出将近 9 MPa,完全处于国内领先水平。

（3）能耗对比

熟料能耗对比见表 7-30。

表 7-30　熟料能耗对比

名称	可比熟料综合煤耗/(kg/t)	可比熟料综合电耗/[(kW·h)/t]	可比熟料综合能耗/(kg/t)
4000 t/d 熟料线行业准入标准	≤110	≤62	≤118
国际先进水平	100	55	107
国内先进水平	104	57	111
国内平均	120	68	128
卓越水泥	101.5	61.4	109

7.3.8.4　技术解析

钢渣中含有与水泥熟料相同的硅酸盐矿物（C_3S 和 C_2S）组分,在水泥熟料煅烧过程中起到"晶种"作用,提高晶体成核与生长速率。另外,钢渣中的重金属元素在熟料烧成过程中能够起到重金属离子矿化剂的作用,所含微量组分能够降低烧成时产生液相所需的温度和液相黏度,促进水泥熟料矿物形成。采用钢渣配料,能够起到"复合矿化剂"的作用,改善水泥生料易烧性。不同钢渣由于化学成分与矿物成分的差别,对生料易烧性的改善程度会有所不同。

引入钢渣作为铁质校正原料的作用:

（1）煅烧液相出现的温度降低。

（2）能起到晶核的作用,颗粒反应迅速。

（3）能提供更好的颗粒反应场所,起到晶相调整的作用。

7.3.8.5　结论及建议

（1）经济效益

与新建水泥企业水泥单位产品能耗限额准入值（4000 t/d）相比,本工艺每吨可节约标准煤 118－109.1＝8.9 kg/t 以上,以年产熟料约 120 万 t 计算,可节约标煤 10680 kg 左右,可节约成本 1530 万元左右。

生料生产中加入了钢渣作为铁质校正原料,长治地区钢渣排放量大,供货稳定,价格为 30 元/t 左右。铁矿石价格约 80 元/t,每年需求量为 20 万 t,材料采购就可节约 1000 万元。

两项合计可直接节约成本 2530 万元。

（2）不足之处

钢渣易磨性差,影响磨机产量及磨机耐磨层寿命。

长钢钢渣微量元素丰富,低温液相形成早,操作不当会引起预热器结皮及窑尾结圈结蛋等问题,对工作人员操作水平要求较高。

7.3.9　水泥窑炉富氧燃烧应用技术

7.3.9.1　技术背景

随着国家能源和环境的矛盾日益突出,水泥行业作为我国能源消耗和污染排放的大户,国家不断提高水泥行业准入条件,淘汰落后产能,大力推行节能减排,水泥工艺装备及技术逐渐得到完善。但随着高品质煤炭和矿山资源的减少,提高资源利用率,并在利用的同时尽可能减小对环境的影响成为急需解决的难题,这促使各种高效低排的新技术应运而生。新形势下,燃料的充分高效燃烧作为水泥熟料烧成好坏、能耗高低的核心环节,传统的普通空气助燃技术,已经进入技术瓶颈期,也标志着"富氧高效燃烧技术"时代的到来。

"水泥窑炉富氧燃烧应用技术"可以提高火焰温度,增强辐射传热,降低燃料燃点,加快燃烧速度,促进燃烧完全,显著改善燃料燃烧效率,增加原料和燃料的选择范围,减少污染排放量。

7.3.9.2　技术概述

杭州特盈能源技术发展有限公司拥有的水泥窑富氧燃烧应用技术主要由两部分构成:

(1) 深冷法直送富氧装置(图 7-52)

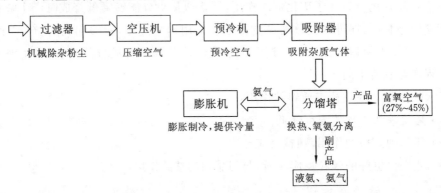

图 7-52　深冷法直送富氧装置流程简图

深冷法直送富氧装置,核心分离原理是利用空气中氧气、氮气的沸点的不同,实现氧氮分离(在大气压力下,氧的沸点为 90 K,氮的沸点为 77 K)。主要流程通过对空气过滤、压缩、预冷吸附、分馏、制冷等环节,直接制取不含水分、浓度压力稳定、调整迅速的富氧空气(27%～45%)供给水泥窑系统,其中副产品为高纯氮气和液氮,液氮可对外销售,增加企业收入,一部分氮气作为分子筛活化再生气体,一部分作为保护气体送入煤磨系统。

该项独家专利技术解决了过往富氧设备浓度不足、波动大、受环境影响大、逐年衰减、设备维护成本高等问题,拥有富氧空气不含水分、浓度压力稳定可调、维护成本低等技术创新点,实际使用中无须一次风机和送煤风机,进一步节约了电耗,并且副产品液氮和氮气拥有明显的附加效益。

(2) 富氧燃烧工艺动态匹配技术(图 7-53)

该技术以充分了解水泥窑炉热工制度,紧密对接富氧与水泥工艺,跟进调整水泥和

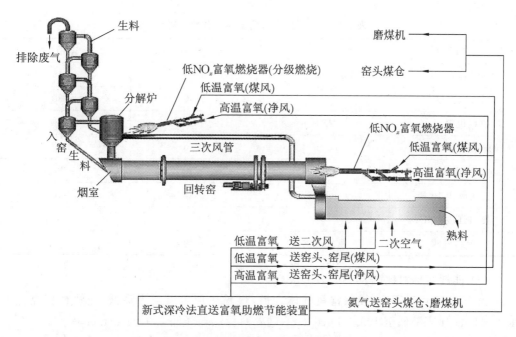

图 7-53 富氧燃烧工艺动态匹配技术

富氧技术参数为核心。根据水泥窑炉燃烧和工艺匹配要求，制取相应浓度的富氧气体，选择性精准通入窑炉的三个部位：

a. 富氧专用低氮燃烧器

专用燃烧器属于现有主流技术的四通道燃烧器，风速高、推力大、卷吸二次风能力强、火焰形状调整方便，真正做到了火力集中，煤粉燃烧效率高。

b. 分解炉系统

根据分解炉燃烧工况，将富氧气体精准通入分解炉需氧部位，解决了目前分解炉内煤粉燃烧不充分，替代燃料、垃圾、危险废物燃烧慢等问题，保证窑炉热工制度稳定高效。

c. 篦冷机急冷段

低温的富氧空气通入篦冷机急冷段，保证窑头煤粉充分燃烧，同时增强高温熟料的急冷效果，改善了熟料质量和强度。

7.3.9.3 应用情况

该项技术目前已在山东省日照市山东莒州水泥有限公司得到应用，取得了明显的节能减排效果。下面介绍应用该系统后主要工艺参数、能耗指标、熟料质量的变化。

（1）主要工艺参数对比（表 7-31）

由表 7-31 可以看出，富氧投入后，窑电流运行稳定，煤粉燃烧的火焰温度明显提高200 ℃以上，二次风温度提高 100 ℃，煤粉燃烧充分，速度快，火力集中，烟室温度明显降低 80 ℃。喂料提升机电流增加，产量提高 7％，头煤用量减少 13％，同时窑内需氧量变少，三次风阀门开度增大，负压减小，更多的热量回收到分解炉，煤耗降低，减排效果明显。出篦冷机熟料颜色也得到的明显改观，富氧处理后熟料颜色乌黑、致密均匀，熟料 28 d 强度增加了 3～5 MPa。

表 7-31　富氧处理前后主要工艺参数对比

项目	富氧处理前	富氧处理后	差值
火焰温度/℃	1400～1460	1600～1750	+245
二次风温度/℃	1060	1190	+130
喂料机电流/A	258	271	+13
头煤用量/(t/h)	12.06	10.5	−1.56
烟室温度/℃	1130	1050	−80
三次风压力/Pa	−1000	−600	−400
熟料强度/MPa			+3
熟料外观	粗细不均	致密均匀	

（2）能耗指标对比（表 7-32、表 7-33）

由表 7-32 可以看出，投入富氧气体之后，煤粉热值可以适当降低，吨熟料标煤耗由 111.5 kgce/t.cl 降低至 103.6 kgce/t.cl，吨熟料标煤耗降低 7.9 kgce/t.cl。

表 7-32　富氧处理前后能耗对比表

项目	富氧处理前	富氧处理后	差值
煤粉热值/(kcal/kg)	6700	6400	−300
标煤耗/(kgce/t.cl)	111.5	103.6	−7.9

由表 7-33 标定的热工数据更加直观地印证了煤耗的降低，富氧处理后，C1 出口带走热量减少 1.83 kgce/t.cl，表面散热及机械不完全燃烧降低 1.07 kgce/t.cl、1.27 kgce/t.cl，二三次风多回收热量 4.74 kgce/t.cl。根据三大守恒原理，富氧后窑炉系统少支出热量 4.52 kgce/t.cl，多回收热量 6.65 kgce/t.cl。

表 7-33　富氧处理前后主要热工数据结果对比

项目	支出热量(kgce/t.cl)						收入热量(kgce/t.cl)				
	出窑熟料	C1 出口	表面散热	形成热	飞灰带出	不完全燃烧	生料显热	一次风	二次风	三次风	煤耗
富氧处理前	49.60	18.83	10.80	59.60	0.83	4.05	2.20	0.15	12.60	17.02	111.74
	49.59	20.13	8.50	59.50	0.89	4.05	2.38	0.16	12.64	17.64	109.84
富氧处理后	51.44	17.65	8.58	59.27	0.78	2.78	1.98	0.22	16.68	18.01	103.61
差值	−1.84	1.83	1.07	0.27	0.08	1.27	0.31	−0.06	−4.06	−0.68	7.18

（3）熟料质量变化

由表 7-34 可以看出，富氧投入后，熟料的晶型和晶貌发生了明显的变化，决定熟料质

量的 C_3S 总量增加,并且向熟料强度高的 M1 型发展,C_3A 减少,C_4AF 增加,与实际工厂采用通用方法测定熟料 3 d 强度增加 1~2 MPa,28 d 强度增加 2~4 MPa 的数据完全吻合。

从图 7-54 岩相也可以看出,富氧处理前熟料中 C_3S 棱角圆钝,大小不均,发育欠佳。富氧燃烧后,烧成温度提高,C_3S 晶型发育良好,棱角清晰,大小均匀。

表 7-34 富氧前后熟料图谱分析结果对比表(%)

项目	C_3S-M1	C_3S-M3	M1/M3	C_3S	C_2S	C_3A	C_4AF
富氧前	23.19	45.95	0.5	69.14	3.32	7.46	11.25
	25.2	44.29	0.57	69.49	4.94	7.03	9.3
富氧后	27.62	42.98	0.64	70.6	5.74	5.32	10.11

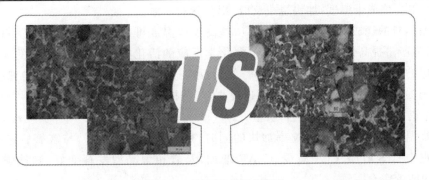

图 7-54 富氧前后岩相图片

7.3.9.4 技术解析

该系统运行后,该线水泥熟料煤粉燃烧效率高,产质量明显提升,煤耗显著降低,节能减排效果明显。依据系统构成及运行过程中的相关现象,对该技术的机理进行了解析。

(1)改善煤粉的综合燃烧特性

富氧条件下,煤粉燃点温度和燃尽时间明显降低,煤粉充分燃烧,煤粉的综合燃烧特性指数提高。煤粉热量集中释放,燃烧的"边际效应"减弱。与实际应用中燃烧器黑火头变短、窑皮缩短、烟室 CO 从 10000~20000 ppm(1 ppm=10^{-6})降低至 700~2000 ppm、烟室温度降低 80 ℃ 的现象完全吻合。

(2)精确控制富氧空气,提高火焰温度,增强辐射传热量

回转窑内主要存在对流和辐射传热两种热传递方式,其中辐射传热量占 90% 以上。空气中 N_2 占比 79% 左右,N_2 本身不参与燃烧,并且阻碍燃料与 O_2 分子接触碰撞,其中 N_2 本身带走大量热量,并在高温下会与 O_2 分子发生化合反应吸收热量,产生 NO_x,造成能源浪费。

深冷法直送富氧装置制取的富氧空气自身带压,浓度压力可精准调节,直接供给燃烧器,替代一次风机和送煤风机,节约了电耗,并且装置拥有废热利用的创新点,将富氧空气加热到 100 ℃ 实现高温净风、低温送煤的优点,实现安全和节能双收益。

富氧燃烧可以显著提高窑头煤粉燃烧的理论温度,达到提高火焰温度的目的,同时辐射传热量与火焰温度指数的四次方成正比,所以火焰温度的提高,将大大增加辐射传热量,降低头煤使用量。通过理论计算,将 O_2 浓度提高至 35%,理论燃烧温度提高 436 ℃,辐射传热量增加 119%。与实际应用中使用双比色高温计和光学高温计测出的火焰温度提升 245 ℃,头煤降低 1.56 t/h 的应用结果相吻合。

(3) 减少烟气量,降低污染物排放

水泥窑系统烟气排放损失,是系统热损失最大的一部分。随着 O_2 浓度的增大,煤粉燃烧产生烟气量减少。通过理论计算,O_2 浓度增加 35%,理论烟气量减少 38.4%。以实际生产线为例,采用富氧助燃和降低煤耗可使烟气量减少 88 m^3/t. cl,年减排 CO_2 3 万 t,NO_x 1600 t,折算为标煤耗可降低 1.37 kgce/t. cl。与实际应用的测试结果中 C1 烟气带出热量减少 1.83 kgce/t. cl 基本吻合。

(4) 提高烧成带温度,加快烧成反应,提高熟料产量

水泥熟料的烧成反应属于化学反应,提高反应温度可加快化学反应,使熟料形成速率加快,为产量提高创造有利条件。根据化学反应的活化能理论,反应速率的大小与该化学反应的活化能有关,煅烧温度提高,熟料反应速率常数增大,化学活化能减小,产量自然得到提升。与实际采用富氧时窑速提高、产量提升 7% 的结论完全一致。

(5) 提高煅烧温度,改善熟料质量

煅烧温度提高,熟料形成速率加快的同时,熟料晶型发育良好,与富氧后熟料 XRD 拟合数据中 C_3S 增加、C_3A 减少、C_4AF 增加,及岩相中晶型发育变好、测试强度增大 3 MPa 的结论完全一致。

7.3.9.5 结论及建议

“水泥窑炉富氧燃烧应用技术”是在水泥工艺装备和技术日益完善,优质煤炭和矿石资源减少,并且传统的普通空气助燃技术逐渐进入技术瓶颈期的背景下的高效燃烧技术。通过对富氧设备和水泥工艺匹配技术的不断研究,开发出了设备安全可靠,维护成本和电耗低,制备的富氧空气不含水分、浓度高、压力稳定,副产品经济效益高的专利深冷法直送富氧装置,以及一套保证了充分发挥富氧燃烧优势的动态匹配技术。在对富氧空气浓度、压力、流量的精准和实时的调整中,做到煤粉高效燃烧,火力稳定集中,节能减排效果显著。以 5000 t/d 生产线为例,年可节约标煤 14400 t,增加混合材使用量 5.4 万 t,减排 CO_2 3 万 t,NO_x 1600 t,仅节煤增质经济效益就达 1500 万元。

该技术成熟可靠,经济环保效益高,是目前资源和环境矛盾日益加重,国家大力推行节能减排政策的大趋势下的最佳选择,值得行业内推广使用。

7.3.10 水泥回转窑中低温段耐火材料节能设计技术

7.3.10.1 技术背景

回转窑属于动态窑,与其他工业窑炉相比,回转窑的最大特点就是被砌筑在窑内的耐火材料在高温下随窑体一起转动。耐火材料不但受到热冲击,窑气和物料的侵蚀、磨损,而且还承受窑体转动时产生的振动力和挤压力,因此要求窑体的砖具有足够的强度,

更要求施工人员精心砌筑、严格把关。

国内的回转窑原来用定型耐火砖砌筑,主要存在以下缺陷:

(1) 窑皮温度高,热能损失大

要降低窑皮温度,小砖砌筑的回转窑主要可采用以下两种方法:

① 采用带轻质层的复合砖或分层砌筑。在生产过程中,因砖与回转窑窑皮之间不相连,存在纵向和横向窜动,因此其保温层部分必须坚固,以牺牲导热系数为代价,所以导热系数较大,保温效果也就较差,且耐火砖的窜动也导致砖缝间窜气而引起窑皮温度升高。

② 增加耐火砖厚度。经过理论计算,将耐火砖加厚 20 mm,窑皮温度降低 10 ℃左右,但是窑衬总重增加太多。采用此种砌筑方法,实现更低的窑皮温度可能性不大,而且材料成本增加,产量降低。

(2) 引起耐火材料损坏的因素多

① 在生产过程中,窑内的耐火砖随窑体纵向和横向扭曲窜动,容易引起掉砖。

② 回转窑所用耐火砖的外观尺寸误差大,内在质量差,满足不了工业窑炉对砌筑及高温性能的要求。

③ 未按煅烧物料性质(物料的酸、碱性质)进行选择。

④ 窑衬的镶砌不规范,砌筑质量差或者镶砌方法选择不当。

⑤ 烘烤或操作不当,导致升温过快或局部高温,进而导致爆裂、剥落及掉砖、红窑。

⑥ 采用带轻质层的复合砖或者先砌筑轻质层再砌筑工作层的分层砌筑工艺,由于轻重质强度、线变化不同步,容易引起结合处断裂或两层之间间隙过大导致掉砖。

⑦ 在回转窑运转过程中设备变形引起的机械应力(约占 30%)和热态下砖与砖之间的热应力(约占 35%)造成材料损坏;

⑧ 燃烧器位置、角度不对,导致火焰局部冲刷耐火材料而使其快速损坏。

针对以上缺陷,目前普遍采用的改善措施有以下几个方面:

① 提高材料各方面性能以拓宽材料对窑炉使用环境的适应性,提高使用寿命。

② 提高轻质层强度及其与工作层的结合强度,避免出现"脱层"现象,预防掉砖。

③ 降低保温层密度或采用导热系数低的高性能隔热材料,降低热损失。

④ 改变耐火材料砌筑结构,严格控制砌筑工艺和施工过程,提高使用寿命。

⑤ 在窑炉耐火材料设计选型时,提前了解煅烧物料的性质、煅烧气氛、煅烧温度、操作工艺,选择最佳的耐火内衬材料。

⑥ 严格按照烘炉工艺和烘炉曲线进行烘炉,规范操作工艺,加强操作培训,避免因操作不当造成耐火材料损坏。

⑦ 在使用过程中,仔细观察烧嘴火焰形状、角度和位置,根据燃料变化情况和物料煅烧温度变化及时调整,避免烧嘴火焰直烧或冲刷耐火材料,造成损坏。

7.3.10.2 技术概述

技术依托单位为山东鲁铭高温材料股份有限公司。回转窑在煅烧过程的热损失包括尾气携带热量(42%)、回转窑窑皮散热(41.5%)、燃料不完全煅烧热损失(4.5%)、物料携带的热量(7%)及冷却机和预热器散热(5%),热量损失主要来源于回转窑窑皮散热和尾气携带热量。要降低热量损耗,降低窑皮温度是重要途径之一。

　　本着节能降耗和耐火材料安全长寿为出发点,以降低窑皮温度和改变砌筑工艺为主要措施,在回转窑窑衬的砌筑方式中进行了大胆革新:选定全预制砖或预制砖与浇注料混合砌筑方式(图7-55、图7-56)。窑内耐火材料用锚固钩固定在窑壳之上,不存在纵向和横向的窜动问题,保温材料抗压强度不受限制,可以选取导热系数较低的隔热材料作为保温层,从而提高保温效果,大幅降低窑皮温度。

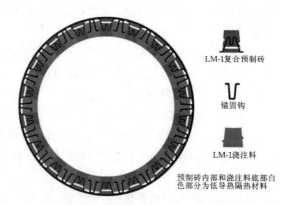

　　　　　　　　　　　　　　　　　　　　　　　LM-1复合预制砖

　　　　　　　　　　　　　　　　　　　　　　　锚固钩

　　　　　　　　　　　　　　　　　　　　　　　LM-1浇注料

　　　　　　　　　　　　　　　　　　　　预制砖内部和浇注料底部白色部分为低导热隔热材料

图7-55　全预制砖砌筑示意图　　　　　　图7-56　预制砖与浇注料混合砌筑示意图

此设计的特点是:

　　(1) 复合预制砖由锚固件固定在窑体上,两行砖之间再用定型低导热隔热板和抗侵蚀耐磨浇注料填充,保证了砌体的整体性、牢固性及保温性,满足砌体长期处于受震状态的使用条件,保证了煅烧带窑皮平均温度不高于220 ℃。

　　(2) 实现了耐火材料与窑体同步运转,消除了设备机械应力对耐火材料的损伤,通过合理设计膨胀缝,消除了耐火材料本身的热应力,实现耐火材料的长寿。

7.3.10.3　应用情况

　　唐山辉博日产600 t石灰回转窑,高温段小砖砌筑时窑皮温度为280 ℃,改造后190 ℃,日省焦化煤气2万 m³,单价为0.75元/m³,年省450多万元;日照钢铁集团3条 ϕ4 m×60 m石灰回转窑,改造前煅烧带温度为260 ℃,改造后为175 ℃,每条同比小砖每年节省燃料费400万元以上;济南钢铁集团 ϕ3 m×52 m石灰回转窑同比小砖每条每年节省燃料费200多万元,已经改造了5条,改造后的回转窑实际运行数据高于理论计算数据。

　　在实际的应用中,经整体改造后,回转窑连续运行半年,即节省出整个窑体的耐火材料费用。现有50多条石灰回转窑采用本技术进行了节能改造,改造完毕后煅烧带窑皮平均温度低于220 ℃,节能降耗效果显著,且大大减少了 CO_2、SO_2 的排放,对当地环境做出了贡献。

7.3.10.4　技术解析

　　回转窑向外散热,要经过两个过程:一是热量通过窑衬向窑皮传输,二是热量通过窑皮向外散失。窑衬传热与所选用的耐火材料及砌筑的工艺和质量有关,散热与外部环境状况有关,在达到平衡时,窑衬传热量与窑皮散热量相等。控制窑衬传热量,也就减少了热量损失。图 7-57 为窑筒体散热示意图。

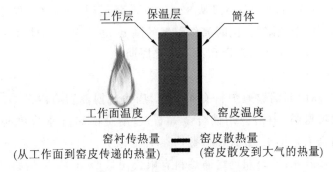

图 **7-57** 窑筒体散热示意图

反应带采取烧成硅莫砖与不定型浇注料、陶瓷绝热板复合的方式,通过改变结构,有机地结合在一起,实现长寿、挂窑皮稳定、绝热保温的目的。专利产品 LM-GM65 复合砖导热系数等同于硅莫砖。

(1) 传统砌筑方式采用硅莫砖,相关参数如下(计算时厚度单位 mm 换算为 m):

① 工作层厚度 $\delta_1 = 220$ mm。

② 窑壁平均厚度 $\delta_2 = 40$ mm。

③ 工作层的导热系数为 2.53 w/(m・K)。

(2) 改造后的重质层(工作层)、复合层、绝热板设计尺寸和导热系数如下:

① 鲁铭 LM-GM65 复合砖工作层厚度 $\delta_1 = 190$ mm。

② 鲁铭绝热板厚度 $\delta_2 = 30$ mm。

③ 鲁铭工作层导热系数 $\lambda_1 = 2.33 + 0.000163 \times 1200 = 2.53$ w/(m・K)。

④ 鲁铭绝热板在工作状态下的导热系数(实际导热系数 0.08 w/m・K,考虑到锚固钩等综合因素)$\lambda_2 = 0.20$ w/(m・K)。

采用鲁铭专利节能技术砌筑的回转窑 24 m 反应段相比传统小砖砌筑的回转窑可对燃料进行合理调配,全年可节省燃料量折合标煤约 2741 t,每天节省燃料约 8.3 t。吨煤按 650 元/t 计算,全年可节省燃料费用约 178 万元,日节省燃料费用约 0.54 万元。这是 24 m 反应段产生的价值,整条窑改造价值将会更大。

理论上碳的燃烧反应:$C + O_2 = CO_2$

其分子量:$12 + 32 = 44$

比率:$1 : 2.7 : 3.7$

也就是说燃烧 1 t 炭需要 2.7 t 氧,产生 3.7 t 二氧化碳,以本水泥回转窑为例年节省煤粉 13218 t 左右,按煤粉的含碳量 70% 来计算,这一条回转窑经过改造后年减少二氧化碳排放量约为:$2741 \times 70\% \times 3.7 = 7099.19$t;$SO_2$ 排放量按国内通用标准,每燃烧 1 t 标煤排放 0.022 t 二氧化硫计,每年减排 SO_2:$2741 \times 0.022 = 60.3$ t。

7.3.10.5 结论及建议

在 100 多条回转窑上的实际应用中,经过多年客户数据的采集、反馈和验证,与小砖砌筑相比,主要有以下几大优点:

（1）降低窑皮温度，保护设备的安全运行

筒体温度降低 30% 以上，高温段从 320 ℃ 左右降低到 220 ℃ 左右，筒体温度的大幅降低实现了大幅度的节能降耗，同时筒体温度的降低，也有利于筒体和驱动装置的保护，延长了筒体和驱动装置的使用寿命和设备检修周期。

（2）节省燃料费 10% 以上

对日照钢铁、湖南湘钢鑫通炉料有限公司、唐山辉博商贸有限公司、济南钢铁集团、内蒙古丰镇新太新材料、中信锦州铁合金等石灰、冶金回转窑原始数据进行跟踪比较。同传统定型砖砌筑工艺相比，节省燃料费均在 10% 以上。日照钢铁 $\phi 4 \, m \times 60 \, m$ 回转窑年省燃料费 400 多万元；湖南湘钢鑫通炉料有限公司日产 400 t 回转窑，年省燃料费 200 多万元；济南钢铁集团吨石灰降低煤耗 15 kg 以上；唐山辉博 $\phi 4 \, m \times 60 \, m$ 回转窑，日省焦炉煤气 2 万多 m^3，年省燃料费 400 多万元。

（3）杜绝了抽签掉砖问题的发生

采用传统小砖砌筑工艺，在生产过程中窑内的耐火砖存在纵向和横向窜动，容易发生抽签掉砖，特别是多层砌筑，更加容易引发掉砖现象。每次掉砖，都会引发红窑而必须停窑检修。而鲁铭专利节能砌筑工艺，预制砖和浇注带都被焊接在窑体的锚固钩固定在窑体上，没有纵向和横向的窜动，形成了一个比小砖结合更紧密的整体，杜绝了抽签现象的发生，提高了设备运转率。

（4）窑体耐火材料质量下降 5%～8% 左右，省电 10%

由于保温层不受强度和密度的约束，可以使用密度更低、质量更轻、导热系数更低的保温材料，所以整个窑体的耐火材料质量同比小砖也就降了下来，轻了 5%～8%。窑体耐火材料质量的减轻，降低了电机的负荷，节省了电费并延长了传动部分的寿命。

（5）使用寿命

在进行改造后的实际运行中，由于耐火材料与窑体通过锚固件连接在一体，解决了传统砌筑小砖在运行中窑体与耐火材料、耐火材料与耐火材料之间的热应力，相比改造前的小砖砌筑，在同等工况下，寿命延长。特别是煅烧带解决了窑体与耐火材料运行不同步和长期运行后衬体扭曲的问题，使所挂窑皮更加稳定，可大幅度提高使用寿命。

7.3.11　低氮低能耗煤粉燃烧技术在水泥窑炉中的应用

7.3.11.1　技术背景

近年来，随着国家经济发展，政府和人民群众对环境保护的要求也在逐步提高，之前颁布的《水泥工业大气污染物排放标准》(GB 4915—2004)已不能适应时代发展的要求，部分地市也相继制定了严苛的地方排放标准。2014 年 3 月 1 日新的《水泥工业大气污染物排放标准》(GB 4915—2013)的正式实施，其中规定新建企业氮氧化物排放浓度不得超过 400 mg/m^3，且重点地区氮氧化物排放浓度不得超过 320 mg/m^3。2015 年 6 月 30 日后，所有企业均须执行新的标准。而相关文献资料表明，国际先进水平小于 200 mg/m^3。

目前，国内水泥生产线降低氮氧化物排放量的主要手段是采用 SNCR 脱硝技术和窑尾分级燃烧技术。SNCR 技术具有脱硝效率高的优势,但是其工程投资高,使用期间消耗大量氨水,维护复杂,有泄漏中毒风险。因此,研究开发无运行成本、无二次污染,并能有效降低 NO_x 排放量的水泥窑炉低氮低能耗燃烧技术及装备成为必然趋势。

7.3.11.2　技术概述

该技术是由合肥水泥研究设计院有限公司研究开发的。研究开发的重点是通过应用窑头节能低氮燃烧技术和窑尾低氮燃烧技术,达到降低窑尾烟气中氮氧化物含量的目的。本项目技术关键是:

(1) 研究减少窑内 NO_x 生成量的工艺技术:优化设计参数,找出合理的风煤比,使火焰高温区氮氧含量降低。

(2) 开发新型节能多通道低氮燃烧器:窑头低氮燃烧器具有独特的出口形式、独特的风道排布,窑内火焰可控,优化后火焰高温峰值降低,火焰中心 N_2、O_2 含量降低,氮氧化物的产生得到有效抑制。

(3) 优化的窑尾低氮燃烧技术:在燃料分级技术的基础上,改进窑尾燃烧器参数,设计针对还原区和燃尽区不同功能的窑尾燃烧器。

(4) 将窑头节能低氮燃烧技术与窑尾低氮燃烧技术优化整合,消除分解炉因低氮燃烧而产生结皮的因素,保证烧成系统良好的热工制度,实现全面低排放型熟料烧成系统。

该项目预计达到的指标是:

(1) 开发出市场化的系列产品,可以应用在 2500 t/d 以上的生产线上。

(2) 氮氧化物排放量在原有条件下减少 30%～35%。

(3) 预期技术经济指标达到国际同类产品水平,国内领先水平。

7.3.11.3　应用情况

该项技术目前已在金刚(集团)白山水泥有限公司得到应用。金刚(集团)白山水泥有限公司现有的一条 3500 t/d 生产线,2007 年 7 月建成投产,2009 年 4 月和 2016 年 4 月两次进行技术改造。

2009 年 4 月,为了解决制约回转窑运转率的频繁结圈、结蛋、易结厚窑皮等问题,将原设计单位提供的类似 PILLARD 公司的 ROTAFLAM 窑头燃烧器更换为 HP12 型多通道燃烧器,取得了年增 330 万元的效益;2016 年 4 月,为进一步节能减排,降本增效,减少能耗和氨水消耗,实施了水泥窑炉低氮低能耗燃烧技术改造,该技术包括窑头 HP12 低氮燃烧器和窑尾低氮燃烧设备及服务,配套更换原窑头、窑尾送煤风机,换下的窑头送煤风机改为窑头净风机;更换窑头送煤管道、窑尾送煤主管道和部分分管道,利用部分现有分管道作为备用输煤管道,增设三通管、截止阀、三通分料阀。

由于白山水泥有限公司在 2009 年 4 月第一次改造中就开始使用窑头 HP 型多通道燃烧器,第二次改造更换的窑头 HP12 低氮燃烧器是在原燃烧器基础上提高后的技术,操作人员对设备的结构、特点较为熟悉,生产调试不久便达到了理想水平,熟料产量有所提升,煤耗、电耗均有下降,窑尾 SNCR 脱硝氨水使用量大大降低。

金刚(集团)白山水泥有限公司应用窑炉低氮燃烧技术改造后,在 NO_x 排放浓度相当的情况下,氨水消耗量较单采用 SNCR 脱硝措施时降低了 55.7%,见表 7-35。

表 7-35　白山水泥公司改造前后排放浓度与氨水消耗量

项目	NO$_x$排放浓度/(mg/m³)	氨水消耗量/(kg/h)	运行氨水成本/(万/t 熟料)
无 SNCR、无低氮燃烧	821.7	0.00	0
只采用 SNCR	368.3	706.92	4.24
SNCR+低氮燃烧	354.5	313.28	1.88

改造前后原料、燃料、系统风量等均无太大变化,若忽略 SNCR 系统在不同 NO$_x$ 浓度下脱硝效率的细微变化量以及氨逃逸量,将窑尾低氮燃烧节省的氨水用量折算为 NO$_x$ 排放量,白山水泥有限公司窑炉低氮燃烧技术降低 NO$_x$ 的效率达到了 30.7%。

7.3.11.4　技术解析

低氮低能耗煤粉燃烧技术实施后,系统运行稳定正常,氨水使用量较单采用 SNCR 脱硝措施时降低了 55.7%。针对系统构成及运行过程中的相关现象,对该技术的机理进行了解析。

(1) 回转窑内氮氧化物生成的主要因素(燃烧区温度、燃烧区氧气浓度、含氮气体在主燃烧区的停留时间、燃料中氮元素的含量等)与氮氧化物浓度之间的关系。HP 低氮低能耗多通道燃烧器在数值模拟的基础上,优化了燃烧器参数,设计新的风、煤出口方式或排布方式;优化了风煤配比,调整了风速,降低了火焰中心高温区氮、氧含量,减少了氮、氧在高温区停留时间;通过加强燃烧器的烟气回流能力,降低了一次风或其他助燃空气的氧浓度,减少了氮、氧在高温区生成化合物。

(2) 应用了窑尾低氮燃烧技术,在烟室和分解炉之间建立了还原燃烧区,利用窑尾贫氧燃烧器,将原分解炉用煤的一部分均布到该区域内,使其缺氧燃烧(燃烧区域内空气过剩系数小于1)以便产生 CO、CH$_4$、H$_2$、HCN 和固定碳等还原剂。这些还原剂与窑尾烟气中的 NO$_x$ 发生反应,将 NO$_x$ 还原成 N$_2$ 等无污染的惰性气体。此外,煤粉在缺氧条件下的燃烧也抑制了自身燃料型 NO$_x$ 产生,从而实现水泥生产过程中的 NO$_x$ 减排。

7.3.11.5　结论及建议

从低氮低能耗煤粉燃烧技术研发和实际应用中得出如下结论:

(1) 水泥窑炉低氮低能耗燃烧技术工艺设计合理、技术可靠、系统适应性强、调节方便,实现了窑头控制和窑尾还原两种技术的完美结合,降低了窑尾烟气中氮氧化物含量,脱氮效率可达 30%。

(2) HP 型节能低氮燃烧器结构独特,一次风量小,能有效降低火焰高温峰值,降低了火焰内部中心区氧含量,减少了窑内氮氧化物的生成量。可采用当地劣质燃料,促进能源综合利用,有良好的经济效益和社会效益。

(3) HP 型节能低氮燃烧器一次风量(净风与送煤风之和)小于 7%,可充分利用温度高的二次风,降低熟料热耗。

(4) 分解炉内煤、风、料的同时控制和调节,既能保证降低烟气中氮氧化物浓度,又能消除传统分级技术带来的结皮、塌料、结球等不利影响。

（5）该技术布局合理、操控灵活、效果显著，在水泥企业中应用已趋成熟，是目前污染物严峻的排放形势下的优良选择，建议在行业内积极推广应用。

7.3.12 TCFC 型行进式篦式冷却机

7.3.12.1 技术背景

随着新型干法生产技术不断发展进步，水泥熟料篦式冷却机正朝着高可靠性、高效率及低能耗、低成本方向发展，从薄料层大风室的第一代篦冷机到小风室厚料层第二代篦冷机至 20 世纪 90 年代中期第三代空气梁可控气流篦冷机的大量推广使用。第三代篦冷机从根本上解决了一、二代篦冷机长期困扰生产的低运转率问题，大大地提高了运转的可靠性，较为显著地提高了冷却效率和热回收率。但是随着水泥生产对烧成系统的节能降耗的要求提高，对篦冷机工艺及设备运转性能也提出了更高的要求，第三代充气梁型篦冷机已很难适应技术进步的需求，例如，活动篦板与固定篦板之间的缝隙漏料、篦板磨损、通风阻力高、结构复杂、冷却风难于控制、冷却效率低等等。于是，新一代的第四代篦冷机应运而生，1997 年世界上第一台 2000 t/d 级新型篦冷机 SF-cross bar 在意大利投入使用，并取得预期效果，标志着冷却机的一次"技术革命"。第四代篦冷机的突出特点是主体无漏料、模块化结构、高热回收效率、高输送效率、低装备高度和节能等。

7.3.12.2 技术概述

篦冷机是水泥制造工业的重要设备，其主要功能是冷却高温熟料、回收热量和输送熟料。目前大量应用的第三代充气梁篦式冷却机，存在着设备故障率高、结构复杂、系统运行阻力高、篦床占用空间高度大、冷却风难于控制等问题。鉴于此，天津水泥工业设计研究院有限公司在长期大量的工程实践中通过对篦冷机的结构形式进行了优化，从减少篦冷机故障率、提高运转率、提高热回收率、简化装备结构、降低装备高度等方面进行了深入研究和模拟试验，推出了新一代的 TCFC 型第四代行进式篦式冷却机。该设备具有模块化设计、依料床变化自动稳定冷却风量、无漏料等特点，应用了包括空气流量控制阀（STAFF 阀、TC 阀）和特殊四连杆机构的传动支撑系统在内的多项专利技术，采用国际先进的 Walking floor 行进式原理，通过模块化设计等一系列优化设计，真正实现了篦冷机的高效、低故障率。

7.3.12.3 应用情况

截至 2018 年 12 月 31 号，四代冷却机已累计销售 224 台，累计合同额超过 22 亿元。和海螺水泥、华润水泥、金隅冀东水泥、红狮水泥、中材水泥、中联水泥、山水、南方水泥、台泥、拉法基集团（Lafarge Holcim）、海德堡集团（Heidelberg）等国内外知名企业合作，产品远销缅甸、巴基斯坦、马来西亚、刚果金、哈萨克斯坦、玻利维亚等地，遍及东南亚、西亚、非洲、南美洲等十多个国家和地区。

2007 年 8 月 22 号，国内首台自主研发的 3500 t/d 规格的第四代冷却机（带锤破）成功应用于江西省圣塔实业集团有限公司的新型干法生产线，标志着中国拥有了自主研发和生产四代冷却机的能力。

2007 年 12 月 12 号,自主研发的 5500 t/d 规格的第四代冷却机(带锤破)成功应用于鹿泉市燕赵水泥有限公司(现为金隅集团燕赵水泥三分厂)的新型干法生产线水泥厂,标志着四代冷却机向着大型化迈出了坚实的一步。

四代冷却机在生产使用 3 年后,于 2010 年 12 月由中国建筑材料联合会组织鉴定(建材鉴定〔2010〕第 003 号),结论是主要性能达到甚至超过国外同类产品;2012 年获得"中国建筑材料联合会、中国硅酸盐学会建筑材料技术奖"一等奖。

2010 年 12 月 14 号,自主研发的 5500 t/d 规格的第四代冷却机(带锤破)成功应用于马来西亚 Hume Cement 水泥有限公司的新型干法生产线,突破了国产化四代冷却机外销业绩为零的历史记录。

2011 年 3 月 9 号,自主研发的 5500 t/d 规格的第四代冷却机(带尾置辊破)成功应用于华润(罗定)水泥有限公司的新型干法生产线,丰富了四代冷却机的品种,降低了采购成本,给了用户更多的选择空间。

2014 年 8 月 28 号,自主开发的科恩达效应斜坡的 6000 t/d 规格的四代冷却机成功应用于华润水泥(安顺)有限公司的新型干法生产线,更进一步提高了热交换效率,是四代冷却机的又一次技术升级,其中应用于斜坡上的高温耐氯腐蚀材料于 2016 年授权国家发明专利。

2016 年 1 月 4 号,自主研发的 3000 t/d 规格的第四代冷却机(带尾置辊破)成功应用于中电投山西铝业有限公司的氧化铝生产线,标志着四代冷却机首次在氧化铝行业成功应用。

2016 年 8 月 5 号,自主研发的第四代冷却机(带尾置辊破)成功应用于贵州翁福黄磷矿有限公司的生产线,标志着四代冷却机首次在黄磷矿行业领域的成功应用。

7.3.12.4　技术解析

第四代行进式稳流箅冷机具有"三高一低"性能,即高热回收率、高输送效率和高运转率,超低磨损。其主要技术性能指标如下:

① 单位箅面积产量 42~46 t/(m² · d)。

② 单位冷却风量 1.7~2.0 m³/kg 熟料。

③ 热回收率 72%~75%。

④ 运转率大于 95%。

⑤ 出料温度 65 ℃ + 环境温度(粒度不大于 25 mm)。

TCFC 型第四代行进式箅式冷却机总体包括上壳体、下壳体、箅床、空气流量控制阀、液压传动系统和熟料破碎机等。箅床由多列纵向排开的行进式箅板组成,纵向单元均由液压控制,运行速度可以调节,进料段保持可控气流箅冷机固定倾斜箅板,此结构可以消除堆"雪人"的危害;熟料均匀堆积在水平槽型不漏料箅床上,随箅床的往复运行,冷风垂直透过料层达到冷却熟料的目的。

该冷却机的主要创新点为:①标准模块化设计,结构紧凑,维修简单;②水平行进式箅床,输送效率高,运行可靠、磨损少、运转率高;③四连杆传动机构,操作维护简单;④采用流量自动控制调节,热效率高,冷却风量减少;⑤采用全自控液压传动系统,运行更平稳;⑥布置灵活,无漏料灰斗,可直接落地布置,显著降低烧成车间高度,节省系统投资费用。

第四代篦式冷却机见图7-58。

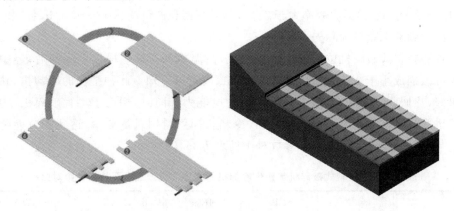

图 7-58　第四代行进式篦式冷却机

7.3.12.5　结论及建议

第四代行进式稳流篦冷机的使用提高了我国新型干法水泥生产的技术、装备水平，提高了企业的经济效益。该产品不仅具有国际先进国内领先的水平，填补了国内同类产品的空白，而且造价仅为同类进口产品的 1/3～1/2，100％实现国产化。同时，该产品具有相当强的国际竞争力，扩大了我国水泥工业技术与装备的出口，促进我国水泥工业技术装备走向国际市场，带动了我国相应机械工业的技术进步与发展。

7.3.13　中置辊破篦式冷却机

7.3.13.1　技术背景

进入 21 世纪后，新型干法水泥生产逐步进入节能型、环保型和资源型的运行轨道。第四代冷却机具有高热回收效率和低运行电耗等优点，尤其是带有中间辊破的行进式稳流冷却机的成功投产，进一步降低了熟料温度，回收了更多的热量用于余热发电和煤磨烘干，提高了热回收效率，满足国家"节能减排"的战略目标，在推出后，受到国内外市场的广泛欢迎。

近年来辊式熟料破碎机作为熟料破碎的新方式开始逐渐为国内外业主所接受，其主要的生产厂商有 CP 公司、FLSmith 公司、IKN 公司等，国内主要的使用项目有 BMH 公司在华新 1999 年投产的 5500tpd-5x3.6 m 规格的中置辊式破碎机、CP 公司（BMH）2004 年枞阳投产的 10000t/d-6×4.8 m 规格的尾置辊式破碎机、FLSmith 公司在江西亚东投入使用的 5000 t/d 中置辊式破碎机等等。

7.3.13.2　技术概述

大型中置辊式破碎机第四代冷却机是国内第一台拥有自主知识产权的带有中置辊式破碎机的第四代冷却机。天津水泥工业设计研究院有限公司吸收了国外先进的设计理念，并结合国内机械加工制造水平和用户使用后反馈经验，最终研发成功。它具有高冷却效率、高热回收效率、高运转率、低磨损率、合理的前期投资费用和较低的后期维护费用。其主要技术性能指标为:熟料出口温度<(环境温度+65 ℃),单位熟料冷却风量 1.7～1.9 m³/kg.cl,热回收效率大于75%,单位篦面积产量高达42～45 t/d,各项综合技术指标已达到甚至超过国际先进水平。

中置熟料辊式破碎机位于篦床中间部位,高温熟料在第一段篦床冷却后,经中置辊式破碎机破碎成小于25 mm的颗粒,再由第二段篦床冷却。此种结构的冷却机,熟料冷却效果好,热回收效率高,大大提高了余热发电能力。同时,相比于尾置破碎机,中置辊式破碎机冷却机单位篦床面积产量更高,冷却相同熟料用风量更少,达到了节能降耗的目的。与国外同类产品主要技术参数对比见表7-36。

表 7-36　中置辊式破碎机第四代冷却机与国外同类产品主要技术参数对比

	单位	CP	IKN	polytrack	SINOWALK
型号		ETA10610	—	—	SINOWALK7500
规格	t/d	5500	5500	5500	7500
篦床面积	m²	128.8	127.9	125	189
单位面积负荷	t/d	42.7	43	44	40.4
单位冷却风量	m³/kg.cl	1.802	2.1	—	1.9
装机功率	kw	2164	1117		1800
篦床宽度	mm	3600	4600	4400	5400
传动列数	列	6	—	8	9
下料斜坡角度	°	15	15	14	12
液压传动功率	kw	4×90	2×90		4×75
热回收效率	%	—	75		75

由表7-35中各项技术参数可以看出,中置辊式破碎机第四代冷却机各项技术参数已经达到甚至超过国际同类产品。

7.3.13.3　应用情况

2009年8月11号,自主研发的7500 t/d规格的带中置辊式破碎机的第四代冷却机成功应用于黔南州惠水泰安水泥有限公司的新型干法生产线,该冷却机的投入使用不仅是在第四代冷却机的规格上进行了突破,更重要的是打破了国外对于中置高温熟料破碎机的垄断地位,是国内首台完全自主研发和制造的带中置辊式破碎机的冷却机,实现了中置高温熟料破碎机100%的国产化,中置高温辊式破碎机的辊圈材料于2013年授权国家发明专利,这对于国内第四代冷却机的发展具有里程碑式意义。

带中置辊式破碎机的四代冷却机在使用5年后,使用效果超过了国外同类产品,于2014年获得"天津市科技进步奖"三等奖。

大型中置辊式破碎机第四代冷却机见图7-59。

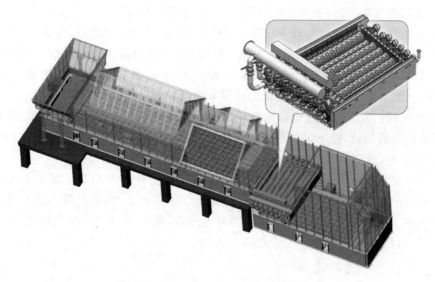

图7-59 大型中置辊式破碎机第四代冷却机

贵州惠水、青松建化、天山达坂城、华润红水河等项目的顺利投产,证明了中置辊式破碎机冷却机的价值所在。它不仅带来了直接经济效益,而且产生了广泛而深远的影响和社会效益。经实践检验,中置辊式破碎机冷却机实现了对水泥生产的总体节能降耗要求,从而实现了水泥生产的节能减排。经专业技术鉴定,该线冷却机各项性能指标全部达到设计要求,运转稳定可靠,显示出其优良性能。

截至2019年上半年,已有53台中置辊式破碎机篦式冷却机投入使用。

7.3.13.4 技术解析

(1)将水平篦床一分为二,熟料破碎机放置在一二段篦床中间。高温热熟料在第一段篦床冷却后,经中置辊式破碎机破碎成小于25 mm的颗粒,再由第二段篦床冷却。此种结构冷却机,熟料冷却效果好,热回收效率高,大大提高了余热发电能力。同时,相比于尾置破碎机,中置辊式破碎机冷却机单位篦床面积产量更高,冷却相同熟料用风量更少,达到了节能降耗的目的。

(2)高温耐磨耐热辊圈材质。成功开发了一种新材质的辊圈,并申请国家发明专利,可满足近700 ℃高温熟料的严酷工况下耐磨和耐热特性,是中置辊式破碎机研制成功的关键。

(3)带通风装置的中置辊式破碎机辊轴:辊轴跨距较大,轴长约6 m;同时工况温度较高,需对辊轴进行冷却,以满足辊轴持续运转要求。成功研制了一种带冷却风通风装置的辊轴,既可以给辊轴通风冷却,保证其常温下持续运转,防止过高的温度,又满足了6 m跨距下辊轴的强度和刚度,保证其良好的机械性能。

(4)水平篦床结构。冷却机的核心工艺问题是提供了尽可能高的冷却效率和热回收率,从而达到高产、高效、低热耗的目的,其中的关键在于篦床设计。与第三代冷却机相比,第四代冷却机的篦床采取了一段水平结构。实验以及实践经验表明,这一结构更有利于水泥熟料的输送,同时篦床上篦板的磨损量大幅减少,提高了生产效率和篦板使用寿命。

（5）托轮的成功研制，是保证每列篦床平稳、直线运行的关键。

（6）模块化设计思路。大型中置辊式破碎机第四代行进式稳流冷却机，由新颖而紧凑的模块组建而成，能满足不同规模水泥厂的需求，模块的优化组合减少了设计和安装的时间。同时，冷却机在制造厂进行大量预组装，整体运输发货，安装精度更高，运行效果好。模块化思路还可降低备品备件的种类和数量。

（7）列间密封装置。行进式稳流冷却机的篦床整体采用了列间密封装置，篦床无漏料，与三代冷却机相比，篦下无须再设灰斗和拉链机，降低了冷却机的整体高度以及基础标高，从而节省了土建费用。

（8）TC 空气稳流调节阀。大型冷却机的冷却风量分布不均是个复杂而经常出现的、难以处理的问题，通过 TC 阀的调节，使得冷却风实现了"按需分配"，优化冷却风分布，有效缓解了粗细料侧风分布不均匀、红河等现象，提高了冷却效率和热回收效率，间接降低了风机电耗。

7.3.13.5　结论及建议

中置辊式破碎机第四代冷却机投入使用，填补了国内同类产品的空白，有利于进一步提高我国新型干法水泥生产的技术、装备水平，提高了企业的经济效益。同时，该产品具有相当强的国际竞争力，有利于扩大我国水泥工业技术与装备的出口，促进我国水泥工业技术装备走进国际市场，也将带动我国相应机械工业的技术进步与发展。中置辊式熟料破碎机节能效果显著，大大减少了能耗，是水泥行业一种有效的绿色生产模式，符合建设资源节约型和环境友好型社会的要求，具有较好的社会效益。

7.3.14　WHEG 步进式篦冷机

7.3.14.1　技术背景

随着国家对节能降耗要求的不断提高，水泥行业作为传统的高能耗单位，其对单位熟料煤耗、电耗的降耗要求越来越高。新形势下篦冷机作为重要的水泥烧成系统的核心设备之一，传统的第三代推动式篦冷机已经满足不了水泥行业低能耗的需要，"无漏料、高热回收效率、低电耗、高余热发电量、低出篦冷机熟料温度、低维护成本"的第四代WHEG 步进式篦式冷却应运而生。

7.3.14.2　技术概述

WHEG 型步进式高效能冷却机，是合肥水泥研究设计院有限公司自主研制开发的新型节能热工装备，其产量可满足 1000～12000 t/d 的要求。该产品采用国际上最先进的步进式输送技术，具有高效率的熟料输送系统，料床上下不设置输送部件，零部件少，因此维护费用和零部件的磨损明显降低。而无漏料的篦床设计不需要粉层清理装置，使冷却机大大减少了熟料下落高度及机身结构高度，极大减少了土建投入费用。WHEG型步进式高效能冷却机采用标准模块化设计，组装后运至现场，大大减少了现场安装的时间。此外，由于设备是由若干条平行的熟料输送列向单元组成，各个独立的单元自成体系，若单独关停其中一个单元，不会影响其他单元的正常工作，使得整个水泥熟料生产线的技术更先进，设备更优良，管理更完善。其流程如图 7-60 所示。

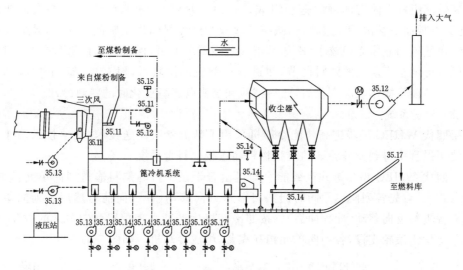

图 7-60　WHEG 步进式篦冷机系统

7.3.14.3　应用情况

该项技术目前已在南阳市天泰水泥 1500 t/d 生产线得到应用,相关情况如表 7-37 所示。

表 7-37　篦式冷却机改造前后对比

指标	改造前	改造后
冷却熟料能力/(t/d)	1700	2070
平均出料温度/℃	＞200	100
二次风温/℃	1100	1150
三次风温/℃	850	900
热效率/(%)	65	＞75
单位面积产量/(t/d)	42	＞48
吨熟料余热发电量(度)	25	31
单位熟料冷却用风量/(m³/d)	2.5～2.7	2.0

7.3.14.4　技术解析

该系统运行后,该线水泥熟料的煤耗及电耗下降,发电量吨熟料提高了 6 度,在产量提高的前提下,出料温度大幅降低,依据系统构成及运行过程中的相关现象,对该技术的机理进行了解析。

（1）固定式进料口

冷却机进料口为高效能组件,标准段节由若干个列向单元组合而成,进口端两侧浇注耐火、混凝土挡料墙,将进料口宽度收窄,使窑头落下的熟料均匀地分布在宽度较窄的进料口内的全部通道上。

　　高效能组件由固定的倾斜篦板组成,在使用中清除了进料口由于堆雪人造成的危害,此类篦板面上存留了一层熟料,减缓了篦板受红热料的高温腐蚀损坏,高效能组件内熟料输送通道的通风面积较小,冷却风用手动阀调节风量,保持冷风能够均匀通过篦床。冷却风量可随窑头落下的熟料调节,使进料口部位的熟料得以均匀冷却,上述技术满足了原燃料性能及操作状况变化后,熟料结粒和窑头落料量变化时的熟料冷却。

　　(2) 输送系统

　　第四代 WHEG 型步进高效能冷却机采用了新的熟料输送技术,此项技术源于已在长期使用过程中得到充分验证的块状物料输送板面行走系统。

　　第四代 WHEG 型步进式高效能冷却机由若干条平行的熟料输送列向单元组成,其运动方式为:首先各列向单元同时向熟料输送方向移动(冲程向前),然后各列向单元单独或交替进行反向移动(冲程向后)。按照冷却机生产能力来配置列向单元的数量,每条列向单元均由滚轮支撑,各列向单元相互靠紧,组成冷却机。如图 7-61 所示。

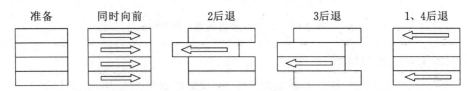

图 7-61　列向单元示意图

　　列向单元组合时平行布置,每个单元的移动速度均可以调节,也可单独通冷风,从而保证熟料冷却效果。此外,在冷却机两侧的列向单元上的熟料输送速度和冷却风量也可以调节,使熟料得以冷却,阻止"红河"现象发生。

　　(3) 通风原理

　　冷却机熟料层内部没有输送部件,整个料层底部面积均可通风,而且每个单元下设一个空气流量调节阀,使熟料得以均匀冷却,热回收效果好。

　　(4) 驱动系统

　　第四代步进式高效能冷却机采用液压驱动,其数量根据列向单元的数量而定,驱动系统装置采用标准件,无须维护或调节,这些液压缸可使每一条列向单元尽可能达到长冲程,由一台集成连续定位测量系统对冲程长度进行控制。

　　(5) 土建及生产维护费用低

　　① 无漏料的篦床设计不需要粉层清理装置,大大减少了熟料下落高度及机身结构高度,极大减少了土建投入费用。

　　② 高效率的熟料输送系统,料床上下不设置输送部件,零部件少,因此维护费用和零部件的磨损明显降低。

　　③ 篦条耐磨性好、寿命长,篦条安装定位采用独特设计的"单根可抽换式",性能可靠且更换方便。

　　④ 篦下漏料锁风系统,采用高精度配合密封,密封性好,新结构的料封阀结构简单、安全可靠,使用寿命长。

　　⑤ 模块化设计可减少安装费用,加快安装进度。结构紧凑、占用空间小。

（6）独立的单元设计，运转率高

箅冷机是由若干条平行的熟料输送列向单元组成，各个独立的单元自成体系，若单独关停其中一个单元，不会影响其他单元的正常工作。

（7）完善的检测调控技术

如三元控制系统、箅板及箅下温度报警系统等，确保箅冷机运行更加高效可靠、窑的操作更稳定。

7.3.14.5　结论及建议

在目前能源紧缺和产业规模大型化的形势下，这项新技术以高的冷却效率、高的运转率、高的热回收率和显著的增产节能效果已成为各水泥生产企业技术改造项目和新建项目的首选方案。在箅冷机同类产品中，WHEG 步进式箅冷机以技术领先、制造优良、服务及时受到用户好评，值得在行业中推广应用。

7.3.15　第三代箅冷机改造优化技术

7.3.15.1　技术背景

随着国家对节能降耗要求的日趋严格，水泥行业作为传统的能耗大户，能源消耗占到水泥熟料成本的 65%，其中，煤炭消耗占到水泥熟料成本的 50%～55%，节能降耗已经刻不容缓。新形势下箅冷机作为水泥熟料冷却和热回收的核心设备，其传统意义上高消耗高成本的粗放型箅冷机已不适合我国水泥行业节能降耗发展的新形势，以"节能降耗"为技术核心的高效箅冷机改造技术正逐步改造替代原有的箅冷机。

7.3.15.2　技术概述

该技术依托单位为广州圣嘉机电设备有限公司。该技术主要由高效急冷床、良好气动性能的箅板、完善的密封系统、优秀的配风理念及节能型供风系统构成。

（1）高效急冷床

该冷却技术注重的是对出窑高温熟料的急冷，在高温段采用了由风箱、可调蝶阀、供风管、固定床与圣达瀚的专有箅板组成的急冷单元，整个固定床体根据料层和料温的分布规律被分为多个单独的小区，每个小区由 2～4 块专有箅板组成，使熟料在最大温差下进行良好的热交换，每个小区的布风充分考虑了料床两侧熟料颗粒特性的不同，有针对性地进行了冷却风的优化设计，每个小区的供风通过蝶阀精确可调，冷却空气分布更加合理。冷却风的渗透性好，可有效地淬冷高温熟料，消除高温熟料颗粒相互黏结形成"堆雪人"的隐患，较好地解决了由离析作用引起的料床面对冷却风阻力差异所带来的"红河"现象。

（2）良好气动性能的箅板

箅板是"充气箅床"的核心部件，箅板内部气道和气流出口设计力求良好的气动性能，气流顺着料流的方向喷射并向上方渗透，强化冷却效果。开发一种箅板要经过试制、模拟试验和工业试验后才能定型。该箅板结构为特有的专利技术，具有先进的控制流理念，它的箅孔不同于目前流行的高阻力箅板的箅孔，箅板的压降低于高阻力箅板，有利于节能。外形结构上，箅板表面分布着凹槽，冷却风通过接近水平的箅缝进入充满熟料的凹槽，然后通过滞留在槽内的熟料间隙朝着熟料的前进方向喷吹，不易堵料，不会出现被

"吹穿"和风"短路"的现象,篦面通风冷却均匀,磨损小,且不易堆雪人,漏料很少,拉链机的负荷可大大减小,不但提高了拉链机的寿命,而且降低了电耗。

（3）完善的密封系统

为了保证各冷却风室的气密性,圣达瀚 SAT230、SAT180 等气动双重锁风阀用于风室与拉链机之间的密封,可以彻底解决漏风问题;它利用气动传动瞬时爆发推动力强的特性（相比电动弧形阀）,快速开关闭合,并采用双层闸阀,卸料口的特殊形状设计,独特的闸板结构、阀板支撑与导向机构设计和防磨损材料,使得这种阀运行平稳、性能可靠。

针对往复驱动轴的密封问题,法国圣达瀚采用油膜滑板密封,不仅密封性能好,使用寿命也相当长。风室与风室之间的密封采用了优质的法国进口密封材料,它强度高、柔性好、耐热耐磨,完全不同于石棉板和耐热橡胶,较好地解决了冷却机里面窜风、漏风等致命问题。使风室的分隔效果与风室风压梯度设计原理相匹配,而且每个风室可以灵活地独立调节风压和风量。由于做好了各风室的密封,所以调节风量非常灵敏。

（4）优秀的配风理念及节能型供风系统

在篦床的高温区配置合适风量、风压的冷却风是保证熟料急冷的关键。风量取决于料量、料温;压力取决于管路系统阻力、篦板阻力以及料层阻力,在篦冷机正常运行过程中风机需在高效率运行区间运行以达到节能降耗的目的,这就需要设计的风量风压与篦冷机实际运行时的料量、料层阻力,供风系统阻力相匹配。按圣达瀚技术配风后,高温熟料离开前端固定床后熟料的颜色已经由白色变成了暗红色和黑色,再经过三十多分钟活动床上的慢冷过程,最终达到出冷却机熟料温度＜（65 ℃＋环境温度）。

该技术的创新点为采用纵向控风方式,相比充气梁采用的横向控风更好地解决了熟料颗粒的离析现象,可以真正做到冷却床的均匀控风。另外这种结构不存在漏风漏料与窜风现象,不会在风箱中积料堵塞风道,克服了第三代篦冷机的第一个软肋。这种布风形式再加上特有的篦板结构决定了它高效的急冷特点,这是圣达瀚急冷技术的关键点,如果熟料在高温段没得到骤冷,到了中低温段要想冷却至正常的熟料温度是很难的。

该技术解决的核心问题为出窑高温熟料得到了急冷,提高了熟料的质量和热回收效率。根据熟料的颗粒特性和料层厚度实行分区供风,解决了熟料冷却不均匀的现象,降低了熟料温度,解决了熟料因为"离析"现象而产生的"红河"现象。优良的密封和锁风系统解决了冷却风"漏风""窜风"问题。

7.3.15.3　应用情况

该项技术目前已在近百家企业得到应用。

惠州塔牌水泥 1♯线篦冷机技改前后工艺参数对比见表 7-38。

表 7-38　惠州塔牌水泥 1♯线篦冷机技改前后工艺参数对比

序号	工艺参数	技改前	技改后
1	二次风温/℃	1130～1180	1150～1200
2	三次风温/℃	850～950	＞1000
3	烟室温度/℃	（1170±30）	（1150±30）

序号	工艺参数	技改前	技改后
4	高温风机转速/(r/min)	875±20	880±20
	高温风机功率/kW	约1800	约1900
5	熟料密度/(g/L)	1150~1250	1200~1300
6	头煤占比/%	38~45	36~42
7	熟料温度/℃	151	99
8	标准煤耗/(kg/t. cl)	107.01	103.88
9	熟料台时产量/(t/h)	233.55	243.88

(1) 系统能耗的变化

技改后 1♯ 窑系统能够稳定在 390 t/h 运行,且各项工艺参数及熟料质量均可控。从表 7-38 的数据变化可看出我司 1♯ 窑的技改前后系统的能耗变化状况,1♯ 窑系统篦冷机技改后标准煤耗技改后较技改前呈明显下降趋势。从统计数据可看出,熟料平均台时产量为 243.88 t/h,超过技改前 1—7 月的台时产量,熟料标准煤耗 103.88 kg/t. cl 明显低于 2018 年 2—7 月的标准煤耗(1月标准煤耗受盘点统计数据异常影响无可比性)。原该项技改申请书中要求技改后标准煤耗比 2017 年 1—9 月平均标准煤耗 107.01 kg/t. cl 降低0.7 kg/t. cl,实际 10 月统计值降低了 3.13 kg/t. cl。

(2) 熟料温度变化

改造后熟料温度大幅降低,在三段篦床最后一台风机停用的情况下,熟料温度由 151 ℃下降到 99 ℃。

(3) 系统热效率

根据 JC/T 730—2007《水泥回转窑热平衡、热效率、综合能耗计算方法》中篦冷机热效率的定义:二、三次风携带热量之和与入篦冷机熟料显热的比值即为篦冷机热效率,通过改造前后的二、三次风温数据可计算出篦冷机热效率。在不考虑余发电烟气所增加的热焓的前提下,入窑与入炉的二、三次风的热回收效率由原有的 73.7%提高到 76%。

7.3.15.4　技术解析

该系统运行后,该线二、三次风温提高了,煤耗降低,熟料温度降低,产量提高,质量稳定,依据系统构成及运行过程中的相关现象,对该技术的机理进行了解析。

(1) 急冷床急冷效果明显,热回收效率提升

出窑熟料从窑落到篦冷机前端时,由于离心力的作用产生"离析"现象,从而导致篦床上一侧料比较粗而另一侧料偏细,其中粗料侧的风阻较小,细料侧的阻力较大,这就是导致冷却风从阻力小的粗料侧跑得多,从而产生冷却风"短路"的现象。由此可见固定端的急冷效果很大程度上取决于风能否有效利用。为解决出窑熟料因离析作用而产生的冷却风"短路"、篦床"红河"现象,主要采取以下三种手段:①落料点均化布料,前端浇注料采用马蹄形结构,让熟料从前端落料端有一个由窄到宽的分布,不让落料点处出现无直接落料区域,可以缓解熟料分布不均;②通过圣达翰分区供风系统对不同颗粒大小和

料层厚度的区域进行分区供风,有效避免风"短路"的现象;③通过箅床阻力(即箅板阻力和料层阻力)和气动性能来控制冷却风通过箅板的阻力,公式如下:

$$\Delta P = \gamma \lambda V^2 / 2g \tag{7-2}$$

式中　ΔP——冷却风的阻力损失,Pa;

　　　　V——气体通过箅板出口的速度,m/s;

　　　　λ——熟料的阻力系数,其值的大小取决于熟料结粒大小、熟料之间的缝隙率以及熟料的黏度大小等;

　　　　γ——冷却风的容重,kg/m³;

　　　　g——重力加速度,m/s²。

通过上式来看,冷却风透过料层的阻力大小与冷却空气的密度、熟料的阻力系数、冷却风箅板出口的气流速度的大小有关。当冷却风通过箅板出口对高温熟料进行冷却时,由于两者之间存在较大的温差,冷却风和熟料之间产生热交换,熟料内的热量被冷却风带走,冷却风受热后温度也相应升高,体积也随之增大,风的流速提高。冷却风穿过熟料层的阻力大小与气流速度的平方成正比,而单位气体的密度则随着温度升高而减小,这就导致了通过熟料的气体阻力随着气体温度的升高呈线性增大。而当冷却风穿过温度较低的熟料层时,由于气流产生的温差较小,导致冷却风的温度增加较少,因此料层的阻力增大幅度也较低,这就导致了冷却风容易从阻力较低的区域穿过。在箅床上,冷却风的透过量越多,熟料的温度则越低。因此在固定端的箅板设计上圣达翰采用凹槽形水平出风孔,高速气流在出口水平吹出后顺着凹槽的斜面方向附于箅板上表面,形成的高速气流既能吹送熟料也能清理箅板表面。另外,由于箅板阻力与风速的平方成正比,所以这种箅板阻力较大,料层变化而产生的阻力变化相对于箅板阻力来说是比较小的,对箅板充气的均匀性影响不大。箅板阻力控制着箅板上的气流分配,因此也控制着料床中的气流分配,使得整个料床布风均匀,产生高效的熟料冷却效果。

(2) 箅床料层稳定,冷却风分布均匀

改造后箅床料层厚度增加,固定段及一段风机电流略有降低,但实际热回收效果和冷却效果都有提升,说明解决了原有箅床冷却风分布不均匀的问题,防止了冷却风吹穿和短路的现象。改造后对前几台箅冷风机进行了标定,实际运行参数基本接近设计的铭牌参数,设计的风机压力与系统阻力相匹配,风机处于高效率运行区间。

(3) 密封锁风效果好

本次技改将全部风室密封更换成圣达翰金属刷密封,各风室之间压力可独立调节,互不干扰。箅冷机所有风室的弧形阀更换为双层气动锁风阀,从技改后双层锁风阀的运行效果看,该阀门动作灵活、密封性好,可根据现场风室积料状况做出调整并控制。技改前风室弧形阀存在的漏风大、冒灰扬尘大的情况得到极大改善,目前熟料斜拉链地坑温度降低明显,技改前斜拉链地坑温度高、灰尘大无法巡检的问题,得到了根本性的改变。

7.3.15.5　结论及建议

第三代箅冷机改造优化后所取得的效益主要体现在节能降耗、提高产质量、提高机械可靠性、提高设备的运转率、降低设备维护费用等多个方面。

（1）节能

由于热交换效果提高，熟料热耗将下降，具体降幅依各厂家的工艺配置、操作、原燃材料等因素的不同而不同，从我们改造的业绩来看，一般在改造完成后煤耗都有大幅度下降，较国内第三代充气梁篦冷机可增加 500 kJ/kgcl 以上，如中材天山（云浮）水泥有限公司 5000 t/d 篦冷机完成改造后，节能降耗十分显著。初步计算，一般改造后通过节能每年获取的效益可以达到改造投资费用的 80% 以上，有的厂在改造的一年内通过节煤收回全部投资。

（2）节电

改造后熟料经过急冷产生大量裂纹，易磨性大大改善，并大大降低了粉磨电耗，提高了产量。

经过改造的上海联合水泥有限公司篦冷机改造后用小磨进行易磨性对比试验，粉磨至同样的细度，改造后的熟料粉磨时间由原来的 36 min 降低到 34 min，缩短粉磨时间 2 min，同样的时间内，因易磨性提高，产量提高 5% 以上。

（3）提高了熟料的产质量

二、三次风温提高后，窑炉对煤粉的助燃效果提高了，窑炉对煤质变化的适应性更强了，热工制度更加稳定，窑炉的操作和控制变得容易，提高窑速和提高产量是情理中的事了。

另外通过急冷阻止了熟料的晶型转变与熟料粉化，保持了发挥强度的主要成分 C_3S，提高了熟料的质量。在所有我们改造过的厂家的经验是篦冷机改造后熟料的 3 d 强度和 28 d 强度提高了 2~4 MPa。强度提高意味着可以适当放宽细度，多掺混合材可以节省成本。

（4）设备的运转率和完好率有了明显的提高

高温端篦板正常使用年限为三年，实际上客户使用时间均大大超过这个期限，可达到四至六年。改造后的篦冷机很少有机械方面的问题，运转率一般都超过 96%。

实例：在圣达瀚公司在 2003 年进入中国市场改造的第一个厂——广东广信青洲有限公司至今高温端篦板还没有更换过，其他经改造过的厂也没收到有更换的报告，中低温段篦板保证正常使用年限为两年，实际上大部分用户超过三年，广州嘉华南方水泥有限公司使用时间超过四年，由于近年来有色金属镍的价格大幅上涨，致使耐高温篦板的价格昂贵，多使用一年就意味着可节省一笔非常可观的备件费用和维修费用。

另外由于改造前后出冷却机熟料温度降低了，各种设备包括输送熟料的拉链机、皮带输送机、磨机轴承、篦冷机内的大梁以及传动系统的工况环境会有一个明显的改善，维修成本每年大幅降低，篦冷机运转率可以大幅度提高。

此种技改属于窑系统最为重要的项目，往往体现出一种良好的综合效益，它会使整个生产线的操作与管理、各项指标等上升到一个新的台阶。在增产、节能、减排等方面将产生长期的效益。

7.3.16　水泥窑协同处置危险废弃物技术

7.3.16.1　技术背景

危险废物具有毒性、易燃易爆性、腐蚀性、反应性、传染性等危险特性，对人类和环境构成严重威胁。由于危险废物的危害性以及伴随其越境转移对环境造成的严重污染，1983 年,联合国环境规划署将其污染控制问题列为全球重大环境问题之一。我国制定的《中国 21 世纪议程》和《中国环境保护 21 世纪议程》也都把危险废物的管理和处理处置列入了重要的工作内容。联合国环境规划署于 1989 年 3 月通过了控制危险废物越境转移及其处置的《巴塞尔公约》,并于 1992 年生效,我国是该公约最早缔约国之一。据统计,2003 年,我国危险废物产生量约为 1171 万 t,储存存量约为 423 万 t,工业危险废物处置量为 375 多万 t。还有相当数量的危险废物没有得到妥善处理,易对土壤和地下水造成污染,如不严格控制和管理、加快处理处置进度,必将对生态环境和人体健康产生严重危害。

新型回转水泥窑是发达国家焚烧处理城市工业废弃物的重要设施,该项技术得到了广泛的认可和应用。德国、瑞士、法国、英国、意大利、挪威、瑞典、美国、加拿大、日本等发达国家利用回转水泥窑焚烧废物已经有 30 年的历史,积累了丰富的经验。随着回转水泥窑焚烧废物的理论与实践的发展与各国相关环保法规的健全,该项技术在经济和环保两方面显示出了巨大优势,形成产业规模,在发达国家城市工业废弃物处理中发挥着重要作用。

我国目前有 5000 多座水泥窑,水泥产量约占世界水泥总产量的一半。利用水泥窑协调处置工业废物,不仅可以解决各级环保部门面临的废物处置设施容量无法满足需求的问题,也可以为我国节能减排做出贡献;同时,水泥企业通过处置工业废物,可以降低生产成本,并通过收取废物处置费等获得直接经济效益,实现节能、环保和企业收益的三赢目标。

7.3.16.2　技术概述

新型干法水泥窑焚烧技术依托单位为天津中材工程研究中心公司。该技术利用水泥回转窑在高温煅烧水泥熟料的同时焚烧处置危险废物,属于符合可持续发展战略的新型环保技术。该技术在继承传统焚烧炉优点的同时,将水泥窑高温、循环等优势发挥出来,既能充分利用废物中的有机成分的热值实现节能,完全利用废物中的无机成分替代部分常规原料生产水泥熟料,又能使废弃物中的有毒有害有机物在新型干法水泥窑的高温环境中完全焚毁,使废物中的有毒有害重金属固定到熟料中。

新型干法水泥窑既具有专业焚烧炉的所有优点,又克服了专业焚烧炉的其他缺点。专业焚烧炉中废物焚烧的主要影响因素——停留时间、燃烧温度、湍流度和过剩空气系数,在新型干法水泥窑系统中都能得到很好的控制。

新型干法水泥窑具有广阔的空间和热力场,处理温度高,炉内火焰温度高达 1650～1800 ℃,这是一般专业焚烧炉所不能达到的。同时由于新型干法水泥窑内存在处置料的吸热、有耐火砖及炉皮的保护,这样的高温也不会对焚烧装置的本体——新型干法水泥窑产生额外的不利影响。在焚烧的高温下废弃物中的有害成分会被完全焚毁,即使很稳定的有机物也能被完全分解。

新型干法水泥窑有一个很大的焚烧空间,有均匀的、稳定的焚烧气氛,物料在炉中高温下停留时间长,物料从窑尾到窑头总停留大于 30 min;气体在高于 1300 ℃ 温度的停留时间大于 6 s,焚烧停留时间长是一般专用焚烧炉所无法达到的。由于废弃物在高温新型干法水泥窑内停留时间长,与空气接触充分,废物燃烧完全,二噁英分解彻底,所以新型干法水泥窑处理废弃物的燃烧效率、焚烧去除率和二噁英分解率均非常高。

在水泥熟料烧成过程中,危险废弃物焚烧灰渣进入熔融的熟料中,重金属被固定在水泥熟料的晶格中,从而达到被固化的效果。因此,利用水泥窑协同处置危险废弃物,能够实现危险废弃物的彻底无害化处置。

危险废弃物中的有机成分和无机成分得到了充分利用。危险废弃物焚烧设备与水泥生产设备共用,无须设置专门的窑炉,节省了建设窑炉系统的投资。

排放气体高效处置,环保指标好。水泥生产时分解炉内有大量氧化钙产生,保证危险废弃物焚烧产生的 SO_2 等酸性气体被充分吸收,既符合环保指标,又无须设置一般焚烧炉或电厂焚烧所需的脱硫装置。水泥生产系统的高效袋收尘器,也可以保证焚烧产生的废气中粉尘排放浓度较低。

回转窑热容量大,工作状态稳定,危险废弃物处理量大。水泥回转窑的规格比一般焚烧炉要大得多,一般的焚烧炉直径小于 3 m,长度(或高度)小于 10 m。而 5000 t/d 回转窑尺寸为 $\phi 4.8 \times 72$ m,有效容积达到 979.8 m^3,而且回转窑内温度在 $1000\sim1450$ ℃以上的高温物料近 100 t,可以作为废弃物燃烧的热稳定填料,能抗废弃物处理的量的波动和进料温度的波动,且处理量大。

7.3.16.3 应用情况

本技术实施工程已经有 40 多项,全国类似水泥窑协同处置项目近百个,在解决本地区废弃物综合利用及处置方面发挥了重要作用。

7.3.16.4 技术解析

水泥窑协同处置技术,属于高温热氧化过程,是利用水泥窑的高温和高热容量,对危险废物进行焚毁处置,同时将灰渣作为水泥原料利用的过程。该技术的机理解析如下:

废弃物的焚烧过程,本质上是质量传递、热传递、动量传递、化学反应、结构变化等物理化学反应综合在一起的一个复杂的过程。从理论的角度分析,废弃物的燃烧过程可以定性划分为预热、水分蒸发、升温、挥发分析出、着火和固定炭燃烧、灰渣的利用等过程。伴随着这些过程的开始、发展、结束、交替,废弃物先吸取热量,温度上升,失去水分,局部分解,析出可燃成分,然后着火燃烧,放出热量,直到燃尽。废弃物本身的质量也随着这些过程逐步减小。

废物焚烧的影响因素主要有停留时间、燃烧温度、湍流度和过剩空气系数。其中停留时间、燃烧温度、湍流度通常被称为"三 T"(即 Time、Temperature、Turbulence)要素。

停留时间有两个方面的含义:其一废弃物在焚烧炉内的停留时间,它是指废弃物从进炉开始到焚烧结束,炉渣从炉中排出所需的时间,影响到焚烧残渣的热灼减率和焚烧去除率;其二是废弃物焚烧烟气在炉中的停留时间,它是指废弃物焚烧产生的烟气在炉中所需时间,影响到燃烧效率、焚烧去除率和二噁英分解率。废物在焚烧炉内的停留时间越长,与空气接触越充分,废物燃烧越完全,二噁英分解越彻底,焚烧炉的体积也就越大,这将受到设备投资条件的制约。从二噁英分解角度出发,燃烧温度不宜低于 850 ℃。

废物焚烧过程要求控制适当的过剩空气量。湍流度是表征废弃物和空气混合程度的指标。湍流度越大,废物与空气的混合程度越好,有机可燃物能充分、及时获取燃烧所需的氧气,燃烧反应越完全。

7.3.16.5　结论和建议

为推广水泥窑协同处置,支持循环经济发展,深化企业转型,自 2000 年以来,国家陆续发布了一系列产业政策,引导水泥窑协同处置技术健康有序发展。水泥窑协同处置技术可以在合适的区域充分发挥自己的优势,成为目前专业危险废物焚烧处置中心的有益补充。

各种专用焚烧炉仅适合处置某些特定类型的废弃物,为保证达到无害化处理要求,需要加入大量辅助燃料(油),导致处理成本过高;各种专业废物焚烧炉的处理规模不大,一般为 15～60 t/d,最大约为 120 t/d,为控制尾气需要设计复杂的尾气处理系统才能满足环保要求;此外,所产生的焚烧炉渣和富集二噁英和重金属的焚烧飞灰作为危险废物仍需进一步处置,技术难度较大。

与专业危险废物焚烧炉相比,新型干法水泥窑焚烧废物技术污染控制好,投资运行费用低,资源利用率高,减容效果最好。进入回转窑的废物基本被利用,焚烧废物产生的炉渣和焚烧尾气产生的飞灰又循环进入新型干法水泥窑生产系统,转化为熟料组分,能有效防止二次污染,同时投资较省,运行费用较低。该技术能够真正实现危险废物的无害化、减量化、资源化和稳定化处理。

7.3.17　SPF 多相态预燃炉处置废弃物技术

7.3.17.1　技术背景

近年来,国家的环保要求日益突出,具有天然优势的水泥窑协同处置废弃物方式快速发展,各种处置工艺及装置百花齐放。成都建筑材料工业设计研究院有限公司(后续简称"成都院")的 SPF 多相态焚烧炉(后续简称"SPF 炉")装置在废弃物处置中展现了良好的效果,解决了水泥窑协同处置废弃物对窑系统产量的影响问题,实现了水泥窑稳定运行与协同处置废弃物的有机统一,目前已在国内水泥窑协同处置生活垃圾项目中逐步推广应用。

7.3.17.2　技术概述

该技术由成都院依托"十二五"国家科技支撑计划课题"50 万吨/年跨行业废弃物水泥窑协同利用技术及示范"所开发。该项技术主要由"SPF 炉＋分解炉"构成,SFP 炉结构和分解炉的对接方式如图 7-62 所示,安装示意图如图 7-63 所示。该系统主要将 SPF 与分解炉对接,构成"主炉-副炉"的结构形式,有利于系统的稳定,进入 SPF 炉的废弃物在炉内预焚烧,助燃空气为高温三次风,并设有补燃燃烧器,焚烧后的烟气及残渣进入分解炉。

该技术主要创新点如下:

(1) 主要针对水泥窑协同处置废弃物设计,适用范围广泛。从物料形态上看,可适用于各种相态的物料;从热值上看,高、低热值的废弃物均适用,对物料的热值要求没有选择性;从种类上看,可处置城市生活垃圾、工业废弃物等。

(2) 结构简单,与分解炉对接紧密,不影响原水泥窑系统的气流流场,同时便于改造,

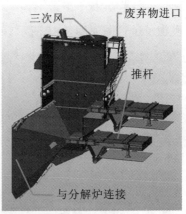

图 7-62 SPF 炉结构和分解炉对接方式示意图

图 7-63 SPF 炉安装示意图

在已建或新建的水泥生产线上均可实施。

(3) 灵活的温度调节系统,当废弃物热值较高时,炉内的温度将超过 1200 ℃,通过预燃炉上的生料下料管喂入生料来控制炉内的温度;当废弃物的热值急剧降低时则通过喷煤管喂入燃料来保持炉内的温度。

(4) 废弃物在炉内的停留时间可控,根据物料的焚烧难易程度,物料在炉内的停留时间可以在 2~30 min 范围内灵活选择。

该技术装置解决的核心问题是水泥窑协同处置多种形态废弃物的集约化难题,同时投资及系统运行成本低,对原水泥窑系统影响小。

7.3.17.3 应用情况

该技术与装置已在国内快速推广运行,目前在武安新峰水泥有限责任公司、唐山圣龙水泥有限公司、河北承大环保科技有限公司等企业中得到了应用,在完成废弃物处置的同时,为企业带来良好的经济效益,为当地带来了良好的社会、环境效益。

7.3.17.4　技术解析

SPF 炉实物及运行图如图 7-64 所示。

图 7-64　SPF 炉实物及运行图

废弃物经过预处理后通过输送装置喂入 SPF 炉,在高温三次风及补燃煤粉的作用下燃烧。当炉温较低时,通过喷入补燃煤粉稳定炉内的温度,保持废弃物良好的焚烧环境;当炉温较高时,则通过停止补燃煤粉控制炉内的温度,极端情况下加入冷生料控制炉温,保证设备的安全。当废弃物的易燃性发生变化时,可以通过 SPF 推杆合理调节物料在炉内的停留时间,避免"欠烧"或"过烧"现象发生。燃烧后的烟气及灰渣进入分解炉,利用分解炉及后续水泥生产线烟气处理系统完成无害化处置。

7.3.17.5　结论和建议

目前 SPF 炉在水泥窑协同处置生活垃圾系统中得到了推广应用,在国内武安新峰水泥有限责任公司、唐山圣龙水泥有限公司、河北承大环保科技有限公司的生活垃圾处置系统中投入运行,获得了良好的效果,并开始在海外推广应用。在实际应用中几乎不影响水泥窑熟料产量、质量,各项环保指标优于国家及地方的相关标准。

(1)环境影响方面,通过 SPF 炉+分解炉的处置方式,可实现废弃物彻底无害化处置,环境、社会效益显著;

(2)在经济方面,该工艺系统简洁,主机装置完全国产化,投资成本低,在完成废弃物无害化处置的同时,还可以实现资源充分利用,经济效益明显。

7.3.18　风机节能改造全面降低生产能耗技术

7.3.18.1　技术背景

在当下,随着我国"节能减排降耗"口号的实施和社会可持续性发展的需要,解决水泥厂能耗高及大气污染严重的问题将成为亟待解决的重点以及难点问题。而水泥厂离心风机工业设备耗电量占据其总用量 30％以上，这就意味着解决离心风机超大用电量成为解决问题的关键点。

目前多数水泥厂已正常运行多年，设计技术含量低、设备老旧、电耗指标超标的离心风机理应被淘汰，取而代之的应是先进的气力模型、高精度加工指标、适应多工况及变工况环境的高效节能离心风机。

7.3.18.2　技术概述

该技术依托单位为上海瑞晨环保科技股份有限公司。该公司的"睿畅"高效节能离心风机采用整机更换的方式，分为转子和机壳两大部分。主要有叶轮、主轴、机壳、调节门、轴承、联轴器、入口集流器等零部件。示意图如图 7-65 所示。

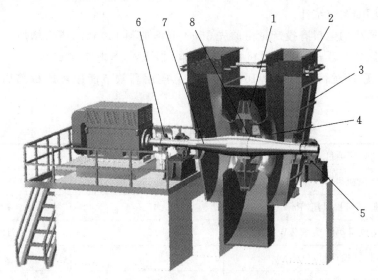

图 7-65　高效节能离心风机主要组成
1—叶轮；2—调节门；3—机壳；4—入口集流器；5—轴承；6—联轴器；7—主轴；8—轮毂

"睿畅"高效节能离心风机融合国内外先进技术并升级改进为量身定制的工业节能设备，是水泥厂生产所需的关键设备，能满足水泥厂水泥窑、原料磨、水泥磨、煤磨等不同系统的使用要求，并尽最大可能达到不同工况下节能降耗的要求。其主要解决方案有以下特点：

（1）量身定制

满足生产需求，达到关键参数（运行风量、全压升等），利用现有基础量身定制风机。

（2）气力模型先进

该设备具有先进的气力模型，降低了设备无功损耗，机翼型叶片最高设计效率能达到 89％，单板型叶片最高效率能达到 85％。

（3）叶型系列丰富

该设备具有千余种叶型系列，能满足水泥厂所有离心风机在高效区（效率不低于 80％）运行。

（4）高标准、高精度

生产标准优于国标及普通风机厂家标准，如动平衡等级、噪声要求、一阶临界转速、材质等。

（5）管网优化

为保证运行效率，针对布置不合理的管道提出优化建议，特别是风机进出口变径管。

7.3.18.3　应用情况

"睿畅"高效节能离心风机已在多个水泥集团成功应用，并取得使用者一致的好评。该先进设备的应用为水泥厂节省了大量的运营成本以及相关配件的采购成本，同时解决了受限于原设备问题而无法提产的问题。

中建材旗下的某 3200 t/d 水泥公司在成功应用该技术后，对高效节能离心风机风量、风压及耗电量、水泥窑（生料磨）投产量、入窑（库）提升机电流、关键设备处压力、风机效率等进行了实测与统计。

其循环风机的生料磨投产量由原先 360 t/h 增加到 450 t/h，压力增加近 900Pa，治理部分管道漏风约 3 万 m³，循环风机每小时节电 387 kW，节电率达到23.49%，吨生料电耗下降 1.78 kW/h，运行效率提升 16 个百分点。应用高效节能循环风机前后关键数据对比见表 7-39。

表 7-39　应用高效节能循环风机前后关键数据对比

项目	应用前	应用后
循环风机风量/(m³/h)	493961	463361
循环风机风压/Pa	6710	7566
循环风机小时功率/kW	1649	1262
生料磨投产量/(t/h)	360	450
入库提升机电流/A	141.4	150.4
旋风筒出口压力/Pa	−5810	−8289
循环风机运行效率/%	64.78	80.85
节电率/(%)	23.49	

高效节能高温风机投入应用后，在技术改造前后参数几乎一致的情况下，高效节能风机每小时节电 238 kW，节电率达 19.35%，吨熟料电耗下降 1.69 kW/h，运行效率提升 17 个百分点。高效节能高温风机应用前后关键数据对比见表 7-40。

表 7-40　应用高效节能高温风机前后关键数据对比

项目	应用前	应用后
高温风机风量/(m³/h)	425725	424348
高温风机风压/Pa	6301	6451
高温风机小时功率/kW	1230	992
水泥窑投产量/(t/h)	230	233

项目	应用前	应用后
入窑提升机电流/A	143.7	143.9
预热器 C1 出口压力/Pa	−4999	−5146
高温风机运行效率/(%)	65.72	83.11
节电率/(%)	19.35	

应环保需求,需在窑尾处增添脱硫设备塔。原有窑尾风机将不再满足正常需求(且经测试后发现窑尾风机效率较低,无用耗功情况较为严重),采用高效节能风机后,在不更换电机、基础的前提下运行效率提升了 11 个百分点。应用高效节能窑尾风机前后关键数据对比见表 7-41。

表 7-41　高效节能窑尾风机应用前后关键数据对比

记录条件	应用前	应用后
窑尾风机风量/(m³/h)	490478	534545
窑尾风机风压/Pa	1995	2759
水泥窑投产量/(t/h)	235	237
入窑提升机电流/A	144	146.4
窑尾风机现场运行效率/(%)	69.26	80.79
效率差值/(%)	11.53	

7.3.18.4　结论和建议

高效节能风机是未来新型节能环保型水泥厂必不可少的设备。"睿畅"高效节能风机采用先进高效气力模型量身定制,解决了低产、高电耗、高运营成本等问题,同时设备本身的高稳定性、可靠性对于水泥厂严峻生产环境下的维护量减少也将发挥巨大的作用。

节能环保作为发展的趋势,也必将为水泥厂所考虑,"睿畅"高效节能风机技术是用电大户水泥企业的优良选择,值得在行业内推广应用。

7.4　水泥粉磨系统潜力技术分析

7.4.1　双圈流辊压机联合粉磨技术

7.4.1.1　技术背景

辊压机因能量利用率高、粉磨元件寿命长及灵活性高应用于各种系统构造中,尤其是作为"联合粉磨"与球磨机一起用于预粉磨和半终粉磨。就水泥粉磨而言,这些年以联合粉磨系统为主,取得了较好的技术经济效果,尤其是辊压机和球磨组成的双圈流联合粉磨系统,其系统因粉磨效率高、水泥成品温度低占据粉磨系统的主导地位。

近些年在对传统联合粉磨系统的不断优化中,辊压机半终粉磨系统脱颖而出,就是将一部分未加整形的水泥颗粒,直接加入水泥成品中,降低了球磨机的负荷,减少了过粉磨、增大了能量利用效率、提高了产量和降低电耗,将会是未来辊压机联合粉磨技术较常用的粉磨方式。

7.4.1.2　技术概述

湖北京兰集团永兴水泥有限公司拥有一条先进的水泥粉磨系统生产线(图 7-65)。调查初步结果显示:其单位水泥粉磨电耗低、产量高,年均吨水泥熟料电耗控制在 $26\sim28$(kW·h)/t,系统台时产量为 $280\sim300$ t/h(以 P·O 42.5 计),粉磨后所得的物料中粒径在 $3\sim32$ μm 之间的水泥颗粒约占 75%,有利于水泥强度的增加,在国内水泥生产企业中处于领先地位。

系统采用一套由辊压机、管磨和选粉机组成的双圈流联合水泥粉磨系统。辊压机规格为 $\phi1800\times1400$ mm,磨机的规格为 $\phi4.2\times13$ m,设计台时产量为 $245\sim265$ t/h。

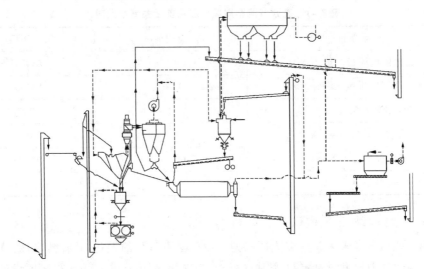

图 7-65　湖北京兰水泥水泥磨系统流程图

(1)辊压机+高效选粉机

熟料同一定量的混合材配比之后,输送至由辊压机及高效选粉机组成的圈流粉磨系统中进行初步粉磨。出辊压机的物料经 V 型选粉机后,粗颗粒返回辊压机继续碾压,而较细的颗粒则进入三分离高效选粉机内进行分选,经分选后的物料由三部分构成:细粉、粗粉、粗颗粒,细粉由旋风分离器分离后直接进入成品库,粗粉喂入水泥磨中进行粉磨,而余下的粗颗粒则直接返回辊压机再次碾压。该圈流系统中,有部分成品产生,属于半终系统的范畴。

(2)管磨+O-Sepa 选粉机

该系统中使用脱硫石膏作为缓凝材料,在设计的时候考虑到物料的特性,将脱硫石膏直接喂入水泥磨中进行粉磨。一定量的石膏及来自辊压机系统的粗颗粒进入水泥磨中进行粉磨,粉磨后的物料经磨尾的斗式提升机提至 O-Sepa 选粉机内进行分选,分选出的细颗粒经袋收尘后直接作为成品入库,而粗颗粒则继续返回水泥磨中进行粉磨,同时磨尾收尘器所收集的细颗粒由于达到了水泥成品的要求,也直接入库。

7.4.1.3 应用情况

"我国水泥工业环境状况调查"项目小组于2015年8月10日对该套水泥粉磨系统进行了系统标定,并形成标定报告。本次标定工作主要包括测定关键位置的物料细度、测定关键位置的通风量、记录中控操作的相关数据、核实现场关键设备参数等。

此次标定的关键部位主要包括两个部分:一是某些关键部位的物料细度,主要有出辊压机物料、V型选粉机进旋风筒的物料、三分离回辊压机的物料、三分离进磨机的物料、旋风筒收集的物料、出球磨机物料、O-Sepa选出的细粉、O-Sepa回球磨机物料、球磨机收尘物料;二是某些关键部位的管道通风量,主要有三分离进旋风筒风量、循环风机补O-Sepa选粉机风量、循环风机进V型选粉机风量、磨机收尘管道风量四个部分。各关键部位的分布如图7-65所示,其中Cx表示物料取样点,Tx表示风量测定点($x=1,2,\cdots,9$)。

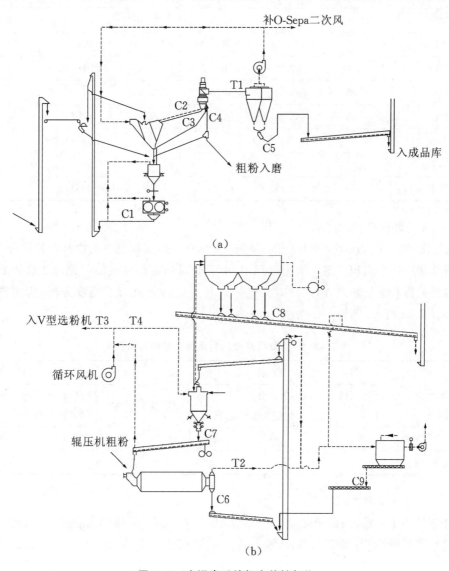

图 7-65 水泥磨系统标定关键部位

（1）生产品种及投料量

现场标定时，该厂所生产的水泥品种为 P·C 32.5 水泥。系统投料量及物料配比记录如表 7-42 所示。

表 7-42　系统投料量及物料配比记录

时间	14:06			15:56		
原料	配比/（%）	喂料量/（t/h）	流量/（t/h）	配比/（%）	喂料量/（t/h）	流量/（t/h）
脱硫石膏	5.00	16.50	17.75	5.00	16.50	17.77
煤矸石	11.00	36.30	37.34	11.00	36.30	35.71
转炉渣	7.00	23.10	23.26	7.00	23.10	23.17
转炉渣	22.00	72.60	77.09	22.00	72.60	71.98
熟料 05	28.00	92.40	88.55	28.00	92.40	92.34
熟料 06	27.00	89.10	88.22	27.00	89.10	91.14
熟料 07	0.00	0.00	0.00	0.00	0.00	0.00
熟料 08	0.00	0.00	0.00	0.00	0.00	0.00
给定投料量/（t/h）	330			330		
实际投料量/（t/h）	336			331		
累积投料量/t	187283			187894		

（2）关键部位物料细度

按照图 7-78 中所注明的取样位置 $Cx(x=1,2,\cdots,9)$，获取足量的物料对其进行 80 μm 筛分析及物料比表面积测定。测定过程中，由于受现场工作环境的限制，C2 位置处不能够获取相关物料进行测定，因此只对其他 8 个位置的物料进行了细度分析，所测得结果记录如表 7-43 所示。

表 7-43　不同取料点处的样品筛余量和比表面积

取样点	C1	C2	C3	C4	C5	C6	C7	C8	C9
	辊压机出口	—	三分离回辊压机	三分离进磨	旋风筒	出磨	O-Sepa 回磨	主收尘器成品	磨机收尘
80 μm 筛余量/（%）	75.2	—	82.8	48.8	0.4	16.8	30.8	1.6	0.4
比表面积/（kg/m²）	—	—	—	—	442	180.4	—	365	500

（3）关键部位通风速

在现场测定风速时，由于现场 T1 测点所开孔不能满足风速的测定要求，因此没有对该点进行风速的测定，测定过程中每个测点都测定了三个值，所得结果记录如表 7-44 所示。

表 7-44 关键部位管道风速、温度及管道直径

标定位置		T1			T2			T3			T4		
风速/(m/s)	次数	1	2	3	1	2	3	1	2	3	1	2	3
		—	—	—	10.5	21	5.8	6.0	5.0	7.0	12	15.5	9.0
	AVE	—			12.4			6.0			12.2		
温度/℃		68			64			68			66		
管道直径/m		1.58			0.98			2.12			1.5		

（4）关键设备参数

① 主机设备运转参数

标定过程中对不同时刻的风机、提升机电流及频率进行了记录,所得的结果见表 7-45。

表 7-45 不同时刻主要设备运行参数

记录项目	时刻	主风机	循环风机	磨尾风机	出辊压机提升机 1	出辊压机提升机 2	出球磨机提升机
电流/A	14:20	343	500	56	223	216	162
	15:40	484	515	57	223	216	156
频率/Hz	14:20	36	44	22	—	—	—
	15:40	44	45	23	—	—	—

② 风机设备铭牌

现场记录风机设备铭牌参数如表 7-46 所示。

表 7-46 风机设备铭牌参数

设备	电机功率/kW	风量/(m³/h)	风压/Pa	转速/(r/min)
主风机	710	350000	5000	960
循环风机	800	350000	5000	730
磨尾风机	90	55000	3850	1450

③ 耗电量

现场水泥磨系统的电表控制范围为从水泥配料站到水泥库库顶。在磨机运转的 1 h 内,记录了其耗电量情况,见表 7-47。

表 7-47 水泥磨系统耗电量(电表倍率为 12000)

项目	开始时间	结束时间
	14:44	15:44
电表数字/(kW·h)	1910.5	1911.1
耗电量/(kW·h)	7200	

7.4.1.4 技术解析

（1）三分离选粉机

三分离选粉机在该辊压机圈流粉磨系统内的应用是京兰（永兴）水泥磨系统的一个突出的特色。根据现场标定的结果，该三分离选粉机将 V 型选粉机选出的较细颗粒进行分级处理，分别分为三个部分——细粉、粗粉、粗颗粒，而三个部分的物料进入不同的设备之中。出三分离选粉机的细粉，其细度完全达到了水泥细度的要求（80 μm 筛余不大于 10％），该部分物料直接被旋风收尘器收集后进入水泥成品库。分离出来的粗粉进入水泥磨继续粉磨，而较大的颗粒则又返回到辊压机再次粉磨，利用辊压机的挤切力，将大颗粒物料继续破碎；而稍细的粗粉进入球磨机内进行粉磨，充分发挥磨机填充料的特性，将小粒径物料磨碎。

三分离选粉机的存在使得该粉磨系统具有以下先进特点：

① 经辊压机破碎、已达到成品细度的物料被及时分离，进入成品库，避免了此部分物料的循环负荷；

② 粗粉状物料被分离，并送入球磨机内进行粉磨，充分发挥了球磨机的粉磨优势，粗颗粒返回辊压机进行破碎处理，也减小了磨机的负荷，提高了磨机产量。

③ 细颗粒及细粉的合理分离，减小了辊压机的循环负荷，提高了辊压机产量，延长了设备的使用寿命。

（2）循环风机

该厂水泥磨系统中，出循环风机的风被分为两个部分，一部分进入 V 型选粉机内，另一部分则进入磨机选粉机内，增大 O-Sepa 选粉机的风量。出辊压机系统的风量约有一半的风量进入 V 型选粉机，而另一半的风量约 77613.1 m³/h，则进入磨机选粉机内补充 O-Sepa 选粉机的风量。此分风措施，为水泥厂粉磨系统节约了一个系统风机，降低了设备的投入，也是该系统电耗较低的一个重要原因。

从辊压机旋风收尘器所收集的细粉来看，经三分离后所收集下来的细粉 80 μm 筛余为 0.4％，说明在后续生产中循环风机的风量还可以继续增加。但由于旋风筒自身收尘条件的限制，其收尘效率相对于 O-Sepa 选粉机来说较差，因此，此系统中必定还有一定量的细粉被尾排风机的风所带走，这部分被风所带走的细粉由于粒径较小，普通的收尘设施已无法将其收集，而必须依靠袋式收尘器。所以该系统在后续生产中还应尽可能多地将循环风机的风补入 O-Sepa 选粉机。但由于出磨机选粉机的成品细度为 1.6％（同时段下 80 μm 筛余），为保证其成品细度不受大的影响，可考虑调节循环风机补入球磨机选粉机的风量，或者在增加循环风量的同时，减少主排风机的风量。

（3）球磨机

在对磨机粉磨 P·C 32.5 水泥过程中，通过磨机提升机电流的变化，发现京兰水泥球磨机在运行的过程中，循环负荷量还可继续优化。

标定过程中，记录了两个时间段的循环风机电流、出球磨机提升机电流、主风机电流及给定投料量情况，见表 7-48。

表 7-48　主机电流及投料量情况

时刻	14:20	15:40
主机电流/A	343	484
循环风机电流/A	500	515
出磨机提升机电流/A	162	156
给定投料量/(t/h)	330	330

通过两个不同时间段相关设备电流的变化可以得出：两个时间段，系统的给料量基本稳定，但磨尾提升机的电流却发生了较大的变化，第一个时间节点磨机提升机的电流较大，说明在第一个时间节点下球磨机的循环负荷量较大。在第二个时间节点，增大了主机电流及循环风机的电流，加大了系统选粉的力度，有相当一部分成品借助高风量排出粉磨系统，进入成品库，从而减少了这部分物料对系统所带来的负荷，使得磨机的效率得到提升。

7.4.1.5　结论和建议

（1）三分离高效选粉机的存在，使得经辊压机粉磨后的物料实现三级分离。达到水泥细度要求的细粉被及时分离，粗粉进磨，粗颗粒则继续返回辊压机破碎。根据物料粒径，进行分段粉磨，并充分发挥辊压机、磨机各自优势，多破少磨，以降低磨机负荷，进而达到节能降耗的目的。

（2）循环风机的分风处理，补充了 O-Sepa 选粉机的二次风，减少了设备的投入，有助于降低系统的电耗。从此次标定的结果上来看，循环风机约有一半的风量补充到 O-Sepa 选粉机中，大概占到其选粉机风量的 30%。

（3）辊压机后的旋风收尘器由于自身选粉的劣势，存在一定量的超细粉随尾排风排走，这其中约有一半的风量又回到 V 型选粉机中，无形中增加了辊压机系统的负荷。

（4）球磨机系统操作还可继续优化。通过对不同时段下电机电流及投料量的记录，发现永兴水泥磨在运转过程中，磨机效率还有较大提升空间。在保持投料量不变的情况下，主排风机及循环风机的风量大小对球磨机的循环负荷影响较大。

（5）球磨机磨尾收尘系统不合理。经标定磨尾收尘器收集的物料细度为 0.4%（80 μm 筛余），远高出成品水泥细度的要求，此部分物料可直接入库。但实际上，收集下来的物料又经磨尾提升机进入选粉机进行再次分选，无形中增加了设备的负荷，降低了系统的工作性能。

综上所述，该技术值得在行业中推广应用，附属设备配置优化后潜力还将更突出。

7.4.2　多组分串并联水泥粉磨技术

7.4.2.1　技术背景

随着国家对节能环保技术的日益重视，如何以更少的能源消耗获取更多更优秀的产品，同时将更多的工业废弃资源综合利用，使其达到减量化、无害化、资源化、标准化应用，是现代工业企业及科研单位的重要课题，需要从基础理论到技术装备及生产工艺上进行探索,谋求新的途径。水泥行业作为大宗原料消耗行业,也是大宗固废利用行业,既是能源消耗大户,也是重点节能大户。新形势下水泥生产技术日新月异,不断突破传统生产工艺,特别是在水泥熟料煅烧及水泥粉磨两个阶段均有很多新技术。多组分串并联水泥粉磨技术就是其中一种新型水泥生产工艺,其在节能、废渣利用、节约水泥熟料方面有突出成效。

7.4.2.2　技术概述

潞城市卓越水泥有限公司应用的多组分串并联水泥粉磨技术主要由开路水泥粉磨系统和矿渣粉磨系统并联而成,在并联工艺中形成两条单独串联工艺,并且采用了统一配料仓储系统。简略的工艺流程图见图 7-66 和图 7-67。

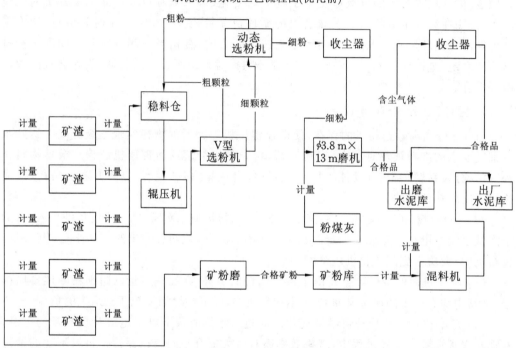

图 7-66　优化前水泥粉磨系统工艺流程图

该技术的创新点为:

(1) 整合式双通道多组分配料技术。通过统一计量、统一配料,使配料工艺流程简洁化,可以更多地利用废渣。

(2) 多组分串并联水泥粉磨工艺的实施保证了水泥合理的颗粒级配。由于每种物料均可以用两种粉磨系统进行粉磨,相同的原料粉磨出的颗粒级配不同,在均化搭配后具有更高的填充率,对混凝土强度及寿命都有很大贡献。

(3) 由于组分多、颗粒分布均匀,水泥强度较高,可以用较少的熟料就达到出厂水泥强度内控指标,同时增加了工业废渣的掺入量。

(4) 由于熟料消耗少,同时采用多破少磨的节能工艺,吨水泥电耗及能耗都有不同程度下降。

水泥粉磨系统工艺流程图(优化后)

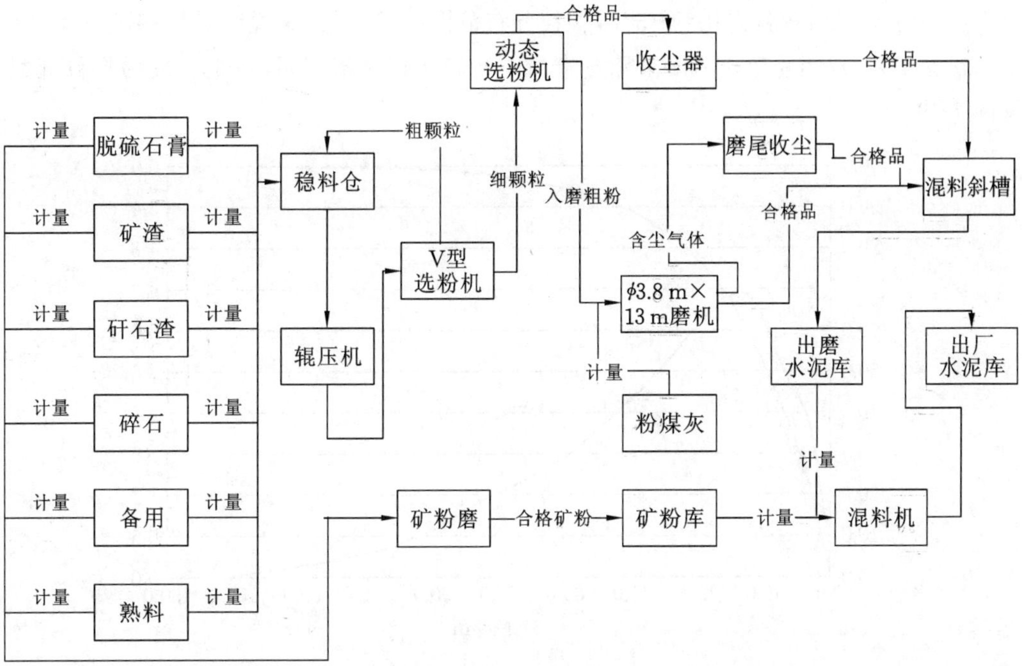

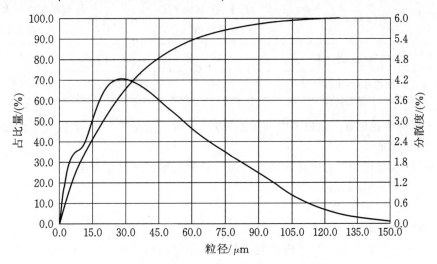

图 7-67　优化后水泥粉磨系统(多组分串并联水泥粉磨工艺)

7.4.2.3　应用情况

该项技术目前已在潞城市卓越水泥有限公司得到成功应用,应用后取得了不错的经济与社会效益。

(1) 水泥颗粒级配好。在技术改进前,该公司水泥和周边企业相比优势不大,也有水泥粒度分布曲线不够匀称,平均粒径偏大,3～30 μm 含量偏少,比表面积偏低。技改前中位径为 20.14 μm,体积平均粒径为 26.96 μm。见图 7-68。

图 7-68　水泥粉磨工艺优化前水泥颗粒级配图

通过工艺改进,技改后中位径为 14.84 μm,体积平均粒径为 20.87 μm。粉磨后的混合水泥 30 μm 以内颗粒占比约 78%,颗粒分布范围广且均匀,这说明采用多组分串并联水泥粉磨工艺(双闭路辊压机＋开路球磨机＋矿粉按比例搭配)具有更合理的颗粒级配。见图 7-69。

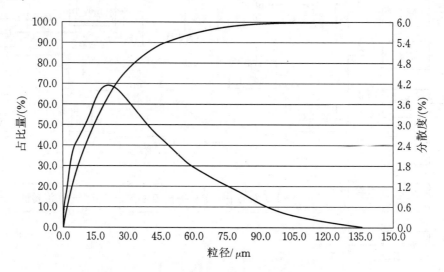

图 7-69　多组分串并联水泥粉磨工艺下水泥成品颗粒级配

水泥颗粒粒径分布宽,级配更加合理,在保证水泥早期高强度的同时,水泥使用性能良好。

(2) 串并联粉磨工艺由于拥有结构紧凑、多破少磨、节约熟料、多用废渣的特点,水泥中带进的熟料电耗能耗低,节电效益明显。见表 7-49。

表 7-49　串并联粉磨工艺能耗表

	4000 t/以上(含 4000 t/d) 行业准入值	国内先进值	潞城市卓越水泥有限 公司实际值
可比水泥综合标电耗/[(kW·h)/t]	≤90	≤85	67
可比水泥综合能耗/(kgce/t)	≤98	≤88	82

(3) 经济效益显著。通过节电与少用熟料、多用工业废渣,产生了较大经济效益。

① 节电方面

节电量＝(水泥可比综合电耗国内先进值－该公司水泥可比综合电耗)×年水泥产量

　　　＝(85－67)×1800000

　　　＝32400000(kW·h)

② 节约熟料方面

年节约熟料量＝年水泥产量×每吨水泥少用熟料量＝1800000×5%

　　　＝90000 t

③ 多用粉煤灰方面

由于少用熟料，每年可以多用工业废渣粉煤灰 90000 t。

7.4.2.4 技术解析

多组分串并联粉磨生产线运行平稳，水泥品质优良，附近搅拌站及重点工程争相使用。依据系统原理及运行过程，对该技术的机理进行了如下解析：

（1）特有的分别粉磨技术。分别粉磨是很多拥有矿渣资源的水泥企业选择的工艺方式，单独矿粉磨的设置加大了对钢铁厂排放矿渣的消耗，减轻了钢铁厂负担；同时分别粉磨发挥了球磨机与立磨对不同物料的适应性，一般球磨机以磨制熟料、石膏为主，立磨以磨制矿粉为主。该工艺为球磨＋立磨的分别粉磨系统。主要特点是矿粉磨既可以磨制矿粉，还可以磨制水泥，并且配料仓及配料秤在同一平台，组成了"合-分-合"的并联系统。该技术解决了传统设计中球磨与立磨配料系统分开、不便于管理、投入偏大的问题；同时矿粉磨还可以磨制水泥，避免了其他矿粉生产线产品单一的问题，在矿渣供应不上或是水泥供不应求的情况下，矿粉磨可以轻松转产水泥，并且配料系统完备，不产生冲突。

（2）多组分并联配料。多组分配料并非新技术，多数厂家均有多路配料系统，但该工艺拥有熟料、脱硫石膏、碎石、矿渣、粉煤灰、矸石渣、备用七路配料秤，这是其他企业不具备的；同时矿粉线拥有完整的水泥配料系统，其中为其配置的熟料秤就有大小量程两路皮带秤。全系统多达 27 台计量秤，充分保证了水泥配料和水泥搭配游刃有余。在我公司出厂的水泥里，含有球磨机系统磨制的熟料粉、脱硫石膏粉、粉煤灰粉、碎石粉（P·C 32.5配入）、矿渣粉，也有矿粉内的矿渣粉、熟料粉、脱硫石膏粉，两种不同工艺磨制的细粉颗粒是不同的，即使同样是熟料粉，矿粉磨内的熟料粉很细，而球磨机里的熟料粉相对略粗（其他组分情况也与熟料粉一样，具有两种磨机内产生的不同细度的粉）。这样在出厂水泥内颗粒级配分布范围很广，需要较高早期强度时有超细熟料发挥其活性，对于后期强度则有矿粉和略粗的熟料颗粒发挥其作用。同时水泥颗粒分布越广，其堆积密度就越小，在混凝土中也一样，颗粒分布广的水泥相互填充性能好，混凝土气孔就少，需水量就低，相应混凝土密实度好，耐久性、抗渗性就更好。

7.4.2.5 结论和建议

多组分串并联粉磨工艺可以解决单独粉磨工艺的颗粒级配不良、废渣得不到综合利用的缺陷，联合粉磨技术独树一帜，可以大幅降低熟料使用量，使用更多工业废渣，并且提高水泥颗粒有效分布，对混凝土的密实性、抗渗性、耐久性都有不同程度的提高，具有节约生产成本的经济价值，又有利用工业固废提高建筑物耐久性的社会价值。

综上所述，多组分串并联粉磨工艺值得在具有类似条件的水泥企业推广应用。

7.4.3 水泥立磨终粉磨技术

7.4.3.1 技术背景

随着国家节能减排形势的日益严峻，水泥行业节能降耗势在必行，新形势下水泥粉磨的节能潜力得到进一步挖掘。

7.4.3.2 技术概述

技术依托单位为天津水泥工业设计研究院有限公司。该技术主要由水泥立磨、收尘器、风机等设备构成，简略的工艺流程如图 7-70 所示。物料在立磨内部研磨、分选，成品进入收尘器。

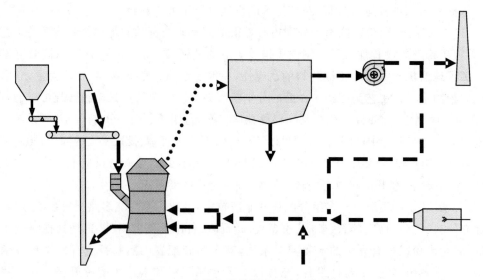

图 7-70 水泥立磨终粉磨系统工艺流程

该技术的创新点为仅采用一台水泥立磨作为粉磨、分选装备，工艺流程非常简单，维护和操作便捷，投资费用低，主要解决了联合粉磨工艺流程复杂、投资费用高的问题。

7.4.3.3 应用情况

该项技术目前已在尧柏集团、双鸭山新时代、潍钢等企业得到应用，已安康尧柏为例，TRMK45.4 水泥立磨粉磨 P·O 42.5 水泥产量可以达到 $190\sim200$ t/h、系统电耗约 26（kW·h）/t，粉磨 P·O 42.5 和 P·C 32.5 可以随时切换，生产维护十分便捷，投资费用为联合粉磨系统的 $80\%\sim90\%$。

系统运行情况见表 7-50。

表 7-50 安康尧柏水泥立磨运行情况

项目	产量 /(t/h)	比表面积 /(m²/kg)	R45 μm /(%)	立磨主机电耗 /[(kW·h)/t]	系统电耗 /[(kW·h)/t]
TRMK45.4	196	355	4.5	18.4	25.8

7.4.3.4 技术解析

该系统运行后，采用水泥立磨终粉磨系统，依据系统构成及运行过程中的相关现象，对该技术的机理进行了解析。

(1)立磨将研磨和分选集合为一体，系统工艺流程简单、维护维修方便；

(2)采用料床粉磨技术、工艺稳定，使得粉磨效率得到明显提高，相比球磨机粉磨系统可以节电 30%～40%。

7.4.3.5　结论及建议

从技术使用情况来看,水泥立磨终粉磨系统流程简单、维护便捷,生产节能优势明显,社会和经济效益显著,市场前景广阔,建议加快推广该技术成果。

7.4.4　陶瓷球在水泥粉磨中的应用

7.4.4.1　技术背景

随着国家节能减排政策的逐步深化,新的节能技术受到各行各业的关注,水泥行业是能源消耗较大的行业,节能技术的研发极为重要。许多节能技术相继应用于水泥生产,导致水泥生产电耗从 100 (kW·h)/t 以上逐渐下降到目前的 80～85 (kW·h)/t,且仍呈下降趋势。

近几年,陶瓷球广泛应用于水泥粉磨,使水泥粉磨电耗平均下降 4～6 (kW·h)/t,这是对水泥行业的重大贡献,成为水泥行业节能的新亮点。

7.4.4.2　技术概述

技术依托单位为合肥水泥研究设计院有限公司。陶瓷球应用于水泥粉磨,有其不可替代的优点:①水泥粉磨节能效果显著;②无须新增设备投资;③大幅度减小了铬污染;④使用相当方便,不需要对使用厂家进行特殊技术培训。

(1) 陶瓷球的生产

首先,要保证 Al_2O_3 和氧化锆的含量,严格控制成型工艺和烧结过程,保证陶瓷球在使用过程中不被破损。

其次,陶瓷球的密度需达到一定要求,以保证粉磨效果。

再次,要求规格尺寸误差小、外表光滑、球形度好。

(2) 应用技术

首先,必须准确分析各种工艺条件下,陶瓷球在球磨机各仓的粉磨范围(细度和比表面积范围)。

其次,根据粉磨范围,精确计算出陶瓷球的最佳平均球径、填充率和球料比。

再次,对磨机内部零部件进行相应的调整,以适应陶瓷球的应用。

(3) 技术综述

陶瓷球能在水泥粉磨中得到广泛应用,最主要的原因是辊压机、立式磨等设备应用于水泥粉磨的预粉磨,入磨物料细度细,比表面积高,为陶瓷球的应用提供了前提。其次是陶瓷球的生产技术得到发展,在陶瓷球配方和烧结技术方面有改进,解决了以前破损率高的问题,同时冲击韧性得到很大提高。

7.4.4.3　应用情况

陶瓷球技术已在 $\phi3\times11$ m-$\phi4.6\times14.5$ m 球磨机上成功应用,几乎覆盖行业所有磨机规格。典型使用企业有中联水泥、红狮水泥、南方水泥等,使用结果如下:

(1) 众多的使用企业节电范围为 3～9 (kW·h)/t,平均节电 4～6 (kW·h)/t。

(2) 使用陶瓷球粉磨技术,球磨机产量会有小幅度(5%～10%)下降。

（3）水泥成品的均匀性有所提高，对强度增长有利。

（4）水泥浆体物理性能保持不变。

（5）开流磨水泥温度下降 15～25 ℃。

7.4.4.4　技术解析

（1）采用新配方、新的烧结工艺制造出适合水泥粉磨的陶瓷球，破损率低、比重偏大，从而保证陶瓷球的使用寿命和使用效果。

（2）陶瓷球仅适合粉磨的细磨阶段，必须控制入磨最大粒径，否则会严重降低陶瓷球的效率。

（3）陶瓷球要求精细化粉磨。应用陶瓷球时，必须对磨内粉磨仓进行准确分析，并相应配合平均球径、填充率、球料比。稍有偏差会严重影响粉磨效率。

（4）应用时不是简单更换为陶瓷球即可，粉磨仓的部分零部件需要进行相应调整，以适应陶瓷球的技术参数。

7.4.4.5　结论及建议

应用陶瓷球技术，节电效果十分明显，具有显著的社会和经济效益，且无需专有设备，具有良好的推广价值。

使用该技术须严格控制物料粒度，准确分析粉磨范围，并使用符合质量要求的陶瓷球。

7.4.5　"两个二代"高压料床粉碎技术

7.4.5.1　技术背景

随着国家节能减排政策的落实以及淘汰落后产能措施的推进，水泥行业作为传统的高耗能、高污染行业，必须坚决响应国家的政策，努力摆脱高耗能、高污染的帽子，目前，水泥企业都在寻求节能减排的新途径。采用料床粉碎原理的辊压机，因其高效节能的特点，已成为水泥厂及粉磨站的"标配"。但在实际应用中，往往由于挤压过程中料床不稳定造成粉磨效率低，不能充分发挥辊压机节能的优势。因此，开发了"两个二代"高压料床粉碎技术，通过改善料床稳定性来提高粉磨效率，充分发挥高压料床粉碎的节能潜力。

7.4.5.2　技术概述

技术依托单位为中建材（合肥）粉体科技装备有限公司。"两个二代"高压料床粉碎技术主要由一系列粉磨装备技术、分选技术、工艺技术、颗粒级配控制技术、生产过程智能控制技术等组成。在应用过程中，根据物料品种和工艺需要，采用其中的一种或数种技术的组合方式，实现物料的高品质、高效率的先进粉磨生产指标，达到二代水泥粉磨标准。以下为其中的一种应用案例。

辊压机及其配套的设备与粉磨智能化控制系统简略的工艺流程图如图 7-71 所示。

该技术的创新点为：①开发了先筛选后风选的高压力粉磨系统，通过高压力挤压提高粉碎效率，料饼通过机械筛分和风选入磨，降低了系统能耗，其回粉也提高了料床的稳定性。②开发了水泥粉磨智能控制系统，实现生产过程无人智能优化控制，提高控制精度，稳定产品质量，降低熟料用量。

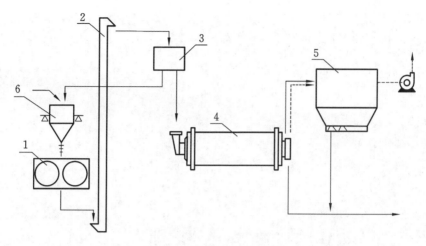

图 7-71 简略的工艺流程图

1—辊压机;2—提升机;3—机械筛分装置;4—球磨机;5—收尘器;6—辊压机称重仓

7.4.5.3 应用情况

该技术目前已在合肥东华建材集团股份有限公司得到应用,自改造以来,运行已超过两年时间,运行稳定,并取得了不错的节能效果。项目现场照片和中控画面如图 7-72 和图 7-73 所示。

图 7-72 改造后的辊压机现场照片

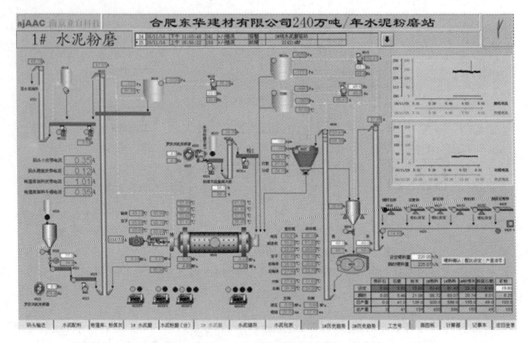

图 7-73　粉磨系统中控画面

　　该技术的主要指标均达到了二代水泥的技术要求。在合肥东华建材 1♯ 粉磨生产线粉磨 P·O 42.5 水泥实现的详细指标如表 7-51 和表 7-52 所示。

表 7-51　系统改造前后指标对比

时间	改造前	改造后
台产/(t/h)	179.6	207.9
电耗 /(kW·h)/t	26.38	23.80

表 7-52　完成的技术指标与"二代水泥"技术指标对比

序号	时间	改造前	改造后
1	系统产量/(t/h)	≥180	207.9
2	入磨物料综合水分/(%)	≤1	0.65
3	入料邦德功指数 /[(kW·h)/t]	15±1	13.8
4	熟料 3 d 抗压强度/MPa	≥30	28.5
5	熟料 28 d 抗压强度/MPa	≥58	55.2
6	熟料/水泥/(%)	75	75.8
7	水泥粉磨电耗/[(kW·h)/t]	≤27	23.32(可比)
8	水泥入库温度/℃	≤90	89

经过第二代新型干法水泥相关技术的应用,在未使用陶瓷球的情况下,1♯水泥粉磨生产线的系统产量上升到 207.9 t/h,水泥粉磨电耗下降到 23.80 (kW·h)/t,根据 CBMF/Z 6—2014《第二代新型干法水泥技术装备验收规程》以及 GB 16780—2012《水泥单位产品能源消耗限额》,进行水泥粉磨可比综合电耗折算,水泥粉磨可比综合电耗为 23.32 (kW·h)/t。根据德国水泥协会 VDZ 的标准,水泥粉磨(P·O 42.5)综合电耗先进指标为 27.8 (kW·h)/t,该技术指标达到了国际领先水平。

7.4.5.4　技术解析

该系统运行后,该生产线粉磨水泥台时产量提高了、电耗下降了,依据系统构成及运行过程中的相关现象,对该技术的机理进行了解析。

(1) 先筛选后风选的高压力粉磨系统,提高了粉磨效率,降低了粉磨电耗

常规的辊压机+球磨机挤压联合粉磨系统的核心是物料经过辊压机挤压粉碎后再通过打散分级设备或选粉回路,将粗颗粒返回辊压机与新给物料混合继续挤压至合格粒径,以确保喂入球磨机的物料颗粒结构松散、粒度均匀,从而提高磨机台时产量。但随着物料处理量加大,被挤压物料循环次数增多,进入粉磨区的细粉含量增加,同时带进了大量气体,被挤压物料易出现滑移及气振现象,破坏了料床的稳定性,使设备的挤压力不能稳定有效地作用于被挤压物料上,从而引起粉磨效率降低,同时引起设备剧烈振动,影响了设备正常运行。

该技术采用先筛选后风选的粉磨系统,一方面能将经辊压机挤压后形成的料饼打散,并通过机械筛分装置将细粉选出送入球磨机,再采用风力对返回辊压机的物料进行二次分选,将物料中的细粉充分选出,改善入辊物料的颗粒级配。另一方面,由于回粉中细颗粒含量降低,并且辊压机配有增强料床稳定性的进料装置,因此,辊压机可采用高压力状态运行,其液压系统的运行压力比采用风力分级的系统至少高 15%,从而进一步发挥了辊压机的粉碎效率,真正达到增产节能降耗的目的。

(2) 水泥粉磨智能控制系统,提高了控制精度,稳定了产品质量

目前大部分水泥厂的水泥粉磨系统的操作主要依赖于人工完成,智能控制的程度较低,人工调节方式无法做到对系统进行实时调整,工艺参数的波动较大,稳定性无法保证,由于不同的操作员有不同的操作习惯和调整方式,系统的操作一致性无法保证。

该智能控制系统能根据粉磨系统历史工况,实时预测系统将来的运行趋势,并及时进行生产调节。改变以往操作员人工操作调整及时性差、生产波动大等缺点,达到提高操作一致性、减小系统波动、提高产品质量、增加系统产量、降低生产能耗等控制效果。

7.4.5.5　结论及建议

"两个二代"高压料床粉碎技术完成了二代水泥粉磨技术指标,技术指标达到国际领先水平。该技术能有效提高水泥粉磨效率,降低电耗和熟料用量,为企业节约了生产成本。成果经用户使用,反映良好,市场前景广阔,具有良好的经济和社会效益,建议加大市场推广力度。

7.5　智能制造潜力技术分析

7.5.1　水泥智能工厂——MES生产管控系统

7.5.1.1　技术背景

根据国家"中国制造2025"的宏观政策以及"工业化和信息化深度融合"的政策导向，水泥生产的智能化和信息化是国内水泥行业实现产业升级、智能工厂建设的重要手段。大同冀东水泥有限公司顺应水泥智能制造浪潮，预发展成为生产装备智能、生产过程智能、生产运营智能的智能化工厂。水泥智能工厂生产全流程智能优化控制，每道工序、每个环节都是被监控的，不被人为因素所干扰。实现人、设备与产品的实时联通、精确识别、有效交互与智能控制。信息通信技术渗透到工厂每一处，整个生产经营管理的各个环节、过程实现全息信息化。全员劳动生产率大大提高，资源利用率大大提高。工厂生产组织方式和人际关系、生产方式和商业模式适应"互联网＋水泥"产业生态体系。

水泥智能工厂是指水泥生产装备智能、水泥生产过程控制智能、水泥生产经营智能的智能化工厂，能有效提高企业劳动生产率、安全运行能力、应急响应能力、风险防范能力和科学决策能力。在工信部发布的《原材料工业两化深度融合推进计划（2015—2018年）》（以下简称"计划"）第五部分重大工程中，第三点为智能工厂示范工程，其中对建材智能工厂进行了阐述。在水泥行业建设基于自适应控制、模糊控制、专家控制等先进技术的智能水泥生产线，实现原料配备、窑炉控制和熟料粉磨的全系统智能优化，并在工业窑炉、投料装车等危险、重复作业环节应用机器人进行智能操作。开展具有采购、生产、仓储、销售、运输、质量管理、能源管理和财务管理等功能的商业智能系统应用。

水泥企业智能工厂是在数字化、集成化、信息化、可视化工厂基础上发展的最终结果，涉及诸多应用模块、应用平台的建设，是利用智能科学的理论，结合通信及自动化技术，通过精确测量、智能感知，实现企业运行数据数字化采集，并通过物联网、移动互联等多种模式实现数据的集成，在此基础上利用大数据分析、智能建模工具，将人为操作经验优化重构，逐步实现物料配比、中控操作、设备运维等核心业务的智能化，并通过与其他系统的交互，逐步实现经营管理、决策和服务智能化，使企业各种资源获得智能调配和优化利用，实现信息流、资金流、物流、业务工作流的高度集成与融合，实现经济、社会效益双丰收的全智能工厂。

水泥智能工厂包括智能装备、智能控制、智能生产、智能经营、智能决策等五个层次，目前，水泥生产过程管控成熟应用主要集中在智能装备、智能控制、智能生产三个应用层面，水泥的生产制造过程主要分为生料制备、熟料煅烧和水泥粉磨三个阶段。水泥生产需要大量的原料、燃料，需要整个生产工艺过程的优化控制及最终水泥产品的高质、低耗，这就形成了水泥生产制造执行的功能模块及划分，包括能源管理、生产管理（工艺管理、绩效管理）、质量管理、设备管理（停机管理、维护管理）、物流管理等。可见，水泥工业制造执行系统及能源管理系统是基于水泥生产流程的特点和管理需求，在传统的制造执行系统基础上的再创新。见图7-74。

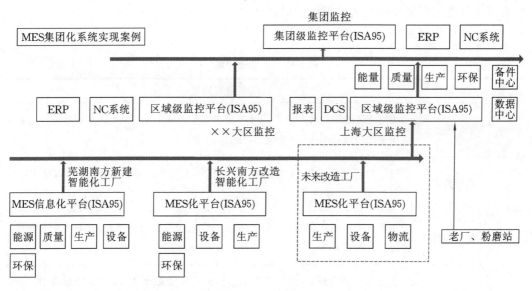

图 7-74 MES 集团化系统

7.5.1.2 技术概述

该技术依托单位为天津水泥工业设计研究院,中材邦业(杭州)智能技术有限公司。

生产管控信息化平台融合集成现有 DCS 系统和已建设的子信息系统(如电能自动采集系统、物流一卡通等),以工艺参数、物料消耗、质量、设备运维等数据为基础,构建多维度、精细化的水泥企业一体化管控平台,集成生产管理、设备管理、能源管理、质量管理、故障监测及诊断分析、视频监控等功能模块,构建企业生产运营数据资源中心,优化生产调度及运营决策。

依托工业实时库与关系库的无缝融合,通过对企业生产过程中涉及的海量工艺运行参数、设备运行数据、能源消耗数据以及众多质量相关化验数据的多维度调用,实现多参数、多平台技术的融合,借助直观、简洁的平台化展现,实现综合查询、多数据对比、直观性分析,有力地提升企业生产操控水平,提高企业生产效率。

生产管控信息化平台在一定的深度和广度上利用计算机技术、网络技术和数据库技术,控制和集成化管理企业生产经营活动中的各种信息,实现企业内外部信息的共享和有效利用,以提高企业的经济效益和市场竞争力,信息化内容包含生产过程控制及运营管理中的工艺数据、电气参数、设备能效、品质控制、人员绩效管理等,以做出有利于生产要素组合优化的决策,使企业资源合理配置,完善业务流程,控制生产成本,以使企业适应瞬息万变的市场经济竞争环境,获得最大的经济效益。

基于集团级的定制化 MES 系统,在未来可在新厂进行迅速部署和运行,对于集团级的管理和信息传送也是标准接口,具有良好的可扩展性和持续性。对新建厂、改造厂以及老厂信息化实现标准化定制。

整个系统建设以我们自有知识产权的 MES 系统和智能控制系统为核心,以工艺设计为导向,进行模块化系统部署,在避免产生信息孤岛和解决未来数据交互问题的同时,梳理整个智能工厂建设的结构并保留扩展升级空间。

各功能模块见表 7-53。

表 7-53　各功能模块

序号	功能模块	内容描述
1	工厂模型	按照 ISA S95 标准对工厂及生产业务流程建模,生产模型的数据可以通过系统预先配置以及与 ERP 系统同步的方式建立
2	基础数据	包括物料主数据、设备主数据、工厂日历、人员排班等数据;MES 可以从 ERP 获取数据
3	生产监控	实现生产过程中的物料、质量、设备、人员、操作的全局监控,并对生产的异常情况提供相应对策
4	质量管理	建立以产品为核心,以生产工单为依据的质量标准体系;对生产过程中的质量数据进行实时采集和在线监控,对质量数据进行统计分析,对质量问题进行跟踪及预警以达到保障产品质量的目的
5	设备管理	对设备维修计划及备件进行统一管理,建立对设备停机和设备效率进行分析,提供设备维修知识经验的共享平台
6	看板和预警	生产看板、物料看板、预警看板为生产线以及生产管理者提供直观的生产状况监视和统计图表显示
7	报表	为各个部门提供生产相关的产量、质量、消耗、考核等常规报表;为各管理层提供各类数据的综合性报表,为管理者提供决策参考
8	系统管理	为系统的非主体业务功能的实现,提供框架结构,包括多语言支持、用户权限角色设定、操作日志、数据归档等功能

7.5.1.3　应用情况

该项技术目前已在长兴南方项目得到应用,相关应用后的情况如下:

生产管控 MES 系统,针对水泥智能制造需求定制开发,严格遵循国际 ISA95 标准,围绕生产管理、能源管理、质量管理、绩效管理、设备运维管理、安环管理、供应链管理等七大维度,建设基于实时数据库、关系数据库、大数据分析、数据仓库等 ICT 技术的智能数字化工厂。系统可实现水泥生产经营管理全部流程的可视化管控,优化人员结构,减轻劳动强度,降低劳动力成本,在生产、化验、巡检等诸多生产环节减少人为主观参与,优化生产流程,有效保障生产稳定性与产品质量,提高生产系统运行效率,杜绝安全隐患,降低污染废弃物排放,通过生产全流程七大维度数据的有效融合,降低运营成本,为企业生产运营提供强健、高效的科学决策支撑。MES 生产管控平台生产管理驾驶舱能源管理驾驶舱和生产管理驾驶舱分别如图 7-75、图 7-76、图 7-77 所示。

图 7-75　MES 生产管控平台生产管理驾驶舱

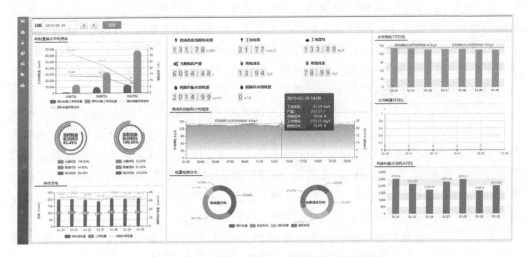

图 7-76　MES 生产管控平台能源管理驾驶舱

提供水泥行业独家 VR 展示烧成系统。通过数字化模型平台和设备状况,渲染工艺数字化三维模型。可通过 IPAD Pro、VR 数字眼镜实现对系统的交互式访问(放大缩小、旋转、数据查询等)。并且可通过和 MES 系统的数据通道,读取系统过程生产数据、设备数据、在线显示趋势以及重要数值。部分设备零部件可实现在线拆解分析(根据设备模型决定)。同时,可提前在三维交互式平台进行部署和设计厂区绿化、亮化设计。

7.5.1.4　技术解析

生产管控信息化平台建设是水泥生产智能制造的核心支撑系统,以工艺参数、物料消耗、能源消耗、质量、设备运维、物流销售等数据为基础,构建多维度、精细化的水泥企业一体化管控平台,集成生产管理、设备管理、能源管理、质量管理、故障监测及诊断分

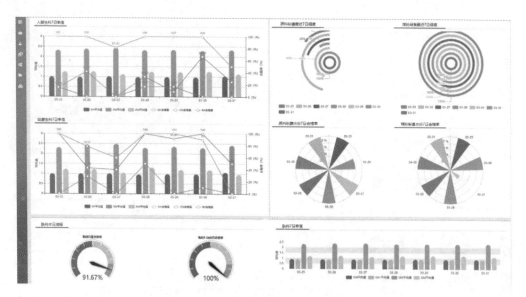

图 7-77　MES 生产管控平台生产管理驾驶舱

析、视频监控、物流一卡通等功能模块,构建企业生产运营数据资源中心,优化生产调度及运营决策。依托工业实时库与关系库的无缝融合,通过对企业生产过程中涉及的海量工艺运行参数、设备运行数据、能源消耗数据以及众多质量相关化验数据的多维度调用,实现多参数、多平台技术的融合,借助直观、简洁的可视化展现,实现综合查询、多数据对比、直观性分析,有力地提升企业生产操控水平,提高企业生产效率。

生产管控信息化平台在一定的深度和广度上利用计算机技术、网络技术和数据库技术,控制和集成化管理企业生产经营活动中的各种信息,实现企业内外部信息的共享和有效利用,以提高企业的经济效益和市场竞争力,信息化内容包含生产过程控制及运营管理中的工艺数据、电气参数、设备能效、品质控制、人员绩效管理等,以做出有利于生产要素组合优化的决策,使企业资源合理配置,完善业务流程,控制生产成本,以使企业能适应瞬息万变的市场经济竞争环境,求得最大的经济效益。

生产管控信息化平台 MES 系统包括 DCS 生产实时监控、能源管理、生产管理(工艺管理、绩效管理)、质量管理、设备管理(停机管理、维护管理)等功能模块。

(1) 数据采集设计

本项目智能生产管控系统建设基于工厂 DCS 系统、第三方信息化系统、PLC 控制系统、智能仪器仪表、化验室仪器、人工录入等信息源完成基础数据的采集与实时交互,主要包含以下几个方面:

① 现场计量数据的采集,通过 OPC 通信方式与 DCS 系统交互实现对生产线关键工序生产工艺数据的采集、汇总、存储;通过与智能电表、总降后台软件等数据通信,实现各级电能数据的采集、汇总、存储。

② 不适用于自动采集的数据(库存盘点数据、生产设备台账数据等),系统提供相应的录入页面并嵌入相应的计算公式,由相关部门指定专人录入后可自动计算。

③ 与第三方系统之间的数据交互。对 ERP 系统/NC 系统,物流一卡通管理系统等,

通过标准化的、安全的、快速的接口规则,与第三方系统进行数据资源交互。

④ 通过 OPC 网关通信包括全自动化验室,在线游离钙数据以及 XRF 的分析数据(在线分解率的数据从 DCS 获得)。包含中央化验室数据(通过 OPC 和 autolab 计算机通信)、在线游离钙数据(通过 OPC 和游离钙计算机通信)以及在线热生料分解率数据(现场光缆)。

生产实时监控、生产管理、KPI 绩效管理等模块,主要数据来源于 DCS 系统,MES 系统通过 OPC Server 与 DCS 系统建立数据交换通道。质量管理系统主要数据来源于质量控制系统及化验室主要分析仪器,可借助办公网络建立数据交换通道。设备管理系统主要数据来源于点巡检系统,即手持巡检仪现场检测数据,可通过有线或无线网络方案建立数据采集通道。能源管理系统主要数据来源于总降、配电站及电力室,前端采集仪表为中压、低压多功能电表,分散于生产线各主要车间。主机设备在线振动监测及故障预警系统 RTMS 主要数据来源于现场主机设备机旁振动检测箱,分散于生产线各主要车间。

DCS 自动化控制系统具有标准的数据通信协议,其数据采集方式是网关机和安装 OPC SERVER 软件的操作员站或工程师站连接。再通过光纤或屏蔽双绞线经数据采集网穿过硬件防火墙再传入实时库服务器。

DCS 系统数据采集示意图如图 7-78 所示。

图 7-78 DCS 系统数据采集示意图

(2) 生产管理系统

生产管理系统实现生产实时监控。基于对现场数据的实时采集、存储,通过模块化的组态流程,实现实时/历史趋势曲线追踪对比查询与报警等,实现视频、设备等信息广泛集成。具体任务如下:

① 针对每个工段和重要装置,系统提供精细化的数据实时监控;

② 实时工艺参数采集,监控工艺参数的变化情况;

③ 实时生产过程中产品质量数据采集,监控质量变化;

④ 实时环境数据采集,监控环境变化;

⑤ 实时安全指标采集,监控生产安全情况;

⑥ 实时/历史数据分析,查找原因,持续改进,逐步实现精益生产;

⑦ 实时预警,防患于未然,对于问题要早发现、早解决,实现事前控制。

经济指标:实现生产调度计划,提高生产效率,实现无纸化的绩效考核评标。对厂区、集团间的生产指标进行对标和报表汇录。

生产企业生产信息化管理以生产计划为龙头，生产工艺流程为主线，采用现代化信息技术，将生产管理所涉及的人、财、物、技术、质量、安全、成本等信息关联起来，实现生产全过程信息化管理。在生产管理系统建立生产调度业务协调中心、运行指导中心，构建生产运行管理和生产线运行状态监测中心，实时查询各种主辅设备的运行现状和趋势。

生产管理模块包含生产计划、生产调度、统计管理、盘库管理、报表分析、设备启动记录和分析、值班管理、绩效考核等。真正实现无纸化办公，有据可依。

（3）设备管理系统

设备管理系统以设备台账为基础，以工单的提交、审批和执行为主线，以提高维修效率、降低总体维护成本为目标，提供故障检修、计划维修、状态检修等维修保养模式，集成物资管理、预算管理、项目管理、财务管理等协同应用，实现对设备全生命周期管理，支持设备管理的持续优化。以手持巡检仪设备点巡检为驱动，及时发现设备运行过程中存在的问题。配合设备运行实时监控，运行参数统计，实现企业全面动态设备管理。

动态设备管理系统通过实时监控设备运行状态，建立设备台账，对设备的累计运行时间、超限运行时间、日常维护、运行情况、点巡检、润滑、维修等全生命周期内容进行管理。

通过实现面向生产流程的设备状态跟踪，分析影响生产过程正常运行的瓶颈因素，予以预防和改进，减少故障和非正常停产时间，提高工艺设备资源的利用率。当设备发生故障时，及时进行故障性质、程度、类别、部位、原因及趋势的诊断及信息存储，建立设备状态数据库，帮助工程技术人员做出设备管理和诊断决策。

设备管理系统主要功能包括设备运行实时监控、设备基础台账管理、缺陷管理、设备启停信息管理、设备身份信息、设备智能巡检、润滑维护管理、设备维修记录、备品备件管理等，除以上功能外，系统支持按企业需求定制各种设备运维统计报表并可与企业已有的 ERP 系统相连接。

（4）质量管理系统（图 7-79）

通过质量管理系统实现化验室记录员减配，自动生成质量管理记录，提高管理水平。质量管理系统的前端化验仪器数据自动采集软件自动接收分析仪器最新化验数据，采集数据经规范化处理后传输存储到质量信息管理系统服务器数据库中。其他人工化验数据经数据录入、传输，存储到服务器数据库中，质量数据录入、存储流程完全按照设定的业务流程规范进行，对异常数据进行预警并提示打回重做，整个业务流程细节可追溯。提供数据查询、统计分析、图形化展示功能、化验人员绩效考核、异常自动提醒并智能分析可能原因。在流程控制、质量控制、统计分析、绩效考核、智能辅助决策等方面，辅助质量管理及生产管理者推进质量管理精细化、智能化发展。

本系统利用水泥生产工艺数据、质量数据的历史值，结合数据统计分析方法，确定影响水泥质量的主工艺参数，参考该影响因素建立针对水泥质量的预测模型，对成品强度进行预测。

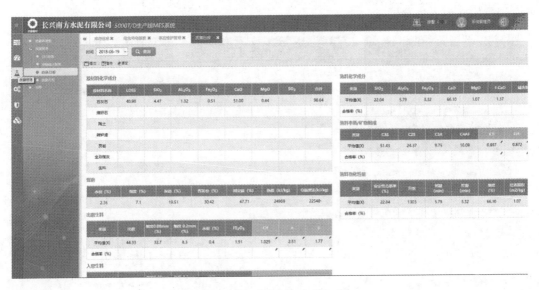

图 7-79　质量管理系统

　　利用成品质量预测功能可以把历史的质量管理由离线、单变量的质量预测转变为在线、多变量的预测分析。水泥生产可以参考质量预测结果及时调整同类型生产的操作，提高成品出厂质量。同时提高水泥质量控制的预见性，避免盲目生产，确保混合材的最佳、最大掺量，降低生产成本，提高经济效益。

　　（5）能源管理系统

　　能源管理系统可以实现能源生产消耗数据全流程的信息化、可视化；能效实时监测、超标报警、查缺补漏、杜绝能源空耗低效环节；企业能效、成本对标、绩效考核管理工具；能耗数据对比、诊断及节能量预分析；协助形成最佳生产调度、能源消耗方案；主机设备综合能效监测，强化设备维护管理，提供连续运转率；能效、工艺、电气、品质多维数据融合智能分析优化方案。最终实现协助推进精细化管理、提高企业能源管理水平的目标。

　　能源管理亮点：

　　① 实现对峰谷电的排班工作和统计；

　　② 实现车间、厂区能源最优点的分析；

　　③ 分析生产、生产线单耗以及余热发电量之间的最优。

　　（6）移动终端

　　MES 系统支持移动终端的 APP 程序，用户可以直接通过移动终端浏览图表、趋势图或者看板等数据。

　　支持移动终端应用程序，提供下列功能：

　　① 生产进度一览，生产管理人员通过移动终端随时查看生产进度。

　　② 质量检验操作，为质检人员提供质量数据录入界面。

　　③ 操作信息提醒，为显示操作工人提供实时操作指导。

　　④ 移动客户端是独立开发的应用程序，保证客户端操作的便捷可靠。

　　⑤ 移动客户端具有独立运行的特点，具有一定的数据暂存能力和断点续传功能。

图 7-80 为手机端展示。

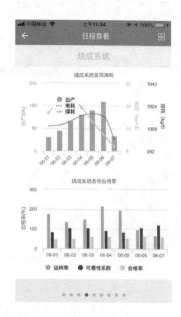

图 7-80　手机端展示

（7）智能 3D 交互式数据访问平台

海南华盛项目将提供水泥行业独家 VR 展示烧成系统。通过数字化模型平台和设备状况，渲染工艺数字化三维模型。可通过 IPAD Pro、VR 数字眼镜实现对系统的交互式访问（放大缩小、旋转、数据查询等）。并且通过和 MES 系统的数据通道，可读取系统过程生产数据、设备数据，在线显示趋势以及重要 KPI 数值。部分设备零部件可实现在线拆解分析（根据设备模型决定）。同时，厂区绿化、亮化设计布置图，可提前在三维交互式平台进行部署和设计。图 7-81 为 3D 展示实例。

图 7-81　3D 展示实例

（8）集团级数字仓库中心加大屏显示

通过集团级的数字仓库中心，实现对各大区、各分厂的 KPI 数据自动汇总、统计、分析。通过远程、手机 APP 或者微信推送模式对生产、能源等数据进行分析对标和汇总。并且可部署基于集团级统一数字化管理云平台。统一通过大屏展示，实现集团级的管控。图 7-82 为数字仓库中心大屏显示示例。

图 7-82　数字仓库中心大屏显示示例

7.5.1.5　结论和建议

搭建国际标准 ISA95 的全流程生产管控信息化 MES 平台，从生产一线出发，切实实现智能化建设到生产管理的落地，对老厂未来扩建的部分进行统一规划并保留接口，具有持续更新的能力，实现包括远程监控、生产管理、质量管理、能源管理、设备资产管理、主机设备在线监测及故障诊断、智能物流等。实现全厂无纸化办公，做到设备、厂区、集团层面的现代化管理。历史数据可追溯，生产、物料、能源消耗可视化、绩效指标量化，绩效 KPI 可纵向、横向对标，操作记录、停机记录、生产库存销售、质量数据做到随时随地可查询、可追溯，优化生产运营决策。最终生产管控信息化平台的使用率达到 95% 以上，大幅提高劳动生产效率，提升管理水平。该技术可以在整个行业推广应用。

7.5.2　自动寻优智能控制系统

7.5.2.1　技术背景

自动寻优智能优化系统根据生产过程数据、在线分析仪数据、化验室数据以及能源管理数据，综合考虑实际工况和外部变量的影响，利用先进的算法和控制理念，以产量最大化、能耗指标最小化、稳定产品质量为核心，实现具有自动寻优的智能实时优化控制，并开发了两种在线策略对系统进行调整。

① 自学习功能,对系统的核心控制参数,根据历史数据和实时数据,进行模型构建;运用相应的预测控制算法,同时结合模糊控制的相关理论,来实现模型预测、滚动优化和反馈校正,最终实现参数的优化自学习。

② 根据在线游离钙、在线分解率等先进分析仪器的数据,实时调整控制系统的目标值,然后通过神经元网络算法来进行控制,从而实现实时优化控制。同时,使用独有的APS 一键启停技术(融合了模拟量自动控制、顺序控制、超驰控制等)、基于预测模型控制的智能优化技术以及在线仪器,真正实现全过程全工况自动投切的自动控制。

本智能系统在传统的 DCS 系统之上,通过程序架构优化并与专家系统相融合,提升整条生产线的自动化水平。智能控制平台以原料磨、生料喂料、煤磨、分解炉、回转窑、篦冷机等为对象,根据生产信息,对熟料生产过程进行自动控制,避免人为控制的滞后性、随意性和差异化操作。稳定热工参数,降低中控操作人员劳动强度,提高产品质量,降低生产能耗。

7.5.2.2　技术概述

该技术依托单位为天津水泥工业设计研究院和中材邦业(杭州)智能技术有限公司。中材邦业在长兴南方水泥有限公司实施基础智能化建设后,研发并实施水泥智慧大脑"自动驾驶"项目。该项目在中材 MES 系统作为数据中台的基础上,综合运用云计算、大数据和人工智能等科技手段整体实现水泥产线的"自动驾驶",以达到"自动化、信息化、智能化"整体水平,引领水泥行业发展新高度。

水泥智慧大脑——水泥生产"自动驾驶"控制策略:

以中材 MES 生产管控平台为数据中台,提供生产过程数据、在线分析仪数据、化验室数据以及能源管理数据等多维度数据,通过数据整理和关联,综合考虑实际工况和外部变量的影响,利用先进的算法和控制理念,以产量最大化、能耗指标最小化、稳定产品质量为核心,实现具有自动寻优的智能实时优化控制。最终形成以 MES 为数据中台、APC 为控制终端、大数据云计算为优化决策大脑,三者有机结合,形成闭环控制。

中材邦业水泥粉磨智能控制系统包括 APS 一键启停技术(融合了模拟量自动控制、顺序控制、超驰控制等)、基于预测模型控制的 APC 优化技术、在线细度分析仪,三者无缝衔接。水泥粉磨系统生产时整个启停过程仅需按下一键启动按钮或一键停止按钮,在启停过程中实现了关键模拟量的自动控制,在线细度分析仪自动运行,待系统正常运行后,APC 控制系统自动投运,实现风量/料量/压力等参数的自动控制,真正实现水泥粉磨系统全流程全工况的自动控制。

水泥粉磨智能控制系统功能:

① 所有设备一键启停;

② APC 控制系统自动投运;

③ 自学习水泥品种特征,自动切换控制策略;

④ 自学习生产工况特征,建立专家库;

⑤ 自动识别当前工况,自动切换控制策略;

⑥ 水泥粉磨系统全流程全工况的自动控制,实现水泥粉磨系统无人值守的第一步。

基于 AI 技术的水泥生产"自动驾驶"系统具备自学习和全局优化的功能,适应性、鲁棒性强,并且所有控制目标由系统通过计算给出全局最优推荐值,以供 APC 系统调用,系统可以在无人干预的情况下持续稳定运行。水泥"自动驾驶"整体架构见图 7-83。

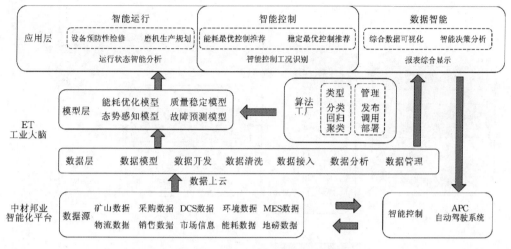

图 7-83　水泥"自动驾驶"整体架构

项目目标:

① 搭建水泥工业智能制造数据处理平台,整合现有生产数据,对数据进行统一清洗、整合;

② 基于机器学习、人工智能算法,形成能耗优化模型和产量最大化模型;

③ 降低综合能耗,稳定质量,确保环保指标,实现水泥智能生产。

技术优势:

① 采用了先进的数据挖掘、深度学习算法,通过工业大脑平台的算法引擎,将大数据、云计算技术和水泥生产装置结合,有效利用水泥生产装置的海量数据信息,从历史数据中自动学习水泥生产操作方法并不断进行优化计算,输出最优的操作推荐值。

② 自适应能力强,具备在线自主学习功能,每 12 h 进行一次模型训练和更新,有效适应最新工况特性,保证输出优化推荐值的可靠性。

③ 同时具备实时优化、实时控制的功能,实现抗干扰和设定值快速稳定跟踪,生产过程更平稳;优化层实现稳态下的能耗优化,生产过程更节能、更经济。

烧成系统能耗优化技术架构见图 7-84。

7.5.2.3　应用情况

该项技术目前已在长兴南方项目得到应用,相关情况如下:

长兴南方自动寻优智能控制系统分为窑系统、原料磨、煤磨三部分,其中窑系统采用 ET 工业大脑+APC 模式。

(1) 回转窑系统的自动驾驶控制(图 7-85)

基于 AI 技术的水泥生产"自动驾驶"系统具备自学习和全局优化的功能,适应性、鲁棒性强,从历史数据中自动学习水泥生产操作方法并不断进行优化计算,以产量最大化、能耗指标最小化、稳定产品质量为核心,输出最优的操作推荐值,目前已输出头煤、高温风机转速、分解炉温度、箅下压力、窑头罩负压、二次风温、三次风温等多个变量的最优推荐值。

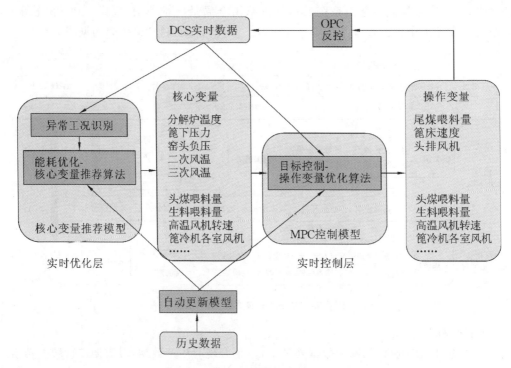

图 7-84　烧成系统能耗优化技术架构

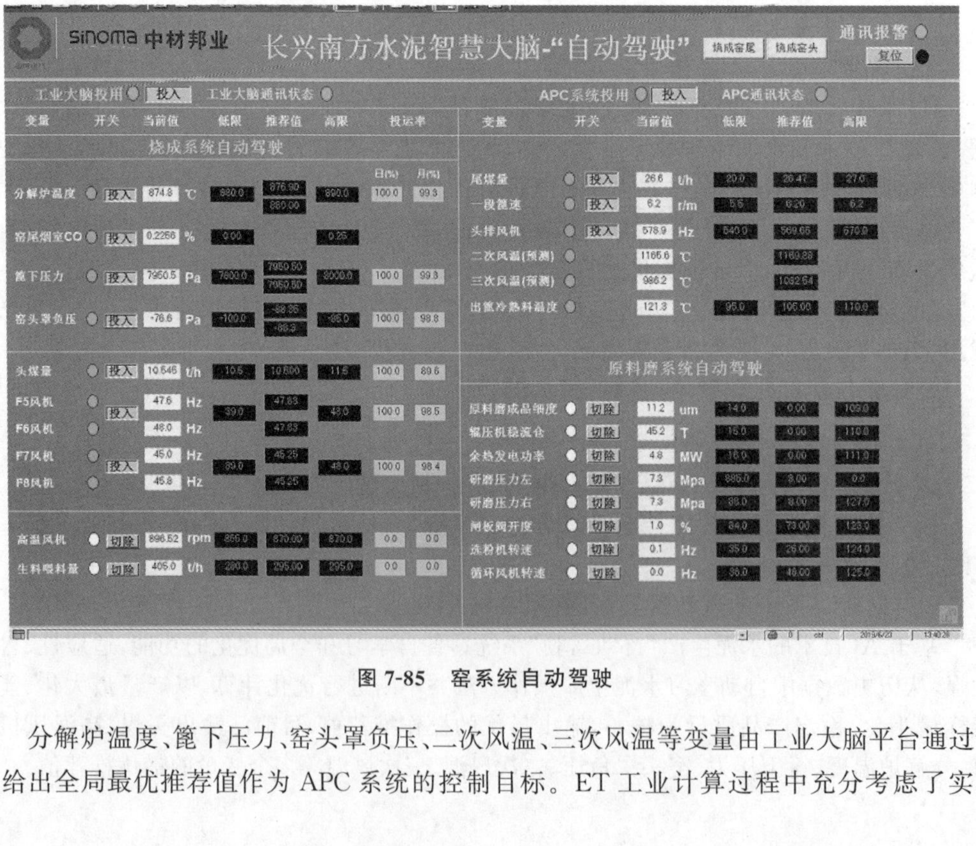

图 7-85　窑系统自动驾驶

　　分解炉温度、篦下压力、窑头罩负压、二次风温、三次风温等变量由工业大脑平台通过计算给出全局最优推荐值作为 APC 系统的控制目标。ET 工业计算过程中充分考虑了实际工况和外部变量,例如仪表是否出现异常情况、电厂发电量、环境温度等诸多实际工况。

（2）生料磨专家控制系统

本方案中生料磨采用辊压机终粉磨生产工艺,根据粉磨生产过程的特性,采用非线性模型预测控制技术,使用历史数据模型,很好地解决了喂料量与辊压机仓位,辊压机电流和闸板阀开度、出磨细度与选粉机速度的关系,有效地解决了粉磨过程的智能控制。

基于在线粒度仪实现细度在线检测,控制选粉机转速和磨机风量,自动调整回料量,提高磨机产量和质量。

图 7-86 为原料磨 APC 画面。

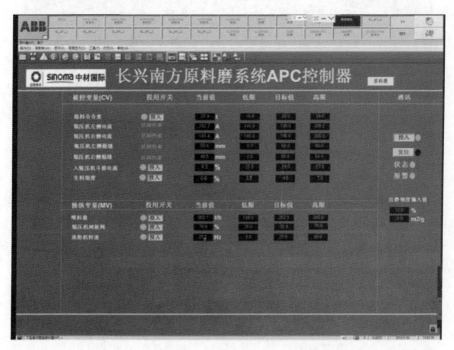

图 7-86　原料磨 APC 画面

（3）煤磨专家控制系统

煤磨优化控制系统通过调节入磨冷热风阀,将煤磨出口温度控制在合理范围内,同时参照磨主机电流、磨内压差、磨机振动和料层厚度等参数,使磨机长期稳定运行,实行产量最大化。

煤磨智能控制系统自动调节进磨烘干热风料,调节入磨风温和出磨风温,保证煤磨出口温度在安全范围内。根据磨内压差和磨机振动检测磨机主电机电流,自动调整喂料量,稳定磨机负荷。

图 7-87 为煤磨 APC 画面。

7.5.2.4　技术解析

水泥粉磨智能控制系统安装在 APC 服务器上,通过网关与水泥生产过程控制系统 DCS 相连,实现双向数据通信,网络拓扑结构采用星型网络结构。系统总体网络拓扑图

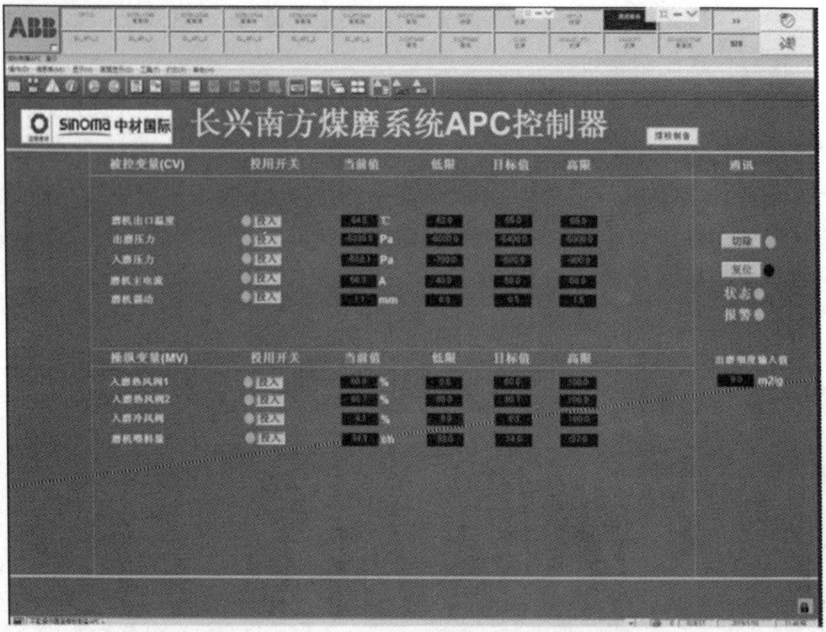

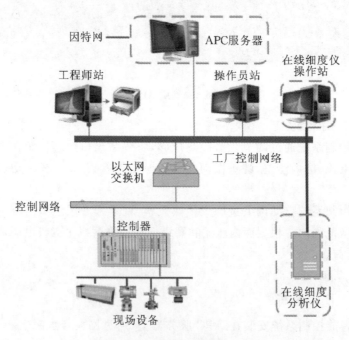

图 7-87　煤磨 APC 画面

见图 7-88。系统依托生产线已有的 DCS 控制系统,充分利用原有的软硬件和仪表资源,通过 OPC 连接 DCS 系统。在 APC 服务器上配置 OPC 客户端,连接位于工程师站上的 OPC Server,使智能控制系统能够获取分布在各现场控制站上的实时采集信息,并在操作员站管理下操作分布在各个现场控制站上的有关执行器。

图 7-88　系统总体网络拓扑图

智能控制系统需要增加的智能设备为在线粒度分析仪,主机采用在线激光粒度仪,测试范围能够满足水泥的颗粒级配需求,可以按照客户需求在 0.1~300 μm 的范围内任意设定关键数据和数据段,进行现场检测并把数据传输到中控室,用于生产控制。

（1）APS 一键启停系统

水泥粉磨 APS 一键启停系统降低了主机设备的空运转率,从而更大限度地降低了电耗,同时降低了操作员的操作强度,减少了误操作,使操作流程规范化、统一化。

实施方式:将水泥粉磨系统按照工艺流程分组,在逻辑上实现组起组停,并添加了必要的顺序联锁、保护联锁,该部分工作需要在水泥厂 DCS 工程师的配合下完成,分三个步骤来实现:

① 修改 DCS 逻辑,将水泥粉磨系统分组实现组起组停;

② 待所有设备正常运转时,结合专家系统,实现自动逐步投料;

③ 待粉磨系统在设定的产量下正常运行后,自动开启 APC 控制系统,实现粉磨系统的自动控制。

水泥联合粉磨一键启停 DCS 界面见图 7-89。

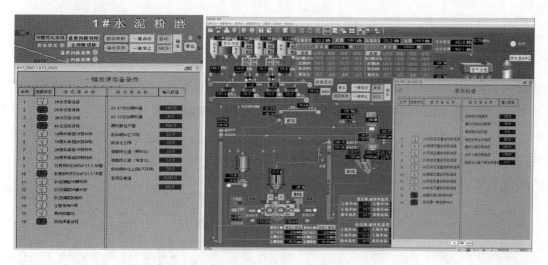

图 7-89　水泥联合粉磨一键启停 DCS 界面

（2）APC 智能控制系统

APC 智能控制系统的任务主要包括自动调节喂料量、自动调节选粉机转速（配备在线粒度分析仪）、自动调节循环风机转速、自动调节冷热循环风阀,最终实现水泥粉磨的智能控制。

设计目标:稳定生产过程,提高产量,减少异常停机时间,稳定成品质量。

实施方式:基于神经网络多变量模型预测控制＋专家控制。

① 全工况自适应,神经元网络自学习,识别水泥品种,识别生产工况,自动切换控制策略,实时优化调节,稳定关键控制变量;

② 最大限度提高台产量,从而降低吨电耗;

③ 实时监控辊压机、磨机状态,异常情况下立即采取动作;

④ 在线细度分析仪实时调节选粉机，稳定成品质量。

水泥联合粉磨智能控制系统 ICE 界面如图 7-90 所示。

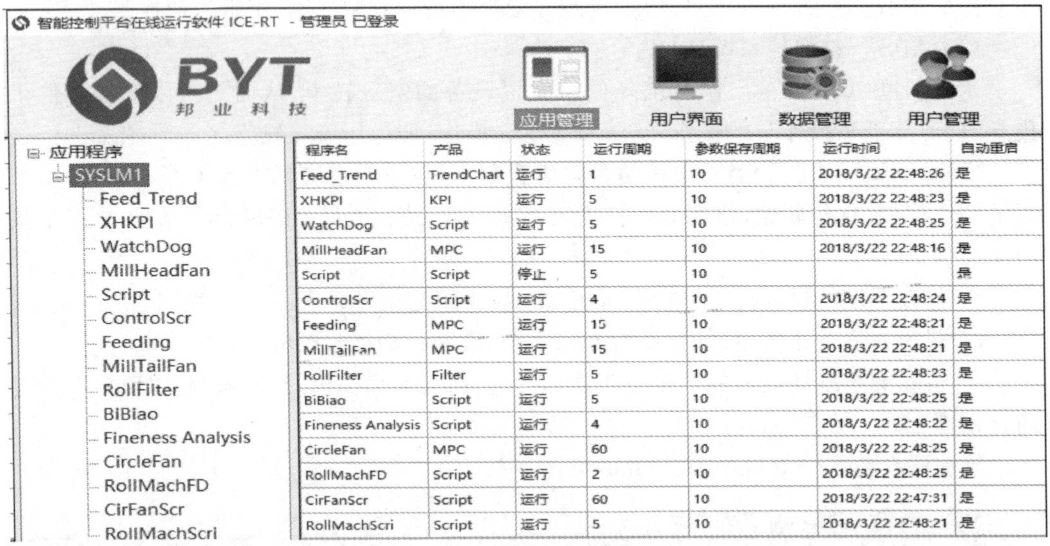

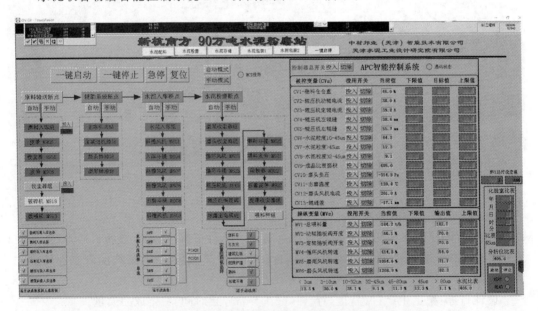

图 7-90　水泥联合粉磨智能控制系统 ICE 界面

水泥联合粉磨智能控制系统 DCS 界面如图 7-100 所示。

图 7-100　水泥联合粉磨智能控制系统 DCS 界面

由于辊压机、磨机、循环风机、磨尾排风机等设备存在强关联、强耦合，单一的控制回路模块无法使水泥粉磨过程达到最优的控制状态，因此我们采用多变量输入多变量输出（MIMO）非线性模型预测控制器，该控制器的主要功能如下：

① 智能控制器对辊压机和磨机两个系统进行协同控制。

② 辊压机稳定控制：通过监控辊压机电机电流、辊压机振动、辊压机温度、稳流仓仓重、循环提升机电流等参数来确保水泥粉磨的稳定运行。

a. 卡边控制辊压机动辊电流、定辊电流，最大化斜插板开度。

b. 控制动辊定辊电流、辊缝偏差。

③ 辊压机稳流仓仓重控制：通过控制喂料量，综合考虑出辊压机斗提电流、动辊侧斜插板开度、定辊侧斜插板开度、循环风机转速等参数，控制稳流仓仓重。

a. 根据循环斗提电流控制动辊、定辊下料阀，稳定辊压机的通过量。

b. 根据辊压机电流检测，自动调节研磨压力和进料量。

④ 水泥磨稳定控制：通过监控磨机电流、磨机料位、入磨半成品细度、磨头负压以及水泥产量部分或者全部的参数来确保水泥磨的稳定运行。根据在线粒度分析仪，控制选粉机转速和磨机风量，自动调整回料量，提高磨机产量和质量。

⑤ 产量最大化控制：在磨机达到稳定运行状态之后，对产量进行动态的最大化调整。在循环风机转速与产品质量之间找到一个平衡点，即在质量要求允许范围内达到最高产量。

7.5.2.5 结论和建议

基于大数据分析的自动寻优智能优化控制系统——磨、窑的复合专家控制系统，一键启停，实现生产线烧成、粉磨环节无人值守或少人值守，确保生产运行工况稳定，降低产品质量波动，确保产品质量合格率及稳定性，大幅降低劳动强度，提高劳动生产率，有效实现减员增效。

水泥粉磨智能控制系统配置在线粒度检测、在线球磨机填充率检测、在线碳硫分析仪。通过水泥粉磨智能控制系统可实现水泥质量（细度、SO_3）的自动取样分析；所有设备一键启停、水泥配料在线调配，控制石膏、石灰石加入量，有效地提高水泥成品质量的稳定性及合格率，提高产量 1‰～3‰，降低电耗 1‰～3‰，有效实现减员增效。

实施本解决方案后，将实现水泥粉磨生产的智能控制，降低了操作员的操作强度，减少误操作，使操作流程规范化、统一化。

本方案给业主带来了可观的经济效益和社会效益，大大提升了企业的自动化、智能化管理水平，增强了企业的综合竞争力，使其生产技术和管理水平达到国内领先水平，起到行业示范作用。该技术可以在整个行业推广应用。

7.5.3 水泥智能工厂全自动化验室

7.5.3.1 技术背景

水泥企业智能工厂是在数字化、集成化、信息化、可视化工厂基础上发展的最终结果，涉及诸多应用模块、应用平台的建设，是利用智能科学的理论，结合通信及自动化技术，通过精确测量、智能感知，实现企业运行数据数字化采集，并通过物联网、移动互联等多种模式实现数据的集成，在此基础上利用大数据分析、智能建模工具，将人为操作经验优化重构，逐步实现物料配比、中控操作、设备运维等核心业务的智能化，并通过与其他系统的交互，逐步实现经营管理、决策和服务智能化，使企业各种资源获得智能调配和优化利用,实现信息流、资金流、物流、业务流的高度集成与融合,实现经济、社会效益双丰收的全智能工厂。

水泥智能工厂包括智能装备、智能控制、智能生产、智能经营、智能决策等五个层次,目前水泥生产过程管控成熟应用主要集中在智能装备、智能控制、智能生产三个应用层面。

国际目前主流质量控制思路有两种。一种是自动化验室,通过现场取样、送样、机械手,自动磨机和压片机,实现全流程质量自动检测。在这种传统方案基础上,衍生出通过提高出磨生料取样频次,利用 QCX 配料软件和控制算法,从而控制生料配料的 RAW Mix 系统。使得自动化验室配合控制系统,真正成为过程控制的重要一环。第二种是在线控制系统。充分利用在线质量控制设备,如中子跨带分析仪、热生料分解率成分分析仪、游离钙在线成分分析仪等,充分提高现场的取样频次,保证取样准确性的前提下,实时利用取样结果进行质量前馈控制,从而实现整体质量过程管控。

7.5.3.2 技术概述

该技术依托单位为天津水泥工业设计研究院和中材邦业(杭州)智能技术有限公司。

在目前国际主流质量控制思路上,可以通过 LIMS(化验室质量管理信息化软件)和 QMIS(质量管理信息化软件)实现测量物料成分的电子化、可视化和全记录,并且通过强度预测等数据智能化模块,结合现场工艺配料数据,预测配料和掺入量,实现较高经济效益。考虑到未来东华现有的熟料线系统,以及未来水泥磨系统扩建,在 DCS 控制、专家系统无人值守控制的基础上,可布局实现基于游离钙数据为基础的烧成系统质量在线寻优控制,以水泥强度预测为基准的水泥配料控制、在线粒度控制、饱磨控制等,真正实现质量质控智能化生产。

7.5.3.3 应用情况

该项技术目前已在芜湖南方项目得到应用,相关情况如下:

生料调配库皮带增设在线自动检测系统,用于入磨生料的预配料。通过在线配料软件和实时成分检测,及时调整生料配比并修正。

同时,可提升配置,通过自动化验室对出磨生料进行高频次取样,采用荧光分析仪数据对生料调配中子分析仪进行修正。这是目前国外最先进的配置和控制理念,目的在于:

① 生料质量双重检测,提高生料合格率。

② 通过出磨生料自动取样(设置在收尘之后入库之前),考虑收尘窑灰对系统石灰石饱和系数的影响,从而对生料在线配料成分进行实时修正。

③ 传统修正的参数由于具有滞后性,修正数据需要在 QCX 中考虑滞后因素并预估,通过 3～4 次/h 的高频次采样分析,及时对过程目标值进行修订。

化验室自动送样系统通过全智能化方案,实现采样、送样、成分化验全自动。现场实时采样,定时送样。利用载样器气力输送和散状物料输送系统将出磨生料、入窑生料、熟料(游离钙)进行长距离的输送。

关于取样点的补充说明:

① 熟料的取样设备存在冷却和破碎,可通过在线游离钙设备进行重复化验,从而减少投资。

② 煤粉的化验时间间隔较长且投资过高,从投资角度考虑可以采用人工送样。

本项目建议设置3个现场取样点:出磨生料取样点、入窑生料取样点、熟料取样点(游离钙取样点)。

智能化验室设置在中控CCR部分,通过远程的气力输送管道,将取样载体直接送到制样机,通过机械手将样品直接进行自动压片,通过传送装置直接送入荧光分析仪进行测量。制备的样片通过全自动方式,由传送带送到实验室化验设备XRF荧光分析仪,对物料成分进行实时分析。化验从取样到结果全自动过程可实现无人值守,并将测量废弃样片进行自动回收处理。通过后台系统及时记录和分析结果,通过和化验室质量管理模块的数据接口,配合在线分析仪的生产数据,及时调节生料配料,以稳定熟料质量。

质量取样输送系统示意图见图7-101。

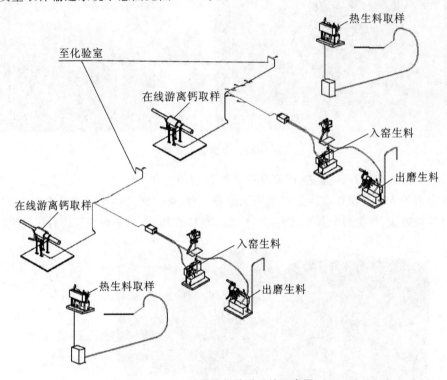

图7-101 质量取样输送系统示意图

7.5.3.4 技术解析

(1)熟料游离钙在线监测(图7-102)

现场窑头处设置在线游离钙取样装置,取样频次达到4次/h。通过实际测量的游离钙值,动态调整分解炉温度以及烧成带温度的设定值,然后通过智能优化算法进行头煤和尾煤控制,从而实现实时优化控制。准确防止过烧以及欠烧的状况。同时根据化验室检验结果,可实时对工艺流程参数进行在线调整。图7-103为全自动化验室。

游离钙熟料在线监测测量范围在0.1%~4%,正常工作状态下,标准偏差为0.05%。

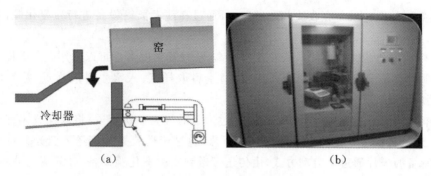

图 7-102　熟料游离钙在线监测

(a)熟料在线取样；(b)游离钙在线分析仪

图 7-103　全自动化验室

（2）生料分解率在线监测（相关设备见图 7-104）

在分解炉入口处设置在线分解率测量设备一台，对一侧的热生料进行在线取样，通过自动计算烧失量、热生料分解率，结合 NO_x、CO 和 O_2 浓度，对分解炉温度进行优化控制。

图 7-104　生料分解率在线监测设备

热生料分解率在线测量范围为 90%～99%,正常工作状态下,样品分为 10 份人工送入分析仪,重复检验的标准偏差为 0.2%。

(3) 在线粒度监测

考虑到生料磨系统性价比,建议采用离线粒度控制。通过出磨生料炮弹自动采样、送样到化验室,通过机械手送入离线粒度检测仪器进行离线监测。频次可控制在 2 次/h。

在煤磨增设在线粒度分析仪,计算出磨煤粉颗粒分布,预测系统效率,实现对细度在线优化控制,配合智能优化系统和一键启停技术进行磨机控制,对产量、循环风量、生料细度实施整体调节。

7.5.3.5　结论和建议

建设全自动化验室,可有效提高生产过程质量管控数字化程度,质量数据采集率大幅提高,采样频次和控制精度显著提高,确保了生产过程稳定。同时自动化程度的提高,可以显著降低岗位需求,有效实现减员增效。

使用自动化验室的目的在于:

① 提高质量检测自动化水平。

② 通过取样端的优化设计,提高取样环节料样的准确性。

③ 通过高频次的检验,实现生产过程的控制,而不是仅仅通过低频次的取样来指导配料。

④ 实现过程质量数据的全记录、同步记录,和能源/生产/工艺数据相结合形成多维度高质量数据,进行数据挖掘分析,实现最优化生产指导。该技术可以在整个行业推广应用。

7.5.4　泰安中联落虎山智能化数字化矿山均化开采系统

7.5.4.1　技术背景

水泥原料矿石大部分是石灰石,也有少量的页岩砂岩等配料,而石灰石占水泥原料来源的 85%。石灰石矿床的夹层和顶、底板岩通常为页岩、砂岩、白云岩和第四纪黏土层,而上述几种矿石原料通常是我们水泥生料配料的主要来源。水泥生产工艺通常是将多种原料按水泥的率值配料后,经研磨后在水泥分解炉内煅烧成水泥熟料。

通过研究水泥生料配比方案,将矿山开采的高品位石灰石与低品位石灰石、夹层、第四纪等按照水泥生料配比进行搭配,然后进入破碎环节。为了实现这个目的,结合数字化矿山技术,实现矿山资源与开采数字化、技术装备智能化、生产过程自动化、管理信息化、决策科学化。通过数字化矿山技术控制矿山开采的各个环节来最终实现矿石的合理调配,保证入库矿石质量稳定,并且满足水泥生产工艺生料配料要求。

利用数字化矿山技术全方位剖析矿山地质品位分布,制订采掘计划,并且通过调度系统对矿区不同品位的矿石进行开采位置、速度的调控。同时利用汽车运输调度系统对运输车辆所运载的矿石品位估值,合理调度运输车辆前往指定破碎站卸料口卸矿。根据破碎站在线分析仪对破碎后的石灰石原料矿石进行实时分析,反馈信息给矿山调度系统和破碎站喂料系统,及时对破碎配料方案进行调节,使破碎后出料矿石质量符合水泥生料要求。

7.5.4.2 技术概述

该技术在泰安中联水泥有限公司得以实施。实施具体项目包括：

（1）建立数字矿山

矿山均化开采设计是建立在矿山数字模型的基础上，将矿山详勘的每个台阶、矿段的矿石、夹层和覆盖层的各类有益、有害的成分，准确地分布于各单元中。使调度者可以实时准确地了解矿山每个区位的矿石成分，以按照水泥厂生料配料要求进行矿山开采生产计划的编制。

（2）开采设计与配矿系统

根据矿山各平台、采区的矿石、夹层及表土层的地质成分数字信息，依次进行采区粗放的开采计划编制、初步规划矿山的质量目标函数。使矿石的质量经过调度配矿后达到水泥厂对矿石原料的要求。利用数字化矿山技术对在矿山上开拓道路，对铲车分配和汽车运输的吨位分配等进行生产计划安排，达到采场配矿要求。

（3）采场汽车调度系统

由于矿山生产爆破、铲装矿块位置等各种不确定因素，采场内部的矿石夹层成分与原设计配矿的基本条件不一致，因此按照原设计配矿要求进行采场配矿的矿石、夹层、覆盖土等经过采场破碎系统后不一定满足矿山出矿要求。因此，设计矿山各采场、各矿块的矿石运输采场汽车调度系统，也就是将该矿山各采场、各矿块不同质量的矿石，按照水泥原料质量要求指标，分吨位、矿量等依次进入破碎站卸料口卸料，使得进入破碎站的矿石基本达到和满足水泥厂对矿石原料的要求。

（4）破碎站矿石预均化系统

为克服采场来的矿石不均匀的问题，在矿山的破碎系统设计一条预均化配矿系统，即在矿山或厂里的破碎系统，按照不同来料要求设计 2 条或 3 条破碎机入料口，将矿山来料按不同的品位和级别，分别送入破碎机的卸料口。使得进入破碎机入料仓由采场采出的多种化学成分品位的矿石进行均化搭配后，进入破碎机进行破碎。

（5）均化效果在线检测反馈系统

破碎后的矿石经破碎机出料口矿石在线检测系统进行在线检测，并将检测结果返回至原料中心控制室。原料中心控制室根据矿石品位进行调整，由控制室发布调度命令，调整不同矿段、矿区的原料入口的喂料速度，以此保证矿山的各种原料矿石的化学成分波动范围的标准偏差在合理范围之内（CaO 控制在 3%，MgO 控制在 1.5% 之内），为水泥厂提供合格的水泥矿石原料。

根据泰安落虎山石灰石矿山数字化均化开采方案，中国联合水泥集团有限公司三次组织集团内外和国内本行业知名专家进行论证，提出很多修改完善意见，通过充分汲取专家们的意见，并结合矿山实际条件，对均化开采方案进行了修改完善，提出了一套确实可行的、符合矿山实际的矿山均化开采建设方案。

7.5.4.3 应用情况

该项技术目前已在中国联合水泥集团有限公司在山东泰安建设的一条日产 5000 t

水泥熟料生产线得到应用。2011年10月,中国联合水泥集团有限公司旗下的泰安中联水泥有限公司,委托合肥水泥研究设计院承担泰安中联水泥有限公司矿山数字化智能化均化开采设计和矿山智能化开采建设项目的统筹工作。本项目自2013年开始,至2014年底矿山投产以来,经过矿山设计和科研人员不懈努力,在厂方矿山技术人员的大力配合下,矿山经过一年多的生产运行,各项指标达到了项目初期提出的要求,即矿山资源基本得到合理利用,水泥生产线取消了石灰石预均化堆场建设,实现了较低的投入,较高的成品产出,矿山建成后取得了较好的经济和社会效益。

7.5.4.4 技术解析

通过收集现有水泥配料方案资料研究适合的石灰石配料值,根据地质详勘资料分析矿石品位分布情况,确定合理的石灰石开采方案,并通过数字矿山技术采用模拟手段实现模拟开采与现场实际开采指导相结合,并且通过破碎出料化学分析来验证该技术的可靠性,从而进一步完善矿山开采计划。最终通过具体矿山生产实际应用得到验证,实现矿山均化开采数字化、智能化、自动化,充分利用矿山低品位矿石、夹层等矿石资源。

智能化均化开采简要流程图见图7-105。

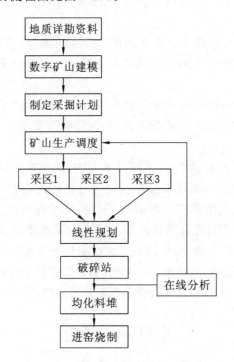

图7-105 智能化均化开采简要流程图

其中制定采掘进度计划需要根据水泥厂对石灰石原料矿石配料的要求,结合矿山开采现状,利用三维可视化模型对采区矿石品位分布进行分析,合理安排采掘计划,以保证进厂石灰石原料满足生料配料的要求。针对各水泥生产线的水泥原料生料配料要求,找出具有本水泥厂原料赋存特点的原料配料方案。

矿区生态修复技术流程图见图7-106。

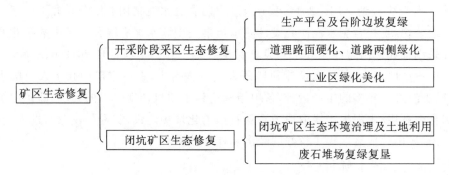

图 7-106　矿区生态修复技术流程图

7.5.4.5　结论和建议

（1）结论

① 从资源利用情况来看,经过智能化均化开采后矿山废石和剥离物的利用率可达到 70% 以上,基本实现无排放,同时可延长矿山的服务年限,增加企业的长期经济效益。

② 废石和剥离物的利用率达到 70% 左右,其利用的矿石量可使得矿山开采每吨矿石的成本降低 10% 左右。

③ 通过智能化均化开采技术有效利用矿山开采的废石,可大幅度减少废石堆放量,从而减少废石场占地面积,平均每百万吨矿山可减小废石场占地率 60% 以上,大幅降低征地费用。

④ 该项技术同计算机控制技术结合起来,将有力地推动水泥矿山的技术水平和管理水平的大幅度提高,促进水泥矿山的技术进步,保证矿山安全生产。

（2）建议

利用现代网络、三维模拟、数字技术等技术方法,创建矿区探测数据完整分布的三维开采模型;创新低品位矿山均化开采与在线快速分析的前馈智能控制技术;开展数字化矿山安全预警技术、高效利用矿产资源的新型传感技术与智能化开采技术;开发基于智能传感与集成化传输、生产过程自动化控制、矿山生产系统监控、计划协同与生产执行系统的智慧矿山生产体系;在矿山建设时,同步完成矿山植被恢复和生态修复的规划。开发矿山绿色生态保护和矿区生态修复技术,应当是我国智能化数字化矿山建设及矿山绿色生态保护技术重点研发方向。该技术是水泥企业主要发展方向,值得在行业推广应用。

本章参考文献

[1] 李海英,张春奇,刘东.细颗粒物 $PM_{2.5}$ 团聚除尘技术的研究进展[J].环境工程,2018,36(9):93-98.

[2] 中国国家标准化管理委员会.城镇化污水处理厂污泥处置混合填埋用泥质:GB/T 23485—2009 [S].北京:中国标准出版社,2009.

[3] 陶从喜,刘瑞芝,段明子,等.复合脱硫技术在新型干法水泥生产线中的应用[J].水泥,2016(5):51-53.

[4] 蒋为公.危险废物水泥窑协同处置技术应用及废气污染物排放分析[J].中国水泥,2016(2):75-77.

[5] 李勇.水泥厂循环水处理技术探讨[J].水泥技术,2012(5):44-45.

［6］顾利峰.污泥深度脱水处理新技术应用研究［J］.中国资源综合利用,2019(7):165-167.

［7］王振生,石国平,王明治,等.辊压机在水泥生产中应用的最新进展［J］.水泥技术,2018,204(6):67-70.

［8］张德水.辊压机终粉磨在生料制备系统的应用［J］.水泥工程,2017,30(1):39-40.

［9］豆海建,秦中华,王维莉,等.一种U型动叶片选粉机的研究及应用［J］.水泥技术,2018(6):40-45.

［10］马娇媚,陶从喜,彭学平,等.高能效低氮预热预分解系统及先进烧成技术研发应用［J］.水泥,2018(8):19-22.

［11］陈昌华,代中元,彭学平,等.分解炉梯度燃烧自脱硝技术的研究与工程应用［J］.水泥技术,2019(4):19-23.

［12］卢仁红.新型纳米隔热材料在水泥工业的应用分析［J］.水泥工程,2019,32(2):71-73.

［13］李福洲,颜波,杨泽波,等.均温、均相、低氮预分解系统介绍及其工程应用实践［J］.水泥,2017(4):46-48.

［14］任晨洋,杨煜,刘运,等.水泥预分解系统碱氯硫循环与富集的过程模拟［J］.硅酸盐通报,2019(2):423-430.

［15］刘佰平,邵传淦,肖莉,等.钢渣100%作为铁质校正原料生产水泥的实践［J］.水泥技术,2019,205(1):103-104.

［16］李明飞,陶从喜,李小金,等.富氧燃烧技术在水泥窑的应用［J］.水泥技术,2014(4):17-20.

［17］郭红军,崔海波,万彬,等.预分解系统分级燃烧综合脱硝技术及其应用［J］.新世纪水泥导报,2019,25(01):55-61.

［18］刘鹏飞,刘卫民,郝利炜,等.新型干法水泥生产线氮氧化物排放的影响因素［J］.水泥,2019,(2):37-41.

［19］陶从喜,孙义飞.TCFC第四代行进式篦冷机的研发及应用［J］.中国水泥,2011(2):55-58.

［20］郭新杰,王中昌.第四代篦冷机进风口改造［J］.水泥,2017(1):49-50.

［21］吴敬.篦式冷却机改造优化技术［J］.建材发展导向,2013(1):42-43.

［22］陈学勇,胡龙,孙志鹏,等.三代篦冷机升级为步进式篦冷机的实践［J］.新世纪水泥导报,2016(4):34-37.

［23］高长明.对我国水泥窑协同处置废弃物技术发展的反思与建议［J］.新世纪水泥导报,2018,24(3):6-10.

［24］刘锋.高效节能风机在水泥行业中的应用［J］.中国水泥,2011(9):52-54.

［25］曹凯,石国平.从联合粉磨到双圈流水泥粉磨系统［J］.四川水泥,2016(9):5.

［26］柴星腾,聂文海,秦中华,等.水泥辊磨技术的新进展［J］.水泥技术,2018(4):21-25.

［27］于晟.陶瓷研磨体在水泥粉磨系统的应用［J］.陶瓷,2017(11):43-45,54.

［28］张伟,李岩峰,李世旭.浅议水泥石灰石矿山的优化利用［J］.四川水泥,2018(4):6,17.

［29］张振东,赵英朝,何继荣.水泥矿山的数字化矿山技术应用与研究［J］.矿业装备,2012(6):49-53.

［30］LIU Y F ,SONG J X . Using the internet of things technology constructing digital mine［J］. Procedia Environmental Sciences,2011,10(partB):1104-1108.

附　　录

1. 第5章名词解释

挥发性有机物：Volatile Organic Compounds，简称 VOCs。

选择性非催化还原脱硝：Selective Non-Catalytic Reduction，简称 SNCR。

选择性催化还原脱硝：Selective Catalytic Reduction，简称 SCR。

聚苯硫醚：Polyphenylene Sulfide，简称 PPS，全称聚苯基硫醚。

聚亚酰胺膜：Polyimide Film，简称 P84。

聚四氟乙烯：Poly Tetra Fluoroethylene，简称 PTFE。

2. 第6章名词解释

持久性有机污染物：Persistent Organic Pollutants，简称 POPs。

双对氯苯基三氯乙烷：Dichlorodiphenyltrichloroethane，简称 DDT。

多环芳烃：Polycyclic Aromatic Hydrocarbons，简称 PAHs。

二噁英：Polychlorinated dibenzo-p-dioxins（PCDDs），Polychlorinated dibenzofurans（PCDFs），简称 PCDD/PCDFs，全称多氯代二苯-对-二噁英/多氯代二苯并呋喃。

六氯苯：hexachlorobenzene，简称 HCB。

多氯化萘：polychlorinated naphthalene，简称 PCNs。

联合国环境规划署：United Nations Environment Progra mme，简称 UNEP。

美国国家环境保护局：U. S. Environmental Protection Agency，简称 EPA。